AF561194

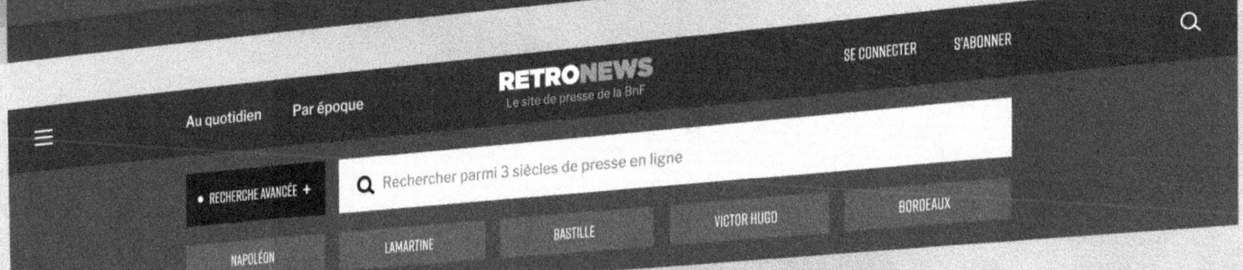
RETRONEWS
Le site de presse de la BnF
SE CONNECTER
S'ABONNER
Au quotidien
Par époque
RECHERCHE AVANCÉE +
Rechercher parmi 3 siècles de presse en ligne
NAPOLÉON
LAMARTINE
BASTILLE
VICTOR HUGO
BORDEAUX

REVUE

DES

SOCIÉTÉS SAVANTES

Publiée sous les auspices du Ministre de l'Instruction publique et des Cultes.

SCIENCES MATHÉMATIQUES, PHYSIQUES ET NATURELLES

TOME Ier.

PARIS,
IMPRIMERIE ET LIBRAIRIE ADMINISTRATIVES
DE PAUL DUPONT,
Rue de Grenelle-Saint-Honoré, n° 45.

1862

REVUE

DES

SOCIÉTÉS SAVANTES

SCIENCES MATHÉMATIQUES, PHYSIQUES ET NATURELLES.

Tome I.

AVERTISSEMENT.

La Revue des Sociétés savantes, fondée en 1856, fut dans l'origine consacrée presque exclusivement à l'histoire et à l'archéologie. Plus tard, en 1858, elle fut appelée à donner une place importante à des travaux relatifs aux sciences mathématiques, physiques et naturelles et en particulier aux rapports lus dans les séances de la Section des sciences du Comité impérial des travaux historiques et des sociétés savantes, section qui venait d'être créée par S. Exc. M. Rouland.

Ce dernier ordre de travaux prit peu à peu une extension assez considérable et il devint difficile d'attribuer aux sciences toute la place nécessaire sans nuire à l'archéologie et à l'histoire qui leur avaient donné libéralement l'hospitalité.

La difficulté fut bien plus frappante encore en présence des séances générales tenues à la Sorbonne au mois de novembre dernier, et dans lesquelles un grand nombre de communications très-dignes d'intérêt furent faites par les savants accourus de toutes les parties de l'Empire. Il eût été absolument impossible de comprendre ces travaux, même par extraits, dans le cadre ordinaire de la Revue.

Telles sont les raisons qui nous obligent à faire de la partie de la Revue des Sociétés savantes, embrassant les sciences mathématiques, physiques et naturelles, une publication distincte. Cette détermination permettra d'ailleurs, en ce qui concerne les sciences, non seulement d'élargir le cadre de la publication, mais encore de lui donner une forme et un caractère particuliers, appropriés aux usages et à l'activité scientifiques.

Sans chercher à tracer ici un cadre définitif, qui se formera suivant les circonstances, nous dirons que le nouveau recueil comprendra trois parties spéciales, savoir : *Les nouvelles scientifiques, les rapports concernant les travaux des Sociétés savantes, des Mémoires originaux.*

Pour donner plus d'intérêt à ce recueil et surtout plus d'actualité aux nouvelles, les diverses feuilles de chaque volume seront séparément adressées à leurs destinataires à mesure qu'elles paraîtront, et la publication en sera faite d'une manière aussi régulière que possible. Il sera, quant à présent, publié une feuille par semaine.

Il importait de conserver en son entier et sans le scinder le Compte rendu des lectures du mois de novembre, et de la séance solennelle présidée par Son Excellence M. le Ministre de l'Instruction publique et des cultes. Ce Compte rendu paraît dès aujourd'hui en tête du présent volume, ce qui permet de commencer immédiatement la publication dans la forme que nous venons de définir.

Conditions de la publication.

La Revue des Sociétés savantes, Sciences Mathématiques, Physiques et Naturelles, *est publiée dans le format* in-8°.

Il paraît chaque semaine une feuille d'impression au moins, qui est immédiatement expédiée aux destinataires.

L'ensemble des feuilles publiées chaque année formera deux volumes d'environ 400 *pages chacun.*

Les demandes adressées par les Sociétés et les Savants, dans le but d'obtenir le don de ce recueil, sont en trop grand nombre pour que l'Administration ne se trouve pas, à son très-grand regret, dans l'impossibilité d'y satisfaire. Mais il a été décidé que l'éditeur serait autorisé à recevoir des abonnements, dont le prix n'est que la stricte représentation des frais de tirage et d'envoi.

Le prix des deux premiers volumes, comprenant cinquante feuilles ou huit cents pages, est fixé à six francs.

On s'abonne chez M. Paul Dupont, imprimeur, rue de Grenelle-Saint-Honoré, 45.

RÉUNION GÉNÉRALE

DES

SOCIÉTÉS SAVANTES

SESSION DE NOVEMBRE 1861.

COMPTE RENDU

DE

LA SÉANCE SOLENNELLE DU 25 NOVEMBRE 1861.

La solennité qui a eu lieu le lundi 25 novembre 1861 à la Sorbonne, et les réunions qui l'ont précédée, marqueront comme une date mémorable dans l'histoire de la science et de l'érudition françaises. A toutes les époques, nous n'avons pas besoin de le rappeler, les œuvres de l'intelligence ont compté chez nous au premier rang des grands intérêts publics; elles ont été encouragées sous les régimes les plus divers, et cependant jamais, jusqu'à ce jour, aucun gouvernement, aucun ministre, n'avait eu l'heureuse et féconde pensée de convoquer au sein de la capitale ces États-généraux de l'étude et du savoir, où la France entière s'est fait représenter, et où se sont manifestées avec tant d'éclat les aptitudes si diverses du génie national.

C'était, certes, une grande et belle nouveauté que ces assemblées où sont venus se mêler, avec une bienveillance mutuelle, tant d'hommes distingués, heureux de se connaître, de se donner les uns aux autres la mesure de leurs travaux, et de témoigner, par leur présence, leur sympathique empressement au Ministre qui, le premier, les avait réunis. Depuis longtemps déjà ils connaissaient et appréciaient la pensée de l'éminent homme d'Etat entre les mains duquel l'Empereur a remis les intérêts des sciences et des lettres; ils savaient qu'en reconstituant les Comités historiques, il avait eu pour but d'en faire un centre commun qui rallie, en leur laissant une entière indépendance, les Sociétés savantes de l'Empire; d'encourager les travaux qu'inspire dans la vie calme et sérieuse de la province l'amour désintéressé de l'étude, et d'assurer à ces travaux, par une revue spéciale, la publicité qui leur manquait.

La nombreuse assemblée réunie dans l'enceinte de la Sorbonne, pour assister à la distribution des récompenses décernées par le Ministre de l'instruction publique, a montré par son entraînement et la vivacité de son adhésion, qu'elle avait compris toute la portée des mesures adoptées par le Gouvernement impérial; et lorsqu'elle saluait de ses applaudissements le Ministre dont le nom restera attaché désormais à tant de créations fécondes, il était facile de voir non-seulement qu'elle était profondément émue par ses paroles, mais encore qu'en se regardant à juste titre comme une délégation de la France, elle avait à cœur d'acquitter envers lui la dette de la reconnaissance publique.

Les délégués des Sociétés des départements et les membres du Comité des travaux historiques et des Sociétés savantes, institué près le ministère de l'instruction publique, s'étaient réunis de bonne heure dans le grand amphithéâtre. Dès neuf heures du matin, le public avait été admis dans les tribunes. A onze heures, le Ministre a fait son entrée dans la salle, accompagné de MM. de Royer, premier vice-président du Sénat; Amédée Thierry, président de la section d'histoire, sénateur; Le Verrier, président de la sectiondes sciences, sénateur; Dumas, sénateur; Léon Renier, président de la section d'archéologie, membre de l'Institut; Milne-Edwards, vice-président de la section des sciences du Comité, membre de l'Institut; Nicias Gaillard, président de chambre à la cour de cassation; Gustave Rouland, secrétaire général du ministère de l'instruction publique; Nisard, de l'Académie française; Patin, de l'Académie française; Guigniaut, de l'académie des inscriptions; Petit, chef de division au ministère et secrétaire de la section des sciences; Chéruel, inspecteur général, secrétaire de la section d'histoire; Chabouillet, conservateur du cabinet des médailles à la Bibliothèque impériale, secrétaire de la section d'archéologie.

Le Ministre, ayant déclaré la séance ouverte, a prononcé le discours suivant :

« Messieurs,

« Permettez-moi de me féliciter de cette séance solennelle qui réunit aujourd'hui, autour du Ministre de l'instruction publique, les membres du Comité des travaux historiques et les délégués de la plupart de nos Sociétés savantes. C'est la première fois qu'une pareille réunion, se constituant à Paris, presque sous les regards affectueux du Souverain, révèle et consolide l'alliance fraternelle qui doit exister entre la capitale et les départements, entre tous les hommes dévoués à la culture des sciences et des lettres et l'Etat encourageant leurs travaux.

« Mon but et mon devoir, devant cette assemblée, sont de raconter les services rendus à l'histoire de notre pays par le Comité des travaux historiques ; de dire comment ce Comité, s'associant à mes pensées, a trouvé, dans les diverses Sociétés savantes et Facultés de l'Empire, une collaboration qui, à raison même de sa pleine liberté et de son caractère essentiellement local, a produit les meilleurs résultats pour l'extension de tous les travaux d'érudition appliqués à la science de nos origines et de nos transformations sociales ; de rendre, enfin, un éclatant témoignage en faveur des études de ces Facultés et de ces Sociétés savantes, qui sont l'honneur, le mouvement et la vie de nos provinces dans toutes les directions scientifiques et littéraires.

« Il est inutile de rappeler les différentes périodes de l'existence et de l'accroissement du Comité établi en 1834, et chargé « de con« courir, sous la présidence du Ministre de l'instruction publique, « à la direction et à la surveillance des recherches et publications « qui devraient être faites sur les documents inédits relatifs à l'his« toire de France. » Cette création, digne de l'esprit éminent qui l'avait conçue, répondit largement à l'attente du monde savant.

Divisé en plusieurs sections, composé d'hommes riches de savoir et d'expérience, le Comité attaqua résolûment la vaste et utile entreprise qui lui était confiée; et, à l'heure présente, la collection des documents inédits se compose de 125 volumes in-quarto, de 10 atlas, et de 40 livraisons in-folio de planches lithographiées ou gravées. Il convient d'y joindre les nombreux Bulletins et Revues qui rendent compte de tout le travail intérieur et de la correspondance des sections du Comité. L'œuvre se poursuivra, dans l'avenir, avec la même ardeur, et plusieurs volumes pleins d'intérêt paraîtront à la fin de cette année, tandis que d'autres publications adoptées en principe, s'élaboreront pendant le cours de l'année prochaine. Il ne m'appartient pas, Messieurs, de faire l'éloge d'une collection dont la valeur est si hautement appréciée en France et en Europe, et, pour un pareil soin, je m'incline devant les hommes qui sont nos maîtres et nos guides dans l'immense étude de notre passé; mais je crois pouvoir affirmer qu'elle était généreuse et féconde l'idée de provoquer, au nom de l'Etat, la patiente recherche des traces laissées par nos pères s'acheminant incessamment vers la civilisation et l'unité politique. Certes, ces explorations avaient été tentées de toutes parts, et formaient déjà le plus précieux dépôt; mais on ne pouvait se flatter qu'elles eussent été épuisées, et qu'il ne restât pas à recueillir ce que vous me permettrez d'appeler beaucoup de *témoignages inédits*, sur le sol et les monuments, dans les écrits et les traditions. — Telle a été la tâche du Comité des travaux historiques, institué par plusieurs de mes illustres prédécesseurs, qui, aujourd'hui, séparés de nous par les orages de la vie politique, n'en doivent pas moins recevoir l'expression de nos sentiments de justice et de reconnaissance pour une œuvre excellente. Cette tâche a été dignement remplie envers la science et envers le pays; et le Gouvernement de l'Empereur, attentif à tous les besoins et à toutes les gloires de l'esprit humain, l'a acceptée, agrandie, protégée, en multipliant les sacrifices et les efforts pour compléter, de ce côté, le magnifique édifice de nos archives nationales.

« En 1858, le Comité, désormais divisé en trois sections, *histoire et philologie*, *archéologie*, *sciences*, comprit, avec moi, que sa mission ne pouvait plus se borner à l'investigation des documents historiques et archéologiques, et qu'elle allait s'étendre jusqu'à l'étude de la formation successive de nos richesses scientifiques. Là aussi, il y avait à fouiller dans le passé et à rassembler de précieux renseignements. On allait nécessairement se rencontrer avec une foule de travaux et de découvertes dont les départements revendiquent l'initiative et l'honneur. Enfin, puisque nous recevions les plus notables secours du zèle et du savoir de nos correspondants, puisque, déjà, nous nous félicitions des nombreuses communications faites par les Sociétés savantes disséminées sur toute la surface de l'Empire, pourquoi ne pas chercher à étendre nos relations avec ces Sociétés, au grand avantage de l'unité et de la puissance du mouvement intellectuel? Cette pensée, si simple et si judicieuse, se formula de suite par la dénomination nouvelle donnée au Comité « des travaux « historiques et des *Sociétés savantes,* » et elle se continua par la plus large part que les sections s'empressèrent d'accorder à l'examen des Mémoires venant de la province, par la plus fréquente insertion des comptes rendus dans la Revue du Comité et par l'organisation et le complément, au ministère de l'instruction publique, de la bibliothèque spécialement consacrée aux productions des Sociétés savantes. Plus ces collections augmentaient, plus l'on pouvait juger du labeur et de l'activité mis par les départements au service de la science, et plus grandissait l'estime due à un développement intellectuel dont la nation se réjouit et s'honore. Ce fut alors, Messieurs, que, sous les inspirations de l'Empereur, je résolus d'essayer une alliance plus intime encore entre l'Etat, — bienveillant, intelligent, protecteur de toutes les études, admirateur de tous les talents, intéressé à toutes les découvertes et à tous les succès, — et les Sociétés scientifiques et littéraires, isolées, vivant de leur existence vigoureuse mais concentrée, justement jalouses de leur indépendance, mais souffrant parfois du défaut de comparaison, d'encouragement, de publicité et d'espace. — Or ce projet n'est plus celui d'une imagination se fatiguant vainement après de nobles désirs. L'alliance, j'ose le croire, est conclue : le fait existe, considérable pour le progrès de la science, honorable pour l'Etat, et je le salue de toutes les joies de mon cœur et de ma raison, en saluant cette assemblée qui en est la manifestation complète et vivante.

« Vous êtes ici, Messieurs, les représentants du grand mouvement provincial, et il n'y a pas de plus beau spectacle que celui des esprits partout entraînés soit à rechercher nos origines dans les débris du passé, soit à éclairer les faits et la politique de notre histoire, soit à propager les éléments de la science, des lettres et du goût. Oui, la province a le droit de s'enorgueillir de ses études, de ses découvertes, de ses savants et de ses écrivains. Oui, elle paye libéralement à la patrie le tribut de ses veilles et de son dévouement. N'est-ce pas maintenant à la capitale de l'Empire, à ce centre si puissant par ses études et ses ressources, n'est-ce pas à la capitale, dont la couronne resplendit de toutes les illustrations scientifiques et littéraires, à accueillir et à glorifier la province? Assurément, un tel hommage n'atteindrait tout son prix que s'il était rendu par l'Institut impérial de France, car c'est à lui qu'il appartient, des hauteurs où il préside aux travaux de l'esprit humain, de proclamer, avec une autorité toujours respectée, des jugements souverains; mais nous savons tous combien l'illustre Compagnie est attentive aux œuvres que les travailleurs de nos départements soumettent à ses appréciations, et combien elle aime à voir se développer, autour et loin d'elle-même, les mérites et les talents dont elle possède les plus parfaits modèles. Elle vous apporte, d'ailleurs, ses sympathies par la présence, au milieu de nous, de ses membres les plus éminents, dont le nom doit être couvert d'unanimes acclamations. Ainsi, je ne fais en quelque sorte que suivre l'exemple de l'Institut, en rendant à la province savante et lettrée l'hommage qui lui est si légitimement acquis.

« A vous donc, Messieurs, qui, à mon appel, êtes venus de tous les points de la France pour ces utiles et cordiales conférences que la science et les lettres vous offrent à Paris; — à vous, qui avez partagé, avec le Comité des travaux historiques, la laborieuse mission des documents inédits de notre histoire nationale; — à vous, qui avez eu foi dans les loyales intentions de l'Etat, voulant augmenter, par son patronage et son secours, l'activité des Sociétés savantes, mais voulant aussi respecter leur caractère, leur constitution et leur indépendance; — à vous, hommes d'étude ou de loisir, membres des Académies, professeurs de nos Facultés, enfants de l'Université ou de l'enseignement libre ;—à vous tous, unis dans un même sentiment d'amour pour le progrès, — j'adresse les plus chaleureux et les plus sincères remercîments au nom de tous ceux qui, dans la capitale de l'Empire français, s'intéressent au succès des travaux intellectuels et qui savent l'accueillir, de quelque part qu'il vienne, comme on accueille toujours un hôte vivement désiré.

« Qu'ajouterais-je, Messieurs, à cette allocution déjà trop longue? Je me persuade que personne ne se trompera sur le but des récompenses qui vont être décernées : elles ne sont point le signe d'une protection ambitieuse vis-à-vis de Sociétés qui ne peuvent accepter que des preuves de bienveillance. — Heureux de nos rapports plus intimes et des avantages que le Comité retirait d'une active collaboration, je devais songer tout naturellement à profiter de tant d'excellents matériaux et de si habiles ouvriers, pour mener à bonne fin nos œuvres de prédilection. C'est ainsi qu'est éclose la pensée du *Dictionnaire topographique* et du *Répertoire archéologique de la France*, impossible à réaliser sans le concours des lumières de la province. — La section des sciences, de son côté, ne se trouvant pas encore en mesure de proposer une entreprise bien définie, s'est arrêtée au louable projet de publier les œuvres inédites de Denys Papin, de Lavoisier, de Lagrange et de Fresnel. Mais elle a continué d'examiner avec la plus scrupuleuse attention toutes les études signalées dans les départements. Quoi donc alors de plus équitable et de plus utile que d'offrir des prix aux ouvrages qui ont le mieux répondu au vœu des sections d'histoire et d'archéologie, ou qui, d'une manière générale, ont profité à l'avancement des sciences pures ou appliquées ? En distribuant ces prix, le Ministre de l'instruction publique, étranger aux moindres velléités de prééminence ou d'absorption, n'a d'autre désir que de prouver à tous ceux qui travaillent combien l'Etat est heureux de les connaître et de les encourager.

« Messieurs, nous devons être fiers de notre patrie! Elle a repris son rang dans le conseil des nations, et l'Empereur, qui lui a rendu toutes les satisfactions de la gloire, enseigne au monde comment un grand souverain doit gouverner un grand peuple, autant par la confiance que par la liberté. Autour de nous toutes les puissances de l'industrie s'apprêtent, et le pays semble se précipiter vers les conquêtes matérielles. Grâce à Dieu, la même impulsion se fait sentir dans la sphère des arts, des sciences et des lettres, et la France comprend que son intelligence est sa force. Persévérez donc, Messieurs, dans les voies de l'étude qui crée ou féconde tous les moyens de civilisation, et que Paris et la province restent toujours unis dans une commune volonté de travail, de patriotisme et de progrès. »

Ce discours, qui constate tant d'heureuses vérités et de si grandes améliorations, tout en faisant sa part légitime à l'œuvre du passé, a été accueilli par les plus unanimes applaudissements.

M. le Ministre a donné alors la parole à M. Milne Edwards, vice-président de la section des sciences, chargé de faire, au nom de cette section, un rapport sur les progrès des sciences dans les départements, pendant la dernière période décennale.

M. Milne Edwards s'est exprimé en ces termes :

§ 1er.

Les stimulants les plus puissants du mouvement scientifique sont partout l'échange rapide et fréquent des idées; l'exemple des hommes qui s'avancent d'un pas sûr dans les voies nouvelles, le spectacle des découvertes naissantes et le retentissement des hommages rendus à ceux qui agrandissent le champ des connaissances humaines. Mais, si le contact mutuel des pionniers et des législateurs de la science réchauffe leur zèle et facilite l'accomplissement de leur tâche; si, dans les grandes réunions d'hommes d'étude, les moyens d'action dont chaque individu dispose augmentent la puissance de tous, ces circonstances favorables au développement des travaux de l'esprit n'y sont pas nécessaires, et, dans les grandes villes où on les rencontre, leur effet utile est en partie contre-balancé par mille inconvénients inhérents à une vie agitée, et surtout par l'excitation immodérée du désir de la célébrité, qui porte trop d'auteurs à publier leurs œuvres avant de les avoir suffisamment mûries. Ceux qui disent qu'en France la culture des sciences ne peut prospérer qu'à Paris sont dans une erreur profonde. J'entends beaucoup de jeunes professeurs de l'Université gémir de ce qu'ils appellent leur bannissement en province, et attribuer aux difficultés d'une position isolée l'inactivité dont ils sont parfois coupables. Mais ce sont là des idées fausses qu'il importe de détruire, et, pour montrer que partout on peut rendre à la science des services signalés, il me suffira, je pense, de rappeler quelques-uns des travaux accomplis dans nos départements par des hommes qui souvent ne trouvaient de ressources qu'en eux-mêmes, et dans la nature dont le concours est toujours assuré à ceux qui la savent interroger.

Je regrette de ne pouvoir tracer ici un tableau complet des progrès effectués de la sorte depuis le moment où la France a retrouvé le calme et la vigueur qui lui avaient été un instant ravis, et qui sont nécessaires à la prospérité des sciences, des lettres et des arts, non moins qu'au développement des richesses matérielles des peuples. Mais je dois être bref, et, voulant cependant faire parler les faits, je me bornerai à l'énumération de quelques-uns des travaux qui pendant cette période ont été exécutés en grand nombre sur divers points de l'Empire, et qui me paraissent les plus propres à justifier la thèse que je soutiens.

Pour montrer ce qui peut être fait loin de Paris, les exemples ne me manqueraient dans aucune des branches de la science, et, si je parle principalement des travaux de nos naturalistes, c'est parce qu'à raison de la direction spéciale de mes études, ce sont leurs noms qui se présentent d'abord à ma pensée.

§ 2.

Je citerai en première ligne le doyen d'âge des zoologistes français, M. Léon Dufour, qui, depuis plus d'un demi-siècle, consacre à des investigations scientifiques tous les instants dont l'exercice de sa laborieuse profession lui permet de disposer. De 1808 à 1814, M. Léon Dufour suivait nos armées en qualité de chirurgien militaire, et il mit à profit cette existence nomade pour faire sur la Faune de l'Espagne des études approfondies. Puis il fixa sa résidence au pied des Pyrénées, dans la très-petite ville de Saint-Sever, et, tout en s'y livrant activement à la pratique de la médecine, il sut trouver le temps de faire une longue série de travaux sur la structure intérieure des insectes et sur mille autres sujets d'histoire naturelle. Ses écrits remplissent plusieurs volumes des Mémoires de notre Académie des sciences et de divers autres recueils ; ils ont beaucoup contribué aux progrès de l'anatomie comparée, et on les trouve cités avec éloges dans tous les ouvrages d'entomologie. Aujourd'hui, malgré ses quatre-vingts ans, M. Léon Dufour est non moins passionné pour ses recherches qu'il ne l'était dans sa jeunesse, et pendant sa longue carrière son zèle ne s'est jamais refroidi. L'amour de la science a toujours été son unique mobile, et, en entrant dans la voie qu'il a suivie avec tant de persévérance, il savait bien qu'elle ne le conduirait ni aux richesses ni au pouvoir. Dans plus d'une circonstance il lui aurait été facile d'obtenir à Paris une position élevée dans le corps enseignant, mais toujours il préféra rester dans sa retraite, afin de ne pas interrompre le cours de ses observations. La science lui doit donc beaucoup, et elle n'a pas été ingrate envers lui, car les distinctions honorifiques dont elle dispose n'ont pas manqué à ce savant modeste. Ainsi, depuis fort longtemps, M. Léon Dufour est correspondant de l'Institut de France; l'année dernière, notre Académie lui décerna le grand prix qui porte le nom de Cuvier, et qui n'avait encore été obtenu que par trois des naturalistes étrangers les plus éminents : M. Agassiz, en Amérique; J. Müller, à Berlin; et M. Owen, à Londres. Enfin l'Empereur a élevé M. Léon Dufour au grade d'officier de la Légion d'honneur. Je regrette de ne pas apercevoir au milieu de nous ce savant vénérable, et mon sentiment à cet égard doit être partagé par tous les naturalistes réunis ici, car M. Dufour est aimé autant que respecté de tous ceux qui le connaissent.

Un autre vétéran de la science, dont la vie a été également consacrée à des études zoologiques, est M. Eudes Deslongchamps, de la Faculté de Caen. Pendant longtemps il était un des membres les plus actifs de la Société linnéenne de Normandie, Compagnie qui a publié beaucoup de travaux importants. Les recherches de M. Eudes Deslongchamps portent principalement sur les fossiles des environs de Caen; mais on lui doit aussi des observations importantes sur d'autres sujets, et les paléontologistes, même les plus éminents, le consultent souvent avec profit.

M. Gervais, de Montpellier, est aussi un de ces hommes zélés pour la science dont les travaux sont trop nombreux pour être énumérés ici; mais il est encore dans la force de l'âge, et chaque jour il acquiert de nouveaux titres à l'estime des naturalistes. Son principal ouvrage est relatif à la détermination des ossements fossiles du midi de la France, sujet qui nécessite une réunion rare de connaissances anatomiques et zoologiques. Ce livre contient un nombre très-considérable d'observations neuves, et il prend place dans nos bibliothèques à côté de ceux d'Owen, d'Agassiz, de Pictet, de Hermann von Meyer et des autres paléontologistes qui marchent sur les traces de notre grand Cuvier.

Strasbourg, dont le nom revient souvent quand on parle de services rendus aux sciences naturelles, possède aussi un zoologiste habile et modeste, dont la présence ici m'empêche de dire tout le bien que je pense de ses travaux (1). J'ajouterai seulement que les recherches de M. Lereboullet sur l'anatomie comparée et sur l'embryologie ont reçu à plusieurs reprises des récompenses de l'Académie des sciences.

Parmi les hommes plus jeunes dont on est en droit de beaucoup attendre, parce qu'ils ont déjà beaucoup fait, je citerai, en première ligne, le professeur de zoologie de la Faculté de Lille, M. Lacaze-Duthiers. Il s'occupe principalement de l'étude anatomique et physiologique des animaux marins, et chaque année, en poursuivant ses observations délicates, il enrichit la science de quelque découverte. En 1860, il obtint, pour ses recherches sur les mollusques, un des prix de physiologie décernés par l'Académie des sciences, et je suis persuadé que cette récompense ne sera pas la dernière que M. Lacaze-Duthiers devra au mérite de ses travaux.

Je craindrais de paraître partial et dominé par l'esprit de corps si je m'étendais davantage sur les travaux des zoologistes qui appartiennent à l'Université. Je devrais cependant parler des observations de M. Brullé, de Dijon, sur le système appendiculaire des insectes et de ses expériences sur la nutrition des os; des recherches de M. Hollard, de Poitiers, sur l'organisation et la classification des poissons; des publications de M. Joly, de Toulouse, sur la tératologie et sur la maladie singulière des vers à soie; des expériences de M. Faivre, de Lyon, sur les propriétés physiologiques de diverses parties du système nerveux des insectes, et de celles non moins intéressantes de M. Dareste, de Lille, sur la production artificielle des anomalies organiques; des observations de M. Favre, d'Avignon, sur les mœurs et les métamorphoses de certains insectes, et de celles de M. Lespès,

(1) M. Lereboullet a inséré dans les *Mémoires de la Société d'histoire naturelle de Strasbourg* plusieurs travaux importants sur la zoologie et l'anatomie comparée. Il en a publié d'autres dans les *Annales des sciences naturelles*, et en ce moment les recherches qu'il a faites sur l'embryologie de divers animaux s'impriment en partie dans ce dernier recueil, en partie dans les *Mémoires de l'Académie des sciences*. Mais je regrette d'avoir à ajouter qu'un des principaux ouvrages de ce savant n'a pu trouver place dans aucune des publications françaises et a dû aller demander l'hospitalité à une Académie allemande; c'est son travail sur les organes de la reproduction chez les vertébrés que l'on trouve dans le 23e volume des *Acta Academiæ naturæ curiosorum*, imprimé à Bonn. J'espère que désormais ce sera à la France seulement que la science sera redevable de la publication des découvertes des naturalistes français.

de Dijon, sur l'histoire naturelle des termites ou fourmis blanches de La Rochelle; des nombreuses publications de M. Mulsant, de Lyon, sur la Faune entomologique de la France; enfin, des travaux modestes de M. Etallon, à Gray, sur les fossiles du terrain jurassique, et de ceux de plusieurs autres de nos jeunes professeurs dont les efforts sont dignes d'éloges. Mais cette liste, comme on le voit, serait trop longue pour être lue ici, et je me bornerai à faire mention des services rendus à la zoologie par un des nouveaux concitoyens que nous a donnés le splendide bijou dont la couronne de France vient de s'enrichir sur la rive gauche du Var. M. Verany, professeur au lycée de Nice, est bien connu de tous les naturalistes pour son ouvrage sur les céphalopodes de la Méditerranée; mais on ne sait pas généralement que depuis quelques années il a terminé un beau travail descriptif sur les mollusques nus de cette partie de notre littoral. Jusqu'ici ce livre a dû rester inédit, à cause des frais considérables que sa publication occasionnerait; mais j'ose espérer que, grâce à la munificence de sa patrie d'adoption, M. Verany pourra bientôt le faire paraître.

Parmi les naturalistes de nos départements que l'Université n'a pas l'avantage de posséder dans son sein, je dois citer tout d'abord : M. Cotteau, membre de la Société des sciences historiques et naturelles de l'Yonne; M. Guénée, de Châteaudun; M. Hesse, de Brest, et M. Morelet, de l'Académie de Dijon. Le premier s'est livré à des études longues et approfondies sur les zoophytes fossiles de la grande famille des échinides; le second s'occupe avec succès d'entomologie: M. Hesse a recueilli beaucoup d'observations intéressantes sur les crustacés inférieurs, et M. Morelet, poussé par l'amour des sciences naturelles et par le désir de visiter des pays peu explorés, a entrepris à ses frais plusieurs voyages lointains. Ce naturaliste a pu faire aussi beaucoup d'observations nouvelles sur les mollusques du Portugal et des Açores, ainsi que sur la Faune de l'Amérique centrale. Il a donné généreusement à notre grand musée national plusieurs objets rares et précieux; enfin il a publié sur les productions naturelles des pays qu'il avait visités un nombre considérable d'écrits intéressants (1).

Du reste, ce n'est pas seulement par leurs publications que les naturalistes de nos départements contribuent puissamment aux pro-

(1) On trouvera dans une autre partie de ce recueil le rapport spécial dont les travaux de M. Morelet ont été l'objet dans le sein de la section scientifique du Comité. (Séance du 12 juillet 1861.)

grès de la science; plusieurs d'entre eux ont formé des collections d'une grande importance : par exemple, M. Lecoq, à Clermont (1); M. Pouchet, à Rouen (2), et M. Jourdan, à Lyon. Ce dernier a réuni de grandes richesses paléontologiques dont la description est attendue avec impatience par tous les amis des sciences : c'est un des hommes les plus actifs et les plus zélés que je connaisse; mais, dans l'intérêt de tous, je voudrais qu'il ne tardât pas davantage à publier les résultats de ses nombreuses observations.

Enfin, dans cette énumération rapide des hommes qui, loin de Paris, ont contribué aux progrès de la zoologie pendant la dernière période décennale, je ne dois pas oublier les morts : et il y aurait ingratitude à ne pas rappeler ici les noms de M. Macquart, de Lille; de M. Grateloup, de Bordeaux; de M. Thiolière, de Lyon; de M. Nodot, de Dijon, et de M. Dujardin, de Rennes (3).

Le corps médical de nos départements, qui a fourni à la zoologie plusieurs des hommes distingués dont je viens de rappeler brièvement les travaux, compte aussi dans son sein des expérimentateurs dont les recherches ont contribué aux progrès de la physiologie humaine, science sans laquelle l'art de guérir n'aurait aucune base solide et resterait toujours dans le domaine de l'empyrisme. Tel est M. Denis, de Commercy, qui, tout en exerçant la médecine dans la petite ville de Toul, s'est livré avec persévérance à des investigations délicates sur la composition chimique du sang et sur les matériaux constitutifs de ce liquide nourricier. Je citerai aussi M. Blondlot, de Nancy, dont les recherches sur la digestion ont excité beaucoup d'intérêt; M. Chauveau, de Lyon, qui a fait de bonnes observations sur le mécanisme des mouvements du cœur et sur plusieurs

(1) La belle collection appartenant à M. Lecoq témoigne des sentiments généreux et patriotiques de ce naturaliste aussi bien que de son amour de la science, car (si je suis bien informé) elle est destinée à être offerte, en don, à la Faculté de Clermont.

(2) Ce n'est pas seulement comme professeur et comme créateur de la grande collection zoologique de Rouen que M. Pouchet a des droits à la reconnaissance des naturalistes. On lui doit aussi des ouvrages importants, par exemple, un livre sur l'*Histoire des sciences au moyen âge* et un traité sur l'ovulation spontanée chez les mammifères. Dans ces derniers temps il a fait beaucoup de recherches sur la prétendue génération spontanée des animalcules infusoires, mais ses opinions à ce sujet ne sont partagées que par fort peu de physiologistes.

(3) Pendant les dernières années de sa vie M. Dujardin s'est occupé de la rédaction d'un ouvrage général sur l'*Histoire naturelle des échinodermes*; M. Hupé, aide-naturaliste au Muséum, a continué ce travail et vient de le faire paraître.

autres sujets; M. Rouget, de Montpellier, qui s'est occupé de la structure intime des muscles; enfin M. Ollier, de Lyon, qui, en marchant sur les traces de mon illustre collègue M. Flourens, a jeté de nouvelles lumières sur quelques points de l'histoire physiologique des os.

§ 3.

Les botanistes de nos départements qui contribuent au mouvement de la science sont moins nombreux que les naturalistes dont les investigations portent sur les diverses parties du règne animal; et cette circonstance dépend peut-être de ce que la plupart des personnes adonnées à l'étude des plantes s'occupent de la nomenclature et de la classification de ces êtres, plutôt que des phénomènes physiologiques dont ceux-ci sont le siége, ou de la structure des organes à l'aide desquels ces phénomènes se manifestent. Or, les travaux de ce genre n'acquièrent de l'importance que lorsque celui qui les fait peut avoir à sa disposition une riche bibliothèque, de grands herbiers, et peut comparer entre eux tous les principaux membres de la famille naturelle dont il veut faire la révision, conditions qui se trouvent rarement réunies ailleurs que dans quelques musées de premier ordre, tels que ceux de notre Jardin des plantes ou de la famille Delessert, à Paris.

Comme preuve de l'importance des services que ces botanistes peuvent rendre aux sciences biologiques, je rappellerai cependant les belles recherches de M. Thuret sur les algues. Pendant un séjour de plusieurs années aux environs de Cherbourg, cet habile observateur a pris pour sujet de ses études le mode de reproduction des plantes marines, et il est arrivé aussi à des découvertes capitales.

Pendant la dernière période décennale, nous avons vu s'achever un magnifique ouvrage sur les mousses d'Europe, par MM. Schimper (de Strasbourg), Bruch et Gümbel. La *Flore française*, par M. Godron, de Nancy, et M. Grenier, de Besançon, a été également terminée, et elle constitue une acquisition précieuse pour la botanique. Dernièrement, M. Godron a fait paraître un autre livre intitulé : *De l'espèce et des races dans les êtres organisés.* M. Lecoq, dont j'ai déjà cité le nom, a publié un grand ouvrage sur la géographie botanique de la France centrale comparée à celle du reste de l'Europe. Enfin, je ne dois pas omettre de faire mention des travaux dont la science est redevable à M. Fée, de Strasbourg; à MM. Martins et Planchon, de Montpellier; à M. Clos, de Toulouse; à M. Bornet, d'Antibes, et à M. Lejolis, de Cherbourg.

§ 4.

Les géologues répartis sur les divers points de la surface de la France ont payé aussi de riches tributs à la science. L'esprit humain est, de sa nature, insatiable, et chacune de ses conquêtes le porte à tenter des conquêtes nouvelles. Aussi, dès que la grande carte géologique de la France eut été tracée de main de maître par MM. Elie de Beaumont et Dufresnoy, vit-on entreprendre de tous côtés des travaux partiels destinés à compléter quelques portions de ce vaste tableau, ou à approfondir davantage diverses questions laissées indécises par ces auteurs. Chacun de nos départements a voulu connaître jusque dans ses moindres détails la constitution de son sol, et sur plusieurs points ce résultat a été obtenu, grâce au zèle et au talent des géologues qui habitent chacune de ces divisions territoriales. Comme exemple de ces travaux locaux, je citerai l'ouvrage important publié à Strasbourg, en 1852, par M. Daubrée, sur le département du Bas-Rhin, livre qui a pesé d'un grand poids dans la détermination prise cette année par l'Académie des sciences, lorsqu'elle a appelé ce savant à venir occuper une des six places destinées à la minéralogie et à la géologie dans le sein de l'Institut de France.

Un travail analogue de M. Lory, de Grenoble, est en voie de publication, et embrasse une des régions alpines les plus accidentées et les plus curieuses à étudier (1). Les recherches faites par ce savant et par quelques autres observateurs, parmi lesquels je ne saurais oublier M. Pillet et M. l'abbé Vallet, de Chambéry, touchent à une des questions fondamentales de la géologie et paraissent être de nature à y porter de nouvelles lumières.

M. Fournet, de Lyon, est connu depuis longtemps comme étant un des géologues les plus actifs et les plus féconds de la France. Ses recherches sur les filons datent d'une époque dont je n'ai pas à m'occuper ici ; mais pendant la dernière période décennale il a publié un grand nombre de Mémoires intéressants pour la géologie, et il s'est livré avec zèle à des observations météorologiques dont l'utilité sera certainement très-grande. Du reste, pour montrer combien

(1) C'est principalement en considération du travail de M. Lory que la section scientifique du Comité a proposé à M. le Ministre de décerner une médaille d'or à la *Société de statistique, des sciences naturelles et des arts industriels de Grenoble* et de mettre une médaille d'argent à la disposition de cette compagnie savante.

les travaux de M. Fournet sont estimés par les juges les plus compétents, il me suffira d'ajouter que ce savant est le seul Français dont le nom soit inscrit sur la liste des correspondants de l'Académie dans la section de géologie, liste qui ne se compose que de cinq autres noms des plus célèbres en Europe : Murchison et Sedgwich, pour l'Angleterre; d'Omalius d'Halloy, pour la Belgique ; Gustave Rose, pour la Prusse, et Haidinger, pour l'Autriche.

Je regrette de ne pouvoir m'étendre davantage sur les travaux des géologues de nos départements, car j'aurais aimé à dire au moins quelques mots de la magnifique carte géologique de la partie centrale de l'Auvergne dont M. Lecoq de Clermont s'occupe depuis trente ans. J'aurais désiré aussi rappeler ici les observations importantes de M. Raulin, non-seulement sur la constitution géologique de l'Aquitaine et de quelques autres parties de la France, mais aussi sur l'île de Crète, dont l'étude a fourni la matière d'un beau volume publié sous les auspices de M. le Ministre de l'instruction publique dans les actes de la Société linnéenne de Bordeaux. Je n'aurais pas manqué de citer aussi, avec les éloges qu'ils méritent, les travaux de l'infatigable M. Marcel de Serres (1) ; de M. Leymerie, de Toulouse; de M. Coquand, de Marseille; de M. de Rouville, de Montpellier, et de faire mention des recherches de M. Delbos, de Mulhouse; de M. Terquem, de Metz; de M. Triger, du Mans; de M. Ebray, de Pouilly; de M. Le Touzé, de Poitiers; de M. Buvignier, de Verdun, et de plusieurs autres savants de nos départements qui marchent dans la même voie ou qui appliquent leur érudition à la solution de questions géologiques, ainsi que le fait avec persévérance M. Perrey, de Dijon. Il m'aurait été doux de pouvoir payer aussi un juste tribut d'hommages à la mémoire de M. Durocher, de Rennes. Enfin, comme exemple et comme encouragement pour les hommes qui vivent isolés et qui n'ont à leur disposition aucune des ressources que l'Etat fournit à nos ingénieurs et à nos professeurs de Facultés, il m'aurait paru utile de rappeler ici, avec quelques détails, les

(1) Ce vétéran de la science, dont l'un des ancêtres (Olivier de Serres) rendit d'immenses services à l'agriculture française du temps de Henri IV, s'est fait d'abord connaître comme zoologiste et on cite souvent les mémoires sur l'anatomie des insectes qu'il publia vers 1812. Depuis plus de 50 ans il enseigne la géologie à Montpellier et on lui doit un grand nombre de travaux relatifs à cette branche des sciences naturelles. J'ajouterai que ses titres à la reconnaissance des géologues n'ont pas été oubliés et que dernièrement, sur la proposition de M. le Ministre de l'instruction publique, S. M. l'Empereur lui a conféré le grade d'officier de la Légion d'honneur.

découvertes célèbres de M. Lartet dans les flancs de la colline de Sansan, à quelques lieues au sud de la petite ville d'Auch, ainsi que les observations récentes du même paléontologiste sur la coexistence de certains produits de l'industrie humaine et d'un grand nombre d'ossements fossiles d'espèces éteintes dans quelques cavernes du midi de la France (1).

§ 5.

La chimie, qui, depuis Lavoisier, a marché d'un pas si rapide et qui a tant contribué à notre gloire nationale ainsi qu'à la prospérité de l'industrie dans tous les pays civilisés, est cultivée aujourd'hui partout en France, et pendant la dernière période décennale les services rendus à cette science, loin de Paris, sont dignes d'être cités à côté de ceux dont l'origine était la même pendant la première moitié du siècle actuel. Or, on se souvient avec reconnaissance qu'en 1826 Montpellier nous donna le brome, et chacun sait que le successeur de M. Balard, dans cette cité savante, Gerhardt, y posa les bases de sa grande réputation avant de retourner à Strasbourg, sa ville natale, où il mourut à l'âge de quarante ans, en laissant un nom célèbre. Tout récemment encore, Nancy était un foyer de lumière pour les chimistes, parce que le fécond Braconnot y avait établi son laboratoire. La Faculté des sciences de Bordeaux se glorifie d'avoir compté Laurent parmi ses membres, et Lille, qui possède aujourd'hui M. Kuhlmann et M. Girardin, dont les recherches scientifiques ont rendu de grands services à l'industrie, regrette sans doute d'avoir dû céder à Paris le jeune doyen qui jetait tant d'éclat sur sa Faculté des sciences. En effet, c'est à Lille que M. Pasteur a fait la plupart des beaux travaux qui le placèrent de suite au premier rang parmi les chimistes de l'Europe, et qui témoignèrent de son esprit éminemment philosophique ainsi que de son habileté consommée dans l'art de l'expérimentation. Lille peut donc, à juste titre, considérer M. Pasteur comme un des siens et jouir de ses succès légitimes.

Mais les chimistes ne trouvent pas dans toutes les villes de France, même les plus riches et les plus éclairées, les puissantes ressources que Lille a généreusement fournies à sa Faculté des sciences; et, pour mieux montrer tout ce que peut accomplir un homme

(1) J'ajouterai que depuis fort longtemps M. Boucher de Perthes se livre avec persévérance à des recherches analogues, et que les découvertes qu'il a faites aux environs d'Abbeville intéressent vivement les géologues.

persévérant et doué de l'esprit d'investigation, lors même qu'il est isolé et abandonné à ses propres ressources, je citerai les travaux de M. Dessaignes, receveur municipal de la petite ville de Vendôme. Sans le secours d'aucun maître et sans autre laboratoire que celui créé par lui-même dans sa modeste demeure, M. Dessaignes s'est livré à une longue suite de recherches difficiles et d'un haut intérêt sur la constitution de diverses substances organiques. Ses travaux ne sont pas très-nombreux, mais ce sont autant de perles qui ne laissent rien à désirer et qui portent le cachet d'un esprit fin, sage et élevé. L'année dernière, l'Académie, voulant témoigner toute l'estime que lui inspiraient les découvertes de ce chimiste habile, lui décerna un de ses prix, et il est à espérer que la santé délicate de M. Dessaignes ne l'empêchera pas de persévérer dans des travaux auxquels il ne demandait d'abord que l'oubli de ses chagrins, mais dont il a obtenu une célébrité qui grandira avec le temps.

Si je ne craignais de dépasser les limites d'un écrit fugitif dont la lecture ne devrait durer que quelques minutes, je parlerais longuement des travaux de plusieurs autres chimistes de nos départements ; mais le temps me presse, et je me bornerai à rappeler les noms bien connus de M. Malagutti, de Rennes, de M. Isidore Pierre, de Caen, de MM. Chancel et Béchamp, de Montpellier.

M. Malagutti ne s'est pas borné à enrichir la science par ses découvertes ; il s'est appliqué aussi à répandre dans le public des connaissances que tout homme instruit devrait avoir, et il a été conduit de la sorte à publier sur la chimie un ouvrage élémentaire qui est fort estimé.

M. I. Pierre s'occupe principalement des applications de la chimie à l'agriculture et il est parvenu à jeter de nouvelles lumières sur plusieurs questions d'un haut intérêt pour la pratique de cet art, ainsi que pour la physiologie végétale. Les travaux de M. Boussingault montrent combien les services de ce genre peuvent être grands, et c'est avec satisfaction que nous voyons des agronomes, aussi bien que plusieurs de nos jeunes professeurs, s'engager dans la même voie : par exemple, M. Corenwinder, à Lille, et M. Ladrey, à Dijon.

§ 6.

La physique est de toutes les sciences expérimentales celle qui exige le plus d'instruments coûteux et l'intervention la plus fréquente de mécaniciens habiles. C'est donc à cette branche de son étude que semblerait s'appliquer avec le plus de raison la commode excuse de ceux qui attribuent leur infécondité à des difficultés inhérentes à l'habitation de la province. Mais il est à remarquer que la liste des physiciens de nos départements qui, depuis quelques années, ont obtenu un juste renom, est tout aussi longue que celle des adeptes de chacune des sciences dont je viens de mentionner les progrès récents.

En portant les yeux dans cette direction, j'aperçois en première ligne le vénérable M. Delezenne, de Lille, à qui l'optique et l'électricité doivent des instruments ingénieux et des recherches aussi variées qu'intéressantes. Mû par des sentiments dont ses concitoyens doivent être reconnaissants, ce savant n'a jamais voulu publier ses travaux ailleurs que dans les Mémoires de la Société scientifique de la ville où il réside; mais ils sont bien connus des physiciens de tous les pays, et ils ont valu à leur auteur la plus haute distinction que l'Académie des sciences pouvait lui décerner: le titre de correspondant de l'Institut.

M. Abria, de Bordeaux, a suivi l'exemple de M. Delezenne, et, en explorant avec talent et persévérance un champ nouveau ouvert par les découvertes de Faraday, il a fait sur les phénomènes d'induction des travaux importants.

A Toulouse, M. Boisgirault avait déjà continué de la même manière l'œuvre d'Ampère, et aujourd'hui nous voyons à Grenoble M. Quet, avec un talent remarquable, compléter les travaux de Fresnel et de Cauchy sur la diffraction.

M. Favre, de Marseille, a enrichi la science de beaucoup de faits nouveaux et bien constatés relatifs au dégagement de la chaleur dans la pile, à la condensation des gaz par les corps solides, aux courants hydro-électriques, aux relations qui existent entre les actions calorifiques, électro-dynamiques et chimiques, à l'équivalent mécanique de la chaleur, et à plusieurs autres sujets d'un grand intérêt pour la chimie aussi bien que pour la physique. Ses travaux sont fort estimés et honorent le corps enseignant dont il est un des membres les plus distingués.

Enfin, je devrais citer également ici les noms de M. Bertin, de Strasbourg, de M. Nicklès, de Nancy, et de plusieurs des professeurs de nos lycées. Ceux-ci comprennent aujourd'hui qu'ils ont pour mission d'élargir le domaine de la physique, aussi bien que d'enseigner cette science à leurs jeunes élèves, et bien peu d'entre eux manquent à ce double devoir. Plusieurs se sont particulièrement distingués par leurs recherches expérimentales : par exemple,

M. Lallemand, M. Viard, M. Séguin, M. Wolf, M. Drion et M. Terquem fils. J'ajouterai qu'on doit à M. Daguin un traité de physique très-estimé, et que M. Billet a publié sur l'optique un ouvrage important. Je ne parle pas ici des brillantes expériences de M. Morren sur la phosphorescence des gaz, parce que toutes les personnes présentes ici ont pu en être témoins.

§ 7.

Les hautes études mathématiques prospèrent aussi dans quelques-uns de nos départements. Ainsi M. Sarrus, que la Faculté de Strasbourg vient de perdre, avait acquis par ses travaux un rang élevé dans la science, et les recherches de M. Dupré, de Rennes, ont été jugées dignes de l'une des grandes récompenses que l'Académie des sciences décerna en 1858.

M. Lespiault, de Bordeaux, a inséré dernièrement dans les Mémoires de l'une des Sociétés savantes de cette ville un travail remarquable sur la loi de rétrogradation des nœuds de l'orbite lunaire.

M. Bourget et M. Hoüel se sont également occupés de mécanique céleste, et leurs recherches, encore inédites, ne manqueront pas d'intéresser les géomètres et les astronomes.

M. Roche, de Montpellier, a prouvé depuis longtemps qu'il est à la hauteur des questions les plus difficiles, et qu'il peut les traiter en employant toutes les ressources dont dispose la science. Enfin M. Rouché, M. Despeyrous et plusieurs autres mathématiciens mériteraient d'être cités ici.

J'ajouterai que même les observations astronomiques ne sont pas négligées dans nos départements, et, pour le prouver, il me suffira de rappeler ici les noms bien connus de M. Valz à Marseille, de M. Petit à Toulouse, et du docteur Lescarbault dans le village d'Orgères, en Normandie.

§ 8.

Le long mais incomplet dénombrement que je viens de faire prouve assez que dans nos provinces il n'est aucune science qui ne soit cultivée avec succès, et j'avouerai même qu'en songeant à tout ce que j'ai dû omettre ainsi qu'à tout ce dont j'ai fait mention, je ne suis pas exempt d'un peu de surprise; car, avant d'avoir, pour la première fois, réuni dans un seul cadre ces œuvres si nombreuses et si variées, je ne me rendais pas suffisamment compte de l'importance de l'ensemble qu'elles forment.

Comment se fait-il donc qu'en présence de tant de services rendus journellement aux sciences, on puisse dire qu'en France le mouvement intellectuel est concentré à Paris, ou que la province n'y participe que faiblement ?

Cette erreur, dont il importe de signaler et de détruire les causes, dépend sans aucun doute en grande partie de la dispersion des savants de nos départements, en partie de l'insuffisance des moyens de publicité dont ces hommes laborieux disposent et du peu de retentissement donné jusqu'ici aux récompenses que l'Etat leur accorde. Mais dans un pays comme la France, où les productions de l'esprit ont toujours été une des gloires nationales, où les titres scientifiques sont des titres de noblesse et où le développement des forces intellectuelles de la société est un objet de constante sollicitude pour l'administration, ces obstacles ne pouvaient subsister toujours, et nous venons d'entendre, de la bouche de M. le Ministre, que le Gouvernement veut s'appliquer avec persévérance à mettre en lumière les droits de chacun à la reconnaissance de tous, à faciliter les travaux scientifiques partout où on les entreprend, à en exciter l'extension et à découvrir, jusque dans les retraites les plus profondes, le mérite, afin de le proclamer hautement et de lui accorder de justes récompenses.

C'est conformément à ces pensées généreuses et élevées que M. le Ministre a voulu avoir auprès de lui un Comité consultatif, qui serait chargé de réunir les travaux effectués par les différentes Sociétés savantes de nos départements ou par les personnes isolées qui se vouent à la culture des sciences, de lui en rendre compte et de lui proposer les mesures les plus utiles aux intérêts généraux.

En venant pour la première fois au milieu des nombreuses Sociétés avec lesquelles ces relations doivent s'établir, je crois utile d'expliquer à nos confrères comment les membres de la section scientifique de ce Comité entendent remplir leur mission.

Ils n'ignorent pas que la réputation de toute Société savante dépend essentiellement de la valeur de ses publications, et que, par conséquent, un de leurs premiers devoirs est de chercher à aplanir les difficultés qui parfois s'opposent à l'insertion d'un travail remarquable dans le recueil de la Compagnie dont ce travail émane. Ils doivent désirer aussi donner une grande publicité à tout Mémoire jugé digne du patronage de l'Etat et en assurer la facile circulation parmi ceux qui ont intérêt à le connaître. Ils ne veulent ni soustraire les productions scientifiques à leurs juges ordinaires, ni y imprimer une direction spéciale. Ils comprennent que tout savant doit choisir librement la route qu'il se croit plus apte à suivre, et doit marquer son œuvre du cachet particulier de son esprit. En effet, les investigations qui excitent au plus haut degré le zèle de celui qui s'y livre sont toujours celles dont la pensée première lui appartient ; par conséquent, le Comité doit s'efforcer de développer l'initiative chez les hommes d'étude, et si parfois il leur adresse quelques conseils, ce sera uniquement dans l'intention de les aider dans leurs recherches, jamais pour leur dicter un sujet de travail ou pour leur tracer un cadre qu'ils n'auraient qu'à remplir servilement.

Jadis les Académies proposaient toujours pour leurs prix des questions déterminées. Dans quelques branches des connaissances humaines, cette marche est, aujourd'hui encore, préférable à toute autre ; car, pour certaines matières, les maîtres peuvent mieux que tout autre signaler les points dont l'examen importe le plus au progrès de leurs études spéciales. Mais, pour les sciences mathématiques, physiques et naturelles, on doit laisser plus de latitude aux investigateurs, et l'expérience nous semble avoir prouvé que, dans tout concours de ce genre, le programme le plus utile est le suivant : *Les prix seront décernés aux travaux les plus importants et les mieux faits.*

Il est vrai qu'en procédant de la sorte, les jugements sont parfois difficiles à porter ; mais c'est là marche que la section scientifique du Comité a dû adopter pour rester fidèle à la pensée du Ministre. C'est donc conformément à ces vues que nous avons procédé dans l'examen des publications soumises à nos appréciations, et que le Comité a proposé à Son Excellence de décerner les récompenses dans l'ordre qui a été adopté par elle.

Je dois ajouter que nous avons vu avec satisfaction nos confrères des départements, répondant si bien aux intentions de M. le Ministre, accourir de toutes les parties de la France pour se communiquer mutuellement les résultats de leurs travaux, les discuter avec calme et urbanité et y donner une grande publicité. En se réunissant dans notre vieille Sorbonne, ils ont pu voir que l'administration centrale de l'instruction publique n'est ni injuste ni oublieuse à leur égard ; que les moyens de travail mis à leur disposition par l'Etat ne sont pas inférieurs à ceux fournis à la Faculté des sciences de Paris. Depuis longtemps les chefs de l'Université ont voulu que tous les membres du corps enseignant pussent concourir au progrès de la science aussi bien qu'à opérer la diffusion des connaissances dans la nation tout entière. M. Thénard, dont le nom sera toujours vénéré dans cette enceinte, a commencé la réalisation de cette grande pensée. Strasbourg, Lyon, Bordeaux, puis Lille et plusieurs autres villes universitaires, y ont largement contribué, et il est à espérer qu'un jour Paris suivra leur exemple. Enfin, M. le Ministre de l'instruction publique développe chaque jour l'œuvre si bien commencée. Ainsi les savants de nos départements ne manquent ni de bons exemples à suivre ni de moyens de travail; l'Université a beaucoup fait pour eux et fera sans doute davantage encore; le Comité sera toujours un interprète zélé de leurs vœux légitimes, et si les travaux de quelques-uns de nos jeunes professeurs de province ne répondent pas à ce que nous attendons, ceux-ci ne pourront l'attribuer qu'à eux-mêmes.

En résumé, le rôle du Comité me paraît fort doux à remplir : M. le Ministre veut imprimer une impulsion plus forte à la marche du travail scientifique dans toutes les parties de la France; il veut avoir lui-même une connaissance plus complète de ces travaux, afin de leur donner son puissant appui et de les récompenser suivant leur mérite; enfin, il veut en augmenter l'utilité en leur donnant une grande publicité. Il a chargé le Comité de l'aider dans la réalisation de ces vœux, et celui-ci s'efforcera de bien remplir cette mission honorable et utile.

Je ne saurais terminer ces remarques sans remercier, au nom de mes collègues de Paris et des départements, M. le Ministre de l'instruction publique de la bienveillante sollicitude qu'il porte aux intérêts de la science, et sans me féliciter des relations nouvelles ou plus intimes que les Congrès institués par son ordre vont établir entre les hommes d'étude qui vivent sédentaires à Paris et ceux qui se trouvent dispersés dans les autres parties de la France. Ces rapports seront utiles à tous et contribueront, je n'en doute pas, à stimuler le zèle de chacun de nous.

COMPTE RENDU

DES SÉANCES DE LECTURES

DES 21, 22, 23 ET 24 NOVEMBRE.

Conformément à l'arrêté ministériel du 19 novembre, le bureau de la section des sciences se compose de MM :

LE VERRIER, sénateur, membre de l'Institut, *président;*
MILNE-EDWARDS, membre de l'Institut, *vice-président;*
DE COUSSEMACKER, président de la Société des sciences, de l'agriculture et des arts de Lille;
LEREBOULLET, secrétaire délégué de la Société des sciences naturelles de Strasbourg;
PETIT, chef de la 1re division au ministère de l'instruction publique, *secrétaire.*

La section des sciences du Comité des travaux historiques et des Sociétés savantes devait tenir, les 21, 22 et 23 novembre, trois séances extraordinaires dans lesquelles les délégués des Sociétés des départements étaient appelés à donner communication de leurs travaux. Or, l'empressement avec lequel il a été répondu de tous les points de la France à cette heureuse et féconde pensée de M. le Ministre de l'instruction publique, le nombre des personnes inscrites pour faire des lectures, la valeur si réelle des communications annoncées, qui toutes méritaient de trouver place dans cette brillante exposition des travaux scientifiques de la province, ont nécessité une quatrième séance que Son Excellence a bien voulu autoriser.

Ces quatre séances ont eu lieu dans le grand amphithéâtre de chimie de la Sorbonne, à peine suffisant pour contenir l'auditoire d'élite qui s'y pressait, chaque jour plus nombreux et plus vivement intéressé. Dans cet auditoire on comptait, au milieu des membres du Comité et des délégués des départements, plusieurs membres de l'Institut, dont la présence assidue témoignait assez de l'intérêt qu'offrait cette nouvelle solennité scientifique.

Quarante membres des Sociétés, représentant les villes de Lyon, Bordeaux, Strasbourg, Toulouse, Lille, Marseille, Montpellier, Rennes, Caen, Dijon, Rouen, Poitiers, Grenoble, Clermont, Nancy, Reims, Amiens et Beauvais, ont été successivement entendus. Tous se recommandaient déjà par les services qu'ils ont rendus à a science. Les travaux qu'ils ont présentés au Comité, inédits pour la plupart, sont le fruit de laborieuses et consciencieuses recherches. Ils appartiennent aux trois grands ordres de sciences, les sciences mathématiques, les sciences physiques et les sciences naturelles, qui s'y trouvent chacune l'objet d'un certain nombre d'études spéciales.

Quatre Mémoires de mathématiques ont été produits par MM. Bourget de Clermont, Girault de Caen, Dupré de Rennes, et Despeyrous de Dijon.

L'astronomie a eu pour interprètes M. Le Verrier et M. Petit, de Toulouse.

Les sciences physiques n'ont pas compté moins de seize Mémoires, dont huit de physique proprement dite, par MM. Abria de Bordeaux, Bertin de Strasbourg, Bernard de Clermont, Billet de Dijon, Morren de Marseille, Séguin de Grenoble, Fournet de Lyon, Decharme d'Amiens ; et huit de chimie, par MM. Chancel et Béchamp de Montpellier, Baudrimont de Bordeaux, Favre de Marseille, Isidore-Pierre de Caen, Filhol de Toulouse, Nicklès de Nancy, Aubergier de Clermont.

Il a été présenté quinze Mémoires relatifs aux sciences naturelles : sept de géologie, par MM. Leymerie de Toulouse, Lecoq de Clermont, Lory de Grenoble, Coquand de Marseille, Raulin de Bordeaux, Jourdan de Lyon, Perrey de Dijon ; et huit de zoologie et de botanique, par MM. Lereboullet et Duval-Jouve de Strasbourg, Martins de Montpellier, Joly et Clos de Toulouse, Dareste de Lille, Hollard de Poitiers, Faivre de Lyon.

La médecine a eu pour interprètes MM. Bourgade de Clermont, Morel de Rouen, Landouzy de Reims.

M. Gossin de Beauvais a présenté des considérations sur l'enseignement de l'agriculture.

Ces diverses communications ont acquis un nouvel intérêt par la forme même sous laquelle elles ont été présentées. Au lieu d'être l'objet de simples lectures dont la froide monotonie eût bientôt fatigué l'auditoire le mieux disposé, chacune d'elles a fourni la matière d'une exposition saisissante faite au tableau avec cette animation chaleureuse que tout auteur, habitué d'ailleurs à l'art de la parole, puise dans son désir de faire partager à ceux qui l'écoutent la conviction dont il est pénétré. Or, le plus souvent, un véritable talent d'improvisation est venu ajouter son charme au mérite réel de la communication.

Enfin, plusieurs questions importantes ont été l'objet de discussions sérieuses, approfondies, toujours maintenues dans les limites d'une entière courtoisie et auxquelles ont pris part les savants les plus autorisés. On gardera le souvenir de la discussion qu'a soulevée la question de l'*hétérogénie* et de celles qui ont si bien complété les communications relatives à la géologie.

Nous croyons devoir, afin de conserver à chacune des quatre séances son véritable caractère, présenter le compte rendu des communications qui ont été faites et des discussions auxquelles elles ont donné lieu, dans l'ordre même où elles se sont succédé.

PREMIÈRE SÉANCE, JEUDI 21 NOVEMBRE.

Présidence de M. Le Verrier.

M. Le Verrier, en ouvrant la séance, remercie M. le Ministre de la libéralité avec laquelle il a complété le Comité en appelant des délégués de toutes les Sociétés savantes des départements à prendre part à ses travaux. Ces réunions, destinées à se renouveler, auront la plus heureuse influence pour établir un lien intime entre le Comité et les Sociétés savantes de la province.

M. le président expose comment dans la nouvelle organisation donnée, en 1858, au Comité des travaux historiques, l'adjonction d'une section des sciences aux deux sections d'histoire et d'archéologie a eu pour but d'assurer aux travaux de l'ordre des sciences proprement dites l'appui du gouvernement.

La double mission de cette section est de recueillir les grands travaux accomplis dans le passé et d'assurer le succès des travaux qui se poursuivent aujourd'hui.

En ce qui concerne le passé, la section des sciences a, comme la section d'histoire, sa *publication des documents inédits*.

Elle est, en effet, chargée de publier, sous les auspices du ministère de l'instruction publique, les œuvres des savants français les plus illustres dont les travaux n'ont pas été jusqu'ici réunis. Déjà l'édition des œuvres de Lavoisier est confiée à M. Dumas, celle des œuvres de Lagrange à M. Serret, celle des œuvres de Fresnel à MM. Fresnel frère et de Sénarmont, et celle des œuvres de Denis Papin à MM. de la Saussaye et Figuier.

Les travaux scientifiques actuels des départements sont l'objet de rapports sérieux et qui deviennent la source d'encouragements et de récompenses, ou même de secours lorsqu'il s'agit de recherches de chimie, de physique ou d'histoire naturelle. Ces rapports, adressés à toutes les Sociétés savantes, en leur faisant connaître la portée des travaux entrepris et les résultats obtenus, leur indiquent suffisamment les nouveaux efforts à tenter, les nouvelles voies à explorer.

Toutefois, il importe qu'on sache bien que la section des sciences du Comité ne prétend imposer aucune direction. Elle n'ignore pas que la condition essentielle du succès des recherches scientifiques est que celui qui les entreprend y soit entraîné par la nature même de son esprit, et s'y livre avec une complète indépendance. Chaque savant ne poursuit avec ardeur que l'œuvre qui lui est propre et dont il a eu l'initiative. La section des sciences laisse donc à tous les travailleurs pleine et entière liberté; mais ils la trouveront toujours prête à leur venir en aide dès qu'ils éprouveront le besoin de s'adresser à elle.

Au reste, c'est du choc des idées auquel donne lieu le contact des hommes, c'est du rapprochement des travaux de même ordre, que peuvent surgir les meilleures et les plus utiles directions. Or, si l'on comprend toute l'heureuse influence que doivent avoir, sous ce rapport, les réunions générales que nous inaugurons, on ne doit pas oublier que les séances ordinaires du Comité, pendant le cours de l'année, ne se distinguent point essentiellement de celles-ci, et que tous les membres des Sociétés savantes des départements, présents à Paris, sont toujours appelés à y assister et à y produire leurs travaux.

Aujourd'hui que cet appel a pu être fait sur la plus large échelle, et que le zèle avec lequel il y a été répondu a permis de mesurer, pour ainsi dire, le bilan scientifique des départements, on est véritablement étonné des richesses qu'il présente. C'est, au reste, l'effet qui se produit lorsqu'on vient à rassembler des lumières disséminées à de grandes distances. Si d'abord on pouvait à peine soupçonner l'intensité de chacune d'elles, on reste frappé du vif éclat que répand de toutes parts le faisceau qui les réunit. Les ressources de l'activité scientifique de la province n'étaient pas assez connues; elles seront désormais justement appréciées, et tel sera toujours le but constant des efforts de la section des sciences du Comité.

M. le président termine en donnant à MM. les délégués des départements l'assurance des sentiments d'entière confraternité avec lesquels ils sont accueillis au sein du Comité. « Nous sommes tous ici, dit-il, collègues au même titre ; nous sommes tous également membres du Comité, réunis pour nous entendre les uns les autres et pour nous éclairer mutuellement. »

Il fait connaître, enfin, que pour donner un plus grand intérêt aux séances, des discussions pourront s'engager sur les communications qui seront faites, et qu'il suffira aux personnes qui voudraient y prendre part de donner au bureau leur nom et celui de la Société savante à laquelle elles appartiennent.

La parole est ensuite donnée aux délégués inscrits.

M. Lereboullet, secrétaire de la Société des sciences naturelles de Strasbourg, communique ses *Recherches sur les monstruosités du brochet observées dans l'œuf, et sur leur mode de formation.*

Pour arriver à la connaissance du mode de production des monstruosités, il est indispensable de les étudier dans l'œuf et de suivre leur développement. C'est ce qui a déterminé M. Lereboullet à choisir l'œuf des poissons, et particulièrement celui du brochet, pour servir de sujet d'étude.

Il établit dans son travail, fondé sur un grand nombre d'observations, que toutes les monstruosités du brochet ont pour point de départ le bourrelet blastodermique ou *embryogène*, et proviennent d'anomalies de ce bourrelet lui-même.

Il faut se rappeler que, chez les poissons, après la segmentation vitelline, il se forme une vésicule qui s'aplatit, s'étale sur l'œuf et constitue une membrane ou enveloppe de l'œuf qu'on a nommée le *blastoderme*. Le vitellus est contenu dans le blastoderme comme une sphère dans une bourse. Lors de la formation de l'embryon, cette bourse est encore ouverte, son orifice est épaissi, et c'est cet épaississement que l'auteur appelle bourrelet *embryogène*, parce que c'est toujours lui qui fournit le premier rudiment embryonnaire.

Dans les circonstances ordinaires, le bourrelet en question produit d'abord une sorte de bourgeon de forme triangulaire (*germe embryonnaire*), qui s'allonge rapidement et ne tarde pas à constituer par cet allongement le premier rudiment du corps de l'embryon.

Or, ce travail présente des anomalies remarquables, qui sont le point de départ des monstruosités.

1° Au lieu d'un seul germe embryonnaire, il peut y en avoir deux plus ou moins éloignés l'un de l'autre.

Cette première anomalie donne naissance à des poissons doubles, à deux corps ou à deux têtes, mais toujours réunis en arrière. La réunion des deux embryons se fait par la fusion des lamelles vertébrales correspondantes. On sait que, peu de temps après l'apparition du corps embryonnaire, ce corps se creuse d'un sillon dont les bords se divisent transversalement en portions régulières qu'on a nommées lamelles vertébrales. Or, les deux embryons tenant à une partie commune, le bourrelet, les premières lamelles qui se produisent apparaissent précisément au point de jonction de ces deux embryons, c'est-à-dire dans la portion du bourrelet qui les unit ; puis les lamelles situées plus en avant s'allongent en travers, se portent l'une vers l'autre et se soudent d'arrière en avant. Mais cette propriété de se souder ne persiste qu'aussi longtemps que les lamelles ont une composition cellulaire ; quand leurs éléments (cellules) se sont transformés en fibres, la soudure ne peut plus avoir lieu. On comprend dès lors que la soudure se fera dans une étendue d'autant plus grande que les embryons se trouvaient plus rapprochés à leur origine. Voilà ce qui explique les différences nombreuses qu'on observe dans le degré de rapprochement des corps qui composent le monstre double.

Quand les deux embryons primitifs sont de grandeur inégale, il en résulte un poisson double, dont l'un des corps est plus petit que l'autre. Ce corps *accessoire*, comme on l'a nommé, peut être incomplet dans les organes de la région céphalique, c'est-à-dire manquer d'yeux et d'oreilles. Par suite du développement et de la fusion des deux corps, l'embryon accessoire incomplet diminue de longueur, et peut se réduire à un simple tubercule appliqué sur le corps ou sur la tête du poisson normal.

On observe différents états des organes symétriques qui viennent à se rapprocher dans le cas dont nous parlons. Les deux cœurs, les deux oreilles, les deux yeux, les deux fossettes olfactives, peuvent se souder en une seule pièce, et même, si le rapprochement est plus intime, tous ces organes, à l'exception du cœur, peuvent disparaître par résorption. Mais ce dernier effet s'observe rarement dans la première forme d'anomalies dont il est maintenant question, tandis qu'il est fréquent dans la forme suivante.

2° Il arrive quelquefois que le bourrelet embryogène, au lieu de donner naissance à deux germes distincts, produit un germe primitivement double, sous la forme d'une bandelette plus large que la bandelette primitive ordinaire, terminée en avant par deux lobes et marquée de deux lignes transparentes longitudinales qui annoncent la présence de deux cordes dorsales.

Dans ce cas, la soudure se fait rapidement, puisque les deux corps sont déjà confondus dans l'origine. Les lobes céphaliques donnent naissance à deux têtes distinctes auxquelles on voit apparaître les vessies oculaires; mais, plus tard, ces deux têtes se soudent en une seule, les organes mitoyens disparaissent, et il devient impossible de retrouver dans cette tête devenue simple aucune trace de la duplicité primitive.

3° M. Lereboullet, dans ses observations, a rencontré une seule fois un poisson triple, c'est-à-dire composé d'un corps à deux têtes et d'un corps simple. Cette forme rare provenait d'un bourrelet portant une des bandelettes primitivement doubles dont il vient d'être question, plus un germe embryonnaire ordinaire, semblable à ceux de la première catégorie.

4° Une forme des plus singulières est celle qui donne naissance à deux corps, ou plutôt à deux demi-corps embryonnaires séparés l'un de l'autre et unis entre eux en avant et en arrière, de manière à ne présenter qu'une seule tête et une seule queue. Voici comment cette forme se produit.

Le bourrelet ne donne naissance qu'à un simple tubercule très-court qui deviendra la tête; mais ce bourrelet lui-même est plus épais que d'ordinaire; chacune des deux demi-circonférences dont il est formé produit un corps embryonnaire caractérisé par la présence des lamelles vertébrales. Seulement chacun de ces corps ne possède qu'une seule rangée de lamelles, un seul tube nerveux et une corde dorsale, ce qui fait dire à l'auteur que ce n'est qu'une moitié latérale du corps. Plus tard, ces deux demi-corps tendent à se rapprocher, et M. Lereboullet a trouvé plusieurs fois de ces embryons, doubles en apparence, redevenus simples, à l'exception d'un très-petit anneau situé à l'origine de la queue.

5° Dans une cinquième forme, le bourrelet, au lieu de fournir une bandelette normale, ne produit qu'une tige filiforme très-grêle. Cette anomalie donne naissance à des languettes embryonnaires toujours très-incomplètes, privées quelquefois de tous les organes sensitifs, mais ayant toujours un cœur.

Ces languettes peuvent être simples ou doubles. Dans les cas de duplicité on observe les mêmes phénomènes de soudure que ceux dont il a été parlé plus haut, et on peut expliquer par cette fusion plus ou moins avancée de deux embryons incomplets les cas singuliers et assez communs de poissons ayant des yeux inégaux, ou un œil d'un côté et deux yeux de l'autre, les cas de cyclopie, etc.

6° Dans la dernière forme d'anomalies du bourrelet, celui-ci persiste longtemps à l'état stationnaire, sans recouvrir complétement le vitellus et sans produire ni bandelette primitive, ni germe d'aucune nature. Cependant, au bout d'un temps assez long, l'anneau blastodermique se resserre, et l'on voit apparaître à l'endroit qui correspond à l'orifice de la bourse un tubercule arrondi et saillant. Ce tubercule s'allonge peu à peu, se divise en lamelles vertébrales simples, et finit par former une languette qui représente la région caudale de l'embryon. Il n'y a ici ni tête, ni cœur, ni canal alimentaire ; le poisson est réduit à sa queue.

M. Lereboullet termine en faisant observer que toutes ces monstruosités, à l'exception de celles des deux premières catégories, périssent dans l'œuf avant d'éclore, et que jamais, chez elles, ou du moins très-rarement, on ne voit apparaître les globules sanguins, quoique le cœur soit très-actif et batte avec régularité.

A la suite de cette communication, M. Baudrimont, de Bordeaux, fait remarquer que les observations de M. Lereboullet sur les poissons confirment les résultats auxquels il était arrivé précédemment par l'étude des vertébrés pulmonés. Il pense aussi que les monstruosités doubles ne sont jamais occasionnées par des accidents survenus pendant le développement de l'embryon, et dépendent toujours de dispositions préexistantes dans l'œuf.

M. Dareste (Camille), de Lille, est d'accord avec MM. Lereboullet et Baudrimont sur ce point. Il est parvenu à produire artificiellement un grand nombre d'anomalies organiques chez le poulet; mais il a constaté que les monstruosités par la duplicité dépendent toujours de l'existence primordiale de deux germes.

M. Ch. Martins, de Montpellier, présente les conclusions d'un Mémoire d'anatomie philosophique ayant pour objet l'*Ostéologie comparée des articulations du coude et du genou, dans les mammifères, les oiseaux et les reptiles.*

Dans un précédent Mémoire, publié en 1857, M. Martins avait commencé l'étude comparative du squelette des membres thoraciques et abdominaux chez l'homme et les autres mammifères ; pour vérifier les lois morphologiques qu'il avait posées, l'auteur poursuivit l'examen des articulations du coude et du genou dans toute la série des vertébrés pulmonés. — Ces articulations sont formées de trois os longs, l'un supérieur, les deux autres inférieurs, et d'un os sésamoïde, libre ou soudé. Les deux condyles de l'os supérieur, c'est-à-dire du fémur ou de l'humérus, s'articulent toujours avec les deux os de l'avant-bras ou de la jambe. Chez les mammifères les plus inférieurs, c'est-à-dire chez les marsupiaux, les articulations du coude et du genou se ressemblent parfaitement, et, si la disposition varie, comme chez les ruminants et les solipèdes, l'anatomie comparée vient démontrer que l'anomalie n'est qu'apparente et tient à ce que la facette articulaire externe du tibia et la crête de cet os sont constituées par une portion du péroné. — Le radius n'est parfaitement l'homologue du tibia que chez les animaux à rotule péronéale, ou que chez ceux où cet os manque. Quand il existe une rotule tibiale, le chapiteau du tibia doit être considéré comme se composant, en dedans, du radius avec sa face articulaire, et, en dehors, de la facette externe du tibia, de la crête de cet os et de la rotule, qui appartiennent au système du péroné.

M. Martins étudie ensuite les analogies de l'olécrane et de la rotule chez tous les vertébrés pulmonés. Quelquefois l'olécrane peut être distinct du cubitus (roussettes). D'autres fois la rotule peut être soudée au tibia (oiseaux). Le cubitus, moins l'olécrane, peut être considéré comme l'homologue du péroné; ces deux os sont très-variables; mais on peut établir que, quand ils s'atrophient, c'est la crête du tibia et la rotule, ou l'olécrane, c'est-à-dire les parties homologues, qui en profitent, comme on peut s'en assurer en examinant les solipèdes et les ruminants. M. Martins termine par l'étude des homologies des différents muscles des membres thoraciques et abdominaux.

Ces recherches d'anatomie philosophique tendent à établir que l'uniformité de structure dans tout le système appendiculaire des vertèbres pulmonées est plus complète qu'on ne le supposait, et que toutes les exceptions apparentes peuvent s'expliquer par des phénomènes de soudure ou de séparation.

M. Abria, membre de la Société des sciences physiques et naturelles de Bordeaux, expose ses *Recherches sur les lois de l'induction électrique dans les lames épaisses.*

Le travail communiqué par M. Abria fait suite aux recherches sur le magnétisme de rotation qu'il a publiées en 1855. Il examine le cas d'un aimant horizontal pouvant osciller librement de part et d'autre du méridien magnétique, et placé entre quatre plaques de cuivre rouge égales en diamètre et en épaisseur, disposées verticalement à droite et à gauche du méridien, la ligne qui joint les centres de deux plaques opposées passant par le pôle correspondant du barreau.

Celui-ci se trouve alors soumis dans son mouvement oscillatoire à l'action de quatre forces, dont deux sont attractives et les deux autres répulsives, et dont les directions sont normales aux surfaces des plaques. Il s'agit de déterminer la loi de la distance et l'influence qu'exercent l'épaisseur, la conductibilité et le diamètre des plaques, ainsi que la longueur du barreau aimanté.

1° *Loi de la distance.* — Si l'on représente par φ la force émanée de l'une des plaques, par x la distance de l'axe du barreau, non à la couche centrale, mais à la couche située aux 0,43 de l'épaisseur de la plaque au-dessous de la surface, on a

$$\varphi = \frac{N}{e^{ax} x^b}$$

N, a, b étant des constantes dont la dernière a pour valeur **1,393**. Cette formule n'est en défaut que pour les très-grandes valeurs de x : elle donne alors des nombres trop faibles. Le Mémoire renferme plusieurs séries d'expériences où la force φ a varié dans le rapport de 200 et même de 300 à l'unité : les valeurs observées et calculées ne diffèrent en général que de quantités comprises dans les limites des incertitudes des observations.

Quoique cette expression ait été obtenue en soumettant le barreau aimanté à l'action de quatre plaques, elle représente la loi de la distance pour une seule : l'action totale est égale, en effet, à la somme des actions partielles, et l'état électrique de chaque plaque n'exerce, contrairement à ce qu'on aurait pu supposer, aucune influence sur celui des plaques voisines.

2° *Influence de l'épaisseur et de la conductibilité.* — Le coefficient N varie seul quand l'épaisseur change, et il varie proportionnellement à cette épaisseur. Cette loi a été vérifiée sur des plaques dont les épaisseurs ont varié de moins de 1 millimètre à 16 millimètres.

Ce même coefficient paraît varier en raison directe de la conductibilité, d'après des observations faites sur le mercure, le laiton, le zinc et le cuivre, et en se servant des valeurs généralement admises pour la conductibilité de ces substances.

3° *Influence du diamètre.* — Quand le diamètre augmente ou diminue, la constante a diminue ou augmente, et elle varie très-sensiblement en raison inverse du diamètre.

b est toujours égal à 1,393, et cette constance de b conduit à la conséquence suivante :

Soumettons successivement un même barreau aimanté à l'action de deux plaques de même épaisseur, mais de diamètres inégaux d et d' ; si l'on place la première à une distance arbitraire x du barreau, il existe une distance $x' = nx$, n différant très-peu de $\frac{d'}{d}$, telle que, si l'on y met la seconde plaque, l'action qu'elle exercera sera à celle émanée de la première dans un rapport constant et indépendant de x.

Cette propriété, qui permet d'évaluer l'action de plaques de diamètres différents, paraît devoir conduire à des conséquences intéressantes au point de vue de la théorie.

4° *Influence de la longueur du barreau.* — Lorsque la longueur du barreau change, toutes les autres circonstances restant les mêmes, on trouve, en tenant compte de la durée des oscillations du barreau, que la force émanée de la plaque varie proportionnellement à $\frac{l}{T}$, l et T représentant la demi-longueur et la durée des oscillations de l'aimant, c'est-à-dire en raison directe de la vitesse absolue du pôle magnétique inducteur.

M. Le Verrier communique les *observations qui ont été faites à Rome au sujet du passage de Mercure sur le Soleil, le* 12 *novembre :*

« Le mauvais temps, dit M. Le Verrier, qui régnait par toute l'Europe, le 12 novembre au matin, a rendu les observations du passage de Mercure fort rares. A peine ai-je entrevu, à l'Observatoire de Paris, la planète sur le disque du Soleil, lorsqu'elle se trouvait encore à environ 3 diamètres du bord. Je n'ai eu le temps de faire aucune observation micrométrique. MM. Chacornac et Léon Foucault n'ont pas été plus heureux.

« Pour accroître les chances favorables, M. Yvon Villarceau s'était transporté à Toulon avec tous les instruments nécessaires et s'était établi sur une tour mise à sa disposition par la marine. M. le professeur Tissot s'était rendu de son côté à Bayonne avec une de nos lunettes. M. Lespiault, professeur à la Faculté des sciences de Bordeaux, y avait fait tous les préparatifs indispensables. Enfin, M. Lépissier, qui se trouvait au Havre pour la détermination de la longitude de l'observatoire établi en cette ville par M. Colas, était en mesure de profiter d'une éclaircie.

« Ces messieurs étaient d'ailleurs joints télégraphiquement à l'Observatoire de Paris, grâce au concours que nous avait accordé M. de Vougy.

« Mais tous ces soins ont été inutiles. A 11 heures, temps convenu pour les communications, on signalait partout : *Temps couvert, observation impossible.*

« La première observation intéressante m'est venue de Marseille:

« J'ai le regret, dit M. Simon, d'avoir à vous informer que, le

« ciel ayant été couvert pendant toute la matinée, il a été impos« sible d'observer à Marseille la sortie même de Mercure.

« Le second contact interne a dû avoir lieu, d'après la formule « que vous avez publiée dans les *Comptes rendus*, à $9^h 40^m 37^s$, « temps moyen de Marseille. Or nous avons vainement, M. Tempel et « moi, guetté une éclaircie. Cependant, à $9^h 39^m$, plus 15 ou 20 se« condes, le Soleil s'est laissé voir un instant à travers un nuage léger, « et nous avons aperçu Mercure près du bord inférieur apparent. « Mais les bords de la planète étaient mal terminés, et d'ailleurs un « nuage épais est venu nous la cacher avant qu'elle arrivât au « contact. »

« Pour comprendre l'intérêt de cette observation, il faut se rappeler que, suivant les Tables anciennes, le contact dont il s'agit eût dû avoir lieu pour Marseille à $9^h 37^m 40^s$, c'est-à-dire trois minutes plus tôt que par mes Tables. Or, quand M. Simon a vu Mercure sur le Soleil, intérieurement au disque de cet astre, l'instant assigné par les anciennes Tables était déjà dépassé de $1^m 40^s$. L'observation de M. Simon prouvait donc à elle seule que les anciennes Tables sont fausses.

« Cette inexactitude des anciennes Tables est confirmée par une observation faite à Vienne. M. de Littrow n'a pu voir la sortie de Mercure; mais il me transmet une observation obtenue par M. Verdmüler d'Elgg dans un des faubourgs de Vienne, et de laquelle il résulte que Mercure était encore sur le Soleil $2^m 13^s$ après l'instant déduit des anciennes Tables.

« Les choses en étaient là quand j'ai reçu de M. Calandrelli, directeur de l'Observatoire pontifical de l'Université romaine au Capitole, la nouvelle que des observations, y compris celle si importante de la sortie, ont été faites à Rome. Voici la lettre de M. Calandrelli :

« Par l'immersion d'une petite étoile de l'Ecrevisse, observée « le 8 mai 1859 à Poulkova et à Rome au Capitole, j'avais déterminé « la différence des méridiens des deux observatoires, et conclu, « pour celui du Capitole, une longitude de $40^m 35^s$ à l'est de Paris. « Avec cette donnée, par votre formule, je trouve $\theta^2 = +49^s,4$; « donc le deuxième contact interne, en temps du méridien de mon « observatoire, devait avoir lieu le 12 novembre à $10^h 9^m 2^s,1$ du « matin.

« J'avais communiqué le résultat de mon calcul à M. le duc Mas« simo, qui désirait observer le phénomène dans son observatoire « situé au pied du Capitole. A cet effet, par les observations du Soleil « et des étoiles α Pegase, α Lyre, β Capricorne, commencées le 7 et

« suivies jusqu'au 12 novembre, j'avais réglé deux excellents chrono-« mètres. L'avance du premier sur le temps moyen dans le jour de « l'observation était $1^m 5^s,6$; le retard de l'autre sur le temps sidéral « était $3^s,5$.

« J'étais impatient de vérifier mon calcul, et par conséquent l'exac-« titude de vos Tables, d'autant plus qu'on concluait des ancien-« nes $10^h 6^m 4^s,6$ du matin; mais les nuages se suivaient sans cesse, « et ne donnaient pas le temps de prendre des mesures micrométri-« ques du diamètre de Mercure, comme je m'étais proposé de le « faire. Tout à coup, deux minutes environ avant le contact, les « nuages disparurent; je vois alors le filet bien grand à $10^h 8^m$ de « mon chronomètre. Le filet ensuite devient très-minime, et au mo-« ment de sa disparition je note :

	h	m	s
Chronomètre de temps moyen..........	10	10	10,2
Avance..............................		1	5,6
Temps moyen du contact..............	10	9	4,6

« Le duc Massimo a trouvé de son côté :

	h	m	s
Chronomètre de temps sidéral..........	13	35	1,0
Retard................................			3,5
	13	35	4,5
Temps moyen conclu....................	10	9	7,7

« Par l'ensemble de ces observations on prouve que vos Tables « du Soleil et de Mercure sont très-exactes. »

« M. Barthe a aussi observé la sortie à Malte (Valette) :

« J'ai employé, dit cet observateur, une lunette de Troughton et « Simms de Londres. Le second contact interne a eu lieu à $10^h 16^m$ « $57^s,6$ T. M. de Malte, c'est-à-dire $9^h 28^m 13^s,2$ T. M. de Paris.

« Comme horloger, j'ai acquis une certaine pratique dans l'obser-« vation des étoiles pour déterminer la marche diurne des chrono-« mètres et avoir l'heure avec exactitude. »

« L'observation décisive du contact au moment de la sortie a encore été faite à Rome par le P. Secchi (Lettres à M. Elie de Beaumont et à M. Yvon Villarceau), à Altona, par MM. Peters et Pape.

« Sans entrer dans plus de détails sur ces observations, nous allons résumer les divers résultats en un même tableau, en ayant soin de ramener les temps au méridien de Paris et au centre de la Terre, pour qu'ils soient comparables entre eux.

Temps du contact calculé au moyen des Tables.

		h m s
Suivant les anciennes Tables		9 24 42
Suivant mes Tables.	*Comptes rendus*, séance du 28 octobre	9 27 38
	Astron. Nachrichten (M. Schjellerup)	9 27 40

Résultats des observations.

		h m s
Marseille (M. Simon). Mercure est encore loin du contact		9 26 19
Vienne (M. Werdmüller d'Elgg). Mercure arrive au contact		9 26 53
Temps du contact..	Rome, Secchi	9 27 43
	— Le duc Massimo	9 27 43
	Altona, Pape	9 27 42
	Rome, Calandrelli	9 27 40
	Altona, Peters	9 27 35
	Malte, Barthe	9 27 27

Comparaison des Tables avec les observations.

		h m s
Temps du contact..	Tables anciennes	9 24 42
	Tables nouvelles	9 27 39
	Moyenne des observations	9 27 39

« Il résulte de cette comparaison :

« 1° Que les Tables de Mercure insérées dans le tome V des *Annales de l'Observatoire impérial de Paris* sont exactes ;

« 2° Qu'il est loin d'en être ainsi des anciennes Tables.

« Il nous est permis de nous féliciter de ce résultat. L'Amirauté anglaise emploie depuis deux ans les Tables du Soleil et les Tables de Mercure de l'Observatoire de Paris à la rédaction du *Nautical Almanach*, éphéméride dont le tirage annuel est parvenu à 20,000 exemplaires ! Nous éprouvons une vive satisfaction que la confiance de M. Hind se trouve ainsi justifiée. »

M. Fournet, membre de l'Académie des sciences de Lyon, présente des *considérations sur les relations des orages avec les points culminants des montagnes et sur leur distribution spéciale dans les environs de Lyon.*

Antérieurement à mes études sur la question dont il s'agit et pendant le cours de mes recherches, dit M. Fournet, divers physiciens ont signalé le fait d'une certaine régularité dans la marche des orages et émis quelques idées à ce sujet. En tête de la liste des observateurs il faut placer de Saussure, dont la campagne, située au pied du Salève, n'a été que fort rarement ravagée par la grêle. M. Arago a rassemblé d'autres détails et jusqu'alors tout s'est réduit à faire intervenir l'influence de roches plus ou moins conductrices de l'électricité.

Sans doute, plusieurs masses minérales peuvent jouer un rôle quelconque dans la circonstance ; mais ce rôle est-il appréciable à l'égard du grandiose phénomène qui se développe au moment d'un orage? On a cru, entre autres, pouvoir citer, comme preuve à l'appui d'une action modératrice, certains clochers établis sur des mamelons basaltiques, construits en basalte, et dont les croix de fer se garnissent de feu Saint-Elme. Or, ces fusées électriques s'établissant aussi bien aux bouts des fers de lances, au haut des mâts d'un vaisseau, objets dont la tige ou la base est en bois, on ne doit pas rester très-convaincu de l'efficacité des roches. En tout cas, l'observation m'ayant démontré que les orages suivent leur marche malgré la nature la plus variée des roches, il m'a fallu admettre l'existence de causes prépondérantes.

Etudiant donc un à un les divers effets qui se sont présentés pendant mes voyages, et tenant compte de la forme du sol ainsi que des vents régnants, j'arrivai finalement à conclure que les nuages orageux se développent surtout autour des cimes culminantes, quelle que soit leur nature, et que le S.-O. les étend ensuite au-dessus des plaines en forme de longues colonnes qui, suivant leur densité et diverses causes subsidiaires, émettent tantôt les éclairs et la foudre, tantôt la grêle avec les jets électriques. Dès lors, il suffit qu'une station quelconque soit placée sous le trajet d'une de ces colonnes pour qu'elle en subisse plus ou moins fréquemment la désastreuse influence. Toute autre localité établie à côté du ruban orageux se trouvera, par cette simple circonstance de position, soustraite au fléau.

Pour le Lyonnais en particulier, les montagnes occidentales étant munies de plusieurs cimes culminantes, il arrive que plusieurs de ces colonnes cheminent parallèlement, se trouvant parfois distinctes et parfois aussi comme confondues dans un stratus commun et général. Cependant, même dans les cas d'exaltation extrême, un œil exercé discerne bientôt au milieu de l'uniformité du voile nuageux certaines parties plus denses et qui, en définitive, sont autant d'indices de l'existence réelle des colonnes. Du reste, le passage des nuées orageuses étant éphémère, l'instant de l'éclaircie arrive bientôt; alors, la dissolution des vapeurs débute par la partie intermédiaire entre deux colonnes. Lyon, par exemple, étant fort allongé du nord au sud et se trouvant sous le trajet de deux colonnes dérivées de sommités occidentales, correspondantes aux deux extrémités de la ville, reçoit souvent la foudre à Perrache et sur la Croix-Rousse. Je ne connais aucun cas bien avéré de sa chute sur la partie centrale de la cité, et, quand l'orage approche de son terme, il me suffit de regarder le zénith pour découvrir l'éclaircie déjà naissante lorsque l'averse tombe encore à l'un ou à l'autre bout.

La connaissance de la structure orographique de la contrée et de ses relations avec les phénomènes susdits m'a permis de dénommer les colonnes. Ainsi, nous avons les colonnes Pilat, Riverie, Py-Fré, Saint-Bonnet, etc., qui tour à tour, quelquefois à deux simultanément, sévissent sur les espaces correspondants de la région basse. Je n'ai rencontré jusqu'à ce jour qu'une seule contrée où les faits peuvent se passer différemment : c'est la partie du Tyrol qui avoisine la région montagneuse de la Vénétie. J'y fus accueilli par un orage sans siéges fixes, soutenu d'une façon continue pendant trois jours, le stratus étant d'une désespérante uniformité. Mais aussi cette extrémité des Alpes passe pour être une des stations les plus pluvieuses de l'Europe, privilége qu'elle doit à sa position voisine de l'Adriatique, dont elle reçoit, par le S.-E., les vapeurs qui s'ajoutent à celles qu'amène le S.-O.

En cherchant à remonter aux causes de la formation de ces colonnes orageuses si denses, il m'a paru que l'influence réfrigérante des sommités doit jouer un rôle. En outre, les brises locales et ascendantes apportent aussi leur contingent de vapeurs. Mais, après tout, rien n'est plus explicite que la loi énoncée par M. Babinet : si une lame d'air s'élève, elle se raréfie ; si elle se raréfie, elle se refroidit ; si elle se refroidit, sa vapeur se condense. Naturellement aussi, elle se condensera d'autant plus que le sommet qui oblige la lame d'air à s'élever sera lui-même plus élancé vers le ciel. Après cela, les autres vents, notamment ceux du nord, qui peuvent régner simultanément avec le S.-O. orageux et venant de l'Atlantique, modifieront plus ou moins, la marche générale dont j'ai parlé. Cependant, le plus souvent, il m'a fallu faire abstraction de ces effets complexes, pour ne considérer dans le présent travail que le S.-O. fonctionnant en qualité de dominateur suprême. Dans les autres cas, il se produira entre autres des *tornados*, dont j'ai aussi décrit depuis longtemps la marche et les accidents divers, tels que j'ai pu les observer dans le Lyonnais et dans l'Algérie.

M. Valat réclame la priorité en faveur de M. de Martigny, ingénieur en chef des ponts et chaussées, qui en 1860 publia, au sujet des débordements de l'Ardèche, un travail dans lequel les vues du professeur de Lyon se trouveraient déjà développées.

M. Fournet répond que ses observations ont été soutenues au

moins depuis 1836, et que successivement il a publié divers détails dans les *Annales de la Société d'Agriculture* ainsi que dans celles de l'Académie de Lyon.

M. Leymerie, membre de l'Académie impériale des sciences, inscriptions et belles-lettres de Toulouse, présente un *aperçu des modifications que ses observations ont introduites dans la géologie des Pyrénées.*

Comme exemple des modifications qu'il indique, il met sous les yeux du Comité une minute de la carte géologique de la Haute-Garonne.

Les grands éléments de la chaîne des Pyrénées, dit M. Leymerie, sont, en procédant par ordre de superposition de bas en haut :

1° — Le terrain primordial (granit, gneiss, micaschiste).

2° — Le terrain de transition.

3° — Le grès rouge pyrénéen.

4° — Le terrain jurassique.

5° — Le terrain crétacé.

6° — Le terrain épicrétacé ou terrain à nummulites.

1° — Je ne parlerai pas du terrain primordial, bien qu'il y ait beaucoup à dire sur ce sujet.

2° — Le terrain de transition, déjà en partie reconnu par de Charpentier et renfermé entre de bonnes limites par M. Dufrénoy, n'est représenté sur la carte géologique que par une seule couleur. La découverte de fossiles caractéristiques dans plusieurs parties de la chaîne et une étude stratigraphique soignée et persévérante m'ont permis d'y introduire la division en trois étages correspondant aux systèmes *cambrien*, *silurien* et *dévonien* des Anglais.

3° — Entre le terrain dévonien et le groupe jurassique l'échelle générale des terrains offre trois grands types, dont les deux premiers manquent dans les Pyrénées, savoir : le terrain carbonifère et le terrain permien. L'absence de la houille, notamment, est un fait qui n'est que trop bien constaté dans tout le versant nord de notre chaîne, si ce n'est en deux points situés aux extrémités. Quant au trias, il est représenté par le grès rouge pyrénéen, qui correspond à l'assise inférieure de ce système (grès bigarré), ainsi que M. Dufrénoy l'a depuis longtemps établi.

4° — Les modifications relatives au terrain jurassique que j'ai été amené à introduire dans la carte géologique des Pyrénées consistent dans l'adjonction du calcaire à dicérates des Pyrénées centrales, que M. Dufrénoy considérait comme crétacé, et dans la division de tout le système en deux étages : lias et calcaire jurassique moyen.

5° — Le terrain crétacé, une des belles parties de l'œuvre de M. Dufrénoy, a été considérablement modifié dans ses divisions par l'ensemble des observations que j'ai faites dans toute la chaîne. D'abord, j'ai retranché le calcaire à *dicérates* que l'illustre géologue que je viens de nommer regardait comme parallèle au calcaire à *chama* de la Provence, et il ne reste plus pour représenter le terrain crétacé inférieur que les types *aptien* et *céramanien*, qui devront occuper sur la carte une bande étroite fréquemment interrompue au pied du calcaire jurassique. D'un autre côté, j'ai fait voir que le terrain à nummulites, considéré par M. Dufrénoy comme représentant la craie proprement dite, devait être détaché du groupe crétacé, et former un type particulier correspondant au terrain tertiaire parisien.

De plus, j'ai trouvé vers la base des Pyrénées et jusqu'au cirque de Gavarnie, un représentant de la craie proprement dite, y compris les couches supérieures de Maëstricht, caractérisé par de nombreux fossiles, et j'y ai même rapporté les schistes à fucoïdes qui occupent un si grand espace dans la demi-chaîne occidentale.

Colonie. — Vers la base des Pyrénées de la Haute-Garonne, on rencontre au-dessus de l'étage crayeux, y compris les couches qui renferment l'*Hemipneustes radiatus* avec les *Natica rugosa*, *Ostrea larva*, etc., deux autres assises, et enfin le terrain épicrétacé; mais celui-ci s'y trouve constamment et immédiatement précédé d'une couche très-riche en fossiles tout spéciaux, parmi lesquels on remarque : les *Micraster brevis* et *Hemiaster punctatus*, espèces très-abondamment répandues à ce niveau, et qui sont d'ailleurs connues pour appartenir, dans le nord de la France, à un horizon bien inférieur. Il y a là une véritable *colonie* crétacée qui semble se lier, au moins par des caractères minéralogiques et stratigraphiques, avec le type épicrétacé, qui comprend lui-même les couches à mélonies et celles à nummulites.

6° — Enfin, ce dernier terrain, que j'ai dû séparer du terrain crétacé à cause de l'ensemble de ses fossiles, et qui renferme des espèces du terrain tertiaire parisien, se trouve former un nouveau type pyrénéen parallèle au terrain tertiaire inférieur ou éocène. Je l'ai appelé d'abord *épicrétacé*, à cause de sa parfaite concordance et de sa liaison avec la craie pyrénéenne, liaison qui est telle que l'on est partout embarrassé pour placer physiquement entre ce type et le précédent une ligne de démarcation.

Fixation de l'âge des Pyrénées. — Le type épicrétacé qui constitue l'élément le plus récent de la chaîne pyrénéenne, se trouvant relevé par mes observations au niveau du terrain éocène, la limite inférieure de l'âge de ces montagnes, qui avait été considérée par les illustres auteurs de la carte géologique de France comme coïncidant avec la fin de l'époque secondaire, se trouve portée après la période éocène. D'un autre côté, les couches horizontales à grands mammifères, *rhinocéros*, *anchiterium*, *mastodontes*, *dinotherium*, etc., qui viennent reposer tranquillement au contact des couches épicrétacées redressées et même renversées, indiquent clairement la période miocène comme limite supérieure. La grande catastrophe qui a donné aux Pyrénées leur relief actuel a donc eu lieu pendant la période tertiaire, entre l'époque éocène et l'époque miocène.

M. Chancel, président de l'Académie des sciences et lettres de Montpellier, fait connaître *les nouveaux résultats auxquels l'a conduit l'application de sa méthode de séparation et de dosage de l'acide phosphorique.*

Cette méthode, fondée sur l'emploi du nitrate acide de bismuth comme précipitant de l'acide phosphorique, rendra certainement d'importants services à l'agriculture et à la métallurgie. Elle a déjà permis à M. Barral de signaler le fait capital de la présence de l'acide phosphorique dans l'eau de pluie. Telle que l'auteur l'a décrite en dernier lieu, cette méthode convient pour la recherche et le dosage de l'acide phosphorique dans les cendres, les engrais, les terres arables, et en général dans toutes les substances naturelles.

M. Chancel présente un travail *sur les bases du groupe magnésien.*

Le phosphate ammoniaco-magnésien était sans analogue, car les phophates ammoniacaux du zinc, du manganèse et du fer, les seuls connus jusqu'à ce jour, ne contiennent que deux équivalents d'eau de cristallisation, au lieu de douze. M. Chancel fait connaître deux sels nouveaux, les phosphates ammoniacaux du nickel et du cobalt, qui présentent avec le phosphate ammoniaco-magnésien la plus grande analogie, et contiennent comme ce dernier douze équivalents d'eau de cristallisation. La facilité avec laquelle se forment ces nouveaux sels et leur insolubilité ont permis à l'auteur de précipiter dans les analyses le nickel et le cobalt sous cette forme et de doser ensuite ces métaux à l'état de pyrophosphate. Cette méthode, très-exacte et d'une exécution facile, est bien préférable à celle qui est fondée sur la précipitation de ces métaux par les alcalis caustiques. En terminant, M. Chancel indique les précautions toutes particulières que nécessite la précipitation du phosphate ammoniaco-magnésien, précautions sans lesquelles les dosages sont très-défectueux.

M. Gossin, professeur à l'Institut normal agricole de Beauvais, membre des Sociétés d'agriculture de Compiègne et de Beauvais, présente sur l'*enseignement agricole* un Mémoire imprimé qu'il résume de la manière suivante :

Le savoir agricole est de deux natures : *pratique* et *théorique*. Indispensable pour quiconque veut cultiver, le savoir pratique consiste en une série d'habitudes auxquelles on ne peut se former qu'en pratiquant sous la direction d'un praticien déjà exercé. Cet enseignement, que les fils de cultivateurs trouvent près de leur père, est essentiellement de sa nature un enseignement *privé*, et non point *public*. Ainsi ce n'est que par exception qu'il doit être introduit dans certains établissements d'instruction.

Quant au savoir théorique, longtemps obscur, mais éclairci dans ces derniers temps par d'admirables travaux, il constitue un des rameaux les plus riches du savoir humain. Il est très-utile pour la pratique, qu'il rend plus intelligente et plus sûre. La diffusion des éléments de cette science rendrait en outre les plus grands services à la société tout entière, dont l'agriculture est le soutien tant par ses produits matériels que par des résultats moraux de premier ordre.

Lorsque, dans le monde, les choses sont livrées à leur cours naturel, l'art agricole, ennemi du luxe et de l'ambition, tend à se trouver comme délaissé par les classes supérieures; de sorte que le travail de la terre devient exclusivement la part de ceux qui ne peuvent s'y soustraire : abandon funeste d'où résulte toujours la décadence des peuples. Aujourd'hui, cette tendance se manifeste trop clairement par l'empressement excessif des fils de cultivateurs et d'ouvriers ruraux à quitter l'état paternel pour aller habiter les villes.

Sans doute, il est essentiel que les campagnes, qui produisent les générations fortes et fécondes, vivifient par une infusion continuelle de leur sang vigoureux les populations urbaines, car celles-ci, sans un tel secours, finiraient par s'éteindre ; mais il importe que cette infusion ne soit pas surabondante; autrement, les campagnes finissent elles-mêmes par s'épuiser, les bras manquent pour les travaux les plus nécessaires, et les sources auxquelles la société doit toujours se retremper tarissent de la manière la plus déplorable.

L'Instruction publique sagement complétée sous le rapport agricole donne le plus sûr moyen de conjurer le danger. Du jour où il sera, dans une juste mesure, parlé de science agricole aux jeunes gens qui étudient, tous concevront pour cette science un sentiment d'estime qui n'est pas aujourd'hui assez répandu. Sur les bancs mêmes de l'école et du collége, il naîtra des vocations distinguées en faveur de l'agriculture. Le concours des intelligences aux travaux du sol déterminera nécessairement l'emploi de capitaux plus abondants. Cette application retiendra elle-même au village les populations ouvrières en leur procurant un travail plus régulier. Ainsi, l'équilibre qui menace de se rompre sera consacré entre les professions urbaines et les professions agricoles.

M. Gossin s'appuie sur les faits constatés dans l'Oise, où, depuis treize ans, il parle d'agriculture chaque semaine à 300 jeunes auditeurs appartenant à toute espèce d'établissements d'instruction publique, collége, séminaire, école normale d'instituteurs, pensionnats primaires supérieurs. Dans le seul arrondissement de Compiègne, d'après un rapport récent de M. l'inspecteur des écoles primaires, plus de 100 instituteurs, anciens élèves des cours d'agriculture, distribuent aujourd'hui dans leurs classes l'enseignement agricole et horticole. Plusieurs membres du clergé favorisent de leur côté le progrès agricole. Enfin, les directeurs des établissements dont les jeunes gens suivent ces cours sont unanimes à reconnaître que, sous l'influence de l'enseignement agricole, tous les fils de cultivateurs qui se trouvent dans leurs pensionnats conçoivent pour la profession de leurs pères une estime profonde qu'ils n'avaient pas d'abord. Ainsi s'éteint en eux le désir de chercher fortune par telle ou telle profession urbaine.

L'enseignement classique agricole est on ne peut plus simple à établir. Il s'applique facilement à l'instruction secondaire comme à l'instruction primaire, et, par suite des rapports intimes de l'agriculture avec tout ce qui est noble et élevé, il facilite les études littéraises et scientifiques, bien loin de leur nuire.

Comme il ne peut y avoir d'enseignement spécial sans professeurs spéciaux, l'Institut normal agricole de Beauvais, créé en 1855 par les frères des écoles chrétiennes avec le concours du gouvernement, s'attache à former des hommes capables de continuer la mission commencée dans l'Oise par M. Gossin. Déjà plusieurs élèves sortis de cet institut s'y dévouent avec un plein succès.

Depuis plus d'un siècle, les universités allemandes possèdent l'enseignement classique agricole. Au delà du Rhin, l'instruction primaire présente elle-même une couleur agricole et horticole qui n'existe pas en France, où cependant, depuis quelques années, grâce à la sollicitude personnelle de S. M. l'Empereur, ainsi qu'au concours empressé de S. Exc. le Ministre de l'Instruction publique et des Sociétés d'agriculture, de notables efforts ont eu lieu dans le sens indiqué plus haut. Le progrès deviendra rapide du jour où l'institut normal agricole de Beauvais sera officiellement reconnu et où le corps des professeurs d'agriculture sera régulièrement constitué.

M. Baudrimont fait observer au Comité que l'enseignement agricole est toujours assez facile à constituer dans les villes, parce qu'on y rencontre généralement des hommes éclairés et dévoués qui veulent bien s'en charger. Dans les lycées, il peut s'adresser à des fils de propriétaires qui en profitent et qui rapportent ensuite dans les campagnes les notions qu'ils ont acquises. Dans les écoles des frères, il ne s'adresse guère qu'à des enfants ou jeunes gens qui n'iront jamais habiter les champs pour s'y livrer à l'agriculture, et il y est fait en pure perte.

Le véritable enseignement agricole, le plus utile, mais en même temps le plus difficile, est celui qui s'adresse aux populations rurales, à celles mêmes qui doivent en faire immédiatement l'application. Aussi est-il de la part du Gouvernement l'objet d'une sollicitude toute spéciale. On y arrivera peut-être par les écoles normales primaires; mais il faut reconnaître qu'il présente d'immenses difficultés. Ces difficultés tiennent principalement à ce que l'agriculture sans la science ne se compose que d'une suite d'observations qui ne peuvent être reliées entre elles par une véritable théorie, et que l'enseignement des sciences sur lesquelles elle s'appuie est difficile à instituer dans les communes rurales.

M. Edouard de Tocqueville, président de la Société d'agriculture de Compiègne, ne peut admettre que l'on puisse dire que l'enseignement agricole ne sert à rien dans les écoles des villes. Une expérience de treize années dans le département de l'Oise a démontré l'utilité réelle et le succès de l'enseignement agricole donné dans ces conditions. Les écoles des villes sont fréquentées par des fils de cultivateurs qui retournent dans les campagnes, instruits et surtout comprenant l'importance de l'instruction pour ceux qui veulent être agriculteurs. Il émet le vœu que l'enseignement de l'agriculture soit introduit dans toutes les écoles à tous les degrés.

M. VALAT se demande comment on peut réaliser un tel vœu. Il pense qu'il serait très-difficile de généraliser l'enseignement de l'agriculture, de l'appliquer à tous les élèves, d'en faire ainsi un des éléments de l'éducation générale.

M. BAUDRIMONT répond à M. de Tocqueville :

Ce n'est pas moi, professeur de chimie agricole dans une grande ville, qui ai pu dire qu'il était inutile d'enseigner l'agriculture dans les villes, et personne n'a pu se méprendre à mes paroles ; mais je répète ici que l'enseignement agricole est fait presque en pure perte dans les écoles des frères qui existent dans les villes.

Ce qui manque encore aujourd'hui, c'est une méthode simple, facile à saisir, qui rende la science accessible aux esprits le moins disposés à l'acquérir, et qui permette d'enchaîner les faits les uns aux autres et de les expliquer. Il faut reconnaître que l'intervention de la chimie dans l'agriculture a permis d'en comprendre les méthodes, de les analyser et d'en déduire des principes généraux sans lesquels elle n'est qu'une espèce de routine que l'on apprend par l'expérience sans être jamais bien sûr de ce que l'on fait. Depuis que j'enseigne la chimie agricole, j'ai fait de grands efforts pour établir l'agriculture sur une base scientifique inébranlable, sans cesser de la rendre accessible à toutes les intelligences, et je crois y être parvenu : c'est au moins ce qui peut se déduire des résultats obtenus.

M. DE TOCQUEVILLE insiste. L'agriculture, dit-il, est encore, en certains points de la France, l'objet d'une indifférence qui pourrait ruiner le pays. Il faut arriver à rendre l'esprit public plus agricole, et pour cela il faut s'adresser à la jeunesse, à l'enfance, et éveiller chez elle l'esprit agricole en lui inculquant de bonne heure la pensée que l'agriculture est une science. Il faut, pour réhabiliter l'agriculture, l'honorer en l'élevant au rang des sciences, en la comprenant au nombre des connaissances qui doivent constituer l'éducation générale.

M. MILNE-EDWARDS repousse la pensée que l'enseignement de l'agriculture soit négligé. Nous avons, dit-il, des preuves nombreuses et manifestes de l'intérêt de l'instruction publique et du gouvernement pour les progrès de la science agricole. Dans le haut enseignement, les professeurs les plus distingués font avec un très-grand succès des cours de science agricole. On peut citer M. Isidore

Pierre à Caen, M. Malagutti à Rennes, M. Girardin à Lille, M. Filhol à Toulouse, M. Ladrey à Dijon, et bien d'autres encore. Or, non-seulement ces savants font d'excellents cours agricoles, mais ils ont fait aussi des travaux importants qui ont contribué et contribuent chaque jour aux progrès de l'agriculture.

L'enseignement de l'agriculture a été organisé dans les écoles normales, où se forment les instituteurs, et on fait des efforts pour l'introduire autant que possible dans les écoles primaires. Il y a certainement plus d'une difficulté à surmonter, mais on ne peut pas dire que l'Université ait rien négligé à cet égard.

M. Le Verrier ajoute que l'agriculture est l'objet des constantes préoccupations du Comité impérial des Sociétés savantes, qui est prêt à seconder de tous ses efforts le développement et les progrès de la science agricole.

Le Comité a demandé que l'enseignement agricole fût sérieusement représenté dans son sein, et M. Payen, secrétaire perpétuel de la Société centrale d'agriculture de France, dont le nom et les travaux sont si bien connus et appréciés des agriculteurs, a été nommé membre du Comité.

Il est regrettable que dans les séances actuelles il ne se soit pas produit un plus grand nombre de communications relatives à l'agriculture. On peut voir cependant dans les colonnes de la Revue publiée par le Comité combien les travaux sur l'agriculture ont toujours été l'objet des préoccupations de la section des sciences.

DEUXIÈME SÉANCE, VENDREDI 22 NOVEMBRE.

Présidence de M. Le Verrier.

M. Bertin, membre de la Société des sciences naturelles de Strasbourg, fait une communication *sur la rotation électro-magnétique des liquides, sur l'action des aimants creux et sur la différence entre les pôles des aimants et les points neutres électro-magnétiques.*

M. Bertin présente d'abord plusieurs appareils destinés à l'étude de la rotation électro-magnétique des liquides, et les fait fonctionner sous les yeux du Comité.

Le premier de ces appareils est disposé pour montrer le phénomène dans un cours public. Il se compose d'un grand vase annulaire renfermant un liquide traversé par un courant et d'un électro-aimant qui fait tourner ce liquide. Un flotteur, en liége noirci, portant de petits pavillons en papier rend cette rotation visible à l'extérieur. Le sens de la rotation dépend du sens du courant et de la position de l'électro-aimant; il est toujours conforme à celui qu'indique la théorie d'Ampère.

Un second appareil montre avec quelle facilité s'effectuent ces expériences; il se compose de deux vases pleins de liquide, dans lesquels on amène le courant par des électrodes contournés en spirales de même sens. Le liquide tourne alors dans le sens de l'enroulement des spirales, quel que soit le sens du courant.

Outre l'intérêt qui leur est propre, ces expériences se recommandent encore aux physiciens par la facilité avec laquelle elles se prêtent à l'étude des lois de l'électro-magnétisme. Elles ont conduit l'auteur à quelques résultats qui méritent d'être signalés, et parmi lesquels nous citerons les deux suivants :

Action des aimants creux. — On sait depuis longtemps que les aimants et les bobines diffèrent par la position respective de leurs pôles. La rotation électro-magnétique des liquides indique entre ces deux appareils une seconde différence qui consiste en ce qu'*une bobine creuse et un aimant creux, polarisés de la même manière, exercent des actions de signes contraires dans leur intérieur*, tandis que leurs actions extérieures sont de même signe. On le démontre facilement à l'aide d'un petit appareil qui se compose essentiellement d'une bobine creuse et de deux vases annulaires posés sur une planchette, et recevant le courant de petits godets de mercure creusés dans le support. Les deux vases sont l'un à l'intérieur et l'autre à l'extérieur de la bobine, et les liquides qu'ils contiennent tournent en sens contraire dès que le système est traversé par un courant. Si alors on introduit entre le vase intérieur et la bobine un tube en fer doux, qui s'aimante sous l'action du courant, on voit la rotation intérieure diminuer jusqu'à zéro, tandis que la rotation du liquide extérieur augmente de vitesse. L'introduction d'un tube en fer doux entre la bobine et le vase intérieur produit un effet inverse du précédent, parce que la bobine et l'aimant temporaire sont alors polarisés en sens contraire.

Différence entre les points neutres et les pôles des aimants. — La rotation électro-magnétique des liquides ramène forcément l'attention sur les points neutres des aimants, c'est-à-dire sur les points où les aimants n'agissent pas sur les courants placés dans leur voisinage. On a toujours dit que ces points neutres étaient les pôles mêmes des aimants, mais c'est là une erreur grave. L'expérience fait bien vite reconnaître que les points neutres sont toujours plus près des extrémités que ne doivent l'être les pôles d'après les règles posées par Coulomb. La théorie bien interprétée prouve d'ailleurs qu'il en doit toujours être ainsi. *Les points neutres ne sont pas les pôles des aimants; ils sont toujours situés entre les pôles et les extrémités.* Le calcul permet en outre d'assigner exactement la position des points neutres quand on connaît la distribution du magnétisme dans les barreaux. On trouve ainsi que, dans les aimants courts, l'intensité magnétique est en chaque point proportionnelle à la distance de ce point au milieu du barreau :

1° Les points neutres sont juste au milieu de la distance qui sépare les pôles des extrémités, toutes les fois que l'aimant agit sur un courant rectiligne *indéfini*, qui lui est perpendiculaire, comme dans les expériences de MM. Pouillet et Boisgiraud.

2° La distance des points neutres aux extrémités peut être très-petite quand l'aimant agit sur un *élément* de courant qui lui est perpendiculaire, comme dans la rotation électro-magnétique des liquides. Le calcul permet en outre de tracer la ligne neutre tout entière, ainsi que la courbe d'intensité, pour une distance donnée du courant à l'axe de l'aimant. Les indications de ces deux courbes sont conformes à l'expérience.

M. Lecoq, membre de l'Académie des sciences, belles-lettres et arts de Clermont, place sous les yeux de l'assemblée *une carte géologique du Puy-de-Dôme* à l'échelle du $\frac{1}{40000}$. Cette carte en 24 feuilles est le résultat de trente années de travail; elle reproduit fidèlement toute la diversité des reliefs et des accidents du sol, qui font de ce coin de terre l'un des points les plus intéressants de l'Europe.

M. Lecoq, à cette occasion, trace le tableau des *phases successives qui ont présidé à la constitution géologique de l'Auvergne.*

Dans les temps les plus reculés, l'Auvergne était, au milieu d'un océan sans bornes, une île ayant la forme d'un large plateau.

D'autres îles semblables existaient en Europe : la Bretagne, l'Ardenne, etc. Tout autour s'accumulaient, sous l'action des vagues, des sédiments arrachés à la surface de ces îles par des pluies torrentielles, augmentés de dépôts considérables dus à des sources minérales et de récifs gigantesques que les polypes saxigènes élevaient sur les bas-fonds. En même temps, un soulèvement lent transformait à la longue ces archipels en continents.

Le plateau central peut en effet être considéré comme une grande île géologique formée par des terrains anciens et entourée par des dépôts plus modernes. Rien ne révèle à sa surface les assises siluriennes si développées autour des autres îles de l'Europe. Une longue fracture traversait le plateau; des golfes plus ou moins profonds en découpaient les bords, et dans toutes ces dépressions s'est développée la végétation houillère.

Après le dépôt de la houille, les mers triasiques et jurassiques ont entouré le plateau central. Leurs sédiments ont relié cette île granitique à celle de la Bretagne; ils ont comblé les détroits et les bras de mer de ce continent naissant, et ont réuni les îles dispersées et les points émergés, pour constituer ce que nous appelons aujourd'hui notre vieille Europe.

Alors, un laps de temps très-long s'écoule avant que de nouveaux sédiments viennent recouvrir aucune partie du plateau central.

A l'époque tertiaire, de grands lacs recevaient les eaux pluviales et les débris qu'elles amenaient avec elles. Les sources calcarifères et siliceuses concouraient pour une forte part à l'envasement de ces lacs.

On peut distinguer trois périodes pendant l'époque tertiaire. La première a fourni les graviers, les sables et les argiles qui ont rempli certaines dépressions, comme celles de Roanne, de Montbrison, etc. La seconde est celle où les sources calcarifères ont dominé: c'était alors l'époque des grands lacs semblables à ceux de l'Amérique du Nord, et dont de nombreux mammifères habitaient les bords. Leurs débris gisent au milieu de ces calcaires en même temps que des os d'oiseaux, de tortues, de crocodiles, etc. M. Lecoq croit qu'on peut rapporter à cette période les dépôts de lignites, tels que celui de Ménat.

La troisième période, qui termine l'époque tertiaire en Auvergne, a vu se former des calcaires particuliers (*calcaires à phryganes*) qui ne sont autre chose qu'une agglomération de tubes construits par des larves d'insectes.

Vers la fin de la période tertiaire ont commencé à se produire les éruptions volcaniques : des coulées de trachyte accompagnées de matières pulvérulentes, de conglomérats stratifiés par les eaux, ont recouvert les calcaires d'eau douce.

L'ère trachytique paraît avoir été terminée par l'apparition des *phonolithes*, suivie elle-même de grandes nappes de basalte qui se sont épanchées quelquefois sur d'immenses surfaces.

Des alluvions trachytiques et basaltiques renferment des débris de mastodontes, d'éléphants, de rhinocéros, de tapirs, de chevaux, d'hyènes, etc. Les débris végétaux, là, comme toujours, sont fort rares.

Les épanchements du basalte des plateaux, de même que les éruptions trachytiques, ont été suivis de l'apparition de nombreux dykes ou filons qui font partout saillie au-dessus du sol, traversant à la fois tous les terrains préexistants, sur lesquels ils constituent des pics isolés.

Des calcaires, qui alternent avec ces basaltes, montrent que la période des dikes a ouvert une issue nouvelle aux sources minérales, et rattache d'une manière intime cette période à celle des calcaires lacustres.

C'est vers cette époque que les grands lacs ont fini d'être comblés, que leurs eaux se sont retirées, et que les volcans modernes à cônes de scories de la chaîne des monts Dômes, des flancs du mont Dore, de la Haute-Loire et du Vivarais, ont apparu. La lave incandescente est sortie de plus de cent cratères, a comblé des vallées, vaporisé des cours d'eau, etc. C'est ainsi que notre grande île centrale a acquis le relief qu'elle a conservé jusqu'à nous. Depuis longtemps assoupie, la formidable puissance qui a créé toutes les inégalités de cette région se manifeste encore de temps en temps par des trépidations du sol, par des émissions gazeuses, par des sources minérales à température élevée, et par des dépôts d'arragonite, de calcaires, d'oxyde de fer, etc. Ce sont les dernières traces des phénomènes si intenses qui viennent d'être esquissés.

M. Jourdan, de Lyon, croit devoir ajouter à cette communication les indications géologiques suivantes :

Le plateau central de la France, de nature gnéissique et granitique, n'est pas privé comme on le croit des premiers terrains fossilifères, terrains siluriens, terrains dévoniens et terrains carbonifères marins. Il y a trente ans, on croyait en effet qu'il n'y avait rien dans le centre de la France, surtout vers l'est, qui représentât le terrain carbonifère, le *carboniferous limestone* des Anglais, avec ses *trilobites* particuliers les *philipsia*, ses *productus*, ses *chonètes* et ses *spirifères* caractéristiques. C'est à cette époque que M. Jourdan a commencé à recueillir ses nombreuses collections de fossiles carbonifères sur la lisière Est ou sur le versant oriental du plateau central, et, plus tard, sur une longue ligne s'étendant des Vosges jusqu'aux Pyrénées, en passant par le midi des Vosges, le Morvan, l'Allier, les montagnes entre le Forez et l'Auvergne, dans le département du Rhône jusqu'aux bords de la Saône, le Vigan et la montagne Noire. M. Jourdan a trouvé également, en suivant cette longue ligne, les terrains dévoniens et les terrains siluriens. Ces derniers lui ont présenté surtout des espèces de *trilobites* remarquables ; les espèces du midi des Vosges sont de petite taille, tandis que, parmi les espèces siluriennes de la montagne Noire, il y en a qui atteignent jusqu'à 40 centimètres de long sur 25 de large.

Quant aux terrains tertiaires de l'Auvergne, M. Jourdan regrette que M. Lecoq, en les citant, ne soit pas entré dans quelques détails sur ces nombreux mammifères fossiles qui ont donné à l'Auvergne une illustration aussi grande que celle qui lui revient naturellement du nombre et de la beauté de ses éruptions volcaniques. Ces mammifères fossiles appartiennent à tous les âges des terrains tertiaires, excepté peut-être les plus inférieurs, *hypéocène* et *éocène* proprement dits ; mais on y trouve les *paléothérium* de l'*epiocène* ou terrain parisien supérieur ; les *anthracothérium*, les *céphalogales*, les *cynélos*, les *bothriodons*, les *rhinocéros* du *mésocène* ou *miocène* inférieur ; les *mastodontes angustidens*, les *machairodus antiquus* du *miocène* proprement dit ; les *mastodontes dissimilis* et *borsoni*, les *tapirs*, les *rhinocéros megarhinus*, les *machairodus arvernensis*, etc., du terrain *pliocène* ; les *elephas meridionalis*, les *hyena antiqua*, du terrain *néocène* ou étage le plus récent des terrains tertiaires.

Plus tard, dans la période quaternaire, se sont trouvés encore de nombreux animaux. Mais il y a un fait sur lequel M. Jourdan appelle l'attention : c'est celui de la présence des *Dinotherium* dans la Limagne, affirmée par tous les paléontologues, sur les données fournies à la science par feu M. le comte de Laizer, et reposant sur deux dents que renferme sa collection. Par suite de recherches longues et patientes, M. Jourdan a trouvé que l'une d'elles provenait d'Aurillac, versant méridional du Cantal, et l'autre des environs de Lyon ; c'est celle dont le dessin, en 1712, avait été rapporté de Lyon par le premier des de Jussieu, et gravé et publié par les soins de Réaumur dans les Mémoires de l'Académie des sciences pour 1715. Cette dent provenait de M. de Monconnys et appartenait, à cette époque, à M. Pestalossy, médecin.

M. Lecoq donne une entière adhésion aux faits exposés par M. Jourdan ; s'il n'en a pas parlé, c'est qu'il craignait de donner trop d'étendue à sa communication. Il est heureux d'avoir fourni ainsi à M. Jourdan l'occasion de réparer si bien cette omission.

M. Petit, membre de l'Académie des sciences de Toulouse, présente au comité le premier volume, actuellement sous presse, mais encore inédit, des *Annales de l'Observatoire de Toulouse*, ouvrage entrepris à l'occasion des questions adressées par Son Exc. M. le Ministre de l'instruction publique sur le climat du midi de la France. Il extrait de ce volume, pour en faire la lecture devant le comité, un article concernant l'*éclairage public de la ville de Toulouse*, dont il avait été conduit à s'occuper en 1856, comme membre du conseil municipal.

Dans une réunion, dit M. Petit, où les villes importantes de France sont représentées par un grand nombre de leurs hommes les plus éminents, cette question paraît on ne peut plus opportune. Car, il y a quelques années à peine, le cahier des charges de l'éclairage public à Toulouse, qui se trouvait pourtant, *assure-t-on*, entièrement calqué sur ceux de Paris, de Londres, de Berlin, de Bruxelles, de Lyon, de Marseille, etc., de la plupart enfin des principales villes de l'Europe, renfermait d'étranges anomalies. Au lieu de se baser, par exemple, pour les heures où devait commencer et finir l'éclairage, sur la quantité de lumière crépusculaire existant dans l'atmosphère, ce cahier des charges empruntait ses données à de fausses présomptions sur une identité qui est bien loin d'exister entre les divers jours de chaque saison. Aussi arrivait-il que l'éclairage était inutilement prodigué à l'époque des jours et des crépuscules très-longs, tandis que, d'autres fois au contraire, la ville se trouvait plongée, pendant 20 ou 25 minutes, dans les ténèbres les plus complètes, privée en même temps de l'éclairage artificiel et de toute lumière crépusculaire.

Invité par l'autorité municipale à examiner la question, à la suite des plaintes de divers négociants que des malfaiteurs avaient attaqués pendant l'obscurité *totale* qui précédait le crépuscule, lors des foires du mois d'août, M. Petit dut proposer d'établir le commencement et la fin de l'éclairage sur la durée des crépuscules; et, après avoir étudié la variation de la lumière crépusculaire dans les rues orientées en différents sens, il adopta des coefficients et construisit pour Toulouse une table, qui réglèrent bien plus rationnellement l'éclairage et produisirent, en outre, une économie de 6,000 francs sur la dépense annuelle de 126,000 francs.

Ces résultats obtenus pour Toulouse et les demandes adressées journellement par des présidents de cours d'assises, sur la quantité de lumière crépusculaire correspondant à diverses heures de la nuit, celles adressées également par des membres du clergé chargés de régler certains points du rituel ecclésiastique relatifs à l'aurore, par des ingénieurs désireux de proportionner le prix des journées d'ouvriers à la durée réelle du jour, etc., etc., entraînèrent M. Petit à construire une table de crépuscules pour tous les climats compris entre zéro et ± 70 degrés de latitude, et pour toutes les déclinaisons du soleil variant de zéro à ± 24 degrés. Cette table est présentée par M. Petit, ainsi que les éléments qui ont servi à la former, et qui consistent en deux autres tables permettant de déterminer pour chaque jour, soit les arcs semi-diurnes du soleil ou, plus généralement, de tous les astres compris entre + 24 et — 24 degrés de déclinaison, dans le cas d'une réfraction horizontale égale à 33′ 30″, soit les angles horaires correspondant à un abaissement crépusculaire de 18 degrés. Une quatrième table donne les arcs semi-diurnes dans l'hypothèse où le globe terrestre serait dépourvu d'atmosphère, et permet de déterminer, par conséquent, pour tous les pays habités de la terre, l'influence de l'atmosphère sur les heures du lever et du coucher du soleil.

Quant aux coefficients qui expriment pour Toulouse la fraction du crépuscule pendant laquelle on n'a pas d'éclairage, voici leurs valeurs, un peu différentes dans les mois généralement nébuleux et dans ceux où l'atmosphère est plus habituellement sereine :

	Novembre, Décembre, Janvier, Février.	Mars, Avril, Mai, Juin, Juillet, Août, Septembre, Octobre.
Pour le lever..	0,35.	0,40.
Pour le coucher	0,65.	0,75.

M. Le Verrier fait observer que le cahier des charges pour l'éclairage de la ville de Paris ne présente pas les mêmes oublis que ceux que M. Petit signale dans le cahier des charges de la ville de Toulouse. Mais il y a une foule de complications et de difficultés inhérentes à cette question. Les bases sur lesquelles on est obligé de s'appuyer sont loin d'être certaines. Ainsi, par exemple, suivant la nature du charbon employé pour la fabrication du gaz, l'éclairage peut varier du simple au double. Or, le cahier des charges est rédigé d'après des expériences faites sur un charbon particulier. On comprend alors combien les faits réels doivent souvent différer des prévisions, et il est même difficile de s'en rendre compte. M. Le Verrier cite ce fait, qu'un jour l'éclairage a été triplé dans certaines rues de Paris sans que personne s'en soit aperçu; il a fallu qu'il en fût lui-même personnellement averti.

On serait dans l'erreur si on croyait qu'à Paris toutes ces questions n'ont pas été étudiées avec un très-grand soin. Elles ont été l'objet d'un ensemble de travaux très-bons à consulter, comme le sont certainement ceux auxquels s'est livré M. Petit de Toulouse.

M. Petit ajoute que, de son côté, il a constaté, avec son collègue M. Filhol de très-grandes variations et disproportions dans l'éclairage de la ville de Toulouse, qui sont en effet de nature à montrer tout l'intérêt des observations présentées par M. Le Verrier.

M. Petit communique ensuite une note *sur la parallaxe et sur la vitesse de deux nouveaux bolides.*

De nombreuses analyses ont fait connaître la constitution chimique de l'aérolithe qui causa tant d'émoi, le 9 décembre 1858, dans diverses communes de la Haute-Garonne. Bien que la résistance de l'air eût sans doute profondément modifié sa marche lorsqu'il fut aperçu traversant les basses régions de l'atmosphère, j'ai pensé, dit M. Petit, que la détermination approchée de la vitesse et de la hauteur de ce météore, pendant les quelques secondes que dura son apparition, pourrait présenter encore un certain intérêt. Malheureusement les observations sont loin de s'accorder entre elles. Aussi n'est-ce pas sans une longue et fatigante discussion que j'ai pu parvenir à les faire passablement concorder. J'aime à dire que ces observations ont été relevées, avec la complaisance la plus empressée, par M. l'abbé Laffont, vicaire à Aurignac, et par M. Chaton, habile horloger de Saint-Gaudens, auxquels je témoigne ici publiquement toute ma gratitude.

Voici les résultats que j'ai déduits des indications qui me sont parvenues :

Vitesse (par seconde) apparente et sensiblement horizontale du bolide, pendant que ce corps passait, en détonant, au-dessus des communes de Muret, de Longages, d'Aurignac, de Montréjean, etc. .... 5,200 mètres.

Distance du bolide à la terre pendant la durée (quelques secondes) des explosions........... 5,000 mètres.

Avec ces données, il serait possible, à la rigueur, de remonter à l'origine cosmique du météore et de rechercher qu'elle était sa vitesse absolue dans l'espace, ainsi que la nature de la trajectoire qu'il parcourait avant de passer au voisinage de la terre. Sans prétendre obtenir, en effet, des valeurs rigoureuses, on peut généralement arriver par une discussion convenable à des valeurs *limites* susceptibles de fournir d'intéressantes conclusions. J'avoue cependant que je ne me suis pas senti le courage d'entreprendre une pareille recherche dans les conditions où le bolide du 9 décembre 1858 s'est montré, et peut-être aussi parce que des occupations très-absorbantes m'ont, depuis quelques années, momentanément éloigné de ce genre d'études. Je me bornerai donc à donner aujourd'hui, comme nouveau supplément au trop petit nombre d'indications générales dont on dispose, les résultats que je viens de faire connaître. J'ajouterai seulement que le bolide laissa après lui une épaisse traînée de vapeur qui persista, d'après M. Chaton, pendant plus de douze minutes et ne se dissipa qu'en s'élevant graduellement dans l'air. J'ajouterai également que, pendant la marche du météore à travers les nuages, on ne cessa d'entendre de violentes détonations, qui correspondaient sans doute chacune à des explosions partielles et à des émissions de fragments; qu'au moment de la plus forte de ces explosions, le bolide parut s'arrêter, puis éclater et jeter en tous sens de nombreux aérolithes qui durent aller tomber avec force dans diverses localités; enfin, que l'un des plus gros fragments se dirigea de l'ouest vers l'est, et par le zénith de M. Chaton à Saint-Gaudens, à peu près perpendiculairement à la marche qu'avait précédemment suivie le bolide.

Je saisis l'occasion de donner sur un second météore quelques résultats analogues aux précédents. Ce météore fut aperçu, dans la soirée du 13 septembre 1858, par M. le baron de la Haye (*Comptes rendus du* 20 *septembre*), allant du *sud-est* au *nord-ouest* en passant au zénith de Hédé. M. de la Tremblais, ancien sous-préfet du Blanc, à l'obligeance duquel j'ai dû fréquemment de précieuses indications, ayant bien voulu, cette fois encore, me communiquer des observations qu'il avait faites à Paris, j'ai obtenu, pour la hauteur et pour la vitesse du bolide au moment de l'apparition, les nombres suivants :

Hauteur au-dessus de la terre de la trajectoire sensiblement horizontale.................................... 222 kilomètres.

Vitesse apparente du bolide en une seconde... 29 kilomètres.

D'où il paraît résulter, ainsi que d'autres bolides l'avaient déjà fait connaître, que celui du 13 septembre aurait brillé d'un vif éclat en dehors des limites attribuées généralement à notre atmosphère; ce qui donnerait à penser, ainsi que semblent l'indiquer les observations crépusculaires faites dans les régions équatoriales, qu'en effet la hauteur des dernières couches atmosphériques dépasse de beaucoup celle qui résulte des observations recueillies dans les latitudes élevées.

M. Baudrimont, membre de la Société des sciences physiques et naturelles de Bordeaux, présente un résumé de ses *Expériences sur l'action chimique de la lumière solaire.*

On admet généralement que le spectre solaire est formé de rayons lumineux diversement colorés, de rayons calorifiques moins réfrangibles situés au delà du rouge, et de rayons chimiques situés en partie dans le violet et au delà de cette couleur.

Cependant plusieurs faits bien connus, tels que l'altération des matières tinctoriales, l'accroissement des végétaux vasculaires sous l'influence de la matière verte qui les revêt ou est répandue dans leurs organes foliacés, et surtout la reproduction du spectre solaire par la photographie, semblent démontrer que l'action chimique de la lumière n'est pas entièrement dévolue aux rayons les plus réfrangibles.

Pour étudier les faits relatifs à cet ordre de phénomènes, deux séries d'expériences ont été instituées : la première, sur des matières sensibles, incolores ou colorées, dont on a peint ou imprégné du papier, ou que l'on a renfermées dans des tubes de verre scellés par la fusion, pour éviter l'action des agents ambiants autres que la lumière; la seconde, sur des végétaux qui ont été étudiés depuis le commencement de la germination jusqu'à leur mort.

Les papiers peints ou teints, des rubans de soie de diverses couleurs et les tubes contenant des liquides colorés ont été placés sous un châssis vitré en verres de couleur reproduisant autant que possible les couleurs du spectre solaire. Les végétaux ont été cultivés dans une petite serre à compartiments peints en noir intérieurement et munis chacun d'un thermomètre. L'air pouvait y circuler librement, mais la lumière ne pouvait y pénétrer que par des verres de couleur.

Il résulte de l'ensemble des faits observés que toutes les couleurs du spectre solaire sont propres à déterminer des actions chimiques, mais que ces actions sont spéciales. Que la couleur jaune, par exemple, qui est presque inerte pour les produits employés dans la photographie, est celle qui agit le plus sur la couleur bleue du tournesol. C'est cette spécialité d'action qui fait que l'on avait pu croire jusqu'à ce jour que les rayons chimiques étaient les plus réfrangibles, parce que l'on n'avait opéré que sur un très-petit nombre de substances, et notamment sur du chlorure d'argent, qui est l'une de celles qui sont le plus sensibles à l'action de la lumière solaire.

Aucune lumière colorée n'a permis aux végétaux de parcourir toutes les phases de leur évolution. Aucun d'eux n'a fleuri ni fructifié.

La partie radiculaire de l'embryon s'est spécialement développée dans la lumière verte; la gemmule y est apparue lentement et n'a pris qu'un très-faible accroissement.

La lumière violette a été la plus fatale aux plantes: toutes y sont mortes les premières. La lumière verte vient, sous ce rapport, immédiatement après la lumière violette.

La lumière jaune est celle qui a été la plus favorable aux plantes; elles y ont pris le plus d'accroissement et y ont vécu le plus longtemps. L'orangé vient ensuite, puis le rouge et le bleu.

Les rayons les plus réfrangibles du spectre solaire ne sont point ceux qui font naître les réactions fondamentales qui donnent naissance aux produits organiques. Ces rayons sont ceux qui se trouvent vers la lumière jaune, qui est inerte relativement à l'héliographie; mais il faut reconnaître qu'aucune lumière élémentaire n'est propre à provoquer la végétation d'une manière complète, et qu'il faut le concours de la lumière blanche tout entière pour produire cette merveilleuse métamorphose.

Quelle que puisse être la suite des réactions par lesquelles l'acide carbonique est réduit dans les végétaux, on est conduit à admettre que le carbone entraîne avec lui de la lumière jaune ou celle qui accompagne les rayons jaunes, et qui devient latente, tandis que l'oxygène exigerait la lumière verte ou violette pour exister à l'état de liberté et la rendrait également latente.

La lumière qui apparaît pendant la combustion des matières organiques serait celle que le comburant et le combustible tenaient à l'état latent, et qui redevient libre lorsque leur combinaison s'opère. Ces lumières sont probablement complémentaires l'une de l'autre et polarisées dans deux plans rectangulaires.

Des graines pouvant, pendant la germination, donner naissance à des feuilles cotylédonaires de couleur verte, *quelle que soit la lumière qui les éclaire*, on est conduit à penser que les cotylédons renferment de la lumière latente qui devient libre à mesure que l'évolution embryonnaire s'accomplit, et finit par s'épuiser lorsque la gemmule a acquis assez de force pour la puiser dans les émanations solaires.

M. Milne Edwards demande à M. Baudrimont s'il a étudié l'action de la lumière sur la germination, et s'il a distingué ce qui appartient à la partie radiculaire et à la partie gemmulaire de l'embryon.

M. Baudrimont répond que non-seulement des graines ont été semées dans de la terre contenue dans des pots, mais qu'il en a été aussi déposé simplement sur du coton humide pour observer les phénomènes qui s'accomplissent. On sait que la germination a lieu dans l'obscurité, qu'elle peut encore facilement s'opérer à la lumière diffuse, mais que la lumière directe du soleil lui est plus nuisible qu'utile. Les faits les plus remarquables ont été l'accroissement extraordinaire de la radicule de la graine de lin dans la lumière verte, accroissement qui a eu lieu hors de la terre. Dans la lumière jaune, c'est le contraire qui s'est présenté, la partie gemmulaire a pris le plus d'accroissement. Tous ces faits sont consignés dans les tableaux qui accompagnent le Mémoire.

M. Chatin demande spécialement quelle est la partie de la lumière blanche qui est la plus nuisible à la germination.

M. Baudrimont répond : la germination pouvant commencer sans le concours de la lumière solaire, il en résulte qu'aucune lumière colorée ne lui est nuisible dans les premiers moments ; mais l'action solaire commençant bientôt à exercer son influence, les lumières colorées produisent alors une action sensible dans le sens qui vient d'être exposé, puisque les graines dépassent à peine la période de la germination dans la lumière verte et dans la lumière violette.

M. Valat fait observer que, dans les sciences expérimentales, les théories doivent être appuyées sur des faits, et il demande comment on peut démontrer l'existence de la lumière latente dans les corps.

M. Baudrimont répond : Une expérience journalière et connue de tout le monde démontre qu'il y a de la lumière latente dans les matières combustibles ; le feu avec lequel vous vous chauffez, la lumière avec laquelle vous vous éclairez, existent dans les produits qui vous les donnent. Rien ne se fait de rien, et le mouvement qui produit les phénomènes est aussi bien dans ce cas que la matière pondérable.

Il n'y a pas que l'oxygène et les combustibles ordinaires qui donnent de la lumière par leur combinaison : le soufre et le plomb, le chlore et le cuivre, sont dans ce cas, et l'on est conduit à admettre que ces corps contiennent aussi de la lumière latente, quelle que soit la théorie que l'on admette et quelque idée que l'on puisse avoir de la lumière latente.

C'est ainsi que l'on procède pour déterminer la chaleur latente des vapeurs. On peut la connaître par la quantité de chaleur que la vapeur exige pour se produire, mais on en cherche généralement la valeur par la quantité de chaleur que la vapeur abandonne en repassant à l'état liquide.

M. Bourget, membre de l'Académie des sciences, belles-lettres et arts de Clermont, présente un résumé de ses *recherches sur les effets mécaniques de la chaleur communiquée à un gaz permanent.*

On a admis depuis peu d'années que la chaleur et le travail mécanique peuvent se transformer l'un dans l'autre par équivalents, et les expériences de MM. Joule, Favre, Quintus, Icilius, etc., semblent confirmer cette loi. M. Bourget a cherché à la déduire mathématiquement, et sans aucune hypothèse sur la nature du calorique, des lois bien connues auxquelles sont soumis les gaz permanents, et que les travaux de MM. Mariotte, Gay-Lussac, Dulong, Regnault, etc., ont mises hors de doute. Ces lois fournissent des équations entre le volume, la pression et la température d'une masse gazeuse; elles font de plus connaître la dépense de chaleur à faire pour porter le gaz d'une température à une autre : on comprend donc qu'elles permettent de comparer le travail mécanique dû à l'expansion et la quantité de chaleur renfermée dans la masse avant et après cet effet.

M. Bourget a cherché d'abord la loi de détente d'un gaz avec variation libre de température. Poisson a donné (Méc. tome II, page 647) une formule qui contient cette loi, mais les raisonnements par lesquels il y arrive sont fondés sur l'hypothèse que le calorique est comme un fluide interposé entre les molécules des corps, et qui ne diminue pas en quantité par le travail mécanique que l'expansion produit. Ce raisonnement est fautif dans le système des idées nouvelles; M. Bourget a fait voir que, grâce à une compensation d'erreurs, Poisson a été conduit à une équation exacte.

La démonstration nouvelle qu'il propose pour la même formule est indépendante de toute hypothèse sur la nature du calorique; elle est tirée d'une équation beaucoup plus générale, qui donne la chaleur dépensée pour faire passer un gaz d'un état à un autre par une série connue quelconque d'états intermédiaires.

Conclusions finales. — Cette formule permet à M. Bourget d'énoncer le théorème remarquable suivant : *Si un gaz passe par une série d'états successifs qui le ramènent au premier état, il y a une quantité de chaleur anéantie ou créée, suivant que le gaz a produit un travail extérieur ou qu'un travail extérieur a été dépensé dans le cours des changements d'états ; de plus, cette quantité de chaleur est proportionnelle au travail.*

Donc tout se passe bien, du moins dans l'ordre des phénomènes relatifs aux gaz, comme si la chaleur et le travail étaient choses homogènes, pouvant se transformer l'une dans l'autre par équivalents.

M. Bourget a trouvé pour l'équivalent d'une calorie une formule qui, mise en nombres, donne 424 k. m. environ, ce qui confirme pleinement les expériences de M. Joule.

De ses formules M. Bourget a pu déduire aussi la théorie complète des machines à air chaud et les conditions les plus avantageuses de leur établissement.

M. Bourgade, membre de l'Académie des sciences, arts et belles-lettres de Clermont, communique un *Travail sur la pellagre sporadique en Auvergne.*

Cette maladie singulière, que l'on croyait propre au nord de l'Italie, de l'Espagne et au midi de la France, a déjà été signalée à Paris, à Reims et dans certains asiles d'aliénés, mais non point dans les provinces du Centre. Là, elle ne règne point endémiquement; on l'y rencontre seulement à l'état sporadique.

M. Bourgade s'attache à démontrer qu'il n'a point commis de méprise, et que la maladie observée par lui est entièrement semblable à la pellagre du Milanais, des Asturies et des Landes. Il décrit la marche si remarquable de la maladie, laquelle apparaît au printemps, diminue en été, et disparaît en automne et en hiver, pour se montrer infailliblement au printemps suivant, et cela pendant plusieurs années, jusqu'à la mort à peu près inévitable des malades.

Cette affection si grave n'est pas l'acrodynie, comme on l'a prétendu, car elle n'offre pas les symptômes observés pendant l'épidémie de 1828 et 1829. Si on trouve quelque analogie dans les caractères de ces états morbides, il y a des différences assez tranchées pour légitimer une distinction. L'analogie, d'ailleurs, n'est pas la similitude.

On a objecté que la pellagre *sporadique* n'était que la réunion sur le même sujet de plusieurs maladies différentes. M. Bourgade répond que de pareilles coïncidences se reproduisant avec tant d'uniformité seraient plus singulières que ne peut le paraître l'existence de la pellagre. Si on trouve réunis sur d'assez nombreux sujets des affections des appareils nerveux, gastro-intestinal et cutané, c'est qu'il existe entre ces trois groupes de symptômes un lien mystérieux, mais nécessaire : ce lien constitue la pellagre. Pourquoi, d'ailleurs, ne pas opposer la même fin de non-recevoir à la maladie des Landes? On n'en conteste plus cependant la nature pellagreuse. Serait-ce donc l'endémicité qui deviendrait le caractère pathognomonique de l'espèce morbide? Mais ce serait une hérésie pathologique. L'engorgement du corps thyroïde cesserait-il donc d'être le goître, une pyrexie périodique d'être une fièvre intermittente, quand on les observe sporadiquement?

On dit enfin que, l'alimentation par le maïs altéré (verderame) étant la cause spécifique de la maladie, il faut rejeter comme apocryphes les cas observés en dehors de cette influence. Mais c'est là précisément le point en litige, et on répond à la question par la question même; or, une pétition de principes ne saurait rien prouver. D'ailleurs, la base de l'étiologie, pas plus que celle de l'endémicité, n'est point assez large pour y asseoir le diagnostic.

L'alimentation par le maïs altéré paraît jouer un rôle important dans la production de la pellagre endémique; mais elle n'est pas la cause de la pellagre *sporadique* : celle-ci a toujours été observée, jusqu'à présent en dehors de cette influence, comme le démontrent les faits recueillis à Paris, à Reims, en Auvergne; dans aucun de ces pays on ne cultive ni consomme le maïs.

En Auvergne, comme ailleurs, la maladie atteint les gens pauvres, mal vêtus, mal nourris, mal logés, sujets parfois à de violents chagrins, soumis toujours à des travaux pénibles ou adonnés à de nombreux excès, et constamment exposés aux vicissitudes atmosphériques, et surtout à une insolation prolongée. En trouverait-on la cause dans une altération particulière du seigle, des châtaignes, des pommes de terre et des autres aliments grossiers dont se nourrissent ces malheureux? Ce serait possible; mais, jusqu'à présent M. Bourgade s'est livré sous ce rapport à d'inutiles recherches. D'ailleurs, une cause aussi générale devrait rendre la maladie plus commune.

De ses observations M. Bourgade tire les conclusions suivantes :

1° La pellagre, *à l'état sporadique*, s'observe dans quelques parties de la basse Auvergne, principalement sur le versant occidental et aux pieds des montagnes qui la séparent du Forez;

2° La pellagre *sporadique* n'a point pour cause l'alimentation par le maïs altéré;

3° Il n'est pas démontré qu'elle soit due à l'altération des autres substances alimentaires, bien que cela soit possible;

4° Dans l'état actuel de nos connaissances, la cause la plus appréciable paraît consister dans la mauvaise alimentation, la misère ou les excès et l'insolation prolongée.

M. Landouzy, de Reims, pense que l'alimentation par le maïs n'est pas la cause de la pellagre ; il ne croit pas davantage que ce soit la misère qui engendre cette maladie, car il l'a plus d'une fois trouvée parfaitement caractérisée chez des gens très-aisés et placés dans les meilleures conditions d'existence. Selon lui, cette affection n'a point de tendance à se propager ; si elle semble plus fréquente aujourd'hui, c'est qu'on la connaît mieux et qu'on sait la trouver là où on la méconnaissait naguère. Il en a été ainsi de l'albuminerie et du diabète.

M. le docteur Morel, de Rouen, pense que toute alimentation de mauvaise qualité ou même insuffisante joue un rôle dans la production de la pellagre ; il a vu cette maladie, en Italie et dans les Landes, sévir toujours sur les classes les plus misérables. Quant à ce qu'on a pu dire de la propagation actuelle de cette affection, il n'y croit pas et ne voit là aucun motif de s'alarmer.

M. Clos, de Toulouse, dit qu'il habite un pays où le maïs constitue presque exclusivement la nourriture d'un grand nombre de personnes, et cependant on n'y voit pas de pellagre. Il faut donc chercher ailleurs la cause de cette maladie. Toutefois, il pense que, si le maïs était de mauvaise qualité, s'il était altéré, il pourrait avoir une funeste influence, telle que celle qu'exerce le seigle ergoté.

M. Faye est aussi de cet avis : il rapporte que la pellagre existe dans les pays où le millet constitue la base de l'alimentation ; mais cet aliment, comme le maïs, est consommé sous forme de bouillie mal cuite, analogue au pain non levé. Cette circonstance ne serait-elle pas pour quelque chose dans la production de la pellagre ? On sait que chez les Hébreux, qui mangeaient le pain azyme, la lèpre était fréquente. M. Faye ajoute que les personnes atteintes de la pellagre sont en proie à la monomanie du suicide, et, chose remarquable, du suicide par immersion.

M. Landouzy dit qu'il est vrai que les pellagreux sont atteints de la monomanie du suicide, mais qu'ils ne recherchent pas de préférence tel ou tel genre de mort ; ils se détruisent par tous les moyens qui sont à leur disposition.

M. Bourgade constate que tout ce qui vient d'être énoncé confirme ses conclusions. Puisque, d'un côté, la pellagre atteint des individus qui se nourrissent de millet, et que, de l'autre, elle ne se montre pas sur des populations qui mangent du maïs, bien qu'elles ne soient pas dans des conditions climatologiques plus favorables que celles des Landes, il faut bien au moins que l'usage de cette dernière plante alimentaire ne soit pas l'unique cause de la maladie. Cependant, on ne peut se dispenser de tenir compte de ce fait capital, si bien mis en lumière par M. Tardieu, que la pellagre endémique ne s'observe que dans les pays à maïs. Quant à la pellagre sporadique, elle paraît réellement liée à la misère ; si M. Landouzy a vu des pellagreux dans la classe aisée, ces cas sont rares et tout à fait exceptionnels.

M. Joly, membre de l'Académie des sciences de Toulouse, rend compte des *Nouvelles recherches sur l'hétérogénie* qu'il a faites en commun avec M. Ch. Musset.

Ce travail est divisé en quatre parties bien distinctes.

La première est consacrée à l'historique de la question. La seconde, aux résultats obtenus en répétant les principales expériences de leurs devanciers (Schultze, Schwann, Milne Edwards, Hoffmann, Pasteur, Pouchet, Mantegazza, etc.) et à ceux fournis par les propres expériences des auteurs du Mémoire.

La troisième partie est purement théorique. C'est un essai de synthétisation des faits observés.

Enfin, la quatrième partie renferme les conclusions que M. Joly expose ainsi qu'il suit :

« Après avoir répété avec le plus grand soin, et sans idées préconçues, les principales expériences qu'invoquent les adversaires et les partisans de l'hétérogénie, après en avoir institué de nouvelles et en avoir scrupuleusement interrogé les résultats, nous nous croyons en droit de formuler les conclusions suivantes :

« L'hétérogénie, c'est-à-dire la production d'un être nouveau dénué de parents, est un des nombreux modes de la reproduction animale et végétale ; mais elle n'a lieu que chez les êtres les plus inférieurs des deux règnes organiques.

« Les conditions de l'hétérogénie sont : 1° de l'air ; 2° de l'eau ; 3° une substance organique putrescible ; 4° un certain degré de chaleur. La lumière n'est pas complétement indispensable.

« Quoi qu'on en ait dit, l'atmosphère ne fournit pas les germes des productions nouvelles qui apparaissent.

« Nous l'avons prouvé en faisant l'analyse microscopique de l'air, et en répétant, avec les soins les plus minutieux, les expériences de nos antagonistes, notamment celles de MM. Schultze, Schwann, Milne Edwards, Hoffmann et Pasteur.

« L'air renferme si peu les germes invoqués par nos adversaires qu'on peut le remplacer par de l'air artificiel et même par de l'oxygène pur.

« Ces germes ne se trouvent pas davantage dans l'eau employée pour les expériences, car on peut substituer à l'eau distillée de l'eau obtenue artificiellement, comme l'ont fait MM. Pouchet et Mantegazza.

« Ils ne résident pas non plus dans le corps putrescible, puisque, en soumettant celui-ci à l'action d'une température susceptible de tuer tous les germes vivants, on n'en obtient pas moins des proto-organismes.

« Puisque les prétendus germes atmosphériques ne se trouvent ni dans l'air, ni dans l'eau, ni dans le corps putrescible, ils ne sauraient donner naissance aux microphytes ni aux microzoaires observés dans les *macérations*.

« Ces êtres nouveaux doivent leur origine à la matière organique en décomposition ou en dissolution dans l'eau.

« Le phénomène initial de l'hétérogénie consiste dans la formation de la pellicule proligère, composée elle-même de molécules ou cellules organiques excessivement ténues, que l'on voit, pour ainsi dire, s'essayer à la vie, puis en jouir dans toute sa plénitude, en passant à l'état de *bacteries* ou de *vibrions*.

« Cette première génération détruite, on voit se former de ses débris mêmes une nouvelle pellicule au sein de laquelle apparaissent de véritables *œufs spontanés* qui, à leur tour, produisent une seconde génération d'une organisation plus complexe que la première. (*Monades*, *Volvox*, *Colpodes*, *Paramecies*, *Vorticelles*, etc.)

« Mais la force plastique, ainsi abandonnée à elle-même, ne tarde pas à s'épuiser, et le mode de génération dont il s'agit paraît se borner aux seuls infusoires proprement dits.

« Du reste, ce mode lui-même n'est pas sans analogie avec l'ovulation spontanée des animaux supérieurs. Des deux côtés, la formation et jusqu'à la structure essentielle de l'œuf sont identiques. Seulement, l'œuf spontané, c'est-à-dire celui qui prend naissance au dehors, dans la pellicule proligère, diffère de l'œuf ovarique en ce que, comme ce dernier, il n'a pas besoin d'être fécondé.

« Mais qui ne sait aujourd'hui que la fécondation n'est pas indispensable à tous les œufs nés au sein d'un ovaire? Les exemples de *parthénogenèse* observés dans le règne animal mettent ce fait à l'abri de toute contestation. Les générations alternantes viennent l'appuyer à leur tour. La scissiparité et la gemmiparité lui prêtent une nouvelle force. Enfin, la régénération des organes perdus par accident ou enlevés à dessein (*pattes de l'écrevisse, queue du lézard, œil de la salamandre, tête et queue du lombric*), le développement de l'embryon, l'accroissement des êtres, leur nutrition, leurs sécrétions, la réparation des tissus lésés, la formation des tissus morbides, en un mot, l'histogénie tout entière, considérée au point de vue le plus général, ne fournit-elle pas des analogies frappantes en faveur de l'hétérogénie?

« Ecoutez à cet égard l'un de nos plus habiles anatomistes micrographes :

« Dans ce mode de naissance des éléments anatomiques, rien « n'existant que des matériaux liquides, on voit ces matériaux se « réunir presque subitement molécule à molécule, les uns aux autres, « en une substance solide ou demi-solide.,...

« La genèse des éléments est caractérisée par ce fait, que, sans « dériver exactement d'aucun des éléments qui l'entourent, ils ap- « paraissent de toutes pièces, par génération nouvelle, à l'aide et « aux dépens d'un blastême fourni par ces derniers; ce sont, « comme on le voit, des éléments qui n'existaient pas et qui appa- « raissent; c'est une génération nouvelle qui ne dérive d'aucune « autre directement. » (Ch. Robin.)

« De la formation et du développement des tissus à la genèse des microzoaires et des microphytes, et même à celle de l'œuf ovarique des animaux supérieurs, où est la différence? Ce sont pour nous des phénomènes très-analogues, sinon complétement identiques.

« Nous en dirons autant de la *diasporogenèse*, ce nouveau mode de génération récemment observé par Jœger. Enfin, le règne végétal nous a aussi fourni un nouvel exemple de génération spontanée. Nous voulons parler de la levûre de bière, dont nous avons suivi l'origine, le développement et la fructification, non-seulement dans la bière elle-même, mais encore dans l'urine rendue par nous après avoir fait largement usage de cette boisson fermentée.

« Si les faits que nous avons observés sont réels, si les déductions que nous en avons tirées sont exactes, nous arrivons non-seulement à ces conclusions logiquement déduites des prémisses, à savoir que : 1° L'hétérogénie est une réalité; 2° la panspermie illimitée est une chimère; 3° la semi-panspermie, ou panspermie du juste milieu, est un faux-fuyant, mais encore à cette conclusion beaucoup plus générale :

« La génération n'est point un phénomène particulier, mais une « loi universelle de toute matière organisée... La mort n'est qu'un « minimum de vie.... ce n'est qu'un sommeil passager de la matière « vivante, une pause de la nature pendant laquelle se préparent et « s'opèrent de nouvelles transformations. » (*Virey.*)

« Ou bien encore nous dirons avec notre savant ami, M. le professeur Lavocat :

« L'individu meurt et disparaît, mais la matière continue de vivre « en se transformant. Elle passe d'un organisme à un autre, sans se « détruire, sans être nouvellement créée. Elle change de manière « d'être. C'est la vie sous une autre forme, mais c'est toujours la « vie. »

M. Pasteur demande à présenter quelques observations sur le Mémoire de M. Joly.

« Je m'efforcerai, dit M. Pasteur, de suivre les sages conseils de l'épigraphe du travail que vient de résumer M. Joly, n'attachant de valeur qu'aux expériences bien faites et ne déduisant de leurs résultats que des conséquences logiques.

« M. Joly a déclaré que le petit appareil de M. Pouchet, appelé *aéroscope*, permettait de reconnaître dans l'air l'existence de germes; mais il ajoute aussitôt que l'on en trouve si peu que leur nombre ne suffit pas du tout pour rendre compte de toutes les espèces organiques si variées des infusions. Je m'empresse de remarquer que, par la première assertion, M. Joly admet en principe l'existence de germes en suspension dans l'atmosphère. Quant à l'affirmation qu'il n'y en a pas assez pour rendre compte des phénomènes, je fais observer que c'est une interprétation purement gratuite, qui devrait être établie sur des bases expérimentales, ce que personne n'a fait. »

M. Pasteur entre ensuite dans quelques détails sur l'aéroscope de M. Pouchet.

« Au-dessous de la partie effilée d'un entonnoir on dispose une lame de verre horizontale, et l'entonnoir et la lame de verre sont placés dans un tube dans lequel on aspire l'air extérieur. On voit de suite que l'air qui sort de l'entonnoir souffle sur la lame de verre, plutôt prêt à chasser les poussières qui seraient à sa surface qu'à y laisser celles qu'il charrie. Moi aussi, j'avais antérieurement fait passer de l'air dans un tube par aspiration, afin qu'il y laissât des poussières; mais j'avais placé dans le tube une petite bourre de coton-poudre, qui arrête la presque totalité des poussières. On fait dissoudre ensuite le coton dans un tube, on laisse reposer le liquide, et au fond du tube on trouve les poussières, faciles à examiner alors au microscope.

«M. Joly a dit qu'en faisant fondre de la neige, M. Pouchet n'avait pas obtenu de germes. Je ne sais ce que vaut ce moyen comparé au mien, mais je ferai observer que, s'il est bon, c'est évidemment à la condition de faire fondre la première neige tombée, et non la dernière. Or, M. Pouchet, qui a décrit minutieusement son expérience, prouve lui-même, par les détails dans lesquels il entre, qu'il a fait fondre la neige de la surface du tas sur lequel il a opéré, c'est-à-dire la dernière neige tombée. Je le répète, si le moyen est bon, la première a dû tout emporter.

« Je ne m'arrêterai pas longtemps sur l'expérience par laquelle M. Joly va chercher de l'air pur dans l'intérieur d'une citrouille. Je ne dirai rien sur la difficulté très-grande, selon moi, de faire l'expérience avec précision. Mais qui donc n'a pas vu, dans des pommes, très-saines d'ailleurs, toute la cavité intérieure garnie de moisissures. Il en est ainsi très-souvent des citrouilles. C'est donc, à mon avis, une mauvaise expérience. Pourquoi ne pas prendre de l'air purifié par les moyens ordinaires?

« M. Joly a rappelé les expériences de M. Pouchet, où des proto-organismes avaient pris naissance à la suite de l'introduction, dans les appareils, d'oxygène chimiquement pur. C'est vrai. Mais c'est le mercure qui a donné les germes. Depuis que le mercure est sorti de la mine, il est exposé à l'air et reçoit constamment des poussières que l'on n'enlève jamais que très-imparfaitement, quoi que l'on fasse. Telle est la cause d'erreur qui a échappé à M. Pouchet. Je renvoie à mon Mémoire pour les preuves que j'en ai données.

« Enfin; M. Joly a parlé de la levûre de bière, cette petite plante cellulaire toujours invoquée de préférence par les hétérogénistes comme le type des créations spontanées. Eh bien! je supplie M. Joly de répondre à la simple observation que je vais avoir l'honneur de lui soumettre.

«Que l'on prenne un liquide propre au développement de la levûre, et que ce liquide soit parfaitement limpide. De préférence, nous nous servirons de moût de raisin très-bien filtré. Abandonné à lui-même, il se remplit, dans l'espace de 24 heures, de globules de levûre. Or, il sera évident pour tout le monde que, si les globules sont nés à même la matière en dissolution, il y aura nécessairement dans le liquide toutes les tailles de globules, depuis le point apercevable jusqu'au diamètre minimum des globules isolés de levûre. L'observation m'a prouvé, avec la plus entière certitude, qu'il n'en est rien, et qu'en conséquence les globules sont nés les uns des autres par voie de bourgeonnement, et non spontanément. D'ailleurs il n'y a rien de plus facile que de voir les globules bourgeonner sur place, se détacher, bourgeonner de nouveau, et ainsi de suite. »

M. Joly exprime la pensée que cette question est trop vaste, trop difficile, pour être résolue ainsi ; il s'est contenté en quelque sorte de la poser, parce que le temps qui lui était accordé ne lui permettait pas de développer tous les faits sur lesquels il a appuyé ses conclusions. Il n'a pas cité ses expériences ; or, M. Pasteur vient de citer les siennes, et pour lui répondre il faudrait entrer dans des détails et des développements qui exigeraient un temps trop long. Il n'est donc pas possible que la discussion aboutisse dans le peu de temps qui peut lui être consacré ici.

M. Le Président engage M. Joly à prendre tout le temps nécessaire pour l'exposé complet des faits et des arguments à l'appui de la thèse qu'il soutient. Tous les membres de la réunion sont désireux de pouvoir se former une opinion, et une question ne doit jamais être considérée comme insoluble faute du temps nécessaire pour en examiner les éléments. M. le Président prie donc M. Joly de vouloir bien produire tous les faits et toutes les observations qu'il jugera utiles. Il peut être assuré qu'il sera écouté avec le plus constant intérêt.

M. Joly oppose alors à l'argumentation de M. Pasteur les réponses suivantes :

« M. Pasteur prétend avoir recueilli les germes atmosphériques en faisant passer une masse d'air considérable à travers du coton-poudre, qu'il dissolvait ensuite dans un mélange d'alcool et d'éther. Mais qui ne voit tout d'abord que ces germes, s'ils existaient, ont dû être détruits ou du moins très-altérés par le menstrue employé pour les mettre en évidence.

« L'objection élevée par M. Pasteur contre l'expérience qui a eu pour but d'analyser l'air au moyen de la neige récemment tombée n'a aucune valeur, car la neige a été examinée au moment même de la chute des flocons. Or, moyennant les précautions que j'ai prises, j'ai pu m'assurer qu'il n'existe dans l'air qu'une quantité insuffisante de corps auxquels je n'oserai donner avec certitude le nom de *corps reproducteurs*. L'eau provenant de la neige n'a fait que me confirmer dans ma manière de voir. En effet, cette eau de neige, conservée pendant plus d'un an, n'a donné naissance à aucune production organique, preuve évidente qu'elle ne renfermait aucun des germes *admis*, mais non *démontrés* par les partisans de la *panspermie aérienne*.

« Dans l'opinion de M. Pasteur, l'air que M. Musset et moi avons été puiser dans l'intérieur d'une citrouille, ou dans la vessie natatoire des poissons, privés de toute communication avec l'air extérieur, n'était pas de l'air absolument dénué de corps reproducteurs. On se demande s'il est possible d'admettre le passage de germes, si toutefois germes il y a, à travers les membranes qui forment la vessie natatoire des poissons, et surtout à travers les parois d'une citrouille, closes de toutes parts et offrant au moins douze centimètres d'épaisseur.

« La levûre de bière que nous avons obtenue en plongeant un flacon ouvert dans le bouillon des brasseurs, en ébullition depuis six heures au moins, et en fermant ensuite hermétiquement le flacon entièrement rempli, ne pouvait évidemment provenir de germes suspendus au sein de l'atmosphère. Il en est de même de celle que M. Pouchet, M. Musset et moi, avons observée dans notre urine après avoir bu de la bière en grande quantité. Cette levûre prenant naissance dans un flacon rempli d'urine par déversement et bouché à l'émeri et au vernis aussitôt après, il est absolument impossible d'admettre que les spores *spontanées* qui la constituent aient passé à travers les filtres si nombreux et si délicats de l'organisme. On ne peut raisonnablement se rendre compte de leur apparition qu'en admettant que ces spores se sont formées aux dépens des matières albuminoïdes et sucrées contenues dans la bière et non complétement détruites en passant dans l'estomac, puis dans les vaisseaux absorbants, et finalement dans les reins et dans la vessie.

« En ce qui concerne la dernière objection de M. Pasteur; oui certainement nous affirmons que la levûre de bière présentait à la fois des globules de toutes les tailles, de toutes les dimensions.

« Enfin, dans toutes ces expériences, pour tous ces faits, M. Pouchet et moi nous nous sommes toujours parfaitement rencontrés, et cet accord si complet donne une grande force à nos convictions.»

M. Baudrimont, de Bordeaux, prend la parole pour lever quelques doutes qui pourraient encore exister, malgré les faits qui viennent d'être signalés :

« M. Pasteur reproche à M. Pouchet de n'avoir point nettoyé la cuve à mercure sur laquelle il a opéré ; il insiste surtout sur ce que le mercure, depuis le moment où il sort de la mine jusqu'à celui où on l'emploie, n'est jamais nettoyé, et que les pulvicules atmosphériques ainsi que les germes qui les accompagnent se déposent incessamment à sa surface.

« Est-il possible d'employer une telle argumentation ? Il n'est point un expérimentateur qui ne nettoie ou ne fasse nettoyer une cuve à mercure avant d'en faire usage, et ce n'est évidemment point dans ce fait qu'il faudrait rechercher les causes d'erreur inhérentes à l'expérience de M. Pouchet.

« Le moyen de filtration de l'air dans du pyroxyle, et la dissolution de ce dernier dans l'éther et l'alcool pour retrouver les produits organiques suspendus dans l'atmosphère, méritent-ils toute la confiance que leur accorde son auteur?

« Il faut considérer que dans le pyroxyle la matière organique du coton n'est nullement détruite, puisque le coton conserve sa forme primitive ; mais il faut ajouter ceci, c'est que ce que l'on prend pour une dissolution réelle n'est qu'une dissolution apparente : les cellules et les globules ne font que se dissocier, et l'on peut s'en assurer en ajoutant de l'eau au dissolvant, ils reprennent leur aspect primitif. M. Pasteur n'a-t-il pas pu prendre ces éléments organiques pour des êtres provenant de l'atmosphère ?

« Pour ce qui concerne la levûre, c'est une question à peu près du même ordre.

« La levûre de bière a pour origine la matière albuminoïde qui existe dans l'orge. Cette matière subit une première modification sous l'influence de la germination, et devient de la diastase, qui passe pour être soluble dans l'eau ; elle subit ensuite une deuxième modification et devient de la levûre azotée, essentiellement formée de globules séparés, immédiatement visibles au microscope ; enfin elle subit une troisième modification, perd l'azote qu'elle renfermait et devient impropre à déterminer la fermentation alcoolique.

« Sous ces quatre états, la levûre n'est jamais soluble dans l'eau, à proprement parler, elle est toujours sous forme de globules ou de cellules visibles au microscope. Ce sont les globules de diastase qui se revêtent d'une enveloppe, et demeurent ainsi aptes à opérer les phénomènes de l'endosmose, et de l'exosmose, et alors commencent dans ces globules, devenus des cellules, tous les phénomènes qui caractérisent la vie. Est-il besoin, pour cela, de l'intervention d'êtres extérieurs. Cela ne paraît pas probable ; car l'orge a existé bien longtemps avant la bière, et il y eût eu dans l'atmosphère des êtres spéciaux attendant que le premier brasseur eût inventé la bière pour trouver leur emploi, ce qui doit paraître absurde à tout le monde.

« Le vin mousseux qui se prépare sur une grande échelle peut servir pour éclairer le mode de production de la levûre. Dans le moût de raisin, il y a du ferment insoluble et du ferment soluble en apparence. Le premier ne peut traverser les filtres, le second les traverse. Sa fermentation s'exerce dans le filtre pendant la filtration, et elle ne reprend son cours que très-lentement dans la partie filtrée ; mais elle a lieu, et la matière albuminoïde devient du ferment insoluble propre à développer la fermentation, et qui se dépose. Du vin blanc peut rester cinq à six mois sans fermenter, quoiqu'il contienne du ferment, mais parce qu'il manque de sucre ; si on y en ajoute et qu'on le mette en bouteilles, la fermentation s'accomplit fort lentement dans ces dernières en trois ou quatre mois. Faut-il donc admettre que chaque bouteille a reçu les ovules, ou sporules, ou êtres atmosphériques quelconques propres à développer la fermentation ?»

M. Pasteur répond à MM. Baudrimont et Joly dans les termes suivants :

« Je ne suivrai ni M. Joly ni M. Baudrimont dans leurs dissertations sur l'origine du monde organique, et je suis le premier à déclarer avec M. Joly que la question est difficile et insoluble à un certain point de vue que voici : Dans les sciences d'observation, la négative ne peut pas se prouver. Non, on ne peut pas prouver qu'il n'y a pas des générations spontanées ; mais ce que l'on peut établir, et j'ai la prétention de l'avoir fait, c'est que toutes les fois qu'un observateur a cru reconnaître, dans telles conditions déterminées, la formation spontanée d'organismes inférieurs, cet observateur a été victime de causes d'erreurs qu'il n'a pas su apercevoir ou qu'il n'a pas su éviter.

« Pour ce qui est de la question philosophique, métaphysique ou religieuse, je l'écarte complétement. C'est une question de fait que nous avons à traiter. Restons-y !

« M. Pasteur, a dit M. Joly, se sert pour dissoudre son coton d'un mélange d'alcool et d'éther. Or, ce mélange doit altérer les germes déposés sur le coton. Telle est la première objection que vient de faire M. Joly. Mais à cela je réponds que, si je suis obligé d'employer un dissolvant qui altère la forme des corpuscules organisés que j'ai intérêt à reconnaître et à déterminer, c'est tant mieux pour mes antagonistes et tant pis pour moi, car je diminue ainsi le nombre des corpuscules organisés reconnaissables. C'est leur opinion et non la mienne qui bénéficie de ce qu'il y a de défectueux dans ma manière d'opérer.

« M. Joly, voulant répondre à ce que j'avais dit sur la levûre, affirme qu'il y a toutes les dimensions de globules. Je le nie formellement. C'est une erreur manifeste, et je ne demanderais que quarante-huit heures pour faire développer des milliards de globules de levûre dans du moût de raisin, sans qu'il y ait aucune des dimensions comprises entre le point apercevable et les dimensions ordinaires les plus petites des globules de levûre.

« M. Joly a rappelé son expérience récente de filtration de la bière à l'aide des reins; mais l'urine dont parle M. Joly dans cette étrange expérience a été ensuite exposée à l'air. L'expérience n'a donc aucune valeur.

« J'arrive maintenant aux observations de M. Baudrimont.

« M. Baudrimont me reproche l'emploi du coton, matière organisée, pour reconnaître des globules organisés déposés à sa surface. Le coton-poudre, dit-il, n'est pas dissous dans le mélange d'alcool et d'éther. Mais, que m'importe !

« En même temps que je faisais ces expériences, je fis dissoudre le même coton dont je me servais dans mes essais, afin de voir quel était le résidu qu'il abandonnait à l'alcool éthéré, lorsqu'on ne le chargeait pas des poussières de l'air. Or, je n'ai jamais vu trace de globules organisés.

« M. Baudrimont a ajouté qu'il était surpris que je n'eusse pas parlé du moyen si simple que les chimistes emploient pour nettoyer la surface de la cuve à mercure à l'aide d'un rouleau de verre. Je suis bien surpris à mon tour que l'on puisse parler de tels moyens de purification du mercure dans des expériences aussi délicates que celles dont il s'agit en ce moment.

« Enfin M. Baudrimont a fait une théorie sur la production spontanée de la levûre à l'aide de la matière albuminoïde qui ne serait pas dans un état de dissolution réelle. Je ne veux pas m'appesantir sur la discussion d'une opinion de cette nature, et je me borne à faire remarquer à M. Baudrimont que j'ai fait développer les organismes inférieurs à l'aide de phosphates, de sels d'ammoniaque cristallisés et de sucre candi. Ici, il n'y avait plus de matière albuminoïde à laquelle on pût recourir pour admettre une transformation quelconque de l'albumine en cellules organisées. »

M. Baudrimont répond à M. Pasteur, qui lui a paru ne pas croire à l'existence des globules de diastase, qu'il est extrêmement facile de mettre ces globules en évidence. Il suffit pour cela d'ajouter une petite quantité d'eau de baryte à une matière albuminoïde quelconque; cette dernière est absorbée par les globules, elle se carbonate, modifie leur transparence et les rend visibles. Il ajoute qu'il a mesuré leur diamètre, et que tous ces faits sont consignés dans son Traité de chimie.

M. Joly repousse l'objection de M. Pasteur contre les expériences faites sur le mercure. Cette objection, qui consiste à dire que ce métal se recouvre de tous les corpuscules flottants dans l'air, qu'il est très-difficile de l'en débarrasser, et que par suite on introduit malgré soi de véritables germes dans les macérations ou dans les décoctions employées, doit tomber devant l'expérience que les auteurs du Mémoire ont répétée après Mantegazza.

Ils ont fait bouillir le mercure ainsi que l'eau et la substance organiques. Puis ils ont introduit une décoction dans une éprouvette remplie de métal encore très-chaud (environ 200 degrés). L'air est entré dans l'éprouvette après avoir été lavé dans la potasse ou l'acide sulfurique, et néanmoins des proto-organismes ont apparu en très-grand nombre. Evidemment, ces proto-organismes ne provenaient pas de germes entraînés par le mercure, mais bien du corps putréfiable lui-même, et de ce corps exclusivement.

M. Joly termine en citant à l'appui de la génération spontanée des faits de parthénogenèse et de diasporogenèse, auxquels il rattache quelques-unes des observations de M. Lereboullet sur les monstruosités du brochet.

M. Lereboullet prend la parole pour exprimer son étonnement d'entendre M. Joly invoquer ses expériences à l'appui de l'hypothèse des générations spontanées. Ses recherches sur le développement de l'embryon dans des œufs fécondés n'ont rien de commun avec le sujet en discussion, et il déclare ne pas vouloir être rangé au nombre des partisans de l'hétérogénie.

M. Jourdan, de Lyon, dit que, puisque M. Joly introduit ici le fait de femelles vierges de papillons produisant des œufs féconds, il croit devoir exposer les résultats des expériences qu'il a tentées dans le but de constater ce fait physiologique, si remarquable chez des animaux d'une organisation élevée, sans toutefois préjuger en rien la question des générations spontanées.

1re *expérience sur la variété de vers à soie dite annuelle, ne donnant qu'une seule génération par an.* — En juin 1851, 300 cocons de cette variété à 4 mues furent choisis, et, pour qu'à la sortie des papillons il ne pût y avoir aucune communication entre eux, chaque cocon fut emprisonné dans un petit carton sans couvercle, mais solidement enveloppé de gaze. Ces 300 cocons donnèrent 147 femelles et 151 mâles, qui furent retirés immédiatement. Sur les 147 femelles, 6 seulement ont donné dans leur ponte quelques œufs réellement féconds, deux en ont donné 7, deux autres en ont donné 4, une 5, et une dernière 2. Ces 29 œufs, conservés dans leurs cartons respectifs, sont les seuls qui aient éclós en mai 1852. Il y avait bien eu un assez bon nombre d'autres œufs qui avaient passé de la couleur jaune clair, au moment de la ponte, à la couleur plus ou moins ardoisée, qui est celle que prennent les œufs fécondés ; mais à la longue, ces œufs se sont affaissés sur eux-mêmes et n'ont point donné de vers. Ainsi, sur environ 58,000 œufs pondus par les 147 femelles, on n'a obtenu que 29 vers ; c'est à peu près un ver sur 2,000 œufs.

2e *expérience, sur la variété provenant du midi de la Chine, vers à 3 mues, et donnant 5 à 6 générations successives dans la même année.* — En juillet, même année 1851, cinquante cocons enfermés dans autant de petits cartons fermés de gaze ont donné à la sortie des papillons 23 femelles et 26 mâles. Dix-sept femelles sur les 23 ont donné des œufs complétement féconds, dans la proportion de 1 sur 17, qui ont éclos dix-sept jours après la ponte. Une des femelles en a donné 113, et la moins productive en a donné 12. Sur environ 9,000 œufs pondus par les 23 femelles, il y en a eu 530 qui ont produit des vers ; c'est un œuf fécond sur 17. Les femelles de la variété de vers à 5 ou 6 générations annuelles se sont donc montrées de beaucoup plus reproductives d'œufs féconds que les femelles de la variété ordinaire à 4 mues et à une seule génération par an.

M. MILNE EDWARDS fait remarquer que, dans l'examen de la question en discussion, il faut distinguer l'hypothèse de la génération spontanée de celle de l'hétérogénie, et que c'est à tort que quelques naturalistes les ont confondues sous ce dernier nom. De la sorte, on embrouille singulièrement la question. Ainsi, les idées professées par M. Joly sont, au fond, les mêmes que celles émises vers le milieu du siècle dernier par Buffon sur le rôle des monades ou molécules organiques, et elles diffèrent totalement de celles de M. Pouchet et des naturalistes du moyen âge au sujet de la faculté que posséderait la matière brute ou la matière morte de s'organiser et de prendre vie sans le concours d'un être vivant préexistant qui serait la souche, l'engendreur, le parent de l'individu nouveau. Toute l'argumentation des partisans de l'hypothèse de la génération spontanée repose sur la supposition que, par l'action de la chaleur, l'expérimentateur a complétement détruit la vie dans tous les corps organisés séquestrés dans les vases clos; car, si l'on admettait que la matière organique mise en infusion reste vivante ou apte à reprendre l'activité vitale devenue latente dans sa substance, il n'y aurait aucune raison de penser que les germes d'infusoires préexistants, soit dans ces mêmes matières, soit dans l'air ou dans l'eau dont on fait usage, auraient perdu la propriété de se développer et de devenir ainsi les animalcules ou les plantes microscopiques dont l'infusion se peuple. M. Milne Edwards ajoute que, pour juger de l'état actuel de la question, il est bon de voir quelle a été la marche de la science, et, par conséquent, il croit devoir tracer rapidement l'histoire des opinions régnantes à diverses époques au sujet du mode de production des animaux dont on n'avait pu constater directement l'origine.

Dans l'antiquité et pendant le moyen âge, on expliquait par la génération spontanée la formation des anguilles, des abeilles, des vers et d'une multitude d'autres animaux dont on n'avait pu jusqu'alors constater la filiation ; mais, dès que Redi, Swammerdam, Vallisnieri et quelques autres physiologistes du dix-septième siècle eurent attaqué la question expérimentalement, on vit successivement chaque exception rentrer dans la règle commune, et on disait avec Harvey : *Omne vivum ex ovo*. L'idée de la production possible d'êtres vivants sans l'intervention de parents et par le jeu des seules forces physiques et chimiques aurait même disparu de la science très-promptement, si une grande découverte, celle des animalcules microscopiques qui se développent dans les infusions de matières organiques, n'avait fait surgir de nouvelles difficultés, en nous révélant l'existence d'êtres si petits que les moyens d'observation manquaient pour en faire une étude approfondie. Les partisans de l'hypothèse de la génération spontanée trouvèrent un refuge dans ce champ nouveau et obscur où les investigations sont restées pendant longtemps presque impossibles à faire d'une manière satisfaisante. Mais là encore, chaque fois que des expériences ont pu être faites avec la rigueur voulue, elles ont donné des résultats défavorables à l'opinion des anciens. Les recherches de Schultze, de Schwann et de plusieurs autres physiologistes de l'époque actuelle en sont des exemples. La question semblait jugée lorsque M. Pouchet l'a remise en discussion, se fondant sur des expériences dans lesquelles il ne parait pas s'être mis à l'abri de toutes les causes d'erreur susceptibles de vicier les résultats.

M. Milne Edwards ajoute qu'il s'est expliqué ailleurs sur ce point, et qu'il n'y reviendra pas en ce moment. Du reste, le débat aurait pu continuer longtemps sur ce terrain si M. Pasteur n'était venu attaquer la question d'un autre côté et introduire dans la discussion des faits d'un nouvel ordre. Les expériences de ce savant ont été admirablement bien instituées et paraissent être irréprochables. La portée en est facile à saisir, et elles montrent de nouveau la généralité des lois de la nature. Elles prouvent que les globules du ferment, les mucedinées et les animalcules inférieurs, que l'on dirait naître spontanément dans les liquides, y arrivent du dehors et s'y multiplient par homogénésie. En résumé, on voit donc que, dans l'état actuel de la science, l'hypothèse de la génération spontanée est non-seulement inutile pour l'explication des faits bien constatés, mais contraire à tout ce que l'on sait de positif touchant l'origine des êtres vivants. Sous ce rapport, la moindre monade et le végétal le plus infime ressemblent au chêne, au cheval, à l'homme; tout ce qui vit provient d'un être vivant, et jamais la matière brute ou la matière morte ne se constitue en un être vivant sans que cela soit sous l'influence d'un animal ou d'une plante dont l'individu nouveau est un produit : la vie est toujours transmise, et n'est pas une propriété générale de la matière organisable.

M. Joly répond : « Je n'ai pas à défendre M. Pouchet, que je regrette infiniment de ne pas voir dans cette enceinte, et qui d'ailleurs n'a pas besoin de mon faible secours. Les expériences de M. Pouchet ont été faites avec autant de conscience que de talent et de sagacité. J'ai vu le savant auteur du livre sur l'*hétérogénie*, je l'ai vu travailler dans son laboratoire, où je m'étais rendu tout exprès pour me contrôler moi-même. J'ai répété avec M. Pouchet les principales expériences sur lesquelles, lui et nous, nous appuyons notre doctrine. J'ai vu chez lui, comme chez moi, la production des *œufs spontanés* au sein de la *pellicule proligère*, la *giration* de l'embryon dans l'œuf, la naissance des spores de la *levûre*, leur germination, leur fructification, et je déclare qu'il y a identité complète entre les résultats obtenus à Rouen et ceux observés par nous à Toulouse.

« Quant à ce qui me concerne, je ne saurais demeurer sous le poids accablant des objections que me fait un maître de la science si justement vénéré, en m'opposant ses propres expériences. Eh bien ! la vérité m'oblige à dire que les expériences de M. Milne Edwards sont fautives. Je les ai répétées, non pas une fois, mais dix fois, à l'instigation de mon savant collègue, M. Filhol, ici présent, et toujours je suis arrivé à des résultats entièrement opposés à ceux qu'indique notre illustre vice-président. »

M. Baudrimont prend de nouveau la parole et dit :

« Si l'on veut qu'il y ait des générations spontanées, cela est vraiment impossible, puisque le mot génération, par sa véritable signification, exprime l'idée de la formation des êtres par des parents. Mais si l'on veut parler de la production des êtres sans parents qui leur ressemblent, cela est fort différent, et si l'on considère ce qui s'est passé dans la nature aux grandes époques géologiques, on est bien forcé de reconnaître qu'il y a eu des êtres produits sans parents.

« Pour ne parler que des végétaux, au premier degré, on trouve, dans les terrains houillers une Flore toute spéciale caractérisée par des Lépidodendrées, des Lycopodiacées, des Equisétacées gigantesques, etc. Plus tard sont apparues les plantes gymnospermes, comprenant les conifères, et les cycadées, puis les palmiers, et enfin les amentacées, sans que l'on ait, jusqu'à ce jour, pu reconnaître aucun lien qui puisse réunir l'une de ces générations à celle qui l'a précédée.

« Si les êtres se sont formés par des modifications de l'espèce, comme cela aurait pu se faire selon la théorie de de Lamarck développée par M. Kopp de Leipzig, qui mit les antécédents du cheval dans la tortue, il a fallu deux choses, ou les êtres se sont modifiés brusquement sans transition, ce qui n'est pas probable, ou les modifications observées dans l'embryogénie ont dû faire qu'un être inférieur primitif a dû donner, dans des circonstances différentes, un être d'une tout autre nature que celui qu'il était appelé à former. Mais, quelle que soit l'opinion que l'on puisse avoir sur ce sujet, on se rend difficilement compte de l'apparition des grands mammifères, tels que les éléphants aujourd'hui à l'état fossile, le dinothérium et tant d'autres espèces gigantesques, et l'on est obligé de reconnaître qu'il y a eu des productions d'êtres sans parents connus et que la nature a des moyens que nous ignorons entièrement pour produire des êtres organisés.

« Quant à la question des infusoires, elle n'a pas l'importance qu'on lui accorde, car ils n'ont jamais pu être des êtres primitifs, puisqu'ils ne peuvent être produits que par de la matière organique préalablement formée.

« Quand on aborde des questions de cet ordre, il faut le faire avec une entière liberté d'esprit et une indépendance complète. Le monde est tel que le Créateur a voulu qu'il fût, et nul ne peut lui imposer un mode de formation plutôt qu'un autre. Il n'y a pas plus de mal à rechercher l'origine des êtres organisés que de s'occuper de découvrir une des lois quelconques de la nature. Toutes les vérités à trouver sont du même ordre, toutes ont pour but d'arriver à la connaissance du monde dans lequel nous vivons. »

M. Quatrefages présente les observations suivantes :

« En toutes choses il faut partir d'un point déterminé et s'appuyer sur quelque chose. Dans les questions de la nature de celles dont il s'agit, remonter aux origines premières des êtres vivants, c'est se jeter à plaisir dans le champ des hypothèses, des *possibilités*. Nous ne pouvons rien savoir sur les temps de la création, parce que ces temps échappent à l'expérience et à l'observation, ces seuls guides de tout savant sérieux. Tenons-nous-en donc à l'époque actuelle, et voyons ce que nous disent, relativement à la génération spontanée, l'expérience et l'observation.

« M. Edwards a rappelé qu'admise autrefois pour tous les êtres, elle avait été successivement refoulée jusque dans le monde des infiniment petits. Mais, là-même, elle a été atteinte par l'expérience, par l'observation ; et là, comme partout, on l'a vue disparaître devant une investigation plus sévère. Naguère les partisans des doctrines que je combats pouvaient encore en appeler à l'apparition de certains vers intestinaux dans les tissus les plus profonds de l'organisme, dans les cavités les mieux closes. Mais les belles recherches de Van Bénéden, de Küchenmeister, de Siebold, ont montré ce qu'il fallait penser de cette apparition. Ils ont montré qu'il y avait là, non pas une formation sur place, mais des migrations. Ils ont étudié les espèces d'helminthes qui semblaient fournir à la génération spontanée, ou mieux à l'hétérogénie, ses plus sérieux arguments, depuis leur éclosion jusqu'à leur transformation définitive ; il les ont suivies dans leurs voyages ; ils ont montré qu'on pouvait les *semer* dans le corps des animaux qu'elles habitent.

« De son côté, M. Balbiani a constaté chez les infusoires l'existence des sexes et les phénomènes de l'accouplement et de la ponte. Les faits qu'il m'a montrés me paraissent décisifs. Réunis aux observations de notre regrettable confrère, M. Haime, à celles qui ont été faites en Allemagne, ils me semblent compléter l'histoire des infusoires au point de vue de la reproduction.

« Ainsi, chez les helminthes et les infusoires, tout s'explique par des phénomènes de migration, de métamorphose et de généagenèse, semblables à ceux qu'on a constatés chez un si grand nombre d'autres animaux. Dès lors il faudrait des faits bien précis pour admettre que la génération spontanée est pour quelque chose dans leur production. Or, bien loin qu'on nous présente de pareils faits, toutes les expériences les plus nettes sont en opposition avec les doctrines dont il s'agit.

« A ce sujet, je désire insister sur les expériences si concluantes de M. Pasteur. Avant cet expérimentateur, on avait opéré comparativement, et la question paraissait résolue à l'immense majorité des naturalistes, à presque tous, pourrait-on dire. Toutefois, des objections diverses avaient été adressées au mode d'expérimentation employé par Schwann, par Henle.... C'est à ces objections que M. Pasteur a répondu victorieusement. En *semant* dans l'air qui avait été surchauffé les germes qu'il avait recueillis, en obtenant ainsi des moisissures, il a montré que la chaleur n'enlevait à l'air aucune des propriétés qui le rendent nécessaire à l'existence des êtres vivants. Mais son expérience la plus importante est celle dans laquelle, par un simple changement dans la position du goulot de son flacon, il obtient ou n'obtient pas, à volonté, les moisissures en question. Ici, tout est identique, et l'air n'est soumis à aucune manipulation, C'est *de l'air naturel*. Si, dans un cas, il y a production d'êtres organisés, et, dans l'autre, non, il est évident que cette production ne tient pas à l'air lui-même, mais à quelque chose qui lui est étranger. Ce quelque chose, ce sont évidemment les germes qui ont été *vus* par tant d'observateurs, recueillis et isolés par M. Pasteur. »

M. Milne Edwards remercie M. Joly de ses témoignages d'estime, et il pense que la discussion ne doit être gênée par aucune considération étrangère à la science. Quant à ses propres expériences, dont il est question, il croit qu'elles donneront les résultats qu'il a obtenus, toutes les fois qu'on les répétera en évitant les causes d'erreur dont il a cherché à se préserver ; mais elles ne lui ont jamais paru suffisamment démonstratives, et c'est pour cette raison qu'il est resté plus de vingt ans sans les publier. C'est aussi parce qu'il voyait l'insuffisance de toutes les expériences du même genre qu'il a considéré comme un grand service rendu à la science les découvertes décisives de M. Pasteur.

M. Béchamp, de Montpellier, cite des expériences dans lesquelles la transformation du sucre de canne en sucre de raisin, opérée sous l'influence de l'air, est toujours accompagnée de production de moisissures, tandis que, s'il n'y a pas formation de moisissures, il n'y a jamais transformation du sucre de canne.

Ces expériences s'accordent avec les résultats obtenus par M. PASTEUR, qui s'empresse de reconnaître que le fait avancé par M. Béchamp est de la plus rigoureuse exactitude.

M. LE PRÉSIDENT, après avoir demandé si quelque membre de la réunion aurait d'autres observations à présenter, constate que la discussion est épuisée et en tire les conclusions suivantes:

« Lorsque cette discussion importante a été ouverte, je n'avais aucune opinion arrêtée sur ce sujet, qui n'est pas de mon ressort; mais, après avoir entendu tout ce qui a été dit de part et d'autre, il me semble impossible de ne pas en avoir une. Je vois que, toutes les fois que l'origine d'un être vivant est facile à observer, on reconnaît qu'il n'est pas le produit d'une génération dite spontanée; c'est seulement lorsqu'on est près de la limite extrême des faits observables que le désaccord commence entre les naturalistes. La situation des partisans de l'hypothèse de la génération dite spontanée, pour l'explication des cas obscurs, me paraît être tout à fait comparable à celle des astronomes qui révoqueraient en doute la généralité de la loi de l'attraction, parce que, dans certains cas particuliers, à raison des incertitudes de l'observation ou de toute autre circonstance, on ne peut se rendre bien compte de la marche d'un corps céleste. Or, ce n'est pas ainsi que la science procède : on cherche à mieux connaître les faits, et, quand on y est parvenu, on trouve toujours que les exceptions disparaissent. L'opinion d'un profane qui a écouté attentivement la discussion au sujet des générations dites spontanées ou de l'hétérogénie est donc que ni les animaux ni les plantes ne naissent de la sorte, sans parents, et que la loi qui régit la formation des êtres vivants est la même pour tous. »

TROISIÈME SÉANCE, SAMEDI 23 NOVEMBRE.

Présidence de M. LE VERRIER.

M. CH. GIRAULT, membre de l'Académie des sciences, arts et belles-lettres de Caen, présente un *Mémoire de cinématique ayant pour objet la transmission du mouvement par contact immédiat.*

L'auteur établit, comme théorème fondamental, la propriété suivante : Si deux corps solides, terminés par des surfaces continues, se touchent par les points m et m', et si l'un conduit l'autre, les vitesses v et v' des points m et m' ont à chaque instant même projection sur la normale commune.

On déduit de là cet autre théorème : Les deux surfaces se conduisant l'une l'autre par les points m et m', si l'on mène, d'un point quelconque de l'espace, des droites respectivement parallèles aux directions des vitesses v et v' et terminées au plan tangent commun, ou à tout autre plan parallèle, les longueurs de ces droites sont directement proportionnelles aux vitesses v et v', et la distance des extrémités de ces droites est proportionnelle à la vitesse u de glissement.

On peut encore énoncer le théorème suivant : Les vitesses v et v' des points par lesquels se touchent les deux surfaces sont réciproquement proportionnelles aux sinus des angles α et α' formés par leurs directions respectives avec la trace du plan tangent commun sur le plan des vitesses, et la vitesse u de glissement est égale à la somme des vitesses v et v' multipliées respectivement par les cosinus des mêmes angles α et α'.

De ces théorèmes, qui concernent les points de contact, découlent les propriétés relatives aux vitesses des corps solides assujettis.

Ainsi, dans le cas où les deux corps qui se conduisent sont animés de mouvements de translation rectiligne, on obtient immédiatement le rapport $\frac{v}{v'}$ des vitesses de translation; si l'un des mouvements est de translation, et l'autre de rotation, on représente aisément par une droite le rapport de la vitesse v de translation à la vitesse angulaire a de rotation; enfin, quand les deux mouvements sont de rotation, on construit encore avec facilité deux droites dont le rapport est égal au rapport $\frac{a}{a'}$ des vitesses angulaires de rotation.

S'il s'agit de la transformation d'un mouvement rectiligne dans un mouvement circulaire ou de la transformation réciproque, il est deux cas particuliers qu'il importe de remarquer, selon que l'axe de rotation est perpendiculaire ou parallèle à la direction de la translation.

1° Dans le premier cas, c'est-à-dire quand l'axe de rotation est perpendiculaire à la direction de la translation, on mène suivant l'axe un plan perpendiculaire à la direction de la translation, et l'on détermine le point où la normale commune perce le plan. La distance de ce point de rencontre à l'axe représente le rapport de la vitesse v de translation à la vitesse a de rotation. Si l'on termine à ce point de rencontre la normale commune, la projection de cette normale sur un plan perpendiculaire à l'axe représente le rapport de la vitesse u de glissement à la vitesse a de rotation.

Si l'extrémité de la normale commune reste fixe, ou si elle se déplace suivant une parallèle à l'axe, le rapport de la vitesse de translation à la vitesse de rotation reste constant : c'est ce qui arrive pour l'engrenage d'une roue avec une crémaillère.

2° Dans le cas où l'axe de rotation est parallèle à la direction de la translation, on trouve pour le rapport $\frac{v}{a}$ une expression très-simple, d'où l'on déduit immédiatement que le rapport est constant quand le corps qui tourne est terminé par une surface héliçoïde enroulée autour de l'axe, ce qui constitue la vis sans fin.

S'il s'agit, maintenant, de la transformation d'un mouvement circulaire dans un mouvement circulaire, il importe de remarquer le cas des axes parallèles et celui des axes concourants.

1° Dans le premier cas, c'est-à-dire quand les axes sont parallèles, on détermine le point de rencontre de la normale commune avec le plan des axes, et le rapport $\frac{a}{a'}$ des vitesses de rotation des deux corps est inverse du rapport des distances de ce point de rencontre à chacun des axes. Si l'on termine la normale commune au plan des axes, et si on la projette sur un plan perpendiculaire aux axes, le produit de cette projection par la somme algébrique des vitesses de rotation est égal à la vitesse de glissement.

Si le point de rencontre de la normale commune avec le plan des axes reste fixe, ou s'il se déplace suivant une parallèle aux axes, le rapport des vitesses de rotation reste constant : c'est ce qui a lieu pour l'engrenage cylindrique.

2° Dans le cas où les deux axes sont concourants, on démontre encore que le rapport $\frac{a}{a'}$ des vitesses de rotation est inverse du rapport des distances des axes au point où la normale commune rencontre le plan des axes. Il faut donc, pour que le rapport $\frac{a}{a'}$ reste constant, que le point de rencontre de la normale commune avec le plan des axes reste fixe, ou qu'il se déplace suivant une droite concourante avec les axes : c'est ce qui a lieu pour l'engrenage conique.

D'ailleurs, que le rapport soit ou non constant, la vitesse de glissement s'obtient aisément quand on connaît la position de la normale commune et les vitesses angulaires.

M. Girault met sous les yeux du Comité les épreuves d'une

mappemonde offrant un nouveau mode de groupement des continents, et qu'il se propose de publier.

Toute projection géographique, ayant pour but de reproduire sur un plan des contours tracés sur une surface arrondie, impose par cela même aux objets représentés une certaine déformation.

Si l'on considère, par exemple, le cas des projections stéréographiques, il arrive que l'échelle de réduction, variable d'une région à l'autre, devient double lorsqu'on passe du centre de la carte à ses bords. De là résulte, dans l'appréciation des grandeurs relatives, des erreurs inévitables pour celui qui ne se trouve point averti. Qu'il ouvre un atlas quelconque et qu'il consulte la mappemonde, il verra le Kamtchatka plus grand que Madagascar, la Tasmanie plus grande que Ceylan, et il devra se garder de le croire. Or, comment prémunir l'écolier contre cette cause d'erreur ? D'une manière fort simple : en plaçant sous ses yeux, à côté de la mappemonde ordinaire, une seconde mappemonde obtenue en coupant le sphéroïde terrestre suivant un plan méridien perpendiculaire au plan de séparation de la première. Si l'on rapproche ces deux cartes, on apercevra sur-le-champ que les parties centrales de l'une d'elles ont, dans l'autre, passé sur les bords, et que, contractées d'abord, elles sont maintenant dilatées. Ces deux mappemondes, considérées tant dans ce qu'elles ont de semblable que dans ce qu'elles ont de contradictoire, ne peuvent manquer de mettre en évidence dans quelle mesure et avec quelles restrictions elles fournissent une image du globe.

M. Girault a essayé de réaliser dans le système stéréographique la construction graphique de cette seconde mappemonde. Elle offre dans un même hémisphère l'Europe, l'Afrique et l'Amérique, et dans l'autre l'Asie et l'Océanie. L'auteur pense qu'il y a quelque avantage à présenter ainsi, dans un même groupe, les îles du grand Océan, et, d'autre part, à placer en présence l'Europe et l'Amérique, c'est-à-dire le monde chrétien, les deux parties les plus civilisées du globe.

M. Bernard (Félix), membre de l'Académie des sciences physiques et naturelles de Bordeaux, expose le résumé d'un *Mémoire sur l'action générale des milieux colorés sur la lumière et sur la nature intime du spectre solaire.*

Il met sous les yeux du comité et décrit avec quelques détails l'appareil photométrique de précision qu'il a fait construire pour ces recherches.

La lumière, rendue fixe par un héliostat, tombe sur l'arête de l'angle droit formé par les faces hypothénuses de deux petits prismes isocèles à réflexion totale.

Le faisceau incident se divise en deux autres opposés; ceux-ci, par une seconde réflexion totale, marchent de nouveau parallèlement, mais séparés suivant la direction du faisceau incident.

Ces deux faisceaux rencontrent à l'autre extrémité de l'instrument une disposition de prismes réflecteurs symétrique de la première, et émergent de l'appareil réunis suivant le prolongement du faisceau primitif.

A leur sortie de ce système, ils traversent une fente étroite, horizontale, à ouverture variable; rendus parallèles par une lentille, ils tombent sur un prisme qui les disperse verticalement, et le spectre ainsi formé est examiné à l'aide d'une lunette mobile dans un plan vertical.

Le système photométrique est formé de deux parties semblables que traverse chaque faisceau dans son trajet longitudinal. Chacune d'elles se compose d'une lame de quartz parallèle à l'axe, qui sert d'analyseur. Cette lame est placée entre deux prismes de Nicol dont les sections principales sont rectangulaires entre elles : celui qui reçoit la lumière transmise par la lame est taillé perpendiculairement à son axe géométrique. L'intensité de la lumière transmise, mesurée par la rotation de la plaque, varie proportionnellement au carré du double de l'angle formé par la section principale de la lame avec l'une ou l'autre des sections principales des prismes de Nicol.

Le spectre ainsi produit est composé de deux parties qui peuvent varier en intensité indépendamment l'une de l'autre. Dans la position du minimum de déviation, il est sillonné par les bandes d'interférence découvertes par MM. Foucault et Fizeau. Ces bandes sont très-nettes.

Au foyer de l'oculaire est une fente qui permet d'amener et d'isoler complétement la bande ou la partie du spectre qu'on veut considérer.

Cela posé, il devient très-facile de répondre d'une manière décisive aux derniers arguments invoqués par M. Brewster en faveur de la nature multiple du spectre solaire, en constatant le véritable mode général d'action des milieux colorés sur la lumière.

Il suffit de placer sur le trajet de l'un des faisceaux qui forment le spectre l'un des absorbants étudiés par M. Brewster, et de comparer la teinte modifiée avec la teinte voisine affaiblie convenablement par l'analyseur.

Or, voici ce que l'on remarque :

Si la fente est un peu large, le spectre modifié manque de pureté, les bandes d'interférence deviennent confuses ; en général, la partie modifiée par l'absorbant a changé de teinte, les deux parties voisines des deux spectres ne sont plus comparables, mais aussi les rayons du spectre sont superposés. Mais, si on resserre suffisamment la fente, si le spectre est amené au minimum de déviation, les bandes d'interférence deviennent d'une netteté parfaite, le spectre est pur ; l'œil le plus exercé ne découvre aucun changement dans la couleur des parties semblables des deux spectres, et, par une rotation convenable de l'analyseur correspondant au faisceau non modifié par l'absorbant, l'égalité des teintes se produit sans difficulté.

Des expériences faites avec un verre de cobalt qui ne laissait passer que la centième partie environ de l'orangé ont eu dernièrement pour témoins, à Paris, plusieurs de nos physiciens les plus éminents : les apparences signalées par M. Brewster ont été d'abord constatées, et on les a vues disparaître instantanément en diminuant la largeur de la fente.

En remplaçant l'un des prismes réflecteurs par une plaque de laiton polie, on peut constater avec la même facilité la cause des changements de teintes observées par W. Herschel, qui a vu le spectre réfléchi sur le laiton prendre, dans quelques-unes de ses parties, des teintes différentes de celles du spectre normal.

Conclusions :

1° Les milieux colorés ne modifient point la nature des rayons lumineux qui les traversent, ils n'en modifient que l'intensité : c'est cette propriété qui constitue leur mode général d'action sur la lumière.

2° La doctrine du triple spectre fondée sur le principe opposé est erronée.

L'étude de l'action *spécifique* des milieux colorés sur la lumière exige des mesures photométriques délicates qui feront l'objet d'une série de Mémoires que M. Bernard se propose de publier.

M. Favre, membre de l'Académie des sciences de Marseille, présente le résumé de l'ensemble de ses *Recherches thermochimiques sur les mélanges*.

Ces recherches ont porté sur les phénomènes calorifiques produits dans la réaction de l'eau sur des substances de nature et de propriétés bien différentes, telles que l'acide sulfurique, l'acide acétique, les carbonates de potasse et de soude, les azotates de potasse, de soude, d'ammoniaque, de baryte et de strontiane, les sulfates de potasse et de soude, les acétates de potasse, de soude et de baryte, les chlorures de potassium, de sodium, d'ammonium, de calcium et de barium, l'iodure et le bromure de potassium, l'alcool, l'esprit de bois et la glycérine. Elles ont également porté sur les phénomènes calorifiques produits dans la réaction de l'alcool vinique sur l'acide acétique, l'acétate de potasse et le chlorure de calcium, sur trois alcools monoatomiques, les alcools méthylique, amylique et caprylique, et sur deux alcools polyatomiques, le glycol et la glycérine.

Les conclusions auxquelles M. Favre est arrivé sont les suivantes :

1° En formant un nouveau type ou en modifiant un type par substitution, l'affinité se montre avec ses caractères bien connus ; elle met en jeu des équivalents entiers, et, lorsqu'on fait réagir successivement des fractions égales d'un équivalent, les réactions fournissent des quantités de chaleur égales.

2° Il n'en est plus de même lorsque le type formé ou modifié vient à réagir sur un dissolvant, l'eau, par exemple : alors on ne trouve plus les caractères que l'on est habitué à prêter à l'affinité; il y a bien dans ce cas un phénomène d'attraction, mais qui n'est plus du même ordre que le précédent. Cette attraction ne compte plus (si l'on peut parler ainsi) les équivalents qu'elle met en jeu, elle semble agir sur des masses qui n'obéissent plus à la loi des proportions multiples : cette force ne paraît alors avoir d'autre limite d'action que celle qui correspond à la force élastique de la vapeur d'eau à la température de l'expérience. Aussi, quand on fait réagir successivement des fractions égales d'équivalents, les quantités de chaleur dégagées ne sont pas égales.

3° Pour arriver à un état d'équilibre, les corps que l'on a mélangés dégagent ou absorbent de la chaleur. *Ce fait paraît jusqu'à présent fondamental.*

4° Deux ordres d'actions semblent se produire simultanément et marcher de front : une action d'attraction réciproque des molécules hétérogènes en contact, accompagnée d'un dégagement de chaleur, et une action de diffusion, qui produit un abaissement de température. Le nombre fourni par l'expérience est positif ou négatif, suivant que la première ou la seconde action prédomine. Ainsi, lorsqu'on emploie l'alcool comme dissolvant, c'est le phénomène de diffusion qui semble l'emporter presque toujours.

5° Les dissolutions des sels qui cristallisent avec de l'eau produisent de la chaleur ou en absorbent lorsqu'on les étend d'eau ; et il semble jusqu'à présent que l'action attractive accompagnée d'un dégagement de chaleur prédomine lorsqu'on fait réagir une quantité d'eau peu considérable, tandis que le phénomène de diffusion tend à l'emporter à mesure que l'on ajoute une proportion plus forte de ce dissolvant : c'est ce qui semble surtout ressortir des expériences faites sur le carbonate de potasse.

6° Les dissolutions des sels qui cristallisent à l'état anhydre produisent toujours un abaissement de température lorsqu'on les étend d'eau.

7° Lorsqu'on mélange l'alcool vinique avec l'un de ses homologues, la quantité de chaleur absorbée est d'autant plus forte que l'alcool correspond à un hydrocarbure plus condensé. Quant aux alcools polyatomiques, on remarque que l'absorption de chaleur dépasse celle qui correspond aux alcools monoatomiques observés ; la glycérine, alcool triatomique, donne, de beaucoup, l'effet le plus prononcé.

8° Dans la réaction de l'eau sur les alcools méthylique et vinique, il y a chaleur dégagée, et l'effet thermique le plus fort correspond à l'alcool de l'équivalent le plus faible.

L'effet dû à la simple diffusion prédomine quand on mélange les alcools entre eux, tandis que l'effet thermique inverse est au contraire prédominant lorsqu'on mêle respectivement les divers alcools à l'eau ; et, comme on pouvait s'y attendre, le maximum de chaleur dégagée en présence de l'eau correspond à l'alcool méthylique, c'est-à-dire à celui qui, en vertu du phénomène de diffusion, absorbe le moins de chaleur.

M. Dupré, de Rennes, présente un Mémoire sur *l'écoulement des gaz et la résistance qu'ils opposent au mouvement.*

Ce Mémoire peut se résumer ainsi :

Théorème fondamental.

Première partie. Lorsque le vent souffle avec une vitesse v dans un vase cylindrique parallèlement à son axe, l'air s'y comprime, et bientôt l'équilibre s'établit. D'une part, les molécules situées vers l'ouverture du vase tendent à sortir avec une vitesse dont la valeur, établie dans un précédent Mémoire, est $\sqrt{\frac{2\,P\,g\,(1+\alpha t_1)}{1,3\,D}\log\frac{p_1}{p}}$ en désignant par P = 10333 la pression atmosphérique normale sur un mètre carré; par g, l'accélération due à la pesanteur; par 1,3, ou plus exactement 1,293187, le poids d'un mètre cube d'air à 0° et sous la pression 0m76; par D, la densité du gaz relativement à l'air; par t_1, la température du gaz à plus forte tension; par p_1, sa tension en atmosphères; enfin par p, la force élastique du gaz à plus faible tension : p diffère peu de l'unité dans le cas actuel.

D'autre part, les molécules extérieures tendent à entrer avec la vitesse v, et, puisque l'équilibre existe, on a :

$$(1) \qquad v = \sqrt{\frac{2\,P\,g\,(1+\alpha t_1)}{1,3\,D}\log\frac{p_1}{p}}.$$

Au lieu d'un cylindre, on peut prendre un vase quelconque muni ou non d'ajutages variés; pourvu que le plan de l'ouverture soit perpendiculaire à la direction du vent, le résultat ne changera pas, car c'est l'état de la couche située à l'ouverture qui détermine l'équilibre. On peut aussi supposer l'atmosphère en repos et le vase animé d'une vitesse v constante et perpendiculaire au plan de l'ouverture; l'équation (1) donnera toujours le rapport $\frac{p_1}{p}$ quand même le milieu indéfini serait autre que l'air.

Vérification expérimentale. Dans un appareil monté par un habile mécanicien de Rennes, M. Galle, une roue creuse pouvant faire jusqu'à 4000 tours par minute portait à sa circonférence un ajutage dont l'ouverture était dans un plan passant par l'axe; à cet ajutage était adapté un robinet. Une vitesse tangentielle de 40 mètres ayant été obtenue et un fil coupé, le robinet se ferma par l'action d'un ressort. Le mouvement ayant cessé, il fut facile de constater, en ouvrant le robinet après le remplacement de l'ajutage par un manomètre, que la valeur de p_1, corrigée des effets de la force centrifuge, était bien $\frac{1}{100}$ d'atmosphère, comme le veut la formule. Un appareil construit avec plus de soin servira prochainement à de longues séries d'expériences.

Seconde partie. Si le vase se meut en sens contraire, l'air se raréfie dans son intérieur et prend, après un temps très-court, une tension p_2 qui assure l'équilibre. Les molécules extérieures qui sont en repos tendent à pénétrer dans la couche qui est à l'ouverture avec une vitesse $\sqrt{\frac{2\,P\,g\,(1+\alpha t)}{1,3\,D}\log\frac{p}{p_2}}$ à cause de la différence des tensions; mais, le *régime étant établi*, cela n'arrive pas, et il faut en conclure que le vase recule avec cette même vitesse; on a donc (2) $v = \sqrt{\frac{2 P g (1 + \alpha t)}{1,3 D}} \log \frac{p}{p_2}$

Vérification expérimentale. Elle réussit très-bien au moyen du même appareil, qu'on fait tourner en sens contraire; ces expériences sont susceptibles de beaucoup plus de précision que celles faites jusqu'à présent, à cause de la difficulté d'évaluer les surfaces des ouvertures, qui sont ici sans influence, et de l'impossibilité de voir la contraction de la veine.

Loi.

La comparaison des équations (1) et (2) conduit, pour le cas où la température est constante et quand il s'agit de vitesses égales et contraires, à une loi très-remarquable : on a $p^2 = p_1 p_2$, c'est-à-dire que la tension du milieu indéfini est moyenne proportionnelle entre les tensions dans le vase.

Résistance de l'air.

D'après ce qui précède, si un cylindre, ouvert à ses deux extrémités et présentant en son milieu une cloison perpendiculaire à l'axe, se meut parallèlement à ses génératrices avec une vitesse constante v, dans un gaz en repos, pour entretenir l'uniformité du mouvement, il faudra, par mètre carré, un effort dont la valeur, en kilogrammes, est

$$(3) \qquad P\ (p_1 - p_2)$$

p_1 et p_2 étant donnés par les équations (1) et (2).

La profondeur des deux vases est indifférente, on peut la supposer nulle, et on voit que la résistance de l'air, *dans le cas où le régime est établi*, peut être obtenue sans expériences spéciales. Au moyen d'une décomposition de vitesse, on applique ce résultat au cas où la surface est oblique, et il devient possible de calculer la résistance que l'air oppose, même au mouvement des projectiles ; cependant, pour compléter cette partie de la balistique, il faudra encore étudier la température, peut-être élevée, de l'air en avant des mobiles. Lorsque les vitesses sont faibles, l'élévation de température n'est pas sensible, et les résultats trouvés par Mariotte, Borda, Coulomb, Hutton, Smeaton, s'accordent avec ceux que donne le calcul.

Quand le régime ne peut s'établir, comme dans les moulins à vent, par exemple, où le bout des ailes surtout change sans cesse de colonne de vent, les effets du premier choc continuel des molécules d'air surpassent beaucoup les indications de la théorie, et l'auteur prouve que les calculs antérieurs faits sur ces machines doivent être abandonnés.

Il donne les expressions de la résistance de l'air dans beaucoup de cas pris pour exemple, et en particulier pour des boulets sphériques ou cylindro-coniques; il traite aussi de la résistance des liquides, auxquels le théorème fondamental s'applique en changeant le radical contenu dans les équations (1) et (2) ; il termine en annonçant de nombreuses expériences, destinées à confirmer sa théorie nouvelle dans toutes ses parties.

M. Perrey, membre de l'Académie des sciences de Dijon, communique un Mémoire ayant pour titre : *Documents sur les tremblements de terre et les phénomènes volcaniques du Japon.*

Ce Mémoire fait partie de la statistique *Séismique*, à laquelle M. Perrey travaille depuis une vingtaine d'années, et qui compte déjà plus de vingt monographies. Il se compose de deux parties : la première est consacrée à la description des volcans du Japon et de leurs produits, la seconde comprend l'histoire des manifestations dynamiques et éruptives du phénomène.

Ce travail de statistique, destiné à devenir la base d'une théorie rationnelle, ne pouvant être susceptible d'analyse, M. Perrey se borne aux simples indications qui précèdent.

M. Isidore Pierre expose les résultats généraux de ses *recherches expérimentales sur la production des matières grasses dans le colza, et sur les proportions et la répartition de ces matières dans les différentes parties de la plante, aux diverses époques de son développement.*

Depuis l'approche de la floraison du colza jusqu'à la maturité de ses graines, dit M. Isidore Pierre, les diverses parties de la plante se classent *toujours*, d'après leur plus grande *richesse* en matières grasses, dans l'ordre suivant :

En première ligne, les sommités des rameaux, portant leurs fleurs ou leurs siliques pleines ;

Ensuite les feuilles ;

Enfin, à peu près sur la même ligne, les tiges nues et rameaux étêtés, et les racines coupées à la hauteur du collet.

Dans les racines, la *proportion* de matières grasses qu'on peut extraire d'un même poids de matière sèche décroît lentement, mais assez régulièrement, à mesure que la plante avance vers le terme de la maturité. Le *poids total* des matières grasses contenues dans cette partie de la plante croît sensiblement jusqu'à la fin de la floraison, époque de son *maximum*, pour décroître ensuite jusqu'à la maturité.

Dans les tiges et rameaux étêtés, la proportion et le poids total de la matière grasse suivent une marche tout à fait semblable, c'est-à-dire que la *proportion* de matières grasses contenue dans un même poids constant de matière organique sèche, décroît constamment et lentement depuis la quinzaine qui précède la floraison jusqu'à l'époque de la maturité, tandis que le *poids total* des matières grasses contenues dans cette partie de la plante atteint, vers la fin de la floraison, un maximum auquel succède un décroissement continu jusqu'à la maturité de la graine.

Dans les sommités des rameaux, en y comprenant, suivant l'époque des observations, les fleurs ou les siliques portant leurs graines, la proportion de matières grasses contenue dans un poids donné de plantes sèches paraît diminuer d'une manière sensible vers la fin de la floraison, pour augmenter ensuite rapidement jusqu'à l'époque de la maturité.

Le *poids total* des matières grasses contenues dans cette partie de la plante augmente constamment, depuis l'apparition des fleurs jusqu'à la maturité des graines.

La *proportion* de matières grasses contenues dans la feuille du colza ne varie pas sensiblement pendant les deux ou trois derniers mois d'existence de la plante, tant que les feuilles sont abondantes, aussi longtemps que ces organes fonctionnent d'une manière active et efficace.

Lorsque les feuilles, devenues jaunes, se détachent spontanément de la plante, la proportion des matières grasses qui s'y trouvent paraît atteindre une limite *constante*, plus faible d'environ 9 pour 100 que dans les feuilles actives.

Si, dans la plante *entière*, on fait la part de chacune de ses subdivisions, on trouve que la partie aliquote de matières grasses imputable aux feuilles actives peut s'élever jusqu'aux trois quarts quinze jours avant la floraison, qu'elle atteint encore la moitié environ au moment où la plante est en pleine fleur, mais que cette partie aliquote diminue ensuite rapidement, parce que le poids des feuilles est une partie de moins en moins considérable du poids total de la plante.

La partie aliquote de matières grasses imputable aux sommités des rameaux représente à peine $^1/_9$ quinze jours avant la floraison; elle atteint le chiffre d'environ 50 pour 100 quand la floraison est terminée; elle peut dépasser 98 pour 100 au moment de la maturité.

Jusqu'à la fin de la floraison, la proportion moyenne de matières grasses contenues dans un poids déterminé de *plantes entières* ne subit que des variations de peu d'importance, mais elle augmente ensuite rapidement jusqu'à la maturité. — C'est après la formation de la graine surtout que paraît se faire avec une grande activité l'élaboration de la matière grasse; la production *de chaque jour*, pendant les deux dernières semaines, est *quatre-vingt-neuf fois plus considérable* que pendant la quinzaine qui précède la floraison.

Le *javelage*, c'est-à-dire la dessiccation lente et spontanée en javelles à l'air libre, ne paraît avoir aucune influence bien marquée sur la richesse en matière grasse des différentes parties de cette plante, qui, au moment de la récolte, contient cependant encore les $^4/_5$ de son poids d'eau; du moins je n'ai pu y constater aucun indice positif de transport de matières grasses de la tige ou des rameaux vers les sommités qui portent les siliques.

J'avais déjà constaté un résultat semblable pour ce qui concerne les *phosphates* et les principes *azotés*.

Si, comme on le croit généralement, le javelage améliore la qualité de la graine, au point de vue industriel, il ne paraît exercer aucune influence bien évidente sur sa richesse en matières grasses.

Enfin, il paraît exister entre les *matières grasses*, les *phosphates* et les *matières azotées*, du moins quand il s'agit de la plante qui nous occupe, d'intimes rapports d'influence réciproque, puisque dans la tige et dans la racine la marche de l'accroissement de richesse en *matière grasse* paraît correspondre, *aux mêmes époques*, à des variations de même ordre *dans le même sens* pour l'acide phosphorique et les matières azotées.

M. Clos, membre de l'Académie des sciences de Toulouse, présente une *Esquisse de la végétation d'Ussat* (*Ariége*).

Le département de l'Ariége est un des moins connus au point de vue de sa végétation. La science ne possède sur cette localité ni Flore ni catalogue.

M. Clos, ayant résidé quelque temps et à deux reprises différentes à Ussat, village situé dans une des vallées de l'Ariége, a tracé une esquisse de la végétation de ses environs.

Ce travail a un double objet : 1° faire connaître les plantes les plus intéressantes de cette contrée, 2° rechercher les relations qui lient la Flore d'Ussat à telle ou telle nature de sol.

Après avoir signalé les principales espèces de la localité, en les classant d'après les altitudes, M. Clos s'attache plus spécialement à quelques-unes d'entre elles qui se font remarquer par leur rareté ou par quelque particularité relative à leur station.

Il fait ressortir le mélange de certaines espèces de la région méditerranéenne avec celles de la Flore sous-alpine.

Puis, passant à l'influence de la nature du sol, il compare les résultats des observations faites sous ce rapport à Ussat avec quelques-uns de ceux qui avaient été signalés dans d'autres localités.

Enfin, il indique un petit nombre de plantes qui, à Ussat, se montrent fréquemment dans un état tératologique.

M. Filhol, membre de l'Académie des sciences de Toulouse, communique un *travail relatif à quelques matières colorantes très-répandues dans les végétaux et à quelques matières colorantes qu'on rencontre à la fois dans les végétaux et les animaux.*

Les faits nouveaux qui se trouvent consignés dans ce travail sont les suivants :

1° Le quercitrin et ses dérivés oxygénés sont presque aussi répandus dans les végétaux que la chlorophylle ; on les trouve dans les parties vertes d'un grand nombre de plantes, ils existent aussi dans presque toutes les fleurs.

2° La matière colorante jaune des fleurs, connue sous le nom de xanthine, jouit, comme la chlorophylle, de la propriété de produire, sous l'influence de l'acide chlorhydrique, une substance verte qui se dédouble, quand on la traite par l'éther, en une matière jaune et une matière bleue.

3° Plusieurs fruits doivent leur couleur jaune à de la xanthine.

4° Le jaune des œufs d'oiseaux se comporte avec les réactifs comme la xanthine.

5° La xanthine et la chlorophylle perdent la propriété de produire sous l'influence des acides la substance bleue signalée plus haut, quand leurs solutions sont exposées à l'action de la lumière solaire pendant quelques heures.

6° Il existe dans toutes les fleurs jaunes appartenant à la famille des iridées une matière colorante qui n'est ni de la xanthine ni de la xantheïne.

7° Le champignon connu sous le nom d'Agaricus pectinaceus renferme une matière rouge qui peut se fixer sur les fils de chanvre, de lin ou de coton et sur la soie, et donne des nuances aussi belles que celles du carthame.

8° L'écorce de presque tous les arbres donne, lorsqu'on la fait bouillir avec de l'eau tenant en dissolution de la potasse, de la soude ou de la chaux, des liquides dans lesquels on trouve des matières colorantes analogues à celles qui existent dans l'orseille.

9° Les fleurs contiennent, comme les fruits, du sucre interverti; quelques-unes cependant contiennent du sucre de canne.

M. Béchamp, membre de l'Académie des sciences de Montpellier, présente un *Mémoire sur la xyloïdine et sur de nouveaux dérivés nitriques de la fécule.*

Braconnot avait confondu sous le nom de *xyloïdine* plusieurs combinaisons engendrées par l'action de l'acide nitrique sur la fécule, le ligneux, la gomme, etc. J'ai montré ailleurs, dit M. Béchamp, qu'il fallait réserver le nom de *xyloïdine* au composé obtenu avec la fécule. Mais la composition de la xyloïdine elle-même était encore mal connue : c'est en voulant la fixer que j'ai trouvé qu'il existe deux dérivés nitriques de la fécule et deux modifications moléculaires de chaque terme.

A. Fécules mononitriques : $C^{12} H^9 O^9, NO^5$.

I. Fécule mononitrique insoluble, ou xyloïdine de Braconnot.

II. Fécule isomononitrique, ou fécule mononitrique soluble.

B. Fécules dinitriques : $C^{12} H^8 O^8, 2NO^5$.

I. Fécule dinitrique insoluble.

II. Fécule isodinitrique, ou fécule dinitrique soluble.

Les fécules mononitriques résistent mieux à l'action de la chaleur que les dinitriques.

Tous ces composés dégagent du bioxide d'azote en présence du chlorure ferreux, et régénèrent la fécule sous la forme de fécule soluble identique à la substance que l'auteur a décrite dans un autre travail.

Les fécules mononitriques et les dinitriques sont dextrogyres comme la fécule, mais avec une intensité qui décroît avec l'augmentation de l'acide nitrique. Le pouvoir rotatoire moléculaire des fécules mononitriques est $[\alpha] j = 156°, 6$ ⁄, celui des dinitriques est $[\alpha] j = 131°, 5$ ⁄.

M. Béchamp a discuté, à l'aide des données de ce Mémoire, la constitution chimique de ces nouveaux composés, et tenté de démontrer que ce sont de véritables nitrates, et non des dérivés nitrés analogues à l'acide nitrobenzoïque ou à la nitrobenzine, car les nitrates organiques, sous l'influence des agents réducteurs qu'il a employés, régénèrent la substance organique type, tandis que les dérivés nitrés engendrent des dérivés amidés.

Enfin, si l'on cherche s'il existe une relation entre la composition chimique et le pouvoir rotatoire des nouveaux dérivés, on trouve que ces composés se comportent comme si la molécule de la fécule restée intacte était simplement unie à celle de l'acide nitrique, qui a conservé sa personnalité. En peu de mots, tout concourt, la synthèse, l'analyse, les propriétés chimiques, les propriétés optiques, à nous faire regarder les dérivés nitriques de la fécule comme des nitrates au même titre que l'éther nitrique ou le nitrate de potasse.

M. Lory, membre de la Société de statistique de Grenoble, communique un *Mémoire sur les questions relatives à la géologie des Alpes, étudiées dans la réunion de la Société géologique de France à Saint-Jean-de-Maurienne (Savoie), en septembre* 1861.

Les questions débattues dans cette session extraordinaire n'intéressent pas seulement la connaissance de la structure des Alpes, sur laquelle on est en discussion depuis plus de trente ans, elles touchent aux lois fondamentales de la géologie.

M. Lory, qui avait été chargé de rendre compte des explorations, en expose sommairement les résultats de la manière suivante.

Le but principal était d'étudier attentivement la disposition stratigraphique des terrains de la Maurienne entre Saint-Jean et Modane, en s'appuyant sur les découvertes récentes de gisements de fossiles qui ont été faites dans ce pays par MM. Pillet et Coche et par M. l'abbé Vallet. Cette étude était essentielle pour arriver à décider si les *grès à anthracite*, qui renferment des empreintes de végétaux fossiles identiques à ceux du *terrain houiller*, étaient néanmoins *supérieurs* et *postérieurs* aux calcaires à fossiles du *lias* du massif des Encombres, ainsi que l'ont pensé MM. Elie de Beaumont, Sismonda et plusieurs autres géologues distingués; ou si la superposition apparente de ces grès au *lias* devait s'expliquer par des dislocations accompagnées de *renversements*. L'examen attentif des terrains compris entre Saint-Jean et Saint-Michel, la manière dont les couches à *nummulites* de Montricher s'y montrent renfermées entre deux massifs de *lias*; l'étude des contournements et des réapparitions de *l'infrà-lias* et des autres assises du système liasique dans la coupe du massif des Encombres, ont démontré péremptoirement à tous les membres de la réunion que ces terrains ne formaient point une suite d'étages régulièrement superposés, comme on avait cru pouvoir le conclure de l'uniformité apparente d'inclinaison des groupes de couches; qu'ils étaient repliés et renversés à diverses reprises, de telle sorte que le plus récent, le terrain à *nummulites*, se trouve dans le milieu du principal repli concave des couches du *lias*; de telle sorte encore que les dernières assises calcaires qui *semblent* s'enfoncer à l'est sous les grès de Saint-Michel ne sont qu'une réapparition, en situation renversée, des assises les plus inférieures du *lias* et de l'*infrà-lias* lui-même. Par conséquent les *grès à anthracite* de Saint-Michel ne peuvent nullement être considérés comme reposant régulièrement sur ces terrains bouleversés. Rien ne s'oppose plus, ou plutôt tout concourt désormais à établir que ces grès sont réellement indépendants du *lias*, plus anciens que lui, et qu'on doit les classer dans le *terrain houiller* dont ils renferment toute la Flore fossile. Près de Modane, on les voit d'ailleurs reposer régulièrement, non point sur le *lias*, mais sur un massif de roches cristallines anciennes, formé de *micaschiste* et de *gneiss* à grands cristaux de feldspath : ils sont donc dans les conditions ordinaires de gisement du *terrain houiller* dans la France centrale.

Ainsi, l'étude attentive de la stratigraphie, rendue plus sûre et plus précise par les points de repère que fournissent les gisements de fossiles récemment découverts, conduit à des conclusions toutes différentes de celles que l'on avait déduites de l'uniformité apparente d'inclinaison des groupes de couches qui semblaient se recouvrir successivement depuis Saint-Jean jusqu'au delà de Saint-Michel. Dans cette hypothèse d'une suite régulière d'étages superposés, il faudrait admettre aujourd'hui, non plus seulement que la *Flore houillère* a pu être contemporaine de la *Faune du lias* ou postérieure à cette Faune, mais encore que des *nummulites* et autres fossiles tertiaires se rencontrent dans l'épaisseur du système du *lias* ; que des couches contenant des fossiles de l'*infrà-lias* peuvent se montrer à tous les niveaux dans la série liasique, en alternant avec les assises contenant les fossiles des autres étages du *lias*, et couronner en définitive toute la série. En un mot, cette opinion, soutenue par MM. Elie de Beaumont, Sismonda et autres, impliquerait aujourd'hui tout un ensemble de contradictions inadmissibles aux lois les mieux établies de la distribution des fossiles dans les terrains.

Au contraire, en prenant les fossiles pour base de la détermination des terrains, et leurs gisements comme points de repère pour se guider dans la recherche des bouleversements éprouvés par l'ensemble des couches, on arrive à débrouiller complétement ces replis, ces renversements successifs, qui du reste ne sont pas tous indiscernables dans les parties visibles de la coupe générale des terrains ; et alors la stratigraphie, jusque dans ses moindre accidents, se montre parfaitement d'accord avec les indications paléontologiques : on explique du même coup la position apparente des grès à Flore *houillère* au-dessus des calcaires à fossiles du *liàs* et l'intercalation des couches à *nummulites* entre deux massifs de couches contenant ces mêmes fossiles du *lias*. La stratigraphie, bien étudiée, se montre, ici comme partout ailleurs, en parfait accord avec les données paléontologiques.

Les *grès à anthracite* des Alpes, une fois reconnus pour être du *terrain houiller*, deviennent une base des plus sûres pour arriver à classer des groupes encore peu connus, qui sont constamment placés entre eux et le système du *lias*. L'horizon de l'*infrà-lias* à *avicula contorta*, récemment reconnu dans la Maurienne par M. Vallet, et que la Société géologique a retrouvé encore au mont Genèvre, devient extrêmement précieux pour préciser la limite inférieure des dépôts que l'on doit rapporter au *lias*. Entre ces deux limites bien déterminées, l'*infrà-lias* et le *terrain houiller*, viennent se classer des roches dépourvues de fossiles, mais caractérisées par leur nature minéralogique spéciale : des *gypses* associés à des *cargneules* et à des *schistes bigarrés*, souvent *lustrés* et d'aspect *talqueux*, des *dolomies* plus ou moins cristallines, des *grès quartzeux blancs* ou *bigarrés*; l'ensemble de ces diverses roches appartient dès lors presque certainement au système du *trias*. Les *schistes calcaréo-talqueux*, si développés au mont Cenis, à Oulx, dans le Queyras, etc., sont aussi *inférieurs* à l'*infrà-lias*, et appartiennent encore très-probablement à la partie supérieure du *trias*.

L'analogie parfaite que la géologie des Alpes paraît dès à présent offrir avec celle des contrées voisines, en France et en Italie, ouvre de nouveaux horizons aux recherches des géologues, et donne l'espoir de classer prochainement des masses considérables de terrains, développées surtout dans les chaînes frontières du Piémont, et que leur état plus ou moins cristallin, l'absence de fossiles et les difficultés de toute sorte que présente leur étude stratigraphique ont empêché de délimiter nettement jusqu'ici.

On doit donc, en définitive, dit M. Lory, la classification actuelle des terrains alpins à l'application des caractères paléontologiques, qui sont en géologie des guides plus certains que ceux que l'on peut obtenir de la stratigraphie.

M. Coquand, à la suite de cette communication, fait observer que la constatation des faits signalés dans la *Maurienne* par la Société géologique offre le plus haut intérêt, en ce sens qu'elle redresse, une fois de plus, une des erreurs les plus fameuses en géologie, et qui aurait pour objet, si elle n'était relevée, d'affaiblir dans l'opinion d'un grand nombre de géologues la confiance qui est due aux méthodes paléontologiques pour la détermination des terrains sédimentaires.

Relativement à l'âge des schistes à impressions végétales des Alpes, depuis longtemps la paléontologie avait nettement formulé son arrêt. M. Ad. Brongniart avait proclamé d'époque carbonifère les plantes soumises à son examen, et, en 1841, la Société géologique, qui a tenu ses assises extraordinaires à Grenoble, n'avait pas hésité à ramener à leur niveau véritable les houilles de la Romanche et de Péchaguard. Elle avait établi d'une manière péremptoire qu'elles étaient recouvertes, en discordance de stratification, par le terrain liasique, et qu'elles reposaient directement sur les schistes cristallins, double circonstance qui plaçait en dehors de toute contestation sérieuse leur synchronisme avec les autres terrains houillers du monde entier. Elle explique l'encaissement des schistes impressionnés au milieu des talcschistes qu'on remarque sur les bords de la Romanche par un plissement de couches, ainsi qu'on les observe si fréquemment dans les Alpes, dans le Jura et dans toutes les contrées tourmentées.

M. Coquand fait remarquer, en terminant, que, grâce aux investigations des paléontologues modernes et à la sûreté de la méthode paléontologique, toutes les erreurs commises par la stratigraphie, ou en son nom, sont successivement redressées, et que l'on peut proclamer, sans crainte d'être démenti par les faits, que la saine interprétation des Faunes est un moyen infaillible de juger en géologie, car chaque fossile est une médaille marquée d'un millésime qui lui est propre et qui a laissé l'empreinte indélébile de la date où elle a été frappée.

M. Lory répond que les grès à anthracite du département de l'Isère, et en général tous ceux du versant ouest de la grande chaîne granitique, sont dans les conditions normales du gisement du *terrain houiller*, reposant toujours sur les *terrains cristallins* et recouverts par le *lias*; les difficultés stratigraphiques qui ont donné lieu à l'opinion de M. Elie de Beaumont ne se présentent qu'à l'est de la chaîne granitique qui joint le mont Blanc au Pelvoux. Quant à l'explication des alternances apparentes des *grès à anthracite* avec le *lias* ou avec les *terrains cristallins*, par des replis de terrains sur eux-mêmes, la priorité en appartient à Voltz, comme l'a fait connaître M. Gueymard dans cette même réunion de Grenoble en 1841.

M. Hébert regrette de trouver dans les paroles de M. Lory, et surtout dans les dernières expressions de M. Coquand, une opposition entre la stratigraphie et la paléontologie. Ni M. Coquand, ni M. Lory, ne sont des paléontologistes proprement dits. Les paléontologistes purs, dont M. Hébert est loin de vouloir déprécier les travaux, rendent souvent d'immenses services et font quelquefois faire de grands pas à la science. C'est ainsi que M. Deshayes, par l'étude seule des fossiles qu'il avait dans son cabinet, reconnut le premier la division des terrains tertiaires en trois grands groupes. M. Coquand, dans ses recherches sur l'Algérie, comme dans toutes les autres, s'est livré à un examen détaillé des couches dont le sol se compose; seulement, au lieu de se contenter des caractères minéralogiques, il y a joint ceux tirés des fossiles que renferme chaque couche. C'est là la vraie stratigraphie. M. Lory, avec une modestie qui l'honore, a mis en relief les travaux de ses collaborateurs et a laissé les siens un peu dans l'ombre; mais longtemps avant la découverte des nummulites et des couches à *avicula contorta*, il nous avait fait comprendre, par ses coupes, par la *stratigraphie*, la structure des Alpes. Les horizons fossilifères découverts par MM. Pillet et Vallet ont seulement fourni les derniers arguments à l'aide desquels les théories adverses ont été renversées sans contestation possible.

Il faut distinguer dans la géologie proprement dite, abstraction faite de la paléontologie pure, deux écoles: l'une, que l'on peut considérer comme personnifiée par de Saussure: elle s'occupait surtout des caractères pétrographiques et des grands traits orographiques; l'autre, qui date d'Alex. Brongniart, le père de la stratigraphie. C'est ce dernier qui nous a appris à disséquer le sol et à reconnaître la succession des couches, surtout à l'aide des corps organiques, et qui bientôt après en a fait une hardie et heureuse application en signalant précisément dans la région qui nous occupe, dans les Alpes, d'une part, aux Diablerets, des dépôts analogues à notre calcaire grossier; de l'autre, un terrain contemporain de la partie inférieure de la craie du Havre et de Folkestone. La stratigraphie ainsi conçue est une science toute française. C'est à tort qu'on a voulu attribuer en partie cet honneur à Smith, dont les travaux, d'une date postérieure, sont loin de présenter les vues générales qu'on trouve dans ceux de Brongniart; ils ne sont, pour ainsi dire, qu'une sèche nomenclature des masses minérales qui constituent le terrain jurassique de l'Angleterre. L'opposition qui a paru se manifester entre les stratigraphes et les paléontologistes provient de ce que quelques stratigraphes, au lieu de suivre la méthode de Brongniart, ont presque uniquement fondé les classifications qu'ils ont données sur les Alpes sur l'orographie. C'est cette dernière qui a été la cause de toutes les erreurs commises.

M. JOURDAN expose, en ce qui concerne la question de l'âge des terrains à nummulites, qu'il a consacré une partie des mois de septembre et d'octobre de l'année dernière 1860 à l'étude des terrains nummulitiques des Alpes méridionales, depuis la vallée de la Durance, vers *Mont-Dauphin* et le col de Vars, jusqu'à la partie moyenne de la vallée du Var, aux environs d'Entrevaux. Le but de ces recherches était d'essayer de reconnaître l'âge de ces mêmes terrains nummulitiques, et pour cela M. Jourdan a fait tous ses efforts pour trouver au-dessus d'eux un terrain d'eau douce tertiaire analogue à celui qu'il était allé observer deux ans auparavant dans le Languedoc, à *Montolieu*, au midi de la montagne Noire et au-dessous du terrain nummulitique de cette région. La constatation d'un terrain d'eau douce tertiaire à *Physa prisca* et autres coquilles d'eau douce de l'éocène inférieur, placé au-dessous du terrain nummulitique des Alpes, devait établir sans conteste que ce même terrain ainsi superposé était d'une époque tertiaire et probablement de l'époque éocène moyenne.

Malgré ses recherches minutieuses, M. Jourdan n'a pas su trouver ce terrain d'eau douce caractéristique dans les parties méridionales des Alpes, où la formation nummulitique a tout son développement; il n'a pas su le trouver sous les couches nummulitiques dont la puissance atteint dans plusieurs endroits plus d'un millier de mètres. Mais il l'a trouvé, ce terrain d'eau douce, sur les bords ouest de cette même formation, au levant de Barème, et surtout plus à l'ouest encore, à quelques kilomètres au sud de Digne, sur la route de Castellane, avant la *Cluc de Chabrières*, au-dessous et près de Château-Redon. Le terrain nummulitique n'avait pas encore été reconnu dans cet endroit. Là, après la mollasse marine, se montrent des couches variées, puis une couche de grès nummulitiques, et au-dessous une couche à *coquilles d'eau douce*. Ce n'est donc que sur le bord ouest de la formation nummulitique que M. Jourdan a trouvé le terrain d'eau douce cherché, comme si ce bord eût été le rivage de la mer nummulitique et qu'il y eût sur ce rivage une alternance, espèce d'intercalation entre les parties des deux formations d'eau douce et marine. Ce fait remarquable semblerait prouver que les terrains nummulitiques qui reposent sans discordance bien apparente, mais aussi sans *union intime*, sur les dernières couches crayeuses, les couches à inocérames, ont bien pu se déposer après la craie, mais durant les formations successives de l'éocène inférieur, de l'éocène moyen, peut-être même de l'éocène supérieur.

Enfin M. Jourdan insiste pour dire que le terrain nummulitique n'est nullement crétacé, comme semblerait le faire croire le nom d'*épicrétacé* qui lui a été donné, et qui est admis par un certain nombre de géologues.

M. Hébert croit qu'il reste encore beaucoup à faire pour l'étude complète des terrains nummulitiques, mais que, dès à présent, il lui paraît démontré que le terrain nummulitique, qu'on a toujours considéré comme un seul tout indivisible, peut se décomposer au moins en trois parties distinctes : la partie inférieure, celle des Corbières, correspondant par ses fossiles aux sables du Soissonnais; la moyenne, celle de Nice, au calcaire grossier; la partie supérieure, celle des Hautes-Alpes (Faudon, Saint-Bonnet et le Vicentin), à des assises éocènes plus récentes encore. Ces divisions sont admises aujourd'hui, au moins en partie, par les géologues qui se sont occupés d'une manière spéciale des terrains nummulitiques. Cependant les Pyrénées offrent encore des difficultés; on ne paraît pas y avoir bien saisi la limite du terrain crétacé et du terrain nummulitique, mais il est certain qu'on y arrivera à l'aide de la paléontologie, et que cette limite sera très-nette et très-tranchée.

M. Leymerie, en réponse à M. Jourdan, qui a critiqué l'expression *épicrétacé*, fait observer que ce nom ne doit pas être confondu avec le mot *supra crétacé*, et qu'il n'a pas un sens *banal*, ainsi que M. Jourdan paraît le penser. Il a été proposé et employé par M. Leymerie uniquement pour représenter le dernier des terrains pyrénéens qui comprend des couches à nummulites, terrain qui se lie si étroitement au groupe crétacé qu'il est très-difficile, dans la plupart des cas, de tracer entre les deux types une ligne de démarcation. Il paraît que la même difficulté n'existe pas dans les Alpes de la Savoie, mais elle se retrouve en Suisse, où elle a été observée et signalée par M. Murchison.

M. Jourdan ayant cité une localité où le terrain à nummulites repose sur une assise lacustre, M. Leymerie cite au pied de la montagne Noire, au nord de Carcassonne, un exemple bien marqué d'une semblable superposition. Le terrain à nummulites y est indépendant, il est vrai, du terrain crétacé, mais il doit être considéré comme un prolongement ou un débordement de l'épicrétacé des Corbières.

MM. Coquand et Hébert ayant paru à M. Leymerie exagérer l'importance des fossiles au point de les considérer presque comme l'unique moyen efficace pour la détermination des terrains, M. LEYMERIE, après avoir rappelé cet adage : *Le mieux est l'ennemi du bien*, dit qu'il admet parfaitement que l'identité des espèces habituelles trouvées à des distances même considérables peut autoriser des assimilations très-importantes, et les résultats qu'il a été assez heureux d'obtenir dans le *Lyonnais*, l'*Aube*, l'*Yonne*, et enfin dans les *Pyrénées*, sont principalement basés sur des considérations paléontologiques ; mais il lui paraît dangereux d'identifier par quelques espèces communes les moindres divisions de deux terrains homologues, lorsque ces terrains appartiennent à des régions géologiques éloignées et souvent très-différentes de facies, comme, par exemple, le nord de la France et les vastes contrées qui entourent la Méditerranée. Il pense que le moyen le plus sûr pour prouver qu'une couche encore indéterminée se trouve sur le niveau d'une couche connue et classique est de suivre celle-ci aussi loin que possible, et de faire voir que l'autre est bien dans son prolongement. Il ajoute que si des études de ce genre étaient faites plus souvent, elles contribueraient pour beaucoup à faire renoncer à certaines déterminations trop minutieuses introduites par la paléontologie seule, et qui ont en effet grand besoin du contrôle de la géognosie. Les observations personnelles de M. Leymerie dans les Pyrénées l'ont porté à penser depuis assez longtemps que les lois paléontologiques ont été trop tôt et trop mathématiquement formulées dans les ouvrages généraux écrits dans ces derniers temps ; il rappelle, à ce sujet, l'observation déjà assez ancienne et qu'il a répétée récemment avec un soin minutieux, d'une colonie crétacée de l'âge de la craie blanche, située à la base de l'épicrétacé à *Milliolites* et à *Nerita Conoïdea*, colonie qui se trouve séparée par deux puissantes assises d'étage crayeux caractérisé par les fossiles habituels de la craie supérieure, y compris *Hemipneustes radiatus* et *Natica rugosa*.

En ce qui concerne les assises que M. Hébert dit avoir reconnues dans le terrain nummulitique, et qu'il compare chacune à une division correspondante du bassin de Paris, M. Leymerie dit que les Parisiens lui ont toujours paru un peu enclins à considérer les terrains éloignés comme des dépendances de leur domaine. Sans doute il y a des rapprochements très-admissibles, par exemple, entre les formations du nord et celles des régions circumméditerranéennes ;

mais il serait facile d'y signaler aussi des dissemblances remarquaquables. Ainsi, chacun sait qu'entre la craie et le terrain tertiaire il existe à Paris une lacune, tandis que, dans les Pyrénées, les deux systèmes sont étroitement liés par un ensemble de couches qui sont toutes spéciales à cette partie de la France. M. Leymerie voudrait, pour la plus grande satisfaction des Parisiens, que tous les faits géologiques importants se trouvassent groupés autour de la capitale; malheureusement il n'en est pas ainsi, et il est très-porté à croire que le *monde n'a pas été créé à l'image de Paris.*

M. Milne-Edwards cite, à l'appui de l'identité que peuvent offrir des fossiles trouvés à de très-grandes distances les uns des autres, un fait qui lui est personnel. Il avait reçu quelques fossiles venant de San-Sever et d'autres localités, et les avait considérés comme appartenant à des espèces particulières ; on peut lire dans l'ouvrage de M. d'Archiac les noms qu'il leur avait donnés. Or il a été reconnu plus tard qu'ils étaient spécifiquement identiques à des fossiles de l'argile de Londres.

Il cite encore un échantillon reçu par M. Hébert et provenant d'Italie, qui, quoique informe, avait aussi son identique dans l'argile de Londres.

M. Hébert avoue qu'il a, dans les synchronismes établis sur une succession de Faunes identiques, même à de très-grandes distances, plus de confiance que M. Leymerie. L'idée d'une liaison intime entre le terrain crétacé et le terrain tertiaire dans les Pyrénées, contraire à tous les faits connus dans tout le reste de l'Europe, ne résistera peut-être pas à une étude plus approfondie; et il est possible, sinon probable, qu'il y ait là une lacune plus considérable que celle qu'on voit à Paris. Quant aux anomalies comme celle qu'a citée M. Leymerie, l'histoire de la science est là pour prouver qu'elles ont successivement disparu à mesure qu'on les a examinées de plus près. Cela n'empêche pas les caractères zoologiques propres à certaines régions: ainsi cette population de Rudistes si nombreuse à l'époque de la craie dans le bassin méditerranéen, qui est presque complétement étrangère au bassin de Paris; mais à côté de ces caractères spéciaux les Faunes fossiles en présentent de communs qui sont des guides infaillibles.

M. Coquand, président de la Société d'émulation de Provence, fait sur la *Constitution géologique de l'Algérie* une communication dont voici le résumé :

L'Afrique septentrionale a été l'objet de la part de l'auteur de deux travaux imprimés, l'un relatif à la zone méditerranéenne de l'empire du Maroc, et le second à la région nord de la province de Constantine. Depuis, M. Coquand a consacré ses vacances de 1860 et de 1861 à parcourir les régions des hauts plateaux de l'Afrique française, depuis les frontières de la Tunisie jusque dans le Sahara, en embrassant dans le cadre de ses études les massifs montagneux des djebel Chechar, de l'Auress et de la subdivision de Batna, et il s'est appliqué à saisir les relations qui existent entre les divers étages des formations secondaire et tertiaire dans ces contrées inexplorées, en les comparant aux formations de la même époque du continent européen, au triple point de vue de leur constitution minéralogique, de leurs Faunes éteintes et de leur âge relatif.

Voici l'énumération des divers terrains dont l'existence a été reconnue.

1° TERRAIN TRIASIQUE. Il est développé entre Constantine et Philippeville, dans le premier réseau montagneux de l'Atlas, qui court parallèlement à la mer, depuis l'embouchure de l'Oued-el-Kébir jusqu'à la Méditerranée, entre Bône et la Calle. Les éléments constitutifs de ce premier terme de la série secondaire rappellent le trias métamorphique de la Spezzia et du cap Argentaro.

2° TERRAIN JURASSIQUE. Les marnes et grès triasiques sont surmontés par des masses calcaires très-puissantes riches en *Belemnites acutus* et *Pecten Hehlii*, représentant le lias inférieur et constituant les crêtes dentelées de Sidi-Cheik-Ben-Rohou, les pics jumeaux du Toumiet, et plus au nord le Filfilah, fameux par ses carrières de marbre statuaire.

L'étage de l'oolithe inférieure est représenté dans le grand rideau montagneux qui sépare Batna de Sétif, et a pour point culminant le pic de Djebel-Tuggurth, qui dépasse l'altitude de 2,100 mètres.

Au-dessus, se montre l'étage kellorien avec *Ammonites anceps* et *Belemnites latesulcatus*, que surmontent des calcaires rouges et verdâtres remplis d'Ammonites oxfordiennes. Ces calcaires bariolés ont été exploités par les Romains et employés en dallages dans les monuments de Lambessa. Des calcaires gris avec *Terebratula diphya* et *Ammonites plicatilis* terminent la série jurassique dans cette partie de l'Afrique où manquent les étages corallien, kimméridgien et portlandien.

3° TERRAIN CRÉTACÉ. La série est complète en Algérie, depuis les marnes néocomiennes avec *Belemnites dilatatus*, jusqu'aux couches les plus supérieures de la craie de Maëstricht. Le terrain néocomien apparaît surtout dans les environs de Batna et entre Constantine et Djebel-Taïa.

Mais c'est principalement pour la craie moyenne, ainsi que pour la craie supérieure, que l'Algérie peut être considérée comme une région classique. En effet, les étages que M. d'Orbigny a désignés sous la dénomination de *cénomanien* et de *turonien*, et qui ont été dédoublés par M. Coquand dans les récents travaux qu'il a publiés sur la craie du sud-ouest et du midi de la France, sont remarquables autant par leur développement que par la richesse de leurs Faunes, ainsi que par le nombre considérable d'espèces nouvelles qu'ils contiennent. Les fossiles de Rouen, du Mans, des Deux-Charentes, et notamment les représentants de la famille éteinte des Rudistes, qui ont attaché tant de célébrité à la craie de la Méditerranée, ont permis de déduire le synchronisme le plus rigoureux entre les dépôts de l'Europe et ceux qui leur sont opposés sur le continent africain.

Enfin, la craie blanche de Meudon et de Maëstricht forme les hautes chaînes du Doukkan, du Mammehl, du Chéchar, se montre sur les deux flancs de l'Auress et se poursuit à travers la Tunisie, d'un côté, et dans la province d'Alger de l'autre. Elle pousse même des ramifications jusqu'au pied de Djebel-Toumiet, à quelques kilomètres de Philippeville. Il n'est pas sans intérêt de recueillir dans ces régions éloignées les mêmes fossiles que dans les vallées de la Seine, de la Meuse, et qu'en Angleterre : seulement, la craie, qui est blanche et friable dans ces diverses contrées, est noire en Afrique et consiste principalement en des marnes tendres et des calcaires compactes.

4° Terrains tertiaires. Ce terme élevé de la série sédimentaire est remarquable par la variété des formes qu'il revêt et par le rôle important qu'il remplit dans la constitution géologique du Sahara. Les premières rampes de l'Atlas entre Philippeville et Constantine présentent ces singuliers corps connus sous le nom de *nummulites*, et dont la grande abondance a fait donner aux bancs qui les contiennent le nom de terrain nummulitique. C'est cette formation dont M. Coquand a signalé l'existence dans les Colonnes d'Hercule, à la pointe nord de l'empire du Maroc, qui traverse toute l'Afrique, se montre en Egypte, où elle a fourni les matériaux des grandes pyramides, et se poursuit, à travers l'Inde, jusque dans la Chine. C'est, en un mot, l'équivalent du calcaire grossier parisien dans lequel les nummulites abondent également.

M. Coquand a retrouvé la formation nummulitique sur les confins de la Tunisie, dans le djebel Dhir, à Salaa et à Tasbent, où des montagnes entières sont pétries de foraminifères. Elle débute par des marnes blanchâtres qui représentent les calcaires marins du Soissonnais et les couches inférieures de la montagne Noire.

Les terrains tertiaires moyens rappellent à la fois la mollasse de la Corse et du midi de la France, les faluns de la Gironde et de la Touraine, ainsi que les couches à *ostrea crassissima* des environs d'Aix et de Montpellier.

Enfin les terrains tertiaires supérieurs, d'origine marine ou lacustre, se réfèrent à la formation subapennine, telle qu'on l'observe en Toscane, dans le Plaisantin et dans certaines régions du midi de la France.

C'est, en général, cette partie des terrains tertiaires supérieurs qui forme le sous-sol du Sahara, et qui le fait remarquer par l'abondance du sel gemme et du gypse.

5° Terrains quaternaires. Les dépôts de travertin qui se montrent en abondance dans les environs de Constantine, et dont la production se rattache à l'existence des sources thermales, les gîtes ossifères du Mansoura terminent la série des terrains antérieurs à la création de l'homme et nous conduisent jusqu'aux formations contemporaines, qui sont représentées par les alluvions et par quelques dépôts littoraux.

La description de divers filons métallifères qui remontent jusque dans le terrain miocène complète la partie purement descriptive du travail de M. Coquand.

L'auteur s'occupe enfin de l'âge du soulèvement de la chaîne de l'Atlas et démontre qu'il se réfère à celui des Alpes principales. C'est à cette dislocation, qui a influé d'une manière si énergique sur l'orographie de l'Europe, que doit être attribuée la cause qui a façonné le dernier relief de l'Afrique. La séparation du Tell et du Sahara est nettement indiquée par une charnière de rupture qui a laissé dans une position à peu près horizontale les bancs qui forment le sous-sol du désert, tandis que les mêmes bancs, relevés sous un angle de plus de 70 degrés, composent au delà de cette charnière les premiers contre-forts méridionaux de la chaîne de l'Atlas.

M. Coquand dresse ensuite l'inventaire des richesses paléontologiques que ses explorations ont mises en sa possession.

En résumé, les espèces mentionnées pour les formations secondaires (jurassique et crétacée) s'élèvent à un total de 473, dont 430 sont spéciales au terrain crétacé, et sur ces dernières 238 sont propres à l'Afrique, et 192 communes à l'Afrique et à l'Europe.

L'auteur insiste, en terminant, sur le puissant secours que lui a fourni la paléontologie pour la détermination de ces nombreux horizons. En Afrique comme en Europe, les Faunes se superposent dans le même ordre, et dévoilent, par les caractères généraux de leur organisation et de leur distribution, l'identité des circonstances climatériques qui ont présidé à leur développement au sein des Océans anciens.

M. HÉBERT fait observer que ce que M. Coquand vient de dire sur la géologie de l'Algérie prouve bien l'uniformité des Faunes de chaque époque à de grandes distances.

M. LE VERRIER rappelle que, d'après un rapport fait au comité par M. Hébert sur la géologie de la Nouvelle-Zélande, le sol de cette contrée ressemble singulièrement à celui de l'Auvergne, et cette ressemblance semble indiquer que le *monde est un peu fait à l'image de Paris.*

M. HÉBERT dit qu'en effet les observations du docteur Hochstetter montrent qu'on voit dans le district d'Auckland (Nouvelle-Zélande), comme en Auvergne, des montagnes de trachytes, contre lesquelles viennent s'adosser des conglomérats trachytiques, que les vallées actuelles sont creusées dans ces conglomérats, et qu'au fond de ces vallées se sont établis des volcans, aujourd'hui éteints, à cônes de scories et à coulées de lave.

M. LEYMERIE dit qu'il doit y avoir entre les fossiles des différentes régions des différences que la paléontologie permettra de distinguer.

M. MILNE-EDWARDS fait observer qu'il suffit à cet égard de voir comment est répartie la Faune actuelle.

M. JOURDAN, à son tour, donne une explication naturelle du fait, que dans toutes les couches des terrains jurassiques et crayeux de l'Algérie M. Coquand a trouvé rigoureusement les mêmes fossiles, couche par couche, qu'on trouve en France, malgré l'éloignement et des latitudes différentes. Les deux Faunes, même quant aux espèces, sont identiques; les climats étaient donc les mêmes.

M. Jourdan fait remarquer, que, quelque éloignés que soient les lieux et quelles que soient les différences considérables de latitude, les Faunes sont les mêmes dans les terrains anciens ou paléozoïques; elles sont encore à peu près les mêmes dans les terrains secondaires, mais elles diffèrent de plus en plus dans les formations tertiaires, à mesure que l'on se rapproche des plus récentes. C'est que la différence des climats, qui paraît avoir été presque nulle dans les terrains anciens et secondaires, est devenue de plus en plus prononcée dans les terrains tertiaires : de là des différences de Faunes, dans ces terrains modernes, de plus en plus grandes.

M. MORREN, membre de l'Académie des sciences de Marseille, expose le résumé de ses *recherches sur les phénomènes lumineux que produit l'électricité dans les milieux très-raréfiés.*

M. MORREN avait conçu le projet de profiter de la situation exceptionnelle que présente le beau ciel de la Provence pour s'occuper de l'étude de la lumière des étoiles. Il lui a semblé qu'il devait d'abord chercher à bien connaître les spectres des diverses lumières artificielles qui peuvent être à notre disposition, afin d'arriver plus sûrement ensuite, par l'analyse des rayons lumineux qui viennent des étoiles jusqu'à nous, à découvrir de quoi sont composés les astres qui nous envoient ces rayons et quels corps concourent à former leur lumière.

Cette étude préliminaire a été singulièrement facilitée par les découvertes et les beaux travaux de M. Plucker. En 1858, ce physicien fit connaître ses belles recherches sur la lumière que produit l'électricité dans les gaz raréfiés. M. Morren s'est attaché à répéter les expériences de M. Plucker et à en contrôler les résultats jusque dans les moindres détails. Or, dans cette voie nouvellement ouverte, il était impossible que des faits intéressants ne se présentassent pas à chaque instant, et ce sont précisément les nouveaux faits auxquels l'a conduit cette étude que M. Morren est venu exposer.

Avant tout il a fait connaître et décrit les appareils de recherches dont il s'est servi. Il a répudié, pour la raréfaction des gaz et des vapeurs, la machine pneumatique. Malgré les innombrables perfectionnements dont elle a été dotée, elle a des inconvénients qu'on ne peut lui enlever et que des recherches continuelles et suivies rendaient plus graves encore. Elle est très-fatigante à manier, elle se dérange fréquemment, ses corps de pompe, lubréfiés par les huiles, sont des causes de perpétuelles difficultés pour la propreté et le dessèchement des gaz, que réclament des expériences délicates. M. Morren a fait connaître comment il a réalisé l'idée souvent exprimée d'employer le vide barométrique produit par le mercure, et il a décrit une machine-outil fondée sur ce principe et qui a rendu ses travaux faciles. Avec cette machine, on obtient facilement un vide tel qu'on ne peut plus estimer la pression que par les différences des ménisques des deux tubes du manomètre tronqué.

Le même travail contient la description d'une machine spéciale d'induction construite par M. Morren et *l'appareil laboratoire au mercure* pour la préparation et la combinaison des gaz.

Les premiers faits exposés par M. Morren ont été les phénomènes de lumière qui se présentent dans quelques milieux raréfiés lorsque l'électricité vient à les traverser. Les conclusions auxquelles l'auteur est arrivé sont les suivantes :

1° L'oxygène pur et sec, à quelque degré qu'on le raréfie, ne devient jamais lumineux après le passage de l'électricité, ainsi que quelques physiciens l'avaient cru.

2° Tout autre gaz simple ou gaz composé est dans le même cas.

3° Un mélange d'oxygène et d'azote, dans la proportion d'environ 37 pour 100 d'oxygène, devient un peu lumineux après le passage de l'étincelle ; mais ce phénomène, auquel on a donné le nom de phosphorescence, est faible et peu durable.

4° Ce phénomène devient plus prononcé si au précédent mélange on ajoute un peu de vapeur d'acide azotique monohydraté.

5° Il y a une grande beauté et une grande durée dans le phénomène si on remplace l'acide azotique par de l'acide sulfurique anhydre ou de Nordhausen.

6° On arrive au même résultat sans employer l'acide sulfurique, mais en faisant passer l'étincelle dans un mélange raréfié des gaz suivants :

Oxygène 200;
Azote 100;
Acide sulfureux 150.

7° Ces phénomènes de lumière sont, dans toutes ces circonstances, produits par la décomposition et la recomposition successives d'un corps singulier bien connu des chimistes, et qui, n'ayant pas de nom, a pour formule Azo^3 $2s0^3$. Lorsque l'étincelle traverse ce corps suffisamment raréfié, elle le sépare en deux parties : Azo^3 et $2s0^3$, qui, n'ayant l'un pour l'autre que des affinités très-faibles, se rendent aux deux pôles, le corps $2s0^3$ allant au pôle positif. Lorsque l'électricité cesse de passer, les deux corps Azo^3 et $2s0^3$ ne peuvent être à côté l'un de l'autre, surtout en présence de l'oxygène, sans s'unir de nouveau, et la vapeur rutilante qui apparaît indique que Azo^3 passe à l'état de Azo^4. Pendant ces évolutions moléculaires et pendant que les deux parties sont séparées, la lumière émise se maintient. Tout porte à croire que c'est l'acide sulfurique anhydre qui, dans son passage de l'état combiné à l'état libre et solide, devient le siége de cette manifestation lumineuse qui se porte surtout au pôle positif et disparaît du pôle négatif qu'on peut facilement changer de côté.

8° L'acide sulfurique n'étant pas le seul acide qui manifeste cette propriété, et l'acide azotique (et probablement d'autres acides) la présentant aussi, on serait naturellement conduit à indiquer l'existence d'un composé analogue au précédent, composé moins stable encore, dans lequel sO^3 serait remplacé par Azo^5.

9° Enfin, le composé $Azo^3\ 2sO^3$, si mobile sous l'influence électrique, peut être formé directement, de toutes pièces, et à la pression ordinaire, au moyen de l'appareil laboratoire décrit dans le Mémoire de M. Morren.

L'auteur a en outre fait connaître le moyen de construire des tubes d'une éclatante lumière, quand l'électricité les traverse. Les conditions qu'il a reconnues nécessaires pour produire ce phénomène avec une grande splendeur sont d'abord d'avoir des tubes d'une pureté extrême, des gaz d'une pureté absolue, et la tension réduite au moins à $\frac{1}{20}$ de millimètre : la force élastique réduite à $\frac{1}{30}$ de millimètre donne des résultats plus beaux encore. M. Morren a fait connaître les gaz qui conviennent le mieux pour la manifestation de ces brillants et curieux phénomènes, les moyens de les avoir purs et les procédés pour mesurer la force élastique.

Dans ces conditions, les spectres des gaz peuvent être dessinés avec une sûreté et une exactitude très-grandes, et M. Morren a présenté, pour l'azote, un spécimen chromo-lithographié de ce qu'on peut obtenir sous ce rapport. Enfin, M. Morren a signalé les applications qui peuvent être faites dans l'industrie des phénomènes lumineux qu'il a décrits.

Cette exposition a été accompagnée de nombreuses et brillantes expériences qui ont vivement frappé l'auditoire.

QUATRIÈME SÉANCE. — DIMANCHE 24 NOVEMBRE.

Présidence de M. LE VERRIER.

M. DESPEYROUS, membre de l'Académie des sciences de Dijon, présente ainsi qu'il suit le résumé de son Mémoire *Sur la théorie générale des permutations.*

Les phénomènes périodiques étant très-nombreux dans la nature, il doit être intéressant d'étudier l'*ordre périodique indépendamment de toute considération de grandeur;* « Théorie, dit M. Poin-

« sot (1), neuve et profonde, dont les éléments sont à peine « connus, mais qu'on doit regarder comme le premier fondement « de l'algèbre et la source naturelle des principales propriétés des « nombres. »

D'ailleurs cette théorie se rattache à d'autres considérations dont nous parlerons dans une autre circonstance, considérations qui simplifieront notablement plusieurs théories importantes et feront naître des résultats nouveaux.

La théorie de l'ordre périodique est une géométrie spéciale qui ne considère que la situation des choses, la disposition des lieux dans l'espace, et fait partie de la *géométrie de position* entrevue par Leibnitz.

Cette théorie fait retrouver les polygones étoilés (2) de Poinsot, et fournit une méthode très-directe pour partager toutes les permutations d'un nombre quelconque de lettres en plusieurs groupes de permutations associées, de telle manière que, malgré tous les échanges qu'on voudrait faire de ces lettres, les permutations d'un même groupe ne puissent jamais se séparer pour constituer avec ces derniers groupes de permutations d'autres groupes de permutations également *inséparables*, et ainsi de suite pour les groupes successifs obtenus qui se subdivisent d'après *certains* diviseurs du nombre total des permutations.

La même méthode partage les racines de toute équation *Abélienne* en plusieurs groupes de racines *inséparables*, quel que soit l'échange que l'on considère, associe ces groupes eux-mêmes en de nouveaux groupes de racines également inséparables, et ainsi de suite pour les groupes successifs obtenus qui se subdivisent d'après *tous* les diviseurs du degré de l'équation.

Telles sont les deux lois générales de classification que notre travail démontre. Le profond géomètre dont nous avons déjà parlé, Poinsot, avait, dès l'année 1817, entrevu une partie de ces résultats, et avait promis sur cette matière plusieurs Mémoires. Les géomètres regretteront sans doute qu'il n'ait pas réalisé sa promesse : loin de nous la prétention d'y suppléer. Mais nous croyons avoir trouvé deux lois importantes, et nous les soumettons au jugement des géomètres.

Le rapprochement de la première de ces deux lois, du théorème de Lagrange relatif aux nombres de valeurs que peut acquérir une fonction par les permutations des lettres qu'elle renferme, ce rap-

(1) Mémoires de l'Institut pour les années 1813, 1814 et 1815, page 382.

(2) 10e cahier du *Journal de l'École polytechnique*, page 16.

prochement, dis-je, fait naître la pensée que cette loi offrira des ressources nouvelles à la solution de cette double question, d'abord mise au concours pour le grand prix des sciences mathématiques de l'année 1860, et puis retirée au mois dernier : « 1° Quel est le nombre de valeurs que peut acquérir une fonction par les permutations des lettres qu'elle renferme; 2° Comment peut-on former les fonctions primitives pour lesquelles les nombres de valeurs distinctes soient les nombres trouvés. »

C'est effectivement ce que nous démontrerons dans une autre occasion ; nous prouverons aussi que la deuxième loi, démontrée dans notre Mémoire, permet d'établir, en quelques lignes et de la manière la plus claire, les beaux théorèmes de Gauss et d'Abel sur la résolution des équations binomes, et en général sur celle des équations Abéliennes. Enfin nous ferons connaître les résultats indiqués seulement par Poinsot et les résultats nouveaux que produit l'application de ces deux lois à la théorie générale des équations.

M. Séguin, membre de la Société de statistique de Grenoble, expose, au nom de M. Quet, recteur de l'Académie de Grenoble, et en son nom, une *Théorie de la stratification de la lumière électrique dans les gaz raréfiés.*

Les auteurs rappellent que M. Grove a admis l'interférence de deux courants électriques, et citent des expériences qui ne s'accordent pas avec cette explication. Ils citent d'autres faits pour montrer les difficultés de la théorie proposée par M. Riess, d'après laquelle une décharge lumineuse, refoulant le gaz, produit une couche condensée où la décharge devient obscure, tandis qu'elle redevient lumineuse dans la couche suivante.

Contrairement à M. Riess, MM. Quet et Séguin admettent que la colonne gazeuse, sous l'influence des électrodes, commence par se disposer en couches alternativement positives et négatives; que les attractions et les répulsions électriques produisent dans le gaz des mouvements d'où résultent des couches condensées entre les parties qui s'attirent et des couches dilatées entre les parties qui se repoussent; que les fluides contraires se déchargent l'un sur l'autre à travers les couches condensées, qui deviennent ainsi lumineuses parce que l'attraction croît plus vite que la résistance à la décharge par le progrès de la condensation.

Pour prouver cette théorie, les auteurs citent à l'appui du premier point, qui est la polarisation électrique de la colonne gazeuse, la propriété commune à tous les conducteurs imparfaits de se disposer en zones alternativement positives et négatives sous l'influence d'une source électrique. — A l'appui du second point, qui est le mouvement des couches gazeuses, ils ont réalisé le phénomène de la stratification dans des milieux composés de poussières très-fines, dont les grains se meuvent évidemment en vertu des lois connues de l'électricité. Enfin, ils font voir que les principales circonstances du phénomène, telles que l'élargissement des couches par la raréfaction croissante du gaz ou par l'intervention d'une vapeur métallique (M. Faye), s'expliquent sans difficulté. L'intervalle obscur qu'on remarque ordinairement près de l'électrode négative leur paraît être de même nature que les autres couches obscures. S'il y a quelques différences inexpliquées entre les deux pôles, ce n'est pas une difficulté particulière au phénomène de la stratification. D'ailleurs ces différences ne sont pas constantes, et M. Ruhmkorff fait voir qu'avec des appareils à haute tension elles deviennent à peu près nulles.

M. Billet, membre de l'Académie des sciences de Dijon, communique un Mémoire *Sur les demi-lentilles*, comprenant la *Description d'un compensateur.*

La communication de M. Billet a porté sur les avantages que procurent, dans la production et l'étude des franges d'interférences, deux appareils qu'il propose d'appeler : l'un, *demi-lentilles d'interférences*, pour le distinguer des demi-lentilles appropriées à un tout autre but par Dollond et par l'amiral Lugeol ; l'autre, *compensateur d'interférences*, pour le distinguer des compensateurs déjà introduits dans d'autres parties de l'optique.

Après une rapide esquisse des améliorations successivement introduites dans la production de ce phénomène fondamental, M. Billet décrit ses demi-lentilles et donne sur la manière de les employer des détails précis appuyés de figures cotées. Il montre comment et avec quels avantages elles déterminent, soit pour le blanc, soit pour une couleur élémentaire, soit encore pour un milieu liquide, des longueurs d'ondulation; comment elles se prêtent à la projection des franges et à la production, avec ou sans projection, du transport qu'y occasionnent des lames minces et des cannelures dues à de plus épaisses. Viennent ensuite les expériences variées qui concernent l'interférence des rayons polarisés rectilignes circulaires et elliptiques, puis enfin la manifestation, toujours par projection, des pertes de phases qu'amènent les réflexions intérieures totales et même partielles. Comme la perte d'une demi-onde par réflexion partielle de moins sur plus constitue un principe fondamental, M. Billet décrit incidemment une autre expérience également propre à l'établir avec une grande netteté, quoique les demi-lentilles n'y jouent aucun rôle.

Le compensateur d'interférences est l'auxiliaire obligé de quelques-unes des expériences qui précèdent; il réalise avec continuité, pour des lames non cristallisées, et à partir de zéro, toute une série d'épaisseurs. En combinant avec la partie mobile du compensateur un jeu de lames parallèles, convenablement épaisses, on peut pousser jusqu'à telle épaisseur qu'il plaît, 25 ou 30 millimètres par exemple, la limite supérieure que fournit l'appareil. Ainsi constitué, le compensateur peut détruire le retard qu'introduit dans l'un des faisceaux interférents l'interposition d'un corps quelconque. Si c'est un cristal biréfringent, il y a, pour le compensateur antagoniste, deux épaisseurs capables de produire l'équilibre et de restituer les franges. Le compensateur rend donc facile l'application de la méthode imaginée par Fresnel pour déterminer les vitesses des deux rayons dans les biréfringents.

L'idée de cet appareil est si naturelle que l'auteur n'a pas été surpris de voir, par la publication posthume des œuvres d'Arago, que ce grand physicien y avait de son côté songé il y a longtemps. Mais s'en est-il servi dans quelques-unes des nombreuses expériences d'interférence que la science lui doit? c'est ce que rend douteux l'absence des résultats qu'il a dû obtenir avec cet instrument. M. Billet a donc cru faire œuvre utile en soumettant à l'assemblée un compensateur établi par ses soins, et en entrant dans quelques détails sur le parti qu'on peut en tirer dans la pratique de l'optique ondulatoire.

M. Dareste, membre de la Société des sciences de Lille, présente un résumé de ses *Recherches sur la production artificielle des monstruosités*.

Etienne Geoffroy Saint-Hilaire a fait, il y a quarante ans, un certain nombre d'expériences pour prouver qu'il n'y a point de germes originairement monstrueux, et que les monstruosités simples résultent d'accidents ayant exercé leur action sur les germes postérieurement à leur formation. Il démontra, à l'aide de ces expériences, une proposition physiologique de la plus grande importance; mais il n'alla pas plus loin. Après avoir ouvert la route, il laissait à ses successeurs le soin de s'y engager plus avant, et d'arriver, par la méthode qu'il avait créée, à la connaissance du mode de formation des monstruosités. Depuis la publication de son travail, personne, du moins à ma connaissance, n'était entré dans cette voie.

J'ai repris ces expériences il y a dix ans, et, depuis cette époque, j'ai toujours poursuivi ce travail avec la pensée d'arriver à établir le mode de formation des diverses espèces de monstruosités simples. Ces recherches, longtemps infructueuses, m'ont enfin conduit, l'année dernière et cette année, à des résultats très-satisfaisants. Je suis arrivé à produire un très-grand nombre de monstruosités, et, ce qui est surtout intéressant dans mon travail, à entrevoir souvent leur cause prochaine, c'est-à-dire les faits embryogéniques, qui sont très-probablement leur point de départ.

Les monstruosités que j'ai obtenues, bien que très-diverses, peuvent se ranger en deux classes : les atrophies et les déplacements ou ectopies.

Les atrophies ont porté le plus souvent sur la région céphalique ; j'ai obtenu des inégalités notables du volume des yeux, inégalités qui allaient quelquefois jusqu'à l'atrophie complète d'un de ces organes : ailleurs j'ai vu les deux yeux complétement atrophiés. Ces anomalies s'accompagnaient souvent, mais non toujours, de l'atrophie du lobe optique correspondant. J'ai observé une fois une atrophie partielle de la région céphalique tout entière. Plus rarement ces atrophies ont porté sur les extrémités postérieures, qui manquaient partiellement, et même, dans un cas, totalement.

Les ectopies ont porté surtout sur le cœur, que j'avais trouvé dans les positions les plus insolites, en dehors de la cavité thoracique, dans la région dorsale, par exemple, ou même au-dessus de la tête. J'ai constaté deux fois une inversion du cœur s'accompagnant d'une inversion splanchnique complète, l'estomac occupant le côté droit, et l'allantoïde le côté gauche. Enfin j'ai vu assez souvent une ectopie partielle du cœur, ectopie qui ne portait que sur la région ventriculaire, qui était sortie du corps par une ouverture des parois abdominales, tandis que la région auriculaire, occupant sa position normale à la partie supérieure de la région thoracique, en était séparée par le détroit de Haller.

J'ai pu constater, dans un grand nombre de ces faits, la cause qui les avait produits. Dans l'état normal, l'embryon, d'abord couché à plat sur le vitellus, et communiquant avec lui par la face ventrale, se tourne peu à peu au trente-septième jour, de manière à présenter au vitellus le côté gauche. Ici ce mouvement ne s'était pas produit ou ne s'était produit qu'incomplétement, ou bien l'embryon s'était tourné dans l'autre sens, en présentant au vitellus son côté droit. Enfin, dans certains cas, la tête et le corps de l'embryon s'étaient disposés en sens inverse l'un de l'autre. J'espère, en multipliant ces observations, pouvoir arriver à montrer comment tous ces changements de position sont le point de départ des anomalies que j'ai observées.

M. Lereboullet, à propos des faits d'atrophie partielle des yeux obtenus par M. Dareste, dit que cette atrophie se produit chez les poissons, et qu'il a reconnu qu'elle provient de la réunion de deux têtes, l'une plus grande et l'autre plus petite. Dans cette réunion, les yeux compris dans les parties qui se rapprochent se soudent et disparaissent; il ne reste plus alors que deux yeux inégaux, l'un appartenant primitivement à la plus grosse tête, et l'autre à la plus petite.

En ce qui concerne l'ensemble des recherches de M. Dareste, M. Lereboullet fait observer qu'un embryogéniste du Nord, M. Passum, a fait des travaux sur le même sujet, et il demande à M. Dareste s'il connaît ces travaux.

M. Dareste répond qu'il connaît parfaitement les travaux de M. Passum, mais que, bien qu'il ait traité la même question que celle donc ce savant s'est occupé, il s'est placé à un point de vue tout différent, et que les résultats de ses recherches sont complétement distincts.

Pour ce qui est de l'observation si intéressante de M. Lereboullet sur l'atrophie partielle des yeux chez les poissons, M. Dareste ne saurait attribuer à la même cause les inégalités qu'il a obtenues chez les oiseaux, car il n'a jamais eu affaire qu'à des êtres parfaitement simples.

M. Joly demande à M. Dareste s'il croit que, par les procédés qu'il emploie, on puisse arriver à produire des faits de monstruosité aussi complexe que celle qu'il a observée à Toulouse sur un monstre humain, qui présentait à la fois exencéphalie, absence de voûte palatine, bifurcation du larynx, absence d'organes génitaux, etc. M. Joly ne croit pas que des manipulations extérieures puissent jamais produire ce qu'a produit ainsi la nature.

M. Dareste répond qu'il ne peut que se borner à rappeler ses observations, à dire ce qu'il a vu, et qu'il ne se croit pas en droit de fixer sur ce sujet les bornes du possible. D'ailleurs les expériences faites sur des œufs d'oiseaux ne donnent pas la possibilité de conclure relativement aux embryons monstrueux de la classe des mammifères. Ces derniers embryons, fixés à la matrice à l'aide du placenta, vivent jusqu'à la naissance d'une vie d'emprunt; ils peuvent par conséquent vivre et résister assez longtemps pour que les monstruosités aient le temps d'acquérir un grand développement. Les embryons d'oiseaux, au contraire, vivent dès le début d'une vie complétement indépendante, et qui très-probablement, dans le cas des monstruosités, ne pouvant se suffire à elle-même, doit s'arrêter longtemps avant l'éclosion. C'est là même ce qui fait qu'un grand nombre de monstruosités chez les oiseaux ont dû échapper à l'observation.

M. Milne-Edwards voit dans ce dernier fait un argument en faveur de la permanence des espèces, puisque la nature fait disparaître très-rapidement toutes les déviations du type spécifique.

Le Dr Morel, membre de la Société de Rouen, médecin en chef de l'asile des aliénés de Saint-Yon, à Rouen, traite le sujet: *Des causes de dégénérescence dans la Seine-Inférieure.*

Ce sujet, qui se trouve compris dans le programme envoyé par Son Exc. le Ministre de l'instruction publique aux Sociétés savantes (*section anthropologie*), se rapporte en même temps aux études antérieures de l'auteur : *Traité des dégénérescences intellectuelles, physiques et morales dans l'espèce humaine.* (*Ouvrage couronné par l'Institut en* 1858.)

Dans ce travail, M. Morel établit qu'il y a dans l'espèce humaine des *variétés naturelles* qui diffèrent entre-elles par la couleur, la stature et par d'autres caractères dus aux influences climatériques et hygiéniques.

Ces différences n'empêchent pas ces races de s'unir ensemble, de se propager. Cette seule considération prouve l'unité de l'espèce, ainsi que l'ont si bien prouvé Buffon, MM. Flourens et de Quatrefages.

Mais à côté des *variétés naturelles* se trouvent des *variétés maladives*, dont la création est due à des causes de l'ordre physique, intellectuel et moral, telles que : *Constitution géologique du sol, nourriture insuffisante et altérée, alcoolisme, débauche, travaux nuisibles*, etc., etc.

Ces races maladives ont leurs caractères spéciaux, dont le principal est de ne pouvoir s'unir entre elles d'une manière indéfinie. La stérilité des individus, le peu de viabilité des enfants, est le lot de ces races malheureuses. Les crétins répandus dans les Alpes, les Pyrénées, les Landes, la Sologne, dans la Meurthe, sur le Rhône, nous offrent un exemple frappant de ces variétés maladives.

Sous les noms imbécillité, idiotie, qui n'ont aucune valeur scientifique, on a désigné beaucoup d'individus appartenant aux *races maladives* de M. le Dr Morel.

En arrivant dans la Seine-Inférieure, dans un asile de 800 malades, M. Morel a découvert plusieurs variétés d'êtres dégénérés qui ont un caractère spécial dû à des influences locales.

M. Morel montre une série des planches qu'il a fait lithographier, et où sont représentées les difformités dues à l'usage antihygiénique de serrer avec un bandeau la tête des enfants, ce qui donne à cet organe une forme cylindrique des plus disgracieuses.

D'autres planches représentent les résultats ds l'alcoolisme chez les parents. On voit aussi comment l'insuffisance de la nourriture, l'action du travail dans les fabriques et certaines influences du sol amènent des dégénérescences d'une nature spéciale.

Ce qu'il y a de certain, c'est que dans la Seine-Inférieure, sur 43 mille jeunes conscrits, 20 mille environ ont été réformés pour *défaut de taille, faiblesse de constitution, rachitisme, paralysie, épilepsie*, etc., toutes maladies *dégénératives*.

Ce que M. Morel a trouvé de plus caractéristique est *l'arrêt de développement, l'état tardif, l'absence même de la puberté.*

En présence de tant de maux, il ne faut pas se décourager : M. Morel est de l'avis de M. Fodéré, que les bons gouvernements peuvent plus pour *l'amélioration intellectuelle, physique et morale des populations* que tous les livres de médecine réunis.

Mais il n'est pas à dire pour cela que la science doive cesser ses recherches. La science observe, voit et prévoit. Elle signale à l'autorité la cause des maux physiques et moraux qui existent.

M. Morel émet le vœu que les études qu'il poursuit soient entreprises simultanément sur tous les points du territoire de l'Empire.

M. Le Verrier demande à M. Morel de faire connaître son opinion sur une question d'un haut intérêt, qui a dû être l'objet de ses méditations et de ses études. Il s'agit du chiffre encore si élevé de la mortalité des enfants trouvés, que l'on évalue généralement à 60 p. 0/0. Cette mortalité ne peut provenir de la même cause qui donne lieu à la dégénérescence ; elle tient certainement au manque de soins nécessaires, à l'absence d'une nourriture suffisante, et non à une sorte de vice originel dont les malheureux enfants dont il s'agit seraient fatalement frappés en naissant, comme certaines personnes paraissent le croire. Il serait très-fâcheux que cette dernière idée pût, en s'accréditant, rassurer les administrations et endormir leur sollicitude, lorsqu'il reste au contraire tant d'améliorations à obtenir.

M. Morel affirme qu'en effet le manque de soins et de nourriture est une des causes qui influent sur la mortalité des enfants trouvés; mais il pense que les circonstances mêmes au milieu desquelles ces enfants viennent au monde doivent contribuer pour une large part à cette mortalité. Ainsi on comprend facilement que des enfants dont les mères ont voulu se faire avorter et ont maltraité leur germe, se trouvent dans des conditions bien peu favorables de viabilité.

Il est bien difficile de ne pas voir dans les enfants trouvés, au moins sous certains rapports, une sorte de variété particulière. Ces enfants ne sont-ils pas pour la plupart le résultat du vice et de la débauche? En même temps qu'ils sont privés des soins physiques les plus indispensables, ils ne trouvent autour d'eux aucun des éléments nécessaires pour les former à la vie morale; ils manquent de toute incubation morale. Aussi, en proie aux plus funestes habitudes, ils sont dominés par les plus mauvais penchants, et presque tous les petits misérables enfermés dans nos prisons pour vagabondage, incendie, vol, etc., sont presque toujours des enfants trouvés. Leur développement physique, qui se ressent nécessairement de tant de fâcheuses conditions, est frappé d'une sorte d'arrêt, et ils n'atteignent pas en général la taille normale. On ne doit donc pas s'étonner du chiffre élevé de la mortalité de ces enfants, et ce chiffre surprend moins encore quand on sait que les familles vouées au travail des fabriques, qui sont d'ailleurs si nombreuses, disparaissent après la troisième génération.

M. Milne-Edwards ne peut admettre que l'on dise que les enfants trouvés constituent une variété de l'espèce humaine. Pour les crétins, c'est possible jusqu'à un certain point; mais les enfants trouvés ne présentent pas des caractères physiques, anatomiques, physiologiques particuliers qui puissent les faire considérer comme une variété.

Il est évident pour M. Milne-Edwards que les conditions si défavorables dans lesquelles ces enfants se trouvent dès qu'ils sont nés, d'abord avant qu'ils arrivent à l'hospice, puis avant qu'ils aient été remis à une nourrice, ont une influence immense sur leur mortalité. Or, dans le siècle dernier, cette mortalité était dans les hospices de 92 à 94 p. 0/0, et on aurait pu écrire : *Ici on tue les enfants aux frais de l'Etat.* Mais aujourd'hui tout est bien changé, on entoure les enfants qui ont eu le malheur d'être abandonnés de beaucoup plus de soins et on est arrivé à une amélioration très-grande. La mortalité, que l'on dit être de 60 p. 0/0, n'atteint même pas ce chiffre dans tous les établissements. Or ce chiffre est encore trop élevé et il peut être certainement abaissé partout. Ce résultat est l'objet de la sollicitude de l'administration ; mais, pour qu'on puisse y arriver, il ne faut pas commencer par dire que la mortalité que l'on constate aujourd'hui est une nécessité qui tient fatalement à des causes originelles.

En ce qui touche la mortalité des ouvriers voués à la vie des fabriques dans les villes industrielles, il est vrai qu'elle est malheureusement très-grande; mais il y a aussi une très-grande exagération à dire que les familles de ces ouvriers disparaissent après la troisième génération. Le nombre des individus employés dans les fabriques est si considérable que l'on s'apercevrait bien du vide immense que produirait une semblable mortalité.

M. Morel convient que, malgré les conditions toutes spéciales dans lesquelles naissent les enfants trouvés, ce serait aller trop loin que de leur appliquer le nom de *variété maladive.*

Quant à la mortalité des ouvriers des fabriques, il dit que la statistique est là pour répondre, et que ce qu'il a avancé est le résultat du travail de M. Villermé, ainsi que des recherches faites dans les familles des ouvriers de Rouen. Sur douze, quinze, vingt enfants, un ou deux à peine subsistent; et si une famille est vouée d'une manière normale à la vie de fabrique, les individus en disparaissent complétement au bout d'un certain temps. On sait d'ailleurs que la population des fabriques se renouvelle fréquemment et qu'elle se recrute parmi les habitants de la campagne où l'on s'en aperçoit de plus en plus.

M. Chatin prie M. Morel de compléter sa communication en faisant connaître les résultats de ses observations sur les faits de crétinisme et sur les affections goîtreuses que fournit la Seine-Inférieure, ainsi que sur les conditions spéciales dans lesquelles ces faits se produisent et qui sont de nature à jeter quelque lumière sur l'étiologie de ces maladies.

M. Morel répond que le crétinisme proprement dit n'existe pas dans la Seine-Inférieure, qu'on n'y rencontre que quelques cas sporadiques de cette dégénérescence. Cependant quarante-neuf communes riveraines de la Seine, et notamment Caudebec, sont infestées par le goître. On connaît les rapports du goître au crétinisme; dans les pays où le goître est endémique, comme dans la Savoie, il est rare qu'à la troisième génération les descendants des goîtreux ne deviennent pas crétins. La cause productrice du goître, dans la Seine-Inférieure, qui paraît être l'absence d'iode, n'y a pas assez d'activité pour y déterminer le crétinisme, mais néanmoins on y observe les premiers *linéaments* de cette dégénérescence.

M. DUVAL-JOUVE, membre de la Société des sciences naturelles de Cherbourg, présente des *Considérations sur les rapports des équisétacées et des fougères.*

Après avoir rappelé l'extrême diversité des opinions émises sur la place que les *equisetum* doivent occuper dans la série des végétaux, M. DUVAL-JOUVE ajoute que, bien qu'on paraisse aujourd'hui tout à fait d'accord pour comprendre ces plantes parmi les cryptogames vasculaires, on les éloigne toujours plus ou moins des fougères. L'aspect général présente en effet des différences qui semblent défendre un rapprochement trop étroit, mais ces différences ne sont qu'extérieures et plus apparentes que réelles.

Si l'on veut comparer une tige de fougère à celle d'un equisetum, il faut considérer que tout est verticillé sur celui-ci et disposé en spirale sur celle-là, et par suite pour trouver sur les coupes des tiges de fougères la même régularité que sur celle des equisetum, il faut opérer ces coupes non selon un plan horizontal, mais selon une spirale qui couperait à une même hauteur tous les organes latéraux d'une tige de fougère. On voit alors les faisceaux fibro-vasculaires disposés avec une régularité parfaite; et de plus leur disposition présente la plus complète analogie avec celle des mêmes faisceaux sur les equisetum. Les sporanges des equisetum peuvent être considérées comme un verticille latéral d'expansions foliaires portant, comme les frondes des fougères, leurs spores à la face inférieure. Ainsi, conclut M. DUVAL-JOUVE, la place des equisetum paraît être, d'après leur organisation, à côté des fougères.

M. CHATIN demande si les caractères distinctifs des espèces d'equisetum sont extérieurs ou reposent sur des différences d'organisation.

M. DUVAL-JOUVE répond que les onze espèces françaises se distinguent entre elles par des différences organiques auxquelles répondent d'ailleurs des différences extérieures très-faciles à saisir à l'œil nu ou armé d'un faible grossissement.

M. Raulin, vice-président de la Société linnéenne de Bordeaux, communique un *Aperçu sur les terrains tertiaires de l'Aquitaine occidentale (S.-O. de la France)*.

Dans le S.-O. de la France existent de vastes plaines limitées au N.-E. par les bas plateaux et montagnes de la Vendée, du Limousin et du Rouergue; au S., par la chaîne des Pyrénées; à l'O., par le golfe de Gascogne. Ces plaines, qui ont un peu plus de la septième partie de la surface de la France, forment une de ces grandes régions naturelles dans lesquelles se subdivise notre pays. Elle a une forme triangulaire, dont les sommets sont aux Sables-d'Olonne, à Carcassonne et à Bayonne, et dans sa partie moyenne et suivant sa plus grande longueur elle est parcourue par la Garonne du S.-E. au N.-O., à peu près parallèlement à la bordure N.-E. L'extrémité S.-E. livre passage au canal du Midi.

Les plateaux montueux du N.-E. atteignent 600 à 800^{m}. d'altitude et la chaîne des Pyrénées 3,404 ^{m}. L'Aquitaine n'offre que des hauteurs assez faibles comparativement : de 350^{m}. qu'elle atteint dans la partie orientale, elle va, en s'abaissant graduellement, se perdre pour ainsi dire dans les eaux de l'Atlantique; sa surface cependant se relève vers le plateau central, à 450^{m}., à Figeac, et vers les Pyrénées à 806^{m}. au débouché de la Neste.

L'Aquitaine renferme les terrains jurassiques et crétacés qui constituent une bande adossée à la Vendée et au plateau central de l'Océan à Montauban; mais elle est surtout formée par les terrains tertiaires dont l'étude fut commencée il y a à peine quarante années.

Trois travaux d'ensemble ont été donnés sur sa constitution géologique : M. Boué, en 1824, reconnut 5 assises tertiaires; M. Dufrénoy, en 1834, admit une division de plus. En 1848 j'ai cru, dit M. Raulin, devoir porter à 10 le nombre des grandes assises qui se répartissent dans les trois grands étages tertiaires, *eocène*, *miocène* et *pliocène*.

Les couches sont encore disposées à peu près horizontalement sur une longueur de 40 myriamètres, tant elles ont été faiblement affectées par les bouleversements de l'écorce terrestre; quelques-unes s'étendent sur de vastes surfaces en conservant les mêmes caractères distinctifs, et fournissent ainsi d'excellents horizons géognostiques au milieu d'autres dépôts qui, à la vérité, éprouvent de notables variations, tant dans leur nature minéralogique que dans leur mode de formation.

L'Aquitaine, à l'E. du méridien d'Agen, est constituée par des dépôts exclusivement d'eau douce. Des formations marines existent presque seules dans la partie S.-O.; la bande intermédiaire de l'embouchure de la Gironde, à Tarbes, présente, au contraire, une série de formations alternativement marines et d'eau douce. C'est dans cette partie moyenne que l'on doit chercher les divisions à établir.

Ces divisions, que nous plaçons ici dans leur ordre de superposition, mais qui sont numérotées à partir de la plus ancienne, sont les suivantes :

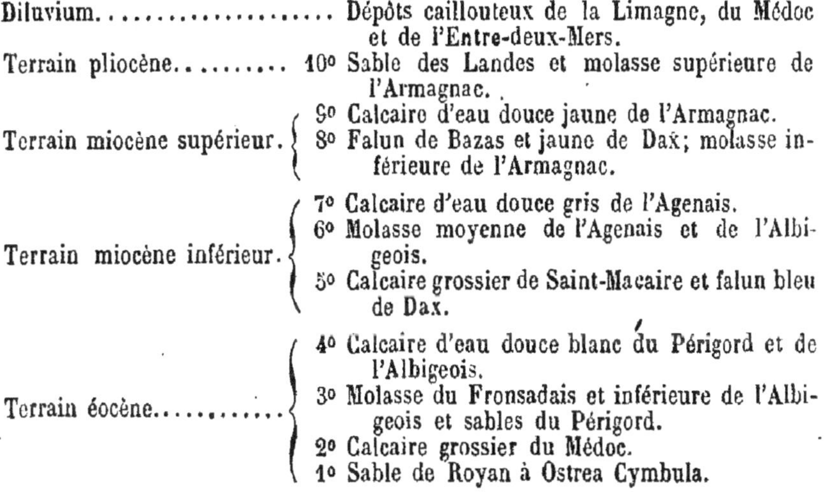

Diluvium	Dépôts caillouteux de la Limagne, du Médoc et de l'Entre-deux-Mers.
Terrain pliocène	10° Sable des Landes et molasse supérieure de l'Armagnac.
Terrain miocène supérieur.	9° Calcaire d'eau douce jaune de l'Armagnac. 8° Falun de Bazas et jaune de Dax; molasse inférieure de l'Armagnac.
Terrain miocène inférieur.	7° Calcaire d'eau douce gris de l'Agenais. 6° Molasse moyenne de l'Agenais et de l'Albigeois. 5° Calcaire grossier de Saint-Macaire et falun bleu de Dax.
Terrain éocène	4° Calcaire d'eau douce blanc du Périgord et de l'Albigeois. 3° Molasse du Fronsadais et inférieure de l'Albigeois et sables du Périgord. 2° Calcaire grossier du Médoc. 1° Sable de Royan à Ostrea Cymbula.

Nous n'hésitons pas à considérer l'Aquitaine comme un ancien estuaire offrant un des plus beaux exemples à l'appui de la théorie des affluents de M. Constant-Prévost. Nous appliquons cette théorie à l'ensemble des dépôts de l'Aquitaine, et nous allons jusqu'à admettre que dans la Saintonge, l'Angoumois et le Périgord, les parties les plus inférieures de la molasse du Fronsadais sont un équivalent d'eau douce du calcaire grossier du Médoc et des sables de Royan.

Dans cet estuaire, les dépôts marins, pendant la succession des temps, gagnaient continuellement en étendue, et les formations exclusivement d'eau douce étaient refoulées de plus en plus à l'E. vers le fond du bassin. C'est là un fait facile à constater, en remontant la Gironde et la Garonne; en effet, tandis que les sables de Royan sont limités à l'embouchure de la Gironde, et que le calcaire grossier du Médoc ne dépasse guère Blaye, le calcaire de Bourg s'avance au delà de Bordeaux, le calcaire de Saint-Macaire au delà de La Réole, le falun de Bazas, enfin, atteint Agen. Une seule exception, en apparence au moins, est fournie par le dernier dépôt, le sable des Landes, sur le mode de formation duquel on n'a pas des données positives, puisqu'on n'y a pas encore rencontré des corps organisés fossiles, excepté dans cette partie inférieure désignée sous le nom de falun de Salles.

Un autre fait s'accomplissait en même temps dans cet estuaire: les nappes d'eau successives se déplaçaient graduellement du N.-N.-E. au S.-S.-O. et s'éloignaient du plateau central. En effet, tandis que les sables du Périgord étaient venus atteindre le pied des montagnes, le calcaire blanc du Périgord, la molasse et le calcaire gris de l'Agenais, ne s'avançaient plus qu'à moitié de la distance qui sépare le plateau central de l'emplacement actuel de la vallée de la Garonne, de Montauban à son embouchure; et c'est à peine si plus tard les trois derniers dépôts dépassèrent cette même vallée sur quelques points.

Tous les bassins tertiaires ne sont pas construits sur le même plan, et l'Aquitaine en particulier est loin de posséder, dans chacune de ses assises, l'uniformité et la régularité qui sont un des principaux caractères de celles du bassin de Paris.

Dans la partie orientale, les dépôts d'eau douce, dont les matériaux ont une origine commune et ont été déposés dans les mêmes circonstances, se lient les uns aux autres d'une manière très-intime; lorsque les calcaires viennent à prédominer, ou bien lorsqu'ils disparaissent, toute distinction devient extrêmement difficile, surtout dans le dernier cas, par suite de l'absence habituelle des corps organisés dans les roches argileuses et arénacées. Dans cette partie on ne retrouve que bien difficilement les traces des révolutions qui ont agité l'écorce terrestre et établi les lignes de démarcation entre les différents étages tertiaires.

Dans la bande moyenne, les grandes alternances marines et d'eau douce, qui sont, sans doute, en rapport avec les perturbations de l'écorce terrestre, peuvent être d'un grand secours pour établir des coupures.

Dans le bassin de l'Adour, il doit être plus facile d'établir des divisions, puisque les débris des animaux marins sont abondants dans toute la série et fournissent des points de repère avec les autres bassins tertiaires.

Si la répartition des assises en étages, ci-dessus proposée, paraissait suffisamment fondée, chaque étage, dans la bande moyenne de l'Aquitaine, se composerait, abstraction faite des dépôts accidentels, d'une formation marine à la partie inférieure, et d'une formation d'eau douce à la partie supérieure, à l'exception du terrain pliocène. Dans la partie orientale du bassin, chaque étage serait constitué par une formation d'eau douce, argilo-arénacée inférieurement, calcaire supérieurement. Dans le S.-O. du bassin de l'Adour, les formations marines se succèdent sans intermédiaire.

Le bassin tertiaire de l'Aquitaine possède, dans la partie occidentale, un avantage sur celui de Paris, c'est d'offrir la série complète des dépôts marins, depuis la base du terrain éocène jusqu'au sommet du terrain miocène; si ces rapprochements, que nous avons indiqués il y a treize ans, viennent à être confirmés, le calcaire de Bourg ferait connaître la faune marine de la portion du terrain éocène correspondant au gypse d'eau douce de Paris.

M. Jourdan, membre de l'Académie des sciences de Lyon, fait successivement au Comité deux communications ayant pour objet, la première : *La description de restes fossiles de grands mammifères*; la deuxième, *Les terrains sidérolitiques.*

Première communication. M. Jourdan donne la description des restes fossiles de quatre grands mammifères constituant quatre genres nouveaux : le genre Rhizoprion, de l'ordre des Cétacés et du groupe des Delphinoïdes ; le genre *Dynocion*, de l'ordre des Carnassiers et de la famille des Canides ; le genre *Cephalogale*, également de l'ordre des Carnassiers et de la famille des Canides ; le genre *Cynélos*, du groupe des Amphicyons.

Genre Rhizoprion ; espèce Rhizoprion Bariensis.

Ce genre repose principalement sur une tête presque complète trouvée il y a deux ans dans un calcaire marin de la couche inférieure du miocène supérieur, ou miocène proprement dit, dans la montagne de Saint-Restitut, entre Saint-Paul-trois Chateaux et Bollène (Drôme-Vaucluse).

Cette tête est allongée, surtout par le museau, qui est étroit, et dont les mandibules inférieures sont soudées par une symphyse qui paraît avoir occupé plus de la moitié de leur longueur.

Il y a deux espèces de dents à chaque mâchoire ; les postérieures, que l'on pourrait assimiler aux molaires, sont au nombre de sept de chaque côté à la mâchoire supérieure, et de six à l'inférieure. Elles sont aplaties, triangulaires et à deux racines; elles offrent sur leurs bords, principalement le postérieur, de trois à cinq sortes de dentelures dirigées suivant l'axe de la dent, comme si elles provenaient de demi-colonnes adossées qui auraient composé la dent elle même. Les dents antérieures ou prémolaires, au nombre de vingt-quatre à vingt-six de chaque côté et à chaque mâchoire, sont à une seule racine; d'abord aplaties et triangulaires, elles deviennent insensiblement, en s'approchant de l'extrémité du museau, arrondies et aiguës.

Les évents ou canaux respirateurs s'élèvent de la base de la tête pour s'ouvrir sur la face supérieure, en arrière même de la ligne transversale qui correspond aux deux yeux. Leur ouverture supérieure, très-allongée d'arrière en avant, présente antérieurement une double gouttière, communiquant avec le canal intermaxillaire, qui est plus large, plus régulièrement établi que dans les autres dauphins. Ces deux gouttières servaient-elles de communication avec ce canal remplaçant les fosses nasales, ou étaient-elles seulement destinées à loger une membrane pituitaire ou olfactive plus considérable?

Quant aux os de la tête, ils présentent les dispositions communes aux Dauphins, mais avec des apophyses zygomatiques et des os jugaux plus volumineux. La mâchoire inférieure est celle des Delphinochinques. Elle se rétrécit et présente sa symphyse avant d'avoir atteint la moitié de sa longueur.

Par ces caractères, très-sommairement indiqués, le Rhizoprion est bien un cétacé de la division des Delphinoïdes, mais peut-être doit-on le considérer comme établissant une famille particulière, sous le nom de famille des Rhizopriones. Cette dénomination, composée de deux mots grecs ῥίζα racines et πρίων scies, dentelures, donne en effet les caractères les plus distinctifs de notre animal fossile, d'avoir des dents à plusieurs racines et armées de fortes dentelures.

Parmi les animaux fossiles, le Rhizoprion paraît avoir les plus grands rapports avec l'animal dont M. de Grateloup a trouvé en 1837, aux environs de Bordeaux, un fragment de la mâchoire supérieure, et qui a été considéré par lui comme appartenant à un reptile, auquel il donna le nom générique de Squalodon. Plus tard, le même fragment a été regardé par M. Laurillard comme se rapprochant des Cétacés à dents nombreuses et aux deux mâchoires. Il a pris le nom de Crenidelphinus. C'est aussi le Delphinaïde de Pedroni et le Phocodon d'Agassiz.

Dans ces derniers temps, le Squalodon a été rapproché des Zeuglodons par M. Pictet, et l'on a crée un ordre dans les mammifères pour recevoir ces deux genres, auxquels on donne pour caractère de manquer d'évent et de respirer par des fosses nasales ordinaires, s'ouvrant au bout du museau, mais se rapprochant des Cétacés delphinoïdes par leur mâchoire inférieure.

Nos recherches démontrent sans contestation possible que les Squaladons ont des évents très-développés ; ainsi tombe, pour ce qui les concerne au moins, cet ordre des Zeuglodons, introduit nouvellement dans la classe des mammifères. Si les descriptions et les figures sont exactes, les Zeuglodons devraient être rangés à la suite des Phoques ; nos Rhizoprions le sont en tête des Dauphins : les deux genres Zeuglodon et Rhizoprion relieraient ainsi entre eux les deux groupes importants des Dauphins et des Phoques.

Genre Dinocyon ; espèce Dinocyon Thenardi.

On a déjà à plusieurs reprises trouvé dans les terrains tertiaires moyens des restes de grands carnassiers se rapprochant des Chiens, mais rappelant un peu les grands Ours par leur marche demi-plantigrade.

Tout le monde connaît les dents du chien gigantesque d'Avarey, près d'Orléans, signalé par Cuvier.

Tout le monde connaît également la belle mâchoire supérieure de l'Amphycion major de Sansans due aux infatigables recherches de M. Lartet, l'un de nos paléontologistes les plus distingués.

Ce sont les restes d'un animal d'aussi grande taille et appartenant à la famille des Canides que j'ai l'honneur de soumettre à l'Académie.

Ces restes se composent d'une mandibule inférieure droite armée de sa puissante carnassière et de ses deux tuberculeuses ; d'une canine et d'une première tuberculeuse droite, ainsi que d'une dernière tuberculeuse gauche. Nous possédons également des incisives supérieures et inférieures, et ce qui est très-important au point de vue de la manière d'être de ce grand mammifère, nous avons recueilli les cinq métacarpiens de l'extrémité droite. Nous avons ainsi les principaux éléments pour arriver à une bonne détermination.

Le loup est l'animal vivant avec lequel notre fossile aurait le plus de rapports, mais avec des tuberculeuses proportionnellement un peu plus fortes, avec des métacarpiens plus inégaux, ainsi un peu moins digitigrade, mais surtout avec un volume plus que triple. Notre chien fossile devait égaler par la taille les plus grands ours connus. Sa formule dentaire est celle des chiens.

Parmi les animaux fossiles, nous ne lui connaissons pas de semblables. Si on veut le comparer avec l'Amphycion major de Sansans de M. Lartet, on trouve que ce dernier en diffère beaucoup par sa troisième tuberculeuse qui manque au premier, par sa canine un peu aplatie et à grosses stries longitudinales, tandis que la canine du premier a son corps arrondi et son sommet aigu. Le nom donné à notre genre nouveau se compose des deux mots grecs δείνος puissant, et κυων chien. Par un sentiment de reconnaissance personnelle, nous l'avons dédié à la mémoire de Thénard: de là Dinocyon Thenardi. Nous l'avons recueilli en 1847 et 1861 à la Grive-Saint-Alban, près Bourgoin (Isère), dans les fentes d'un calcaire de l'oolithe inférieur rempli d'une argile rougeâtre et de minerai de fer en grains.

Genre Céphalogale: Espèce Céphalogalus Geoffroy.

Ce genre de mammifères fossiles appartient au groupe des Canides; il en a la formule dentaire. Mais il diffère des chiens proprement dits: 1° sa face est très-courte et proportionnellement très-large; elle est semblable sous ce rapport à la face des grands chats. Par suite de cette disposition, les molaires antérieures sont serrées les unes contre les autres, et la première s'appuie fortement sur la canine; les canines sont puissantes et ont plus de rapports avec celles des chats qu'avec celles des chiens. 2° l'humérus est percé d'un trou à son bord interne et inférieur comme dans les chats et les martes. Les métacarpiens et les métatarsiens annoncent un animal moins digitigrade que les chiens, et probablement avec des doigts à ongles plus rétractiles.

L'animal fossile dont notre Céphalogale pourrait se rapprocher le plus serait le Canis brevirostris, imparfaitement connu et dont on veut faire un Amphycion.

Nous avons recueilli du Céphalogale la tête presque entière, un grand nombre de vertèbres et la plupart des os des membres. C'est dans le terrain mésocène de l'Allier que la découverte a été faite dans le calcaire dit à Indusies, et qui renferme un si grand nombre d'espèces de mammifères. Le gisement est sur la commune de Billy près Varennes, département de l'Allier.

Nous avons dû, par un sentiment de reconnaissance, dédier l'espèce à Geoffroy Saint-Hilaire père. Il s'était d'ailleurs occupé de quelques mammifères fossiles de ces mêmes terrains, les Potamotherium et les Dremotherium.

Genre Cynelos : Espèce Cynelos major.

Ce grand mammifère fossile a la formule dentaire des Amphycions. Il compte comme eux, à la mâchoire supérieure, trois arrière-molaires ou tuberculeuses; mais il en diffère par des dents plus carnassières. Les canines ne sont pas, comme celles des Amphycions, droites et plissées longitudinalement, elles ressemblent davantage à celles des chats et des martes. Les ossements des membres se rapprochent aussi beaucoup plus de ceux des chats. Les métacarpiens et les métatarsiens appartiennent à des animaux moins digitigrades que les chiens et ayant eu probablement des ongles un peu rétractiles. Comme ceux des chats, les humerus sont percés inférieurement à leur bord interne.

La belle tête que nous présentons à la réunion est remarquable par sa grandeur, elle a trente-deux centimètres de long. Elle se distingue surtout par la puissance de sa crête occipitale. Ce développement considérable, qui correspond d'ailleurs à un développement analogue des apophyses épineuses des dernières cervicales et des premières dorsales, témoigne de la grande force que devait avoir l'animal dans les muscles du cou, ce qui lui permettait d'emporter sa proie entre les dents.

Nous avons créé le genre Cynelos depuis longtemps. Bien que nous ne l'eussions pas publié, il a été indiqué successivement par M. Gervais dans sa Paléontologie française, et par M. Pictet dans son Traité de paléontologie générale.

Cette tête fossile du Cynelos major a été trouvée à Langi, près Varennes (Allier), dans le calcaire à Indusies. Ce calcaire appartient au Mésocène, terrain tertiaire qui correspond au Miocène inférieur de la plupart des auteurs.

Deuxième communication. (Des Terrains Sidérolitiques.)

Les terrains sidérolitiques ne constituent pas, comme on l'enseigne, un seul étage géologique spécial et bien limité, l'Eocène supérieur, c'est-à-dire l'équivalent des couches à Paléotherium du terrain parisien. Leurs restes fossiles, surtout ceux des mammifères, démontrent qu'ils appartiennent successivement à la plupart des formations tertiaires, ainsi qu'au premier étage quaternaire.

Les formations sidérolitiques se composent d'argile jaune rougeâtre plus ou moins foncé, sur quelques points plus ou moins mêlées de sable, et contenant des grains de minerai de fer hydroxydé disséminés irrégulièrement. Ces argiles remplissent le plus ordinairement les fentes ou fissures des calcaires liassiques, jurassiques et néocomiens; quelquefois elles s'étendent en dépôt dans les vallées entourées de formations calcaires, et deviennent exploitables comme minières de fer. Nous avons étudié un grand nombre de gisements de ces formations dites sidérolitiques, à tous les étages des terrains tertiaires, au point de vue des animaux vertébrés et surtout des mammifères dont ils pouvaient renfermer les restes. La simple comparaison de ces gisements et de ces Faunes suffira pour établir sans conteste que les argiles dites sidérolitiques ne constituent pas en géologie un terrain spécial et bien limité, l'Eocène supérieur, mais qu'on les rencontre dans presque toutes les formations tertiaires.

1° *Sidérolitique de la formation Eocène supérieure ou Epiocène.*—Le premier gisement signalé a été celui des fentes du Portlandien, auprès et au nord de Soleure. Il a été décrit par M. Gressly; on y a trouvé des dents de Paléotherium et Anoplotherium, déterminés par Cuvier. En 1853, on y découvrit d'autres dents, avec lesquelles M. Hermann de Meyer créa son genre Tapinodon, voisin des Anoplotherium. Nous-même nous y avons trouvé, en septembre 1857, des ossements de reptiles et des dents du Paléotherium minus. Le principal gisement de cette formation Epiocénique est celui de Maurémont, décrit par MM. Philippe de la Harpe, Gaudin et Pictet; nous l'avons visité nous-même en 1857, conduit par M. de la Harpe.

Voici une indication succincte de la Faune de ce gisement de Maurémont si remarquable. Carnassiers : les genres Hyenodon et Cynodons; Pachydermes : les Paléotherium médium et Paléotherium curtum, Plagiolophus ou Paléotherium minus. Artyodactyles : les Caïnotherium, Dichobunes, Hiracotherium, voisin des Chéropotames, et Ragotherium, voisin des Anthracotherium. Insectivores : le genre Vespertilio. Rongeurs: les Theridomys et les Sciurus; des restes d'oiseaux, de Cheloniens, d'Emydosauriens ou crocodiles, et des Sauriens.

2° *Sidérolitique de la formation du Miocène supérieur ou Miocène proprement dit, mais étage inferieur.*— Le gisement le plus important de cette formation est sans contredit celui de la Grive-Saint-Alban, près de Bourgoin (Isère), à 38 kilomètres de Lyon. Les argiles à minerais de fer en grains, plus ou moins rouges, jaunes, grises, remplissent les fentes d'un calcaire de la couche moyenne de la grande oolithe. Mais ce qu'il y a de bien précieux, c'est que ces fentes remplies d'argile à minerai de fer, ainsi que leur calcaire oolithique encaissant, sont recouverts par une couche de sable et de gravier marin, où l'on trouve en assez grand nombre des polypiers, des bryozoaires, des bivalves et des univalves. Sur ce dépôt marin se trouvent les sables et graviers à blocs erratiques, et enfin les alluvions plus récentes et le sol végétal.

Nous avons étudié ce gisement depuis 1845 jusqu'à ce jour : nous y avons trouvé les genres des mammifères suivants : pour les quadrumanes, un Pithecus indéterminé; pour les carnassiers, les Ichneugales Dinocyon, Lutra, Diplotherium, Mustella, Hypolurus, Machairodus, Prionodes et Felis; pour les Proboscidiens, les Dinotherium levius; pour les Pachydermes perissodactiles ou véritables Pachydermes, les Anchitherium et Rhinocéros ; pour l'ordre des Artyodactiles, les Myochœrus, Chœromorus, Chalicoterium, Listriadon ou Lophiochœrus et peut-être un Amphitragulus. Dans l'ordre des Ruminants : les Dicrocères, une Antilope, un grand Ruminant et un tout petit voisin des Moschus; dans les Cheiroptères, un Vespertilio; dans les Insectivores, les genres hérisson, taupe, musaraigne, et un genre voisin des Tanrecs; dans l'ordre des Rongeurs, les Titanomys, Cricetodon, Theridomys, Myoxus, Sciurus et un genre qui se rapproche des Aretomys ou des Spermophyles. Nous devons ajouter des restes d'oiseaux, de nombreux débris de tortues, des Sauriens, des Ophidiens et des Batraciens.

3° *Sidérolitiques de la formation du Pliocène inférieur ou Pliocène proprement dit.* — Les gisements que nous avons étudiés sont nombreux. Nous en avons plusieurs dans notre mont Dore lyonnais, un entre autres dans les carrières du Lias, commune de Saint-Germain, où nous avons trouvé un fragment de dent de Mastodon dissimilis ou arvenensis ; un second dans les carrières de Lucenay, près d'Anse, où nous avons recueilli plusieurs débris de mammifères pliocéniques, principalement une mâchoire inférieure de Tapir.

Nous citerons comme gisement plus caractéristique celui de la tranchée du chemin de fer dit du Poirier, commune d'Arc, près Gray (Haute-Saône). Nous citerons plus volontiers ce gisement, parce qu'il est en quelque sorte au centre des minières de minerai de fer en grains de la Haute-Saône qui alimentent plusieurs exploitations et forges importantes. Ce gisement, d'ailleurs, est une parcelle de ces mêmes minières enclavée dans les fentes du Kimmeridgien.

La Faune de ce dépôt sidérolitique comprend surtout l'Hyena antiqua, le Machairodus récent, les Mastodon dissimilis et borsoni, un Tapir, le Rhinocéros magarhinus, l'equus antiquus, un grand cerf et un castor, et peut-être l'Elephas meridionalis.

4° *Sidérolitique de la formation du Pliocène supérieur ou terrain Néocène.* — C'est à Curis et au bas de Poleymieux que nous avons trouvé dans des fentes de carrières remplies d'une argile rougeâtre et ocreuse, à minerai de fer en grains, une dent incomplète d'Elephas meridionalis, une autre d'elephas antiquus. Une dent très-belle de ce dernier a été recueillie tout auprès à Villevert, tranchée du chemin de fer de Lyon. A Prety près Tournus (Saône et Loire), nous avons trouvé dans les fentes des carrières de l'oolithe deux couches d'argile ferrugineuse superposées; dans l'inférieure, on avait découvert, il y a plusieurs années, une dernière molaire inférieure du Mastodon dissimilis, qui appartenait ainsi à la Faune du Pliocène; dans la couche supérieure, nous avons recueilli nous-même une dent de l'Elephas intermedius mêlée à des ossements de Ruminants et d'un grand chat.

La Faune du Sidérolitique du Néocène ou étages les plus supérieurs des terrains tertiaires se caractérise donc dans ses couches inférieures par l'Eléphas méridionalis, dans les couches moyennes par l'Elephas antiquus, et dans les supérieures par l'Elephas intermedius, qui, de tous les éléphants fossiles, est celui qui présente le plus de rapports avec l'éléphant actuel des Indes. Les éléphants dominaient dans la Néocène.

5° *Sidérolitiques du terrain quaternaire.* — A Saint-Didier, au mont Dore, au hameau de la Ferlatière, dans la carrière du lias appartenant à M. Turin, se trouvent de grandes fentes remplies d'argile, avec quelques grains de minerai de fer et d'une couleur rouge ocreuse; nous y avons trouvé, dans la partie supérieure, une molaire d'Elephas primigenius ou sibericus, éléphant qui paraît être venu dans les derniers temps géologiques, et dont nous trouvons dans la vallée de la Saône, sous les prairies de la Bresse, des molaires et des défenses dont la conservation est telle qu'elles ressemblent à des molaires et à des défenses d'éléphant vivant qui auraient séjourné dans des eaux marécageuses. Nous les trouvons là avec les restes du renne, le Cervus tarandinus et les restes d'un bœuf qui ne paraît pas différer de notre bœuf domestique. Avec ces restes fossiles, on trouve plusieurs objets qui semblent établir que déjà l'homme était contemporain de ces animaux, de cette dernière Faune sidérolitique caractérisée par l'Elephas sibericus, ou primigenius, le Cervus tarandinus et le Bos primævus.

M. Hollard, membre de la Société d'agriculture, sciences, belles-lettres et arts de Poitiers, communique les résultats d'*une série d'études relatives au squelette des poissons, en vue des caractères qu'il peut fournir pour la classification de ces animaux.*

L'auteur, après avoir présenté quelques considérations sur l'importance des études anatomiques pour les progrès de l'ichthyologie, et après avoir passé en revue les diverses tentatives qui ont été faites par les naturalistes pour arriver à une classification rationnelle des poissons, établit que c'est dans l'étude approfondie des centres nerveux et du squelette qu'il faut chercher les principaux éléments de cette classification. Il ne doute pas que l'encéphale, disséqué plus complétement et dans un plus grand nombre de groupes qu'on ne l'a fait encore, ne fournisse la solution d'un grand nombre des difficultés que présentent la détermination des types et leur coordination. Mais il ajoute que la prééminence du cerveau, loin de détourner de la recherche des caractères typiques fournis par le système solide, doit au contraire y encourager, en raison même des relations directes qui existent entre le squelette et le système nerveux.

M. Hollard rend compte alors des résultats fournis par les recherches auxquelles il se livre depuis quelques années sur l'ostéologie des *Plectognathes*, et il en fait l'application à la classification naturelle de ces poissons, qui composent un ensemble de familles d'une physionomie assez différente de celle des poissons ordinaires, et assez diversifiée pour qu'on hésite sur la place qu'elles occupent dans la série ichthyologique et sur leurs relations entre elles.

Après être entré dans une série de détails descriptifs très-intéressants, mais qui se prêteraient difficilement à une analyse succincte, M. Hollard résume ainsi les conclusions de son travail :

« Nous avons obtenu un double résultat : nous avons d'abord constaté l'unité d'un même type général au milieu d'une grande diversité de formes, puis nous avons déterminé les relations de ce type avec d'autres, par conséquent sa place dans la classe des poissons. Nous avons reconnu en outre que le type *plectognathe* est représenté par des types plus spéciaux, non-seulement très-divers, mais dont les différences établissent entre ceux-ci une gradation, de sorte qu'il existe dans ce groupe une série de termes susceptibles d'être alignés régulièrement. Ce sont d'abord les *Balistides*, suivis immédiatement des *Coffres* ou *Ostracionides*, et ces deux termes forment un premier sous-ordre sous le nom de *Sclérodermes*. A quelque distance du second nous voyons se succéder les *Triodons*, les *Diodons ou orbes épineux* et les *Orthagorisques*, qui forment un second sous-ordre sous le nom de *Gymnodontes*, que leur a valu le plus ou moins d'indivision de leur armure dentaire. »

M. Hollard a fait pour chacune de ces familles un travail monographique, et il appelle l'attention des zoologistes sur la valeur des caractères spécifiques tirés de la structure osseuse de la tête de ces poissons. Son travail est accompagné de planches.

M. Aubergier, membre de l'Académie des sciences, belles-lettres et arts de Clermont, présente quelques considérations *sur la variété de pavot la plus propre à la production de l'opium en France.*

M. Aubergier expose que, depuis la publication de ses travaux sur la production de l'opium en France, un certain nombre de personnes sont entrées dans la même voie que lui, et qu'il en est parmi elles qui, dans leurs cultures, ont accordé la préférence au pavot-œillette cultivé depuis longtemps dans le Nord pour la graine.

Il rappelle que le pavot somnifère présente plusieurs variétés qui peuvent elles-mêmes se subdiviser en sous-variétés. L'une, le pavot à graine blanche, cultivé dans le Midi pour la production de la capsule employée en pharmacie, donne un opium très-pauvre en morphine et n'en contenant que quatre à six pour cent. Aussi l'opium d'Egypte retiré de ce pavot est-il de très-mauvaise qualité. L'autre variété, le pavot à graine noire, présente plusieurs sous-variétés avec opercules, comme l'œillette, ou sans opercules et dont les graines varient de couleur du noir au jaune. M. Aubergier donne la préférence à ces dernières, et il croit devoir profiter de la présence d'un si grand nombre de savants des départements pour établir devant eux les motifs sur lesquels il se fonde, et propager ainsi les idées qui lui paraissent le plus propres à assurer le développement d'une industrie qui intéresse à la fois l'agriculture et la médecine.

Le pavot à graine noire ou jaune, sans opercules, donne, il est vrai, moins d'opium que le pavot blanc, mais cet opium est plus riche en morphine, il en contient de dix à douze pour cent. Le pavot-œillette donne un opium riche de dix-huit à vingt-quatre pour cent de morphine, mais il en donne fort peu, et le péricarpe est si mince que les incisions traversent la capsule et compromettent souvent la récolte de la graine.

Tels sont les motifs qui doivent faire attribuer au pavot à graine noire ou jaune, sans opercules, la préférence sur le pavot blanc, qui donne un opium plus abondant, mais moins riche en morphine, et sur le pavot-œillette fournissant un opium plus riche en morphine, mais peu abondant ; le prix de revient de ce dernier opium est d'ailleurs d'autant plus élevé que la récolte de la graine est plus souvent compromise par les incisions.

M. Decharme expose qu'il a fait extraire à Amiens plusieurs kilogrammes d'opium du pavot-œillette, et qu'une expérience de plus de cinq ans lui a donné la certitude que les incisions pratiquées en temps opportun et convenablement, avec des instruments appropriés à ce genre d'opération, n'endommagent point l'endocarpe, et que, d'ailleurs, la perte des graines provenant de quelques incisions faites maladroitement est insignifiante comparativement à la valeur considérable du produit. En conséquence, lors même que la millième partie des capsules (et c'est beaucoup dire) auraient leur endocarpe traversé en quelques points, ce faible dommage ne peut être un obstacle à l'extraction de l'opium de la variété du pavot, qui donne le suc le *plus riche en morphine.* L'opium extrait à Amiens a donné, en effet, jusqu'à 25 p. 0/0 de cet alcaloïde, en moyenne 17 p. 0/0, tandis que l'opium exotique n'en contient que 5 à 6 p. 0/0 (en moyenne), et l'opium du pavot pourpre 10 p. 0/0.

Enfin, M. Decharme a vérifié par de nombreuses expériences l'identité de la morphine indigène et de la morphine exotique, et plusieurs médecins d'Amiens ont constaté que les effets thérapeutiques de l'opium d'œillette, ou de ses préparations pharmaceutiques, n'ont jamais été inférieurs à ceux qui résultent de l'emploi de l'opium exotique, en tenant compte de la proportion de morphine dans les produits comparés.

M. Aubergier répond qu'il a le premier mis en évidence les faits rapportés par M. Decharme; qu'il a reconnu le premier qu'on peut obtenir de l'opium du pavot-œillette, mais il persiste dans les conclusions tirées de ses expériences.

M. Faivre, membre de l'Académie des sciences de Lyon, présente des observations *sur l'usage de quelques sucs propres chez les végétaux.*

« Des expériences faites sur le *Bœhmeria argentea* et le *Ficus elastica* nous ont conduit jusqu'ici à considérer les sucs propres des végétaux comme des sucs essentiels à la vie de la plante, des séves élaborées assimilables. »

« Voici sur quels faits nous appuyons ces assertions :

« 1° Lorsque la végétation est très-active, les sucs sont plus abondants, ils diminuent lorsque la végétation languit; lorsque le *Bœhmeria argentea* se développe, la séve gommeuse renfermée dans des vaisseaux particuliers est très-abondante, comme on peut s'en assurer en coupant transversalement de jeunes pieds; lorsque la plante est développée et vigoureuse, l'abondance des sucs est telle que l'excès produit à la surface des nervures des feuilles une exsudation de subtance gommeuse. Dès que la végétation diminue, l'exsudation diminue, et avec elle le suc propre gommeux. Alors, si on coupe transversalement une tige, on ne recueille plus de suc propre, mais un liquide limpide et aqueux s'écoule des canaux très-petits situés à la zone corticale. Ainsi la quantité des sucs propres est en rapport avec l'activité de la végétation.

« 2° Les sucs propres servent à entretenir la vie de la plante : on sait qu'un végétal privé d'eau meurt après quelques jours : nous avons laissé sans les arroser des pieds de Bœhmeria pendant plusieurs semaines, ils ont conservé leur vigueur; seulement le suc propre avait disparu. La même expérience a été faite sur de jeunes boutures, des pieds et même des feuilles isolées de Ficus elastica, dans lesquelles on avait maintenu le suc blanc en recouvrant immédiatement la plaie avec du mastic de greffe. Ces plantes ont pu rester sans aucun arrosement, pendant 5 à 6 semaines, dans un état de parfaite végétation; seulement leur volume avait sensiblement diminué et le suc propre avait disparu : il était donc évident que les plantes vivaient aux dépens de leurs sucs propres. Pour mieux nous assurer de ce résultat, nous avons fait écouler le suc propre, soit des plantes, soit des feuilles de *Ficus elastica*, que nous avons laissées sans eau; en quelques jours, les parties végétales avaient perdu toute vitalité.

« 3° Si les sucs propres sont des séves assimilables, il était assez naturel de penser qu'en arrosant avec ces sucs de jeunes boutures, on en hâterait le développement; c'est ce que l'expérience a prouvé. Les sucs de *Ficus elastica* et de *Bœhmeria* activent notablement le développement de ces plantes lorsque les racines en sont arrosées.

« 4° Enfin la composition chimique des sucs propres est en rapport avec la constitution des tissus végétaux. »

M. Chatin demande si M. Faivre a constaté au microscope la communication des vaisseaux laticifères avec les vaisseaux ordinaires des végétaux; s'il pourrait déterminer d'une manière plus précise l'usage des sucs propres; s'il a étudié particulièrement l'évaporation chez les plantes renfermant de pareils sucs. M. Chatin rappelle en outre les controverses des botanistes au sujet des laticifères et les opinions de M. Schultz, qui compare le Latex au sang des animaux. Beaucoup de botanistes, M. Richard en particulier, n'ont pas admis cette opinion.

M. Faivre répond qu'il n'a point observé à l'aide du microscope les prétendues communications des laticifères admises par un botaniste; que, sans entrer dans le domaine si vaste des hypothèses, il considère ses expériences comme établissant l'usage des sucs propres comme agents essentiels de la nutrition.

M. Aubergier dit que ses analyses chimiques des papavéracées paraissent confirmer les assertions émises par M. Faivre ; il a constaté en effet que les sucs, assez abondants dans les graines, diminuent successivement pendant la germination, et que c'est à leurs dépens que les nouveaux tissus végétaux se forment.

M. Nicklès, président de l'Académie de Stanislas, de Nancy, communique au Comité ses *Recherches sur les métaux du groupe de l'azote et sur les relations d'isomorphisme qui existent entre eux.*

« On connaît la grande analogie qui règne entre le bismuth et l'antimoine, et tous les chimistes qui y ont réfléchi ont été tentés de rapprocher ces deux corps simples. Si néanmoins il règne encore de l'hésitation à cet égard, c'est que, d'une part, on se souvient des fortes analogies qui rattachent le bismuth au plomb, analogies telles que, dans la classification d'après Thénard, sa place ne peut être ailleurs qu'à côté de ce métal ; d'autre part, on n'a pas encore démontré l'isomorphisme du bismuth et de l'antimoine en combinaison ; enfin, le bismuth ne forme pas de composé gazeux avec l'hydrogène.

« Mais de ce qu'on ne connaît pas de gaz hydrogène bismuthé, on n'est pas en droit de conclûre à sa non-existence ; et d'ailleurs cet hydrure ne serait pas gazeux à la température ordinaire qu'on le comprendrait à la rigueur, en tenant compte de l'équivalent très-élevé du bismuth.

« En tout cas, une lacune de ce genre sera peu grave s'il est démontré :

« 1° Que le bismuth et l'antimoine forment des composés ayant la même composition et la même forme cristalline ;

« 2° Qu'ils remplissent les mêmes fonctions ;

« 3° Que les deux métaux peuvent se substituer sans altérer sensiblement la forme, la constitution et la composition générale du composé produit. C'est ce que je démontre dans le présent Mémoire.

« Mes recherches sur ce point remontent à l'année 1858 : elles portèrent d'abord sur les combinaisons halogènes du bismuth, de l'antimoine et de l'arsenic. Je pus reconnaître l'isomorphisme des sels haloïdes des deux derniers (*Comptes rendus de l'Acad. des Sciences*, t. XLVIII, p. 154), et plus tard aussi leur isomorphisme avec l'iodure de bismuth (Ib., t. L, p. 872). Ils ont tous la formule générale X^3 M.

« Tous ces faits ont été, peu après, confirmés par M. Schneider, de Berlin. (*Journ. de pharmacie*, t. XXXVIII, p. 154.)

« Dans mon Mémoire, j'étudie d'abord les bromures et les iodures de ces métaux ; je les fais connaître sous une forme définie ; j'indique le procédé à suivre pour les obtenir en cet état, et, en même temps, j'examine avec soin leur forme cristalline et leurs relations cristallographiques.

« Il en découle une première conclusion favorable à l'hypothèse de l'isomorphisme des trois corps simples.

« Dans la deuxième partie de mon travail, je cherche à obtenir des combinaisons doubles avec ces iodures ou bromures et les halosels alcalins ; j'en obtiens un grand nombre par les procédés que je décris dans le Mémoire, et j'arrive même à forcer le bismuth et l'antimoine à se remplacer isomorphiquement.

« Pour remplir cette deuxième partie de mon programme, j'ai eu à lutter contre des obstacles venant à la fois de la composition et de la forme cristalline souvent compliquée de mâcles et de facettes hémiédriques.

« Quoi qu'il en soit, je suis arrivé à déduire de mes recherches trois groupes isomorphes, que, pour abréger, je me bornerai à mentionner dans cet extrait :

« Premier groupe de la formule générale

$$X^3 M + 2 X m + 5 HO, \text{ dans laquelle}$$
$$X = Cl, Br \text{ ou } I$$
$$M = Bi \text{ ou } Sb$$
$$m = K, Na \text{ ou } Az H^4.$$

« Ce groupe appartient au système du prisme droit rhomboïdal.

« Dans le nombre se trouve un bromure double qui cristallise en magnifiques tables rhomboïdales dichroïques semblables à l'azotate d'urane, mais qui en diffèrent par leur attitude dans les rayons violets du spectre, où ils prennent une teinte lie de vin.

« Le deuxième groupe

$$X^3 M + X m + 4 HO \text{ (prisme à base carrée)}$$

possède une grande tendance à l'hémiédrie ; on y trouve une combinaison des plus caractéristiques, contenant à la fois du bismuth et de l'antimoine, avec maintien de la forme cristalline et de la composition générale, c'est-à-dire

$$I^3 (Bi, Sb)^1 + I Az H^4 + 4 HO.$$

« Le troisième groupe rentre dans le système du prisme rhomboïdal oblique, et répond à la formule générale

$$X^3 M + X m + 2 HO.$$

« La plus intéressante des combinaisons de ce groupe est celle qui se formule par

$$I^3 (Sb, Bi)^1 + I Na + 2 HO.$$

« Toutes ces combinaisons s'obtiennent plus ou moins par le même procédé général que je fais connaître dans le Mémoire.

« De toutes se dégage ce fait fondamental, savoir que le bismuth doit désormais être placé à côté de l'antimoine et de l'arsenic, et qu'il appartient au groupe de l'azote.

« Le Mémoire se termine par des faits et des aperçus nouveaux relativement aux métaux dits *acidifiables*, au nombre desquels figurent précisément le bismuth, l'antimoine et l'arsenic.

« Voici, en résumé, les formes et combinaisons nouvelles décrites dans ce travail :

« 1° Les bromures cristallisés d'antimoine et d'arsenic ;

« 2° Les combinaisons de ceux-ci avec l'éther ;

« 3° Les iodures *cristallisés* de bismuth, d'antimoine et d'arsenic ;

« 4° Les combinaisons de ceux-ci avec des halo-sels alcalins, combinaisons dont voici les formules :

$Br^3 Bi + 2 Br Az H^4 + 5 HO$

$(Cl Br)^3 Bi + 2 Br Az H^4 + 5 HO$

$I^3 Sb + 2 I Az H^4 + 5 HO$

$I^3 Sb + 2 I K + 5 HO$

$I^3 Sb + I Az H^4 + 4 HO$

$I^3 (Sb Bi)^1 + I Az H^4 + 4 HO$

$I^3 Sb + I Na + 2 HO$

$I^3 Sb + I K + 2 HO$

$I^3 Bi + I Na 2 HO$

$I^3 Bi + I K + 2 HO$

$I^3 Bi + I Az H^4 + 2 HO$

$I^3 (Bi Sb)^1 + I Na + 2 HO$

$I^3 Sb + I K + 3 HO$

$I^3 + Sb I K + \frac{1}{3} HO$

$$Br^3 Bi + Br Az H^4 + 5 H O$$
$$(Br Cl)^3 Bi + Br Az H^4 + 5 H O$$
$$(Cl I)^3 Bi + I (Az H^4 K)^1 + 2 H O$$

M. BAUDRIMONT rappelle qu'il y a dix-neuf ans il a déjà proposé cette classification.

M. de QUATREFAGES remercie M. Niklès des communications qu'il vient d'entendre. Il voit avec joie les chimistes, les physiciens, en arriver à ces questions de classification dont les naturalistes se préoccupent depuis si longtemps. L'importance de ces questions n'a pas toujours été comprise; on a cru souvent que les discussions sur la place que devait occuper tel ou tel animal n'étaient que des querelles de mots. Il y a à espérer qu'à l'avenir on comprendra de plus en plus qu'il s'agit de *choses* très-réelles et intéressant souvent la science dans ce qu'elle a de plus élevé.

M. LADREY, membre de l'Académie des sciences de Dijon, fait hommage au Comité, pour être déposées dans sa bibliothèque, des deux premières années et des livraisons parues dans le courant de 1861 d'une revue qu'il publie à Dijon depuis le 1er janvier 1859 sous le titre de : LA BOURGOGNE, *Revue œnologique et viticole.*

Ce recueil est exclusivement consacré à l'étude des questions qui concernent la culture de la vigne, la préparation du vin et les industries qui se rattachent à l'industrie viticole proprement dite. Cette publication embrasse aujourd'hui l'ensemble complet de tout ce qui intéresse la viticulture française et étrangère.

M. BRULLÉ, membre de l'Académie des sciences de Dijon, dépose sur le bureau du Comité une note ayant pour objet des *Recherches relatives à la reproduction vivipare des Ligules qui vivent dans les Ablettes.*

M. DECHARME, membre de l'Académie des sciences, belles-lettres et arts d'Amiens, dépose sur le bureau du Comité un Mémoire sur les *baromètres à maxima et à minima, à index et à déversement.*

La liste des personnes inscrites étant épuisée, M. LE PRÉSIDENT prend la parole pour féliciter et remercier MM. les membres des Sociétés savantes des départements de l'intérêt qu'ils ont su donner à ces séances générales, pour ainsi dire improvisées, et dont le caractère élevé a cependant si bien répondu à la pensée qui les a fait instituer.

« Entreprise sans parti pris, sans règlement arrêté d'avance, l'œuvre nouvelle pouvait offrir dans l'exécution plus d'une difficulté. Mais toutes les personnes accourues pour y prendre part ont fait preuve de tant de tact, d'un si excellent esprit, que le bureau a vu sa tâche devenir facile. La plus libre discussion s'est établie sans qu'il en soit résulté le moindre froissement pour les personnes, les esprits n'étant préoccupés que de la recherche de la vérité, et exclusivement animés de l'amour de la science.

« Malgré leur nature si diverse, les communications ont toutes été constamment suivies avec la plus grande attention. Les questions de géométrie elles-mêmes, dégagées de formules trop abstraites par leurs habiles interprètes, ont pu être entendues avec grand intérêt. Le Comité aurait donc eu tort de se subdiviser en sections spéciales, ainsi que quelques personnes avaient cru pouvoir le proposer. Toutes les sciences se tiennent, elles se prêtent un mutuel appui et doivent rester unies. Il est bon que tous les savants, quelle que soit la nature de leurs études, se connaissent et s'apprécient ; ces relations ne peuvent qu'être utiles au développement de leurs travaux et profitables à la science elle-même.

« Les nombreuses communications dont les sciences physiques et chimiques ont été l'objet sont venues mettre en évidence la multiplicité et la valeur des travaux qui s'accomplissent en province dans cet ordre d'études.

« Les sciences naturelles n'ont pas eu de moins nombreux interprètes, et les questions de géologie qui ont été traitées suffisent à montrer ce qu'on peut attendre du zèle et de l'activité infatigables des géologues de nos départements qui explorent avec tant de succès, sur les lieux mêmes, le sol de la France.

« Une grande discussion a été soulevée par la communication de M. Joly sur la génération *dite* spontanée. La pensée du Comité sur une telle question ne pouvait rester indécise, et, malgré la diversité des connaissances de chacun, on a pu aller au fond du débat et le résoudre avec utilité et profit pour tous.

« Mais nous regrettons que l'agriculture, si digne sous tous les rapports de nos préoccupations et de notre intérêt, n'ait pas eu une plus large part dans les communications faites au Comité. Les Sociétés d'agriculture auront pensé que nos séances devaient avoir un caractère trop abstrait pour elles. Mieux informées, éclairées d'ailleurs par l'exemple de M. Gossin, de Beauvais, elles répondront certainement à l'avenir à un appel qui leur garantit l'accueil le plus empressé.

« Au moment de clore cette session, dit, en terminant, M. Le Verrier, je ne puis me défendre d'une réelle émotion. Nous allons nous séparer lorsque nous avions déjà pris une douce habitude de nous retrouver ici chaque jour. Heureusement nous emportons l'assurance que ces réunions, dont M. le Ministre a apprécié avec bonheur l'influence, se reproduiront chaque année. Je ne saurais douter qu'en présence de cet espoir chacun de nous ne se sente animé d'une nouvelle ardeur pour la science et du plus vif désir de revenir ici avec de nouveaux travaux.

« Demain nous nous retrouverons une dernière fois à la séance solennelle présidée par M. le Ministre, qui vous exposera, avec cet accent chaleureux qui part du cœur, les intentions libérales du Gouvernement pour protéger, encourager et récompenser vos travaux. »

Le secrétaire de la section des sciences du Comité,

Petit.

REVUE DES SOCIÉTÉS SAVANTES.

SCIENCES MATHÉMATIQUES, PHYSIQUES ET NATURELLES.

---

16 mai 1862.

Mémoire sur la température moyenne de l'air à diverses hauteurs, par *M.* **Becquerel,** membre de l'Académie des sciences.

Dans mon dernier Mémoire sur la température moyenne de l'air à diverses hauteurs, je me suis attaché à démontrer, non-seulement avec les observations thermo-électriques recueillies au Jardin des plantes, mais encore au moyen des observations faites antérieurement avec le thermomètre ordinaire, que le sol et les objets qui le recouvrent exercent une telle influence sur cette température que les effets en sont appréciables jusqu'à une hauteur au-dessus de 20 ou 30 mètres. Il est donc nécessaire de se placer à cette limite pour avoir la véritable température moyenne de l'air dans un lieu quelconque, limite qui dépend, bien entendu, de l'état du sol.

Des phénomènes de culture observés sous les tropiques par M. de Humboldt, en Alsace par notre confrère M. Boussingault, et dans le Midi par M. Martins, avaient déjà mis ce fait en évidence. M. Boussingault avait reconnu en gravissant des collines que des cultures qui n'étaient pas possibles au bas le devenaient à une certaine hauteur. M. Martins avait remarqué que dans le Jardin botanique de Montpellier, des lauriers, des figuiers, des oliviers, périssaient dans les parties basses, tandis qu'ils étaient épargnés quelques mètres plus haut, dans des conditions d'abri toutes semblables; on savait enfin que les gelées tardives sévissent plus dans les vallées ou les bas-fonds que sur les collines plus ou moins élevées. Il ne suffisait pas de citer des faits généraux, il fallait encore lier ces faits par une loi générale, c'est-à-dire montrer comment variait la température moyenne de l'air avec la hauteur sous l'influence calorique du sol. Voici les résultats déduits des observations :

Du 1er décembre 1860 au 1er décembre 1861, les températures moyennes de l'air au Jardin des plantes ont été à 1m,33 au nord, à 16 et 21 mètres au-dessus du sol, de 11°,72, 12°54 et 12°,09 : différences avec la température au nord, 0°82 et 1°,19 ; la température de l'air va donc en augmentant avec la hauteur jusqu'à 21 mètres au-dessus du sol.

Il est démontré aujourd'hui que la température moyenne d'un lieu telle qu'on la détermine représente seulement celle de l'espace très-circonscrit où se trouve le thermomètre et à une hauteur déterminée, laquelle dépend de l'état du sol, c'est-à-dire de sa constitution, de sa couleur et des cultures qui le recouvrent.

Dans le Mémoire cité, j'avais signalé le fait suivant, d'une certaine importance en météorologie : A six heures du matin, quelle que soit la saison et la hauteur au-dessus du sol, pourvu qu'elle ne dépasse pas 20 ou 30 mètres dans la localité où les observations ont été faites, la température aux trois stations est exactement la même chaque jour, à 0°,1 ou à 0°,2 près au plus ; les moyennes annuelles ne présentent des différences que dans les centièmes de degré. J'en avais conclu que six heures du matin était une heure critique où la température devait avoir une certaine relation avec la température mensuelle ou annuelle du point où l'on observait, relation qui devait permettre de déduire celle-ci de la première. Les recherches que j'ai faites à cet égard sont exposées dans le Mémoire actuel.

L'heure critique dont il est question a lieu après le lever du soleil, de l'équinoxe d'automne à l'équinoxe du printemps, et avant le lever, de l'équinoxe du printemps à l'équinoxe d'automne. La présence du soleil au-dessus ou au-dessous de l'horizon n'exerce donc aucune influence sur les effets produits.

Si l'on se borne à chercher le rapport entre la température diurne à chaque station et la température obtenue à six heures du matin, chaque jour, on ne trouve aucun accord, ce qui est facile à concevoir ; la température de l'air jusqu'à une certaine hauteur dépend chaque jour, non-seulement de l'action solaire, mais encore du rayonnement du sol et du rayonnement céleste : or, si le sol a été fortement échauffé un jour et que le rayonnement nocturne ne lui ait pas enlevé l'excédant de chaleur, il s'ensuit que la température du lendemain participe de celle du jour précédent, de sorte que, d'un jour à l'autre, on ne saurait avoir des rapports approchés. Il n'en est plus tout à fait de même en prenant les rapports des moyennes des températures de dix jours en dix jours, comme l'indiquent les résultats suivants :

Mai 1861.	Rapports.
Du 1er au 10.	1,67.
Du 11 au 20.	1,53.
Du 21 au 30.	1,41.
Moyenne.	1,54.

On voit qu'il y a déjà une certaine concordance entre ces nombres, mais elle est plus grande encore en prenant les rapports des moyennes mensuelles ; en les comparant ensemble, on arrive effectivement aux conséquences suivantes pour les trois stations, 1m 33, 16m et 21m au-dessus du sol. Les rapports ou coefficients de juin et juillet sont à peu près les mêmes ainsi que les coefficients de septembre, octobre et novembre. Les coefficients de décembre, janvier et février sont très-rapprochés ; ceux de mars et avril un peu moins. Quant aux coefficients de mai et d'août, ils diffèrent de ceux qui les précèdent ou les suivent, mais peu l'un de l'autre.

Les coefficients, en outre, étant à leur minimum en été et à leur maximum en hiver, on doit attribuer les différences que l'on trouve suivant les saisons à l'échauffement ou au refroidissement du sol.

La relation est telle entre la température mensuelle et la température à six heures du matin, à chacune des trois stations, que l'on pourra, à l'aide des coefficients donnés, déduire la première de la seconde, surtout lorsque des observations recueillies pendant plusieurs années auront permis d'assigner à ces coefficients leur véritable valeur.

La météorologie est composée de faits dus à des causes très-variables qui masquent les lois auxquelles ils sont soumis ; elle se perfectionne de jour en jour, au fur et à mesure que ces causes sont mieux connues et qu'on écarte celles qui empêchent d'apercevoir les lois : étudiée avec l'esprit philosophique qui a placé les autres parties de la physique au rang des sciences exactes, elle finira peut-être par atteindre à ce même degré de perfection.

OEuvres de **Jacobi.**

Le journal de Crelle, qui poursuit activement sa carrière sous l'habile direction de M. W. Borchardt, vient de publier la dernière œuvre de Jacobi. Ce Mémoire posthume de l'illustre géomètre de Kœnigsberg est écrit en latin ; il a pour titre : *Nova methodus aequationes differentiales partiales primi ordinis inter numerum variabilium quemcunque propositas integrandi.*

Quelques-uns des résultats importants contenus dans ce travail avaient été annoncés depuis longtemps, et ils étaient certainement de nature à justifier l'impatience avec laquelle les géomètres attendaient la publication d'un ouvrage auquel l'auteur avait consacré plusieurs années de sa vie, et qui épuise pour ainsi dire l'un des chapitres les plus intéressants du calcul intégral et de la mécanique analytique.

L'analyse d'un tel Mémoire ne peut se faire en quelques lignes; des développements étendus seraient indispensables pour en faire apprécier toute l'importance. Nous aurons dans la suite l'occasion d'y revenir, et nous présenterons alors un aperçu historique de cette branche de l'analyse mathématique, où l'on voit figurer au premier rang, avec le nom de Jacobi, ceux de Lagrange, de Poisson, de Cauchy et de Hamilton.

M. Edmond Bour a inséré dans les *Comptes rendus de l'Académie des sciences* plusieurs extraits d'un Mémoire qui se rapporte surtout, comme le travail de Jacobi, à *la théorie des équations différentielles partielles du premier ordre.*

Observation du passage de Titan sur Saturne, le 1er mai 1862, faite à l'Observatoire impérial de Paris, par M. **Chacornac.**

Dans la soirée du premier mai, j'aperçus à l'aide du grand télescope de M. Foucault une tache ronde et noire sur la limite orientale de la bande brillante équatoriale de l'hémisphère boréal de Saturne. Je soupçonnai immédiatement que c'était l'ombre du sixième satellite, Titan, le plus gros de tous; mais, quelque soin que je prisse, je ne pus saisir alors aucune trace du satellite qui se projetait sur le limbe de la planète.

A $10^h\ 33^m$ (temps moyen), l'extrémité orientale de l'ombre est séparée du bord du disque par un intervalle lumineux bien appréciable, et présente de ce côté une mauvaise définition, tandis que du côté occidental l'ombre est nettement terminée. Le satellite n'est toujours pas visible.

A $11^h\ 25^m$, le satellite, soupçonné depuis quelques minutes, apparaît nettement comme une tache ronde, brillante, d'un diamètre sensiblement inférieur à celui de l'ombre avec laquelle il semble en contact. A partir de cet instant, bien que parfois l'image ait été très-ondulante, la visibilité du satellite n'a fait qu'augmenter.

Vers $12^h\ 43^m$, le satellite se trouve à la moitié de sa course devant le disque de la planète; il est notablement plus lumineux que la bande brillante sur laquelle il se projette, et son ombre est plus noire que la bande obscure centrale formée par la projection de l'anneau faiblement éclairé. Des mesures d'intensité lumineuse prises à ce moment montrent que l'éclat du satellite est à celui de la bande brillante sur laquelle il se projette comme 14 est à 10.

A $13^h 17^m$, le centre de l'ombre occupe le milieu de la bande brillante. A partir de ce moment, la différence d'intensité lumineuse entre le satellite et cette bande décroît, et la visibilité du satellite devient de plus en plus difficile; cependant, à $14^h 10^m$, le satellite se distingue encore, lorsqu'on enlève le prisme de l'oculaire.

A $14^h 15^m$, la planète est de nouveau recouverte par les nuages comme au moment de l'entrée.

Le satellite a paru constamment d'un diamètre inférieur à celui de l'ombre, et ses limites n'ont pas été assez tranchées pour tenter de le mesurer avec quelque certitude : les bords semblaient se fondre avec l'intensité lumineuse de la bande brillante comme s'ils eussent été moins lumineux que le centre. Plus favorisé pour l'ombre, j'ai pu obtenir quatre pointés; leur moyenne assigne une valeur de 1'',31 au diamètre de l'ombre prise dans le sens de l'axe polaire de la planète (les soixante-trois millièmes environ de cet axe.)

Les observations de passage des satellites de Saturne devant le disque de la planète sont assez rares pour être signalées : Herschel, à l'aide de ses grands télescopes, en observa un du sixième satellite le 2 novembre 1789, mais il ne put voir que l'ombre parcourant le disque de la planète, bien que le satellite dût être sur le limbe.

En 1848, le 10 octobre, M. Bond à Cambridge (États-Unis), avec sa grande lunette, ne put observer non plus que l'entrée de Titan sur le disque de la planète.

Depuis l'année 1854, ayant suivi les passages des satellites de Jupiter sur le limbe de cette planète, j'ai remarqué que, lorsqu'ils se projettent sur les bandes brillantes, ils apparaissent tous, au centre de la planète, comme une tache sombre, tandis qu'ils offrent une tache brillante sur les bords; ce phénomène est précisément le contraire de celui que vient de montrer Saturne.

Les anciennes observations, conformes aux plus récentes, indiquent que les bandes brillantes de Jupiter et de Saturne seraient des couches nuageuses suspendues au sein d'une atmosphère comme nos nuages dans l'air. Il résulterait alors des phénomènes que nous venons de signaler que sur les bords du disque de Jupiter les bandes brillantes disparaîtraient sous une épaisse couche d'atmosphère réfléchissant moins de lumière qu'elles, tandis que sur Saturne la nonvisibilité des bandes brillantes sur les bords de la planète proviendrait de l'interposition d'une atmosphère qui, sous une grande épaisseur, réfléchit plus de lumière que les bandes.

Mémoire sur les lois de l'induction électrique dans les plaques épaisses, *par M.* **Abria.**

Concevons un aimant librement suspendu par son centre de gravité et placé en présence de quatre plaques circulaires symétriquement disposées dans deux plans parallèles, de manière que son axe soit, dans l'état de repos, parallèle à la ligne des centres des deux plaques situées d'un même côté, la droite qui joint les centres de deux plaques opposées passant par le pôle : cet aimant pourra exécuter des oscillations normales ou parallèles à la surface des plaques et éprouvera, dans chaque cas, de la part de celles-ci, des actions qui pourront être représentées par les expressions suivantes :

1° Oscillations normales à la surface des plaques.

Dans ce cas, la force φ émanée de chacune des plaques a pour expression

$$\varphi = \frac{N}{e^{ax}\, x^{1,393}}.$$

x représentant la distance de l'axe du barreau à la couche située aux 0,43 de l'épaisseur de la plaque au-dessous de la surface;

a ne variant ni avec l'épaisseur ni avec la nature des plaques, mais augmentant à mesure que le diamètre diminue, à peu près en raison inverse de ce diamètre;

N étant un coefficient proportionnel à l'intensité magnétique du barreau, à l'épaisseur et à la conductibilité des plaques, augmentant sensiblement à mesure que le diamètre diminue.

2° Oscillations parallèles à la surface des plaques.

La force ψ émanée de chacune des plaques peut être exprimée dans ce cas par

$$\psi = \frac{P}{e^{ay}\, y^{1,393} \left(1 + \operatorname{tang} \frac{\pi}{2}\, \alpha\, y\right)}$$

y représentant la distance de l'axe de l'aimant à la couche située au tiers de l'épaisseur de la plaque au-dessous de la surface;

a ayant pour les mêmes plaques la valeur qui convient au cas des oscillations normales;

α étant une nouvelle constante égale à $a \times 0,427$.

P étant un coefficient indépendant du diamètre des plaques, proportionnel à leur épaisseur et à leur conductibilité, ainsi qu'à l'intensité magnétique du barreau.

Dans l'un et l'autre cas, des plaques dont le diamètre seul est différent exercent sur le barreau aimanté, lorsqu'elles sont placées à des distances du pôle sensiblement proportionnelles à leurs diamètres, des actions dont le rapport est constant et indépendant de l'angle sous lequel elles sont vues de ce pôle. Ces actions varient en raison inverse d'une puissance de la distance ou du diamètre, peu différente de 1,57 dans le cas des oscillations normales, et égale à 1,393 dans celui des oscillations parallèles.

Synthèse de l'acide pyrotartrique, par M. **Maxwell Simpson** (1).

M. Simpson, qui, dans un précédent travail (2), était parvenu à transformer le cyanure d'éthylène en acide succinique, vient d'employer un composé analogue, le cyanure de propylène, à la synthèse de l'acide pyrotartrique. L'auteur donne d'abord le moyen d'obtenir le cyanure de propylène en mélangeant un équivalent de bromure de propylène avec deux équivalents de cyanure de potassium. On ajoute une grande quantité d'alcool et l'on chauffe environ seize heures au bain-marie. On sépare l'alcool, on dissout le résidu dans l'éther, et l'on distille ; le liquide, qui passe entre 277° et 290°, est le cyanure de propylène. Il a pour formule $C^6H^6Cy^2$.

Pour produire à l'aide de ce composé l'acide pyrotartrique, on en mélange un volume avec un volume et demi d'acide chlorhydrique concentré, et on expose le tout dans un tube fermé, au bain-marie, pendant quelques heures.

Réaction entre le potassium, l'acide carbonique et la vapeur d'eau.

Du potassium étant placé sur une soucoupe qui repose sur de l'eau tiède dans une atmosphère d'acide carbonique, il se produit du formiate de potasse. La vapeur d'eau décomposée par le potassium donne de l'hydrogène naissant qui s'unit à l'acide carbonique. (Kolb et Schmitt, *Annales allemandes de chimie et de pharmacie.*)

L'Académie des sciences a publié, il y a peu de jours, dans le tome XVI des *Mémoires des savants étrangers*, un travail fort consi-

(1) *Philosophical Magazine*, t. XXIII, p. 326.
(2) *Philosophical Magazine*, t. XXII, p. 66.

dérable de MM. O. Delafond et H. Bourguignon, intitulé : *Traité pratique d'Entomologie et de Pathologie comparée de la psore ou gale de l'homme et des animaux domestiques*. On sait que l'acarus de la gale, déjà observé et étudié dans les deux derniers siècles par plusieurs naturalistes, ensuite oublié et demeuré longtemps introuvable, fut redécouvert en 1834. Depuis cette époque, la gale et l'animal qui occasionne cette maladie ont été l'objet de nombreuses recherches. Bientôt on ne s'occupa plus seulement de l'affection qui se produit chez l'homme, l'attention des zoologistes et des vétérinaires se porta sur la gale des animaux, et conduisit à la découverte d'espèces particulières d'acariens offrant des caractères asssez variés pour être répartis dans divers genres. MM. Delafond et Bourguignon, tout en s'attachant à étudier la gale principalement chez les animaux domestiques, n'ont négligé aucune occasion d'examiner cette maladie soit chez les animaux de nos ménageries, soit chez des animaux sauvages. Ils ont été amenés de la sorte à déterminer rigoureusement des acariens producteurs de la gale, c'est-à-dire des *sarcoptes* encore très-imparfaitement connus, et à en découvrir plusieurs espèces tout à fait inobservées jusqu'à présent. Les auteurs en outre ont réussi souvent à suivre les métamorphoses de ces petits arachnides, car, ainsi que tous les représentants de l'ordre des acariens, les sarcoptes naissent avec trois paires de pattes et subissent, depuis la naissance jusqu'au moment où ils arrivent à l'état adulte, une série de changements plus ou moins considérables.

MM. Delafond et Bourguignon répartissent tous les acares psoriques ou acares de la gale actuellement connus dans trois groupes : 1° les *sarcoptes* proprement dits, qui peuvent inciser l'épiderme et tracer des sillons sous-épidermiques ; 2° les *dermatodectes*, qui, a raison de la conformation de leurs pièces buccales ne peuvent que ponctionner l'épiderme et le fouir, et les *sarcò-dermatodectes*, qui, réunissant quelques-uns des caractères des deux types précédents, incisent l'épiderme et s'y enfoncent complétement.

Dans le groupe des vrais Sarcoptes, les auteurs ont cru pouvoir établir quatre divisions : la première, comprenant l'acare de la gale de l'homme, dont la présence a été constatée également sur un grand nombre d'animaux ; la seconde, celle des *sarcoptes notoèdres*, remarquables par leur forme globuleuse, qui a pour type l'espèce du chat ; la troisième, les *sarcoptes sicygones*, fondée pour un acarien observé sur le chien et le sanglier ; la quatrième, celle des *sarcoptes anacanthes*, qui a pour représentant le *sarcoptes mutans*, découvert sur des coqs et des poules par M. Ch. Robin. Les *dermatodectes* ont été rencontrés sur le cheval, le mouton, le bœuf et le lapin, et les *sarco-dermatodectes* sur le cheval, le bœuf et la chèvre. Plusieurs de ces arachnides étaient à la vérité déja décrits d'une manière plus ou moins complète, mais on doit à MM. Delafond et Bourguignon la découverte des Sarcoptes du chien, de l'hyène, du lion, du cochon, du cheval, du lama, du mouton, et du Dermatodecte du bœuf et du lapin. Les auteurs ont étudié la gale ou psore chez les différents animaux, dans ses causes, ses symptômes, son diagnostic, sa prophylaxie et son traitement. Ils ont constaté que la santé des animaux, selon qu'elle est languissante ou prospère, rend dans certains cas possible ou impossible l'apparition de la gale, et que les acariens ne peuvent vivre et produire la maladie qu'à la condition de trouver dans l'organisme une prédisposition générale aux maladies parasitaires: ce qui s'accorde parfaitement avec des opinions déjà anciennes sur le développement des vers intestinaux et des autres parasites. Il est à espérer que, par suite des recherches de MM. Delafond et Bourguignon, les vétérinaires, mieux éclairés sur l'affection psorique, parviendront à guérir beaucoup d'animaux domestiques que jusqu'à présent on laissait périr, faute de connaître suffisamment la maladie dont ils étaient atteints.

La Société archéologique d'Eure-et-Loir, siégeant à Chartres, a terminé son travail de la *description scientifique* du département qu'elle représente. Déjà plusieurs parties de ce travail ont été envoyées; mais la Société craint que dans leur état actuel elles ne soient pas susceptibles d'être imprimées, à cause de leur étendue. La Société s'occupe d'une révison de son œuvre, afin de ramener les manuscrits à une juste proportion, et alors l'impression pourra commencer. (Lettre de MM. de Boisvilette, président, et Merlet, secrétaire de la Société.)

Faculté des sciences de Montpellier. — Le 12 avril, M. André Crova a soutenu ses thèses pour obtenir le grade de docteur ès sciences. Les deux thèses avaient pour titre : 1re thèse : *Mémoire sur les lois de la force électromotrice de polarisation*; 2e thèse : *Propositions de chimie données par la Faculté.*

Par arrêté de S. Exc. le Ministre de l'instruction publique et des cultes, ont été nommés :

Secrétaire de la section des sciences du Comité : M. *Emile Blanchard*, membre de l'Académie des sciences;

Membre de la même section, M. *Daubrée*, ancien membre correspondant, membre de l'Académie des sciences.

SECTION SCIENTIFIQUE DU COMITÉ DES SOCIÉTÉS SAVANTES.

Présidence de S. Exc. LE MINISTRE DE L'INSTRUCTION PUBLIQUE.

M. **Milne Edwards** offre au Comité son ouvrage en cours de publication : *Leçons de physiologie et d'anatomie comparée.*

« L'ouvrage que j'ai l'honneur de déposer sur le bureau, dit M. **Milne Edwards**, a pour objet l'étude de la vie et de ses instruments considérés dans l'ensemble du règne animal, depuis l'homme jusqu'aux êtres animés les plus simples et les plus obscurs, tels que les monades et les éponges. Il comprend donc la physiologie générale et l'anatomie comparée de l'homme et des animaux.

« Jusqu'ici on n'avait pas essayé de remplir ce cadre. Cuvier, qui est sans contredit un des principaux fondateurs de l'anatomie comparée, s'appliqua principalement à l'étude du mode de constitution des animaux, et ne s'occupa que peu de physiologie. Haller, Burdach et quelques autres auteurs qui ont traité d'une manière générale des phénomènes de la vie n'étaient pas anatomistes, et ont négligé l'étude des organes dont se composent les machines vivantes. Enfin, la plupart des physiologistes, préoccupés exclusivement de l'étude de l'homme ou des applications de la physiologie à la médecine, et étrangers à la zoologie, n'ont pris en considération qu'une petite portion de ce sujet, et ont laissé complétement de côté non-seulement l'anatomie comparée, mais aussi l'histoire des fonctions vitales chez tous les animaux inférieurs.

« Or l'anatomie et la physiologie sont, à mes yeux, des parties inséparables d'une seule et même science; non-seulement elles se prêtent un mutuel et nécessaire appui, mais leur but est, en réalité, commun, et elles doivent se mêler sans cesse dans la pensée de ceux qui cherchent à connaître la nature de l'homme et des animaux.

« Dans mon enseignement à la Faculté des sciences de Paris, où 'ai l'honneur de professer depuis plus de vingt ans, je me suis toujours appliqué à faire connaître en même temps les diverses facultés ou propriétés dont les être animés sont doués et la structure de tous les organes ou instruments à l'aide desquels ces facultés s'exercent. Enfin, pour arriver à des idées justes et larges sur la nature des manifestations de la vie et sur les relations qui peuvent exister entre la structure des êtres vivants et leurs propriétés physiologiques, il m'a paru nécessaire d'étudier toujours ces manifestations et ces instruments chez les animaux les plus simples, aussi bien que chez ceux dont l'organisme est le plus perfectionné, et de chercher à embrasser d'un seul coup d'œil la longue série de modifications que chaque fonction peut offrir dans le vaste ensemble du règne animal.

« C'est conformément à ces vues que j'écris l'ouvrage dont j'ai l'honneur de déposer sur le bureau les six premiers volumes. Le cadre de mon enseignement à la Sorbonne ne me permet jamais d'exposer d'une manière complète toutes les parties de l'histoire anatomique et physiologique du règne animal; mais chaque année je traite de la sorte une portion de mon sujet, sauf à passer plus rapidement sur le reste, et les leçons principales qui ont été ainsi dispersées dans une vingtaine de cours forment la base du traité dont la publication m'occupe aujourd'hui.

« La marche que j'ai adoptée n'est pas celle communément suivie dans les traités généraux. D'ordinaire, on expose l'état actuel de la science sans avoir égard à la manière dont nos connaissances ont été acquises, et cette méthode offre certainement quelques avantages : ceux de la force et de la concision par exemple. Mais il m'a paru préférable d'adopter un autre plan et de chercher à arriver au même but, en faisant assister mes lecteurs aux découvertes successives à l'aide desquelles la science physiologique de nos jours s'est lentement constitué, en montrant comment chaque vérité acquise a conduit à une vérité nouvelle, et en faisant voir que tous les grands résultats ont été préparés peu à peu, avant que d'apparaître aux yeux des hommes de génie qui y ont attaché leur nom, parce qu'ils ont été les premiers à les poser sur des bases solides et à les rendre manifestes pour tous les yeux. Cette méthode d'exposition me semble préférable à la précédente, surtout lorsqu'il s'agit, non-seulement d'instruire de jeunes étudiants, mais de former des investigateurs destinés à venir à leur tour reculer les bornes de la science. Pour leur apprendre à marcher dans la voie des découvertes, on ne saurait mieux faire, ce me semble, que de dire comment nos devanciers ont été conduits à découvrir tout ce que nous savons.

« Ces considérations d'utilité pratique auraient suffi à elles seules pour déterminer mon choix; mais les raisons dont je viens de parler ne sont pas les seules qui me portent à préférer la méthode d'exposition historique et progressive. C'est, à mon avis, un spectacle plein d'intérêt et d'enseignements utiles que celui du développements graduel d'une science, des progrès de l'esprit humain dans la recherche du vrai, et des efforts continus sans lesquels aucune conquête importante ne saurait être effectuée. C'est une erreur de croire qu'une science quelconque ait atteint l'âge viril dès sa naissance et soit sortie du cerveau d'un inventeur armée de pied en cap, comme la Minerve de la poésie antique. Chaque question s'est mûrie lentement, et si c'est pour tous une tâche ingrate et fastidieuse que de rappeler la longue série des opinions fausses ou incertaines dont elle a pu être l'objet, c'est au contraire une œuvre utile et pleine de charmes (au moins pour celui qui l'entreprend) que de montrer comment la lumière s'est faite.

« Il est aussi à noter qu'en voyant la manière dont la science s'est constituée et agrandie peu à peu, on en saisit mieux l'esprit et les méthodes ; on apprend à connaître les hommes aussi bien que les choses, et l'on s'inspire d'un juste respect pour les travaux des investigateurs de la nature, lors même que les fruits de leur labeur n'auraient pas encore apparu : car, dans cette étude, on rencontre maints exemples de faits qui, restés longtemps stériles et négligés, sont devenus tout à coup le germe d'une grande découverte, lorsque le moment était arrivé pour en comprendre la portée et qu'un homme de génie était venu y apposer son cachet.

« En traitant de chacun des points dont l'étude m'occupe, je présente donc une histoire succincte des progrès réels de cette partie de la science, et en suivant ce récit on ne tarde pas à remarquer que l'ordre chronologique des découvertes qui sont connexes est aussi d'ordinaire l'ordre logique des idées qui conduisent aux bonnes démonstrations. En effet, les connaissances acquises à une époque sont presque toujours les préliminaires naturels et souvent nécessaires des découvertes qui vont surgir, et l'enchaînement des faits dont une science s'enrichit successivement est en accord avec les relations que ces faits doivent conserver dans notre esprit.

« A la narration des découvertes vient se mêler nécessairement la discussion des résultats qui en découlent et l'exposé des théories à l'aide desquels on peut grouper les faits et formuler les idées générales qui les résument.

« Enfin, dans ce traité, j'ai cru devoir indiquer avec un soin scrupuleux toutes les sources où le lecteur pourra puiser de plus amples renseignements sur les sujets dont je m'occupe, et cette partie de mon travail m'a semblé devoir offrir beaucoup d'utilité, à raison du nombre immense de publications qui depuis vingt-cinq ans ont été faites dans presque tous les pays sur les diverses branches des sciences naturelles.

« Je craindrais d'abuser de l'attention du Comité si j'entrais dans plus de détails sur l'ouvrage dont j'ai l'honneur de lui rendre compte, et je me bornerai à ajouter que dans le premier volume, après avoir présenté quelques généralités, je traite du sang, de sa composition et de son rôle dans l'organisme; le second volume est consacré à l'étude de la respiration, c'est-à-dire des échanges qui s'effectuent entre le sang et l'air atmosphérique; dans le troisième et le quatrième volume, je m'occupe de la circulation de ce liquide, de la transsudation et du système lymphatique; dans le cinquième volume, je parle de l'absorption et de la digestion; le sixième volume est consacré tout entier à l'étude anatomique de l'appareil digestif; et dans le septième volume, qui est actuellement sous presse, après avoir traité des phénomènes chimiques de la digestion, je m'occuperai des sécrétions, de l'assimilation et de la statique physiologique. Je terminerai ainsi l'histoire des fonctions de nutrition; et dans les volumes suivants, dont le nombre sera probablement de quatre ou cinq, je compte traiter de la reproduction et des fonctions de relations, considérées églement dans toute la série animale. »

M. **Chacornac**, en présentant ce qu'il nomme un *paysage lunaire*, donne une idée des moyens d'observation qui lui servent à étudier les apparences physiques de la lune, et fait connaître une partie des résultats de ses observations.

M. **Le Verrier** présente au Comité une théorie nouvelle et des tables de la planète Mars.

Rapport sur les Mémoires de l'Académie des sciences et lettres de Montpellier. — Section de médecine, Tome III, 2e fascicule, année 1859.

L'*Académie des sciences et lettres de Montpellier* continue les travaux de l'ancienne *Société royale des sciences de Montpellier*, une des plus importantes Compagnies savantes du dernier siècle, et qui jouissait du droit de publier ses travaux dans les *Mémoires de l'Académie des sciences de Paris*. Ce n'est donc pas sans raison qu'elle se donnait le titre de *Sœur de l'Académie royale des sciences de Paris*. L'*Académie des sciences et lettres de Montpellier* s'est constituée en 1848; elle est divisée en trois sections : section des lettres, section des sciences, section de médecine. La *Revue des Sociétés savantes* a entretenu plusieurs fois ses lecteurs des travaux de cette Académie dans l'ordre des sciences ou des lettres.

M. **Ch. Robin** a été chargé d'examiner le fascicule publié en 1859 par la section de médecine de cette Académie.

« Les premières pages de cette publication renferment, dit M. **Ch. Robin**, un travail de M. **Bouisson** de Montpellier sur un sujet très-spécial de pratique chirurgicale. Son analyse et surtout son appréciation ne sauraient être faites d'une manière juste et intéressante que par les chirurgiens ayant eu l'occasion d'exécuter l'opération dont il s'agit. Je me bornerai donc à signaler l'existence de ce Mémoire aux lecteurs de la *Revue des Sociétés savantes* qui pratiquent la chirurgie.

« Ce fascicule se termine par une *Notice biographique sur Joseph Diez Gergonne*, dont l'auteur est également M. le professeur Bouisson. Elle est écrite avec un remarquable talent. Elle contient l'indication sans analyse des principaux écrits de ce mathématicien ditingué. Mais ce travail, d'une lecture attrayante, ne se prête pas à un compte rendu analytique.

« Un Mémoire de M. **Edward Smith** de Londres m'a paru digne de fixer plus particulièrement l'attention du Comité. Il est intitulé : *Mémoire sur les aliments respiratoires en réponse à cette question : Existe-t-il des aliments respiratoires?* etc., et occupe les pages 161 à 190 du fascicule qui m'a été remis.

« Ce travail ne répond pas exactement à la question posée, mais il renferme des expériences intéressantes dont je vais faire connaître les résultats essentiels.

« L'auteur montre que, parmi les hommes de même âge, il y en a qui expirent une plus grande quantité d'acide carbonique que d'autres d'une constitution analogue. La quantité d'acide carbonique expirée par un même individu change d'un jour à l'autre, et elle diminue graduellement lorsque du printemps on arrive à l'été ; cette quantité est d'un tiers plus considérable en hiver qu'en été ; elle est d'un quart plus grande après le repas qu'après un jeûne de 24 à 26 heures.

« L'auteur n'établit pas la relation de ces résultats bruts avec la nature des aliments et le mode d'exercice ou de repos habituel aux personnes soumises à ces expériences. Il prend en outre le mot *respiration* comme synonyme d'*exhalation d'acide carbonique*, et *vice versâ*, sans se préoccuper du lieu ni du mode de production de l'acide carbonique dans l'organisme. Quoi qu'il en soit, il montre que les fécules, les graisses et les boissons alcooliques ingérées comme aliment exclusif ou prédominant d'un repas ne modifient que dans des proportions à peine sensibles l'énergie de la fonction respiratoire, selon son expression, c'est-à-dire la quantité d'acide carbonique expirée.

« Toutes les substances qui rentrent dans les trois groupes d'aliments ci-dessus exercent, suivant M. Smith, la même influence. Au contraire, le pain, le gluten, la farine, le riz, la pomme de terre, le sucre, les acides, le lait, la bière, le thé, le café, la chicorée, le cacao, les œufs, l'albumine et la gélatine augmentent la quantité d'acide carbonique exhalée.

« Le sucre en particulier, seul ou associé au lait, aux farines, etc., augmente tellement et si vite la quantité d'acide carbonique rejetée (augmentation qui atteint son maximum en 20 minutes) qu'il est à croire que l'acide carbonique ne se développe pas directement aux dépens du sucre. Du reste, la quantité de carbone contenue dans l'acide carbonique expulsé sous cette influence n'est guère que le dixième de celle qui est contenue dans le sucre ou le pain dont l'ingestion a déterminé cette augmentation d'exhalation.

« M. Smith pense en conséquence que le sucre ne passe pas directement et immédiatement à l'état d'acide carbonique, mais qu'il est d'une manière médiate la cause de son exhalation. L'action du sucre est augmentée et accélérée à cet égard par l'addition des acides, qui seuls n'ont aucune action spéciale; elle est diminuée par l'addition d'un alcali. Ces faits le portent à considérer les aliments qui contiennent du sucre comme étant de véritables aliments respiratoires; mais il note que l'action du sucre de canne est plus grande, plus prompte et de moindre durée que celle des sucres de raisin et de lait.

« Les principes azotés, tels que l'albumine, la gélatine, la fibrine, la caséine, le gluten, déterminent une augmentation modérée de la quantité d'acide carbonique exhalée, mais sans qu'il soit possible de dire si ce fait a lieu par l'effet de l'azote ou en proportion de celui-ci, car les acides non azotés ont une action analogue.

« Le thé et le café agissent comme les aliments précédents, surtout le premier, qui détermine l'expulsion de plus de carbone qu'il n'en renferme.

« Enfin M. Smith termine son travail en montrant que, d'après ses expériences, certains aliments tels que les fécules, les graisses et les alcooliques non sucrés, qui étaient appelés des aliments respiratoires, ne doivent plus recevoir ce nom, car ils n'excitent pas la respiration, ou, en d'autres termes, ils n'augmentent pas la quantité d'acide carbonique qui est expirée.

« Sous ce rapport, les expériences contenues dans ce travail viennent modifier les idées que l'on s'était faites de certain corps en tant qu'agents respiratoires, d'après un ordre de notions autre que celui qui a servi de base aux recherches des premiers auteurs qui se sont occupés de ce sujet. Il méritait donc à plus d'un égard de fixer l'attention du Comité. »

Communications adressées au Comité.

M. l'abbé Aoust envoie de Marseille un Mémoire de géométrie analytique sur la théorie géométrique des coordonnées curvilignes quelconques. L'auteur se pose et résout un problème général que Gauss et M. Lamé avaient déjà abordé dans des cas particuliers; il introduit à cet effet un élément géométrique nouveau, auquel il donne le nom de *Courbure géométrique inclinée.*

M. Dupré (Athanase) envoie de Rennes un Mémoire intitulé : *Troisième Mémoire sur le travail mécanique et ses transformations. Applications des théories.*

M. Merget envoie de Bordeaux un Mémoire relatif à la reproduction des planches gravées.

M. Bourget envoie de Clermont-Ferrand un Mémoire relatif à l'influence de la rotation de la Terre sur le mouvement des corps à sa surface. L'auteur considère spécialement le mouvement d'un point matériel sur un plan incliné ou horizontal.

La *Société archéologique d'Eure-et-Loir* adresse des observations météorologiques faites à Chartres pendant toute l'année 1780, et trois fois par jour. Ces observations comprennent le thermomètre, le baromètre, le vent et l'état du ciel.

M. Buteux, membre de la *Société d'émulation d'Abbeville*, adresse un Mémoire intitulé : « *Quelques Idées sur les moyens de hâter les progrès de l'agriculture.* » L'auteur y passe en revue les primes sur les machines, les instruments aratoires, les animaux domestiques. Il y traite des fermes modèles et de l'enseignement de l'agriculture dans les écoles primaires.

REVUE DES SOCIÉTÉS SAVANTES.

SCIENCES MATHÉMATIQUES, PHYSIQUES ET NATURELLES.

23 mai 1862.

Description d'expériences sur la rotation électro-magnétique des liquides, et études sur la position relative des pôles et des points neutres dans les aimants, par M. **A. Bertin.**

La rotation électro-magnétique des liquides a été observée pour la première fois par H. Davy il y a près de quarante ans. Malgré les nombreux travaux dont elle a été l'objet depuis cette époque, l'expérience de Davy est encore seule citée dans nos traités de physique; comme elle ne réussit que dans des conditions exceptionnelles, elle n'a presque jamais été répétée, et il en résulte que bien peu d'amateurs de physique ont eu le plaisir de voir tourner un liquide sous l'action d'un courant. Quelle peut être la cause du dédain avec lequel on a accueilli jusqu'ici des phénomènes si curieux et si instructifs, qui donnent lieu aux expériences les plus faciles et les plus variées que l'on puisse établir pour vérifier la théorie d'Ampère dans toutes ses conséquences? Cette cause est, si je ne me trompe, tout entière dans la forme sous laquelle ces expériences ont été présentées. Si elles n'ont pas pris encore place dans l'enseignement, c'est parce qu'elles n'ont pas été disposées pour être rendues visibles à tout un auditoire. Il est cependant possible d'atteindre ce but en augmentant les dimensions de la masse liquide entraînée par le courant, et en plaçant à sa surface un flotteur dont les mouvements rendront sensibles à tous les yeux ceux du liquide sous-jacent. Tel est le but que je me suis proposé dans la construction de l'appareil que voici :

Le liquide est renfermé dans un vase annulaire et reçoit le courant par deux électrodes circulaires et concentriques appuyées l'une contre la paroi interne et l'autre contre la paroi externe du vase. Ce vase est porté sur un support en bois percé d'un trou à travers lequel on peut faire passer soit un aimant, soit un électro-aimant. On lance dans cet appareil le courant d'une pile de quatre petits éléments Bunsen de la manière suivante : on attache à l'un des pôles de la pile le fil de l'électro-aimant, dont l'autre extrémité communique avec l'une des électrodes ; l'autre électrode est attachée au second pôle de la pile. Pour pouvoir changer le sens du courant dans le liquide, il est utile d'interposer entre l'électro-aimant et les électrodes un commutateur, ce qui se fera de la manière ordinaire. Lorsque ce commutateur permettra au courant de traverser à la fois l'électro-aimant et le liquide, on verra en général celui-ci tourner avec une rapidité plus ou moins grande. Mais cette rotation, ayant lieu dans un vase à parois opaques, serait invisible pour tous les spectateurs qui ne pourraient pas regarder dans son intérieur. Pour la rendre visible dans un cours, il faudra placer sur le liquide un anneau en liége portant au bout de petits mâts des pavillons en papier que l'on verra tourner avec le liquide. Malheureusement la capillarité ne tardera pas à attirer l'anneau contre les parois du vase, et son mouvement s'arrêtera. Pour éviter cet inconvénient, on s'arrangera pour que le liége, au lieu d'être attiré, soit repoussé par les parois, et pour cela il suffira que sa surface ne soit pas mouillée. Une légère couche de noir de fumée, qu'on y fera adhérer en l'exposant à la flamme de l'essence de térébenthine, remplira parfaitement ce but.

Voilà donc notre liquide traversé par le courant et soumis à l'action de l'électro-aimant. On peut enlever le noyau de cet électro-aimant, et alors on observera l'action d'un courant sur un courant. Si l'on remplace l'électro-aimant par un aimant, on aura alors une action électro-magnétique pure. Mais que l'on fasse agir un électro-aimant ou un courant, on pourra les placer de toutes les manières possibles par rapport au liquide, et étudier la loi d'Ampère dans un grand nombre de cas particuliers. Cette étude sera évidemment bien plus facile par ce procédé expérimental qu'en employant, comme on le fait habituellement, des conducteurs mobiles en fil de cuivre. — Voici comme exemples les expériences les plus saillantes que l'on peut faire avec notre appareil.

L'électro-aimant étant au-dessous du vase et traversé par le courant en même temps que le liquide, les pavillons tournent avec une rapidité plus ou moins grande dans un sens ou dans l'autre, suivant que le courant est *centripète* ou *centrifuge*. Le courant liquide restant constant, si l'on élève doucement l'électro-aimant à travers le trou central du vase, on verra la rotation diminuer de vitesse, puis s'arrêter et enfin changer de sens. Il y a donc sur l'électro-aimant un point tel que lorsqu'il se trouve dans le plan du courant liquide, il y a équilibre, et tel encore, que l'action de l'électro-aimant change de signe suivant que ce point est au-dessus ou au-dessous du liquide. Ce point, qu'on a appelé *pôle*, n'est pas le pôle même de l'aimant, je le démontrerai tout-à-l'heure; appelons-le *point neutre*. Quelle que soit la position de l'électro-aimant par rapport au liquide, quand on déplace le premier sur une verticale, on trouve toujours une position pour laquelle il y a équilibre, et si au lieu d'un vase de grande dimension on employait un vase annulaire très-petit, l'ensemble des positions d'équilibre de ce vase par rapport à l'électro-aimant formerait une *ligne neutre* que l'on pourrait tracer expérimentalement. Voilà encore une conséquence de la loi d'Ampère que l'on vérifierait difficilement d'une autre manière.

Le sens de la rotation est toujours déterminé par la loi d'Ampère, pourvu qu'on tienne compte de la ligne neutre. J'ai démontré ailleurs que cette ligne neutre ressemblait à une sorte d'hyperbole ayant pour axe celui de l'aimant et que, lorsque le courant était *centrifuge*, il prenait une rotation *positive*, c'est-à-dire de même sens que le courant moteur s'il était placé *entre* les deux branches de la ligne neutre, et une rotation *négative* s'il était en *dehors*.

Ces rotations se produisent si facilement qu'on les observe encore à plus d'un demi-mètre de distance de l'électro-aimant et que, même en supprimant l'électro-aimant, l'action de la terre seule suffit pour faire tourner un liquide dans un petit vase annulaire traversé par un courant.

Voici un autre appareil qui montre avec quelle facilité la rotation électro-magnétique des liquides peut être obtenue. Si l'on conduit un courant dans un liquide en employant pour électrodes des fils de cuivre contournés en cercle ou en hélice, le courant qui traverse le liquide subit l'action du courant qui suit les spirales, et tourne dans tous les cas dans le sens de l'enroulement de celles-ci.

J'ai dit plus haut que l'étude de ces phénomènes me paraissait la plus avantageuse pour suivre les lois de l'électro-magnétisme dans toutes leurs conséquences. Je citerai à l'appui de cette assertion deux théorèmes auxquels cette étude m'a conduit, et qui ne sont pas sans importance.

Par une interprétation fausse des idées d'Ampère, on est souvent porté à assimiler des aimants de toutes dimensions à des systèmes de courants circulaires, perpendiculaires aux axes de ces aimants, c'est-à-dire à des bobines électro-magnétiques. Cependant on sait déjà que les bobines et les aimants diffèrent les uns des autres en ce que les pôles sont aux extrémités dans les premières et plus ou moins loin des extrémités dans les seconds. La rotation électro-magnétique des liquides permettra de reconnaître une seconde différence entre ces appareils. Cette différence consiste en ce que les actions extérieure et intérieure d'un aimant creux sont de même signe, tandis que celles d'une bobine sont de signe contraire. Il résulte de là que, si l'on fait agir un électro-aimant creux sur un liquide traversé par un courant, les actions de la bobine et du noyau seront de même signe à l'extérieur, et de signes contraires si le courant liquide est placé à l'intérieur. C'est ce que démontrent clairement les appareils suivants.

Dans le premier, un petit vase annulaire rempli de sulfate de cuivre est placé au centre d'une bobine creuse, dont il est séparé par un intervalle destiné à recevoir un cylindre creux en fer doux. La bobine et le vase reçoivent le courant de godets pleins de mercure, creusés dans la planchette qui sert de support, et dans lesquels des conducteurs métalliques amènent le courant d'une pile de trois ou quatre éléments. Quand le noyau en fer doux n'existe pas, le liquide tourne avec rapidité, et l'on peut changer le sens de la rotation en retournant la bobine bout pour bout dans ses godets. Mais dès qu'on introduit entre la bobine et le vase le tube en fer, le liquide s'arrête et ne reprend son mouvement qu'après l'enlèvement du noyau. Comme le fer doux s'aimante sous l'action de la bobine, on a réellement dans cette expérience un aimant et une bobine concentriques agissant sur un courant placé dans leur intérieur. Cette expérience prouve donc que les actions intérieures de la bobine et de l'aimant sont de signes contraires.

Voici un autre appareil qui montre que les actions extérieures sont de même signe ; cet appareil n'est pas autre chose que le précédent, auquel on a ajouté un vase annulaire extérieur à la bobine. Quand le noyau en fer est enlevé, on voit les deux liquides tourner en sens contraire, l'intérieur très-rapidement et l'extérieur beaucoup plus lentement, parce qu'il a beaucoup plus de masse. Mais dès qu'on introduit le noyau en fer creux dans la bobine, on voit le liquide intérieur s'arrêter, tandis que la rotation à l'extérieur est considérablement accélérée.

Dans un troisième appareil, la bobine peut recevoir deux tubes en fer creux, l'un à l'intérieur, l'autre à l'extérieur. L'introduction du noyau intérieur produit les effets que nous venons de voir; l'introduction du tube extérieur produit des effets précisément inverses. J'ai montré ailleurs que ces phénomènes si variés étaient des conséquences rigoureuses de la théorie d'Ampère.

L'étude des rotations électro-magnétiques m'a encore conduit à une autre remarque qui a de l'intérêt pour l'enseignement de la physique. Dans la plupart des expériences où l'on fait agir un aimant sur un courant, on trouve des lignes neutres. On enseignait jusqu'ici que ces lignes neutres passent par les pôles, de sorte que les pôles se confondraient avec les points neutres. Mais le point neutre que l'on observe dans les rotations électro-magnétiques étant toujours plus près des extrémités de l'aimant que la place assignée aux pôles par les expériences de Coulomb, des doutes se sont élevés dans mon esprit sur la théorie que l'on donne habituellement des lignes neutres, et je n'ai pas tardé à reconnaître que cette théorie péchait par la base. Elle suppose en effet que les actions multiples de l'aimant se réduisent à deux forces émanées des pôles, comme cela a lieu quand l'aimant subit l'action du magnétisme terrestre. Dans ces cas, les forces appliquées à tous les éléments magnétiques et dirigées vers les pôles de l'aimant terrestre forment bien, il est vrai, un système de forces parallèles ayant un centre qu'on appelle pôle; mais lorsque l'aimant agit sur un courant très-rapproché, on ne peut plus dire que les forces appliquées à toutes les molécules magnétiques constituent un système de forces parallèles ayant un centre, et par conséquent la résultante ne doit plus passer par le pôle.

En examinant en particulier le cas où l'aimant agit sur un courant rectiligne indéfini qui lui est perpendiculaire et placé tout contre lui, il est facile de prouver que l'action de l'aimant, lorsque le courant touche le pôle, n'est pas nulle, mais qu'elle est de même signe que lorsque le courant est au milieu de l'aimant, et que par conséquent le *point neutre est toujours situé entre le pôle et l'extrémité de l'aimant.*

Quant à la position exacte du point neutre, on ne peut la calculer que si l'on connaît la distribution du magnétisme dans l'aimant. Dans le cas le plus simple et en même temps le plus pratique, dans le cas où l'aimant est court, la distribution du magnétisme y est linéaire, c'est-à-dire que l'intensité du magnétisme en un point quelconque est proportionnelle à la distance de ce point au milieu de l'aimant. Elle est donc de la forme $A\,udu$, en désignant par u la distance de ce point centre. L'action de cet élément (du) sur un courant rectiligne indéfini qui est perpendiculaire à l'aimant, et qui le touche en un point dont la distance au centre est x, sera donc exprimée par

$$A\,\frac{udu}{u-x}$$

L'action totale de l'aimant de longueur $2\,l$ sera donc exprimée par l'intégrale $\int_{-l}^{+l} A\frac{udu}{u-x} = A \left\{ 2\,l + x \text{ log. nép. } \frac{l-x}{l+x} \right\}$

L'action de l'aimant sur le courant sera donc nulle quand on aura :

$$2\,l + x \text{ log. nép. } \frac{l-x}{l+x} = 0$$

Cette équation est satisfaite pour une valeur positive ou négative de x très-voisine de $\frac{5}{6}\,l$; il y a donc vers chaque extrémité deux points neutres qui en sont distants de $\frac{l}{6}$ tandis que les pôles en sont éloignés de $\frac{l}{3}$. *Dans cette expérience, le point neutre est donc deux fois plus près des extrémités que le pôle.*

Cette position est une position limite ; quand l'aimant est long, l'intensité magnétique en un point quelconque n'est plus une fonction linéaire de sa distance à ce point et alors le point neutre est d'autant plus rapproché des extrémités de l'aimant.

Si l'on applique la même méthode à la recherche de la ligne neutre sur laquelle doit se trouver un élément de courant horizontal pour être en équilibre sous l'action d'un aimant vertical, on trouve pour l'équation de cette ligne neutre dans le cas d'une distribution linéaire du magnétisme :

$$\text{Log. nép. } \frac{R+l-x}{R'-(l+x)} = l\left(\frac{1}{R}+\frac{1}{R'}\right)$$

La courbe est ici rapportée à deux axes rectangulaires , dont l'un est l'axe même de l'aimant (axe des x), et dont l'autre est une ligne perpendiculaire passant par le milieu de l'aimant : R et R' désignent les distances de l'élément du courant aux extrémités de l'aimant. Cette équation représente une courbe qui ne passe pas par le pôle et dont le point le plus bas est au-dessus du plan polaire à une distance plus grande que le quart de celle qui sépare le pôle de l'extrémité. Il y a plus : cette courbe ne coupe pas même l'aimant, qui lui sert d'asymptote. Elle diffère donc notablement de celle que l'on tracerait en s'appuyant sur la théorie élémentaire qui considère l'aimant comme réduit à ses deux pôles. Elle représente mieux aussi la ligne neutre que l'on trouve en étudiant la rotation électro-magnétique des liquides.

Le premier membre de notre équation représente l'action de l'aimant sur l'élément de courant placé dans une position quelconque. Si l'on suppose que la distance du courant à l'axe de l'aimant reste constante, les diverses valeurs que prend le premier membre quand on y fait varier x, représentent l'intensité de l'action que l'aimant exerce sur un petit courant traversant un liquide placé dans un vase que l'on déplacerait parallèlement à l'aimant. On trouve ainsi une courbe dont l'ordonnée change de signe vers l'extrémité de l'aimant et offre deux maxima, l'un à l'extrémité de l'aimant, et l'autre en son milieu. C'est précisément ainsi que varie la rotation électro-magnétique des liquides.

L'étude que j'ai été obligé de faire de la constitution magnétique des aimants m'a conduit à une autre remarque que je veux rapporter en terminant, quoiqu'elle ne se rattache pas directement à mon sujet. Tout ce que l'on sait sur la distribution du magnétisme dans un aimant repose sur les expériences de Coulomb. Ce grand physicien, faisant agir un aimant vertical sur une petite aiguille d'épreuve qui se déplaçait sur une ligne parallèle à l'aimant, a mesuré avec le plus grand soin l'action exercée sur l'aiguille en chaque point, et, en représentant ces actions diverses par des ordonnées perpendiculaires à l'aimant, il a tracé une courbe qu'on devrait appeler *courbe des actions magnétiques*, et qu'on appelle la *courbe des intensités*. On suppose ainsi que l'action du barreau sur l'aiguille est proportionnelle à l'intensité magnétique de l'élément du barreau placé vis-à-vis. Il est cependant facile de s'assurer du contraire. D'abord, si le barreau est au-dessus du plan horizontal passant par l'aiguille, l'élément placé vis-à-vis celle-ci est nul, tandis que l'action magnétique ne l'est pas. En second lieu, si le barreau n'est pas aimanté, l'intensité magnétique de l'élément correspondant à l'aiguille est nulle, tandis que l'action du barreau ne l'est pas. Enfin, si l'on se donne arbitrairement une distribution quelconque du magnétisme dans le barreau, c'est-à-dire la *courbe des intensités*, il est facile d'en déduire la courbe des actions magnétiques, et l'on peut alors se convaincre que les ordonnées des deux courbes sont loin d'être proportionnelles. Le problème qu'il faudrait résoudre est l'inverse du précédent; il faudrait déterminer expérimentalement la courbe des actions magnétiques et en déduire par le calcul la courbe des intensités. Ce problème m'a occupé longtemps, mais je me suis arrêté devant des difficultés de calcul qu'il m'a été impossible de surmonter. Au reste, la détermination des pôles ayant été faite par Coulomb à l'aide d'une méthode qui est à l'abri de toute objection, les conclusions auxquelles nous sommes arrivés sur la position relative des pôles et des points neutres dans les aimants me paraissent à l'abri de toute critique.

Sur un point sombre et circulaire se mouvant avec rapidité sur le disque du soleil, observé par M. W. Lummis, de Manchester, le 20 mars 1862. — *Note* de **M. Hind,** directeur du *Nautical Almanac.*

Dans une lettre qui me fut adressée le 20 mars par M. W. Lummis, esq., du Manchester, Scheffield, and Lincolnshire railway Compagny's office at Manchester, il était marqué que le matin du même jour, pendant qu'il examinait le disque du soleil avec un télescope de 2 pouces 3/4 d'ouverture, il avait remarqué un petit point noir plus régulier et mieux défini que les taches ordinaires. Pendant vingt minutes environ qu'il observa ce point, il se mouvait rapidement, comme le montre un diagramme accompagnant sa lettre, en conservant sa forme *circulaire.* M. Lummis le fit observer à un ami, qui le remarqua aussi distinctement que lui-même.

Sur ma demande de plus amples informations sur son observation, M. Lummis m'écrivit : « Quant aux positions du point, je regrette de ne pouvoir vous les donner avec beaucoup plus de précision que dans la rapide esquisse que je vous ai envoyée, et qui fut copiée sur celle que je fis au moment de l'observation. Je n'avais d'autre instrument que le télescope, et je mesurai avec un petit morceau de carte les distances de la tache au bord du soleil. Du commencement de l'observation, 8 heures 28 minutes A. M. (temps de Manchester) à 8 heures 50 minutes, la tache s'était mue d'environ 12 minutes d'arc, autant que j'en ai pu juger par la vue ; j'ai estimé sa grandeur ou plutôt son diamètre apparent à environ 7″. Le télescope a une ouverture de 2 pouces 3/4 et grossit 80 fois. J'ai, plusieurs matins, observé le soleil, que j'ai noté libre de taches. Seulement, une petite fut remarquée par moi le matin du 20, juste au-dessous de la place marquée A sur l'esquisse. Je regrette extrêmement d'avoir été obligé de quitter avant la sortie de cet objet que j'aurais désiré observer. »

En mesurant soigneusement sur l'esquisse de M. Lummis les différences d'azimuth et d'altitude du point et du centre du soleil, et les convertissant en différences de longitude et de latitude, je trouve les nombres suivants :

T. M. G. Mars 19. 20 h 37 m. { Longit. du point = Longit. du soleil, — 2′,4. / Latit. du point = + 3′,9.

» » 20 h. 59 m. { Longit. du point = Longit. du soleil, — 7′,0. / Latit. du point = + 5′,5.

Il est évident que l'estimation faite par M. Lummis de l'arc parcouru pendant les 22 minutes qu'il observa le point est beaucoup trop grande. L'arc serait plus près de 6' que de 12'.

M. Œltzen a calculé les observations précédentes de M. Lummis. Il a trouvé, à l'aide des nombres fournis par M. Hind que la distance de la planète au soleil serait égale à 0,026 et une pareille planète aurait déjà dû être vue en maintes occasions.

M. Œltzen s'étonne d'ailleurs que M. Lummis ait si facilement abandonné la fin d'une observation d'une telle importance. Mais les données de M. Lummis sont si sommaires, que les conclusions qu'on en tire par le calcul sont peu certaines.

Théorie mathématique de la Musique.

Dans le numéro du 20 avril, de la *Bibliothèque universelle*, M. A. Prévost a publié un Mémoire plein d'intérêt sur la théorie mathématique de la musique. La théorie de la gamme généralement admise dans les livres de physique est fondée sur le fait que, lorsqu'une corde vibre, on entend avec le son principal une série d'autres sons plus aigus appelés *harmoniques*, et qui proviennent de la subdivision de la corde en 2, 3, 4, 5, etc., parties égales, vibrant séparément. Le son fondamental et les quatre premiers harmoniques donnent cinq notes dont les nombres de vibrations sont entre eux comme 1, 2, 3, 4, 5, et l'on en déduit l'accord parfait *ut*, *mi*, *sol* en baissant d'une octave le son 3, et de deux octaves le son 5. Prenons maintenant l'*ut* pour sommet et le *sol* pour base de deux accords semblables, nous obtiendrons la série des notes

Fa, *la*, *ut*, *mi*, *sol*, *si*, *re*.

Remplaçons *fa* et *la* par leurs octaves aiguës, *re* par son octave grave, ajoutons l'octave du son pris pour tonique, et nous aurons formé les 8 notes de la gamme. Construite d'après cette loi, la gamme contient trois espèces de secondes, deux grandes appelées ton majeur et ton mineur, une petite appelée demi-ton majeur. Enfin, quand on veut diéser ou bémoliser une note, il faut multiplier ou diviser par $\frac{25}{24}$ de nombre de vibrations qui lui correspond.

Cette manière d'envisager l'échelle musicale paraît logique, mais elle est en perpétuel désaccord avec la pratique des musiciens. La gamme naturelle n'a que deux sortes d'intervalles, la seconde majeure *ut-re*, et la seconde mineure *mi-fa*. La théorie indique que le dièse d'une note est plus bas que le bémol de la suivante, que *ut*♯ est plus bas que *re*♭, par exemple. Dans la pratique, au contraire, l'*ut*♯ est manifestement plus élevé que le *re*♭. Ce sont là des idées que M. Chevé professe depuis plusieurs années dans ses cours et dans ses ouvrages, et tout musicien qui s'écoute chanter avec soin en vérifiera aisément l'exactitude.

Frappé de ces contradictions, M. Ritter a laissé de côté l'idée que le *mi* dérivait de la subdivision de la corde en cinq parties égales, et il ne considère que les deux premiers harmoniques, l'octave du son fondamental et l'octave de la quinte. Si l'on superpose six quintes successives à partir de la quinte grave d'un son pris pour tonique et qu'on ramène toutes ces notes dans l'intervalle de la tonique et de son octave aiguë, en les remplaçant par une de leurs octaves, on constitue une nouvelle gamme qui diffère de celle des physiciens par les valeurs de trois notes *mi*, *la*, *si*. Dans cette gamme des *quintes pures*, qui est celle des pythagoriciens, il n'y a que deux sortes d'intervalles, la seconde majeure $\frac{3^2}{2^3}$ ou $\frac{9}{8}$ et la seconde mineur $\frac{2^8}{3^5}$ ou $\frac{256}{243}$; le facteur par lequel il faut multiplier le nombre de vibrations d'une note pour la diéser est $\frac{3^7}{2^{11}}$, ce qui élève le dièse d'une note au-dessus du bémol de la note supérieure. Ces deux résultats sont en tout conformes aux conceptions des musiciens. De même que pour la mesure l'oreille n'a conscience que des divisions du temps par 2 et par 3, de même les rapports des notes qui composent la gamme sont exprimés par des fractions dans lesquelles il n'entre que des puissances de 2 et de 3.

M. Prévost complète ce travail de M. Ritter en calculant les valeurs de toutes les notes de la gamme avec les dièses et les bémols; il n'y trouve que deux sortes d'intervalles, le comma $\frac{3^{12}}{2^{19}}$ et le diastème $\frac{2^{27}}{3^{17}}$. L'intervalle de deux notes quelconques peut s'exprimer par un produit de puissances entières du comma et du diastème. Ayant ainsi calculé les 21 notes de la gamme enharmonique, il cherche celles qui peuvent servir de toniques en donnant une gamme ordinaire complète sans qu'il soit besoin de recourir à de nouveaux sons, et il explique ainsi la transposition et les modulations. Il fait le même calcul pour le mode mineur, les doubles dièses et les doubles bémols; ses résultats sont toujours en parfait accord avec la théorie qu'enseigne M. Chevé.

Il serait intéressant de comparer les valeurs des notes avec celles que donnerait l'observation directe, et déjà les expériences du docteur Möhring s'accordent beaucoup mieux avec la gamme des quintes pures qu'avec celles des physiciens. Mais, au lieu d'étudier, comme on le fait souvent, les données pratiques de la musique sur le piano, dont le principe est défectueux, il faudrait avoir recours à un instrument à cordes et à l'oreille d'un artiste; il est probable qu'on arriverait ainsi à une concordance plus satisfaisante. Enfin, le violon, l'alto, le violoncelle, s'accordent par quintes pures, et ce sont sans contredit les instruments les plus parfaits. Les cordes du violon donnent à vide les notes *sol*, *re*, *la*, *mi*. Il faut espérer que cette théorie, plus rationnelle, s'introduira bientôt dans la science et dans l'enseignement.

De la disparition du goître par le changement de climat, par M. le Dr **Guyon**. Correspondant de l'Académie des sciences.

L'auteur a lu le 19 mai à l'Académie des sciences un rapport dan lequel sont consignés les faits suivants :

1° Deux jeunes filles, atteintes du goître à Santiago (Chili), se sont rétablies en passant en Europe; les tumeurs avaient diminué de moitié après 110 jours de traversée, de Valparaiso à Cherbourg.

2° Des Européens du Valais qui vinrent s'établir en Algérie en 1852 ou 1853, et dont les goîtreux étaient en grand nombre parmi eux, ont vu disparaître leurs goîtres au bout de peu d'années. En 1857, tout goîtreux avait disparu parmi les Européens; seulement quelques-uns étaient morts par suite des maladies de la contrée.

SECTION SCIENTIFIQUE DU COMITÉ DES SOCIÉTÉS SAVANTES.

Présidence de S. Exc. LE MINISTRE DE L'INSTRUCTION PUBLIQUE.

Rapport sur les Mémoires de la Société d'Emulation du Doubs, 3e série, tome IV, p. 1 à 353. 1859.

Un Mémoire de M. Contejean, sur l'*Etage kimméridien de Montbéliard*, est le travail le plus important de ce volume des *Mémoires de la Société d'Emulation du Doubs*.

M. Contejean a rassemblé dans ce Mémoire, dit M. **Delesse**, un grand nombre d'observations. Après deux années d'exploration dans les environs de Montbéliard, il a réuni une collection géologique comprenant plus de mille échantillons, et il l'a consignée dans le musée de cette ville pour servir de pièce à l'appui de son travail.

Au lieu de chercher à retrouver dans l'étage kimméridien de Montbéliard les divisions établies dans d'autres localités, notamment celles de l'Angleterre, M. Contejean a procédé à une analyse exacte et minutieuse des couches qu'il avait sous les yeux; c'est en partant de cette analyse qu'il arrive à une synthèse générale.

« Pour établir, dit l'auteur, les divisions naturelles et légitimes d'un étage, il faut étudier cet étage avec grand détail dans les points littoraux où les faunes sont les plus nombreuses, les plus riches, les plus variées, afin de s'appuyer sur les données paléontologiques les plus précises, les plus détaillées.... En s'éloignant ensuite de ces centres organiques, on constate les transformations insensibles du milieu minéral, l'appauvrissement graduel des faunes, leur fusion ou leur disparition progressive, la persistance de certains horizons, et l'on cherche à conserver le plus longtemps possible le fil conducteur qui permet de se diriger dans un certain rayon. Puis, lorsque l'ordre des choses a changé d'une manière notable, que les horizons fossilifères ne sont plus discernables ou se présentent d'une manière différente, qu'en un mot la classification convenable à une certaine région cesse d'être applicable, on aura à rechercher d'autres centres organiques où l'on puisse prendre les types d'un nouvel arrangement de groupes et de sous-groupes; car la faune des terrains jurassiques supérieurs est loin d'avoir l'uniformité que lui supposent la plupart des géologues, et l'on peut y observer, dans la distribution des espèces, une variété, sinon aussi grande que de nos jours, du moins analogue à celle qui existe dans nos mers actuelles....

« Telle a été, dit M. Contejean, ma manière de procéder dans cette *Etude*, où j'ai rapporté le kimméridien du littoral nord-ouest du bassin méditerranéen à la localité typique de Montbéliard, la plus variée dans sa faune et la plus riche connue. J'ai ensuite établi des parallélismes entre cette localité et les autres parties du même bassin, parallélismes que j'ai étendus aux autres bassins de la France, pour chacun desquels j'ai constaté un ordre de choses déjà fort modifié. »

D'après le plan qui vient d'être tracé, M. Contejean donne d'abord une description détaillée de l'étage kimméridien de Montbéliard. Il établit dans son étage dix divisions ou sous-groupes qui, en allant de bas en haut, sont les suivants :

Calcaire à astartes..................	15m
Calcaire à natices....................	15
Marnes à astartes....................	30
Calcaires à terebratules..............	20
Calcaire à cardium....................	18
Calcaire et marnes à pterocères........	60
Calcaire à corbis......................	12
Calcaire à mactres....................	26
Calcaire et marnes à virgules..........	27
Calcaire à diceras....................	15
Epaisseur totale..........	238m

Réunion du calcaire à astartes au kimméridien. — Contrairement à l'opinion généralement admise par les géologues du Jura, M. Contejean reporte le calcaire à astartes du corallien au kimméridien. Et voici les principales raisons qu'il fait valoir pour motiver ce déplacement.

Tandis que la faune jurassique et la faune crétacée n'ont aucune espèce commune, celles du corallien et du kimméridien présentent entre elles des passages; dans les environs de Montbéliard, notamment, elles n'ont pas moins de vingt-six espèces communes.

De ces vingt-six espèces, il en est trois, Pinnigera Saussuri, Ostrea solitaria, Rhynconella inconstans, qui prennent naissance vers la partie supérieure de l'oolithe corallienne ; mais, d'un autre côté, elles sont tellement répandues dans toutes les divisions de l'étage kimméridien qu'elles lui appartiennent essentiellement.

Seize espèces : Nerinea Gosæ, N. subcylindrica, N. Visurgis, N. Defrancii, N. turitella, N. speciosa, N. altensis, N. fasciata, N. Mosæ, N. Bruntrutana, N. depressa, Lucina striatula, Corbis Dyonisea, Cardium corallinum, Pinna obliquata, Terebratula insignis, provenant pour la plupart des assises supérieures de l'étage corallien, s'élèvent plus ou moins dans l'étage kimméridien, et plusieurs atteignent même le haut de cet étage. Toutefois ces espèces se rencontrent seulement dans les assises coralligènes, c'est-à-dire dans le calcaire à cardium, le calcaire à corbis, le calcaire à diceras, plus rarement dans le calcaire à astartes. Plus ou moins abondantes dans l'oolithe corallien, elles cessent toutes à la partie supérieure de cet oolithe, que M. Contejean limite au-dessus des bancs à diceras ; c'est seulement dans le calcaire à cardium que la plupart d'entre elles reparaissent ensuite.

Enfin les sept espèces coralliennes qui restent se trouvent dans des assises kimméridiennes non coralligènes et se mélangent à la faune kimméridienne. Mais de ces sept espèces il en est deux, Chemnitzia clio et Trigonia geographica, qui pénètrent à peine dans l'étage, puisqu'elles s'éteignent dans le calcaire à astartes. Deux autres, Natica grandis, Anatina versipunctata, ne s'élèvent pas au-dessus du calcaire à natices. Une autre, Ostrea sandalina, dépasse à peine les marnes à astartes. Deux seulement, Ammonites achilles, Phasianella striata, s'élèvent au-dessus du groupe astartien et ne vont pas au delà du groupe ptérocerien.

Passages de fossiles du corallien dans le kimméridien. — M. Contejean conclut de ces faits que la question si souvent controversée du passage de fossiles coralliens dans l'étage kimméridien est résolue d'une manière affirmative en ce qui concerne les environs de Montbéliard ; que toutefois le mélange des faunes est à peine sensible. L'étage corallien pénètre d'ailleurs plus profondément dans l'étage kimméridien qu'il n'est pénétré par lui, et le nombre des fossiles qui se rencontrent dans l'étage kimméridien, en y comprenant les niveaux coralligènes, est généralement d'autant moindre qu'on s'élève plus dans ce dernier étage.

Tandis que dans la formation jurassique les étages inférieurs offrent des faunes tellement distinctes qu'on à peine à citer quelques espèces communes à deux étages consécutifs, l'étage oxfordien est déjà séparé moins nettement de l'étage corallien. Les passages sont plus nombreux encore entre celui-ci et l'étage kimméridien ; en outre, d'après M. Contejean, l'étage dit portlandien renferme, à tous ses niveaux, un nombre si considérable d'espèces appartenant à l'étage kimméridien qu'il serait plus rationnel de fondre ces deux étages en un seul.

Considérations relatives à l'espèce. — M. Contejean examine ensuite comment les espèces qui constituent la faune kimméridienne de Montbéliard sont réparties dans les dix sous-groupes que comprend cet étage. Au moyen de tableaux, il a rendu bien sensibles les variations, les intermittences et les enchevêtrements sans nombre qui sont propres à chaque espèce. Quoi qu'il ne soit pas possible d'en formuler la loi d'une manière simple, il pense que ses études lui permettent d'établir d'une manière générale les propositions suivantes, relativement à l'apparition et à la disparition de l'espèce dans la série des terrains :

« Comme l'individu, l'espèce a un commencement, une période ascendante, un apogée, une période de déclin, une fin.

« La durée relative de ces époques peut varier au point que plusieurs sont fort courtes ou même font défaut.

« Chaque espèce a paru et s'est éteinte sans aucune cause appréciable, le plus souvent sans que rien indique un changement, une perturbation quelconque dans le régime des mers.

« Bien que les limites des formations soient ordinairement marquées par des dislocations survenues dans l'écorce du globe, les dernières espèces d'une formation (et notamment de la formation jurassique) s'éteignent à des niveaux divers, successivement, presque toujours une à une, avant que la perturbation qui a mis fin à la formation soit arrivée.

« De même, les premières espèces d'une formation nouvelle apparaissent successivement, par groupes peu nombreux, souvent une à une, pour s'élever plus ou moins dans la formation et cesser d'exister à des niveaux divers.

« La même chose a lieu, à plus forte raison, pour les espèces d'un étage, d'un groupe, d'un sous-groupe.

« A part certaines associations peu fréquentes, les espèces d'une formation, d'un étage, d'un groupe, d'un sous-groupe, sont indépendantes l'une de l'autre quant à l'époque de leur apparition, de leur extinction, et quant à leur mode de développement. »

Parallélisme de l'étage kimméridien. — M. Contejean consacre ensuite le quatrième chapitre de son ouvrage à la comparaison du kimméridien de Montbéliard avec celui du Jura et des autres parties du bassin méditerranéen, ainsi que du bassin sous-pyrénéen et du bassin anglo-parisien. Le tableau ci-dessous met en regard les principales divisions de l'étage, lesquelles sont désignées par les dénominations qui leur ont été attribuées dans les différents bassins de la France.

BASSIN MÉDITERRANÉEN.	BASSIN ANGLO-PARISIEN.		BASSIN PYRÉNÉEN.
	Partie orientale.	Partie occidentale.	
Groupe nérinéen.	Calcaire portlandien.	Sables et calcaires portlandiens.	Calcaire portlandien.
Id. virgulien.	Marnes kimméridiennes.	Marnes kimméridiennes.	Marnes kimméridiennes.
Id. pterocerien.	Calcaire à astartes.	Nuls ou rudimentaires.	Corallien supérieur.
Id. astartien.			Calcaire à astartes.

A l'époque du dépôt de l'étage jurassique supérieur, la distribution des êtres organisés était loin de se maintenir presque identique dans des régions même rapprochées; elle offrait, au contraire, une diversité presque aussi remarquable que de nos jours. Cette conclusion, dit M. Contejean, contre laquelle s'élèvent beaucoup de géologues, a une valeur d'autant plus grande qu'elle est fournie par l'étude de bassins peu étendus, fort rapprochés, communiquant largement entre eux et se trouvant dans des conditions climatériques semblables. C'est d'ailleurs ce qui résulte aussi des travaux de M. d'Archiac; et, d'un autre côté, les recherches de M. Barrande ont montré qu'entre la faune silurienne de la Bohême et celle de la presqu'île scandinave il existe une différence plus grande qu'entre la faune et la flore actuelle de ces contrées. Il est donc probable qu'une certaine diversité a régné en tous temps, malgré l'existence à chaque époque d'espèces communes à des régions fort éloignées, et, par conséquent, plus largement distribuées qu'à l'époque actuelle.

En ce qui concerne la période jurassique, elle présentait à sa fin des centres de dispersion qui étaient reliés entre eux par un nombre d'espèces communes peut-être plus considérable que de nos jours. Mais il arrivait fréquemment que des fossiles répandus avec profusion dans certaines contrées, et, par suite, essentiellement caractéristiques, faisaient absolument défaut à de faibles distances et sur de vastes surfaces. Si l'on considère, dit l'auteur, la population kimméridienne de la Suisse, de la France et de l'Angleterre comme appartenant à un même centre de dispersion, il est facile d'y reconnaître quatre groupements organiques représentant quatre centres distincts de second ordre, centres qui correspondaient en partie aux bassins existant à cette époque, et qui pourraient être appelés *centre franc-comtois*, *centre lorrain*, *centre anglo-normand* et *centre breton*, du nom des contrées dans lesquelles se trouvent les localités typiques.

En résumé, M. Contejean s'est montré le digne élève de M. Thurmann; il a donné une bonne description géologique des environs de Montbéliard, et il en a déduit des conclusions importantes sur le terrain jurassique. Il a été conduit à réunir le calcaire à astartes au kimméridien. Il a constaté le passage dans le kimméridien de fossiles appartenant au corallien. Enfin il a présenté des considérations intéressantes sur les variations de l'espèce dans un même terrain.

REVUE DES SOCIÉTÉS SAVANTES.

SCIENCES MATHÉMATIQUES, PHYSIQUES ET NATURELLES.

---

30 mai 1862.

Sur l'emploi de la pile comme appareil calorimétrique,
par M. **Marié-Davy** (26 mai 1862).

La puissance électromotrice d'une pile est égale à la somme algébrique des quantités spécifiques de puissance vive rendues disponibles sous l'influence des actions chimiques qui s'y produisent.

Toutes les fois que le courant de la pile n'effectue aucun travail extérieur à son circuit, la puissance vive rendue disponible se transforme intégralement en chaleur sous l'influence des résistances que le courant rencontre dans son circuit. La loi précédente peut donc se formuler ainsi :

La puissance électromotrice d'une pile est égale à la somme algébrique des quantités spécifiques de chaleur dégagées des actions chimiques qui s'y produisent.

La vérification expérimentale de cette loi a été, de ma part, l'objet d'expériences variées dont les principaux résultats ont été communiqués à l'Institut, et sur lesquels je reviendrai dans ce mémoire. L'examen de ces résultats semble établir une liaison remarquable entre les affinités chimiques de deux corps et les quantités spécifiques de chaleur qui résultent de leur combinaison ; pareille impression ressort des expériences antérieures de MM. Favre et Silbermann. C'est cette liaison que j'ai cherché à mettre en lumière dans le travail qui fait l'objet de cette communication.

J'ai borné pour le moment mes recherches aux combinaisons des métaux avec les acides sulfurique, nitrique et chlorhydrique.

On sait en chimie combien le degré d'oxydabilité de certains métaux varie avec l'état d'agrégation dans lequel ils se trouvent ; ces variations se reproduisent dans les quantités de chaleur qu'ils dégagent en s'oxydant ou que leurs oxydes ou sels absorbent en se décomposant. J'ai opéré sur ces métaux :

1° à l'état naissant sur mercure, auquel cas l'agrégation est nulle ou presque nulle.

2° à l'état naissant sur métal, auquel cas il se produit une agrégation déjà très-marquée.

3° à l'état compacte fondu ou laminé, quand je l'ai pu faire.

Voici les principaux résultats auxquels je suis arrivé :

		Métal naissant		Métal fondu ou laminé
		sur mercure,	sur métal	
Magnesium	Cl.	82080	67440	»
Manganèse	Cl.	72450	56740	»
Fer	SO^4	72180	62930	53510
Aluminium	SO^4	69450	67920	60200
Chrome	Cl.	68600	58940	»
Cobalt	Cl.	66290	55270	»
Nickel	Cl.	65990	53350	»

Pour obtenir des résultats comparables, j'ai toujours opéré sur le métal naissant sur mercure ou sur le métal dissous à l'avance dans le mercure. Les métaux de la 6me section font seuls exception à cette règle, leurs sels ne pouvant supporter le contact de la lumière. L'affinité du mercure pour les métaux, et particulièrement ceux de la 1re section, apporte bien son influence perturbatrice dans la solution de la question; mais, outre que cette influence n'est pas extrêmement grande, nous sommes placé dans des conditions nettement définies, préférables à toute autre.

Voici le tableau des résultats que j'ai obtenus :

	SO^4M	AzO^6M	ClM
	Section à part.		
Hydrogène	45900	44840	43830
	Métaux de la 1re Section.		
Potassium	90680	»	88140
Sodium	89860	»	87320
Lithium	88440	»	85950
Calcium	»	»	89360
Strontium	»	»	88080
Baryum	»	»	84040
Ammonium	85090	»	82770
	Métaux de la 2me Section.		
	1er groupe M.		
Magnésium	84010	»	82080
Manganèse	74980	»	72450

	2me *groupe M 2/3.*		
Glucinium.	77170	»	»
Chrome	69410	»	68600
Aluminium	69450	»	66080
	Métaux de la 3me Section.		
Fer M	72180	»	68410
Cobalt	70440	»	66290
Nickel	68060	»	65990
Zinc	64460	62410	62280
Fer M 2/3	57620	»	55100
Cadmium	55720	»	54580
	Métaux de la 4me Section.		
Etain	51000	42840	49210
Plomb	»	45960	48530
	Métaux de la 5me Section.		
Bismuth	38940	34580	39750
Antimoine	28850	»	36060
Cuivre Cu	35660	35740	»
Cuivre Cu 2	»	»	39070
	Métaux de la 6me Section.		
Mercure Hq2	»	25240	»
Argent	27620	25670	»
Platine	»	»	27890
Palladium	»	»	23780
Or	»	»	19020

Il manque à ce tableau plusieurs métaux dont je n'ai pu avoir les sels à ma disposition. Les métaux des premières sections forment avec leurs nitrates des nitrites qui faussent les résultats, ce qui m'a forcé d'abandonner cette classe de sels.

L'ordre dans lequel les métaux étudiés sont classés d'après les nombres qui précédent présente avec la classification résultant des affinités de ces métaux pour l'oxygène une concordance qu'il serait difficile de désirer plus parfaite.

La méthode que j'ai suivie dans ce travail peut recevoir un grand nombre d'applications variées. L'eau ne conduit pas par elle-même. Dans les dissolutions des sels dans l'eau, ce sont les sels qui conduisent, et ce sont eux qui sont décomposés directement. Pareille chose a lieu avec l'alcool, l'éther et probablement tous les hydrogènes carbonés. Il est donc possible d'obtenir dans un dissolvant convenable des métaux qui ne supportent pas le contact de l'eau. D'un autre côté, en décomposant par la pile un chlorure, par exemple, on peut agir chimiquement sur le dissolvant soit par le chlore, soit par le métal naissant, faire naître des réactions nouvelles ou mesurer numériquement des affinités complexes. Un tel travail exige l'intervention d'un chimiste ; la méthode, du reste, est arrivée à un assez grand degré de simplicité et de précision pour que tout chimiste puisse la manier aisément.

Recherches sur quelques matières colorantes végétales.

Par M. **E. Filhol**, de Toulouse.

Dans une série de notes publiées depuis 1853 jusqu'à ce jour, j'ai signalé plusieurs faits nouveaux relatifs à l'étude des matières colorantes végétales qui me semblaient de nature à intéresser les chimistes. Depuis cette époque, j'ai continué mes recherches, je les ai étendues à quelques matières colorantes d'origine animale, et j'ai obtenu des résultats qui ne me paraissent par dépourvus d'importance.

Le travail actuel résume l'ensemble de mes observations, et complète celles que j'avais publiées il y a quelque temps. Il serait trop long de rappeler ici les travaux des chimistes qui se sont occupés avant moi de ce sujet; je ne signalerai ici que ceux qui auront quelque rapport avec les recherches que j'ai exécutées moi-même. Dans son *Traité des couleurs*, R. Boyle signale la propriété qu'ont les fleurs bleues, rouges ou roses, de devenir vertes quand on les plonge dans une dissolution alcaline. Ce chimiste ajoute que les fleurs blanches prennent en pareil cas une belle couleur jaune.

Plus tard, Macquart, Schübler et Franck, MM. Hope, Mons, Martens, Frémy et Cloez, et plusieurs autres auteurs, ont confirmé l'exactitude des observations de Boyle.

M. Hope a plus particulièrement étudié la nature de la substance à laquelle les fleurs blanches doivent la propriété de jaunir, il a donné à cette substance le nom de xanthogène (1) ; il a reconnu qu'elle existe non-seulement dans les fleurs, mais aussi dans les feuilles des plantes, mais il ne l'a pas isolée à l'état de pureté.

Dambourney avait d'ailleurs reconnu avant M. Hope l'existence du xanthogène dans les feuilles, et il avait démontré qu'on peut

(1) C'est la lutéoline de M. Chevreul. Voir les *Leçons de chimie appliquée à a teinture*, de l'illustre professeur. — 30e leçon. (Note de la rédaction.)

substituer à la gaude une multitude de plantes dont les parties décortiquées donnent aux tissus convenablement mordancés de belles teintes jaunes.

Après des recherches multipliées, qui ont été longtemps infructueuses, je suis enfin parvenu à retirer des fleurs et des feuilles le xanthogène à l'état de pureté; je l'ai soumis à une étude complète, et j'ai reconnu que c'est du quercitrin. Les résultats que j'ai obtenus en faisant l'analyse élémentaire de cette substance et celle de ses combinaisons avec l'oxyde de plomb ne laissent dans mon esprit aucun doute relativement à son identité avec le quercitrin. Ce fait n'a rien de surprenant, car l'existence du quercitrin a été signalée dans les fleurs du marronnier d'Inde, dans celles de la gaude et dans quelques autres; mais on était loin de penser que ce principe immédiat existât dans toutes les fleurs, ou du moins dans presque toutes.

Chose singulière! les fleurs d'un rouge vif n'en contiennent pas, ou n'en renferment que des traces; aussi deviennent-elles bleues sous l'influence des alcalis, au lieu de verdir comme le font les fleurs roses ou bleues.

En examinant des fleurs de *Viburnum opulus* qui étaient flétries et avaient pris déjà une teinte rougeâtre, j'y ai trouvé une substance qui possédait tous les caractères de l'acide quercétique.

Les feuilles de la plupart des végétaux contiennent de petites quantités de quercitrin; j'ai trouvé dans la plupart d'entre elles de la quercétine.

Le procédé auquel j'ai eu recours pours isoler le quercitrin consiste à faire sécher rapidement les fleurs ou les feuilles à la température de cent degrés; on les pulvérise ensuite grossièrement, et on les traite dans un appareil à déplacement par de l'éther pur; on distille ensuite la liqueur éthérée, afin d'en retirer la majeure partie de l'éther, et on fait évaporer le résidu au bain-marie, à cent degrés; enfin, on épuise la matière sèche par de l'eau bouillante acidulée par l'acide acétique. La solution ainsi obtenue est mêlée avec de l'acétate de plomb, qui détermine sur-le-champ la formation d'un abondant précipité jaune; ce précipité est soumis à des lavages convenables, et décomposé ensuite par un courant d'acide sulfhydrique. Le sulfure de plomb retient presque toute la matière colorante; mais il suffit d'ajouter à l'eau qui le surnage un peu d'acide acétique et de la porter à l'ébullition pour dissoudre le quercitrin; on filtre rapidement la liqueur bouillante, et elle laisse déposer en se refroidissant des flocons jaunes formés par une matière amorphe en apparence, mais qui, vue au microscope, paraît composée d'une multitude d'aiguilles fines et déliées. C'est le quercitrin.

Notice sur la Flore tertiaire du bassin de Paris, par M. **Ad. Watelet,** correspondant du Ministère de l'Instruction publique.

Le bassin de Paris, tant fouillé, n'a point été étudié sous tous les rapports; plusieurs branches de l'histoire naturelle ont été complétement négligées, et sa botanique fossile est dans ce cas. On ne possède relativement au bassin de Paris aucun traité méthodique sur cette branche importante, et depuis les notes données dans la *Description géologique des environs de Paris* par M. A. Brongniart, on n'a presque rien publié.

Cependant quelques recherches paraissent avoir été entreprises dans cette partie par M. Pomel, car on trouve dans le prodrome que M. Ad. Brongniart a inséré dans le *Dictionnaire universel d'histoire naturelle*, au mot *Végétaux fossiles*, des plantes auxquelles MM. Brongniart et Pomel ont imposé des noms de genre et d'espèce. Malheureusement aucune de ces plantes n'a été ni décrite ni figurée. On trouve aussi dans le même prodrome le nom de plusieurs plantes dont la découverte est due à M. Brongniart. M. Hebert, dans le Bulletin de la Société de géologie, a publié la figure et la description d'une espèce de Chara, et quelques plantes de notre bassin parisien ont été publiées par les Allemands. C'est là tout ce que nous connaissons. On voit qu'aucune branche de l'histoire naturelle n'a été plus négligée. D'où vient cette indifférence? Les Allemands ont publié avec soin tout ce qu'ils ont pu découvrir dans les lignites, et les recherches ont été poursuivies jusque dans le succin. De semblables publications ont été entreprises en Angleterre; on possède des Flores particulières de plusieurs localités importantes de l'Italie, et M. Heer a doté la science d'un travail important sur les mollasses de la Suisse. A part quelques thèses fort intéressantes, nous ne connaissons en France sur les plantes fossiles tertiaires aucun travail ayant quelque étendue, tandis que les travaux sur les terrains secondaires et de transition sont nombreux et fort importants.

Le bassin de Paris était-il donc si peu riche que personne ne voulût récapituler les connaissances acquises et chercher à les étendre? Il faut avouer qu'elles étaient si peu importantes que ce n'était pas encourageant, mais il ne saurait en être ainsi maintenant; nous avons trouvé une flore qui ne le cède en rien à celles des contrées les plus favorisées sous ce rapport. Ce résultat était probable, car presque tous les fossiles végétaux ont été trouvés dans les localités où l'eau douce a laissé des dépôts d'une certaine importance. Pour s'assurer de ce fait, il suffit de citer les localités les plus connues, qui toutes se rapportent aux lignites. Ceux du Soissonnais devaient avoir conservé des traces des végétaux qui vivaient à l'époque où ces dépôts s'effectuaient ; ils ne pouvaient être les seuls de cette nature où les richesses végétales fossiles dussent faire défaut. Indépendamment des lignites, Sézanne fournit de belles empreintes végétales qui révèlent une flore toute particulière fournie par les dépôts du lac de Rilly.

Les lignites proprement dits des environs de Soissons ne renferment que peu de traces reconnaissables de plantes ; toutes ont subi une décomposition qui ne permet pas, à l'exception d'un petit nombre, de détermination précise. Cependant nous y avons rencontré un noyau qui ne diffère pas sensiblement d'un noyau de pêche, mêmes sillons à la surface, même forme, seulement un peu plus petit.

C'est dans un banc de grès qui surmonte les lignites qu'il faut chercher les traces des plantes de cette époque. Ces grès ne se retrouvent pas partout ; dans les environs de Soissons, il arrive souvent que cette roche affecte la forme de rognons d'une dimension plus ou moins considérable, quelquefois ayant à peine 0,50 cent. sur une faible épaisseur, et dispersés de place en place, mais toujours sur un plan horizontal. A Beleux, à Pernant, à Basoche et à Courcelles, ce sont de véritables bancs ayant une étendue considérable. Si l'auteur de la description géologique de l'Aisne a écrit que ces grès ne se trouvent pas dans l'arrondissement de Soissons ni de Château-Thierry, c'est que depuis un siècle les bancs de Beleux et de Pernant ont été exploités pour le pavage de la ville de Soissons, ainsi que le rapporte Guettard ; les autres localités avaient échappé à ses recherches. Ces grès n'offrent pas toujours la même apparence ; le grain, assez grossier à Beleux, devient beaucoup plus fin à Pernant et dans les autres localités. Cependant les plantes y ont conservé, même à Beleux, les moindres traces des nervures. Ces grès ne paraissent pas s'être déposés sous l'eau par stratification régulière ; on peut s'assurer de ce fait par l'examen attentif des fossiles renfermés dans la masse. En effet, si on casse avec quelques précautions un bloc de ces grès, on reconnaît que les feuilles se trouvent dans toutes les positions et y déterminent des plans qui se coupent sous tous les angles possibles. Le limbe des feuilles n'est pas non plus toujours sur un même plan ; on en trouve qui sont roulées sur elles-mêmes, soit dans leur longueur, soit dans leur largeur, soit enfin dans une position intermédiaire ou d'une manière très-irrégulière.

On connaissait, avant la publication de M. Heer, environ 700 plantes fossiles des terrains tertiaires, qui se répartissent dans toutes les localités connues en Europe et dans tous les étages. La flore éocène de la même contrée ne compte pas plus de deux cents plantes plus ou moins connues, et sur ce nombre, le bassin de Paris ne figure guère que pour 45, dont 20 à peine ont été figurées et décrites, et les autres simplement nommées.

Il convient d'ajouter les cent espèces nouvelles que nous possédons, les espèces de Sézanne, les échantillons isolés dans les collections des amateurs, et enfin les espèces assez nombreuses que MM. Rogine et Papillon viennent de découvrir dans des grès tertiaires des environs de Vervins.

On peut donc porter, sans crainte d'exagération, à plus de deux cents le nombre de plantes fossiles de l'étage éocène que renferme le bassin de Paris, proportion considérable, puisque toutes les localités réunies de l'Europe n'en comptent pas davantage.

M. Brongniart, relativement à l'époque éocène, a tiré les conséquences suivantes de la liste des plantes connues jusqu'à ce jour dans les localités :

« Les caractères les plus remarquables de cette flore sont :
« 1° La grande quantité d'Algues et de Naïades, caractère en rapport « avec l'étendue et la puissance des formations marines de cette « époque.

« 2° Le grand nombre des Conifères, appartenant la plupart à des « genres encore existants, mais parmi lesquels paraissent prédomi- « ner, surtout si l'on admet comme appartenant bien positivement « à cette famille, les divers fruits de l'île Sheppey, que M. Bower- « bank a décrits sous les noms de *Cupressinites*, et dont M. Endli- « cher a formé les genres *Callitrites*, *Frenelites* et *Solenostrobus*. « Si ces fruits appartiennent réellement à la végétation européenne, « ils indiquent des formes génériques très-particulières, et probable- « ment entièrement détruites.

« 3° L'existence de plusieurs grandes espèces de Palmiers, égale- « ment démontrée par la présence de leurs feuilles et de leurs « tiges. »

Ces résultats, non contestables pour la plupart, seront en partie modifiés lorsqu'on aura étudié toutes les plantes maintenant découvertes, car nous pensons que les dicotylédones angiospermes prendront de beaucoup la priorité. Nous possédons en effet plus de cent espèces appartenant à cette classe de végétaux. A l'époque où M. Brongniart écrivait, on ne connaissait que deux plantes dicotylédones angiospermes dans la partie éocène du bassin de Paris : l'*Ulmus Brongnarti* Pomel et le *Betulinum Parisiense* Unger. Cependant les espèces de Sezanne étaient découvertes, mais n'avaient pas été comprises dans les déductions du savant botaniste.

Il nous resterait à donner une idée des plantes que nous avons constatées dans les environs de Soissons et ailleurs par de belles empreintes, soit de feuilles, soit de fruits assez nombreux, soit de tiges et de fleurs malheureusement rares ; mais cela nous entraînerait trop loin maintenant. Aussitôt que le travail auquel nous nous livrons dans ce moment sera assez avancé, nous ferons connaître les résultats auxquels nous serons arrivé et les méthodes que nous avons employées pour y parvenir.

M. **Ossian Bonnet** a publié le mois dernier trois Mémoires, dont l'un se rapporte à la théorie des équations différentielles partielles du premier ordre ; un deuxième, à la théorie des surfaces orthogonales; et le troisième, à l'intégration d'une certaine classe d'équations différentielles simultanées.

Dans le premier Mémoire, M. Bonnet parvient à lever les difficultés qui avaient arrêté Charpit dans ses tentatives pour généraliser la célèbre méthode de Lagrange ; il peut ainsi établir une méthode nouvelle qui ne le cède en rien à celles que Jacobi et Cauchy avaient fait connaître il y a plus de vingt ans.

Dans son deuxième Mémoire, M. Bonnet nous fait connaître des classes très-étendues de systèmes triples de surfaces orthogonales, et il établit ce fait remarquable, que l'intégration des trois équations simultanées du premier ordre aux différentielles partielles peut se ramener à l'intégration d'une seule équation différentielle partielle du troisième ordre.

Enfin, dans le troisième Mémoire, M. Bonnet généralise une méthode d'intégration due à M. J.-A. Serret, et que celui-ci avait employée pour l'intégration des équations différentielles partielles des surfaces dont les lignes de l'une des courbures sont sphériques.

M. **Painvin**, professeur au lycée impérial de Douai, a présenté récemment un Mémoire intéressant sur les tétraèdres et sur la détermination du volume maximum d'un tétraèdre dont les faces ont des aires données.

Ce problème, déjà traité par Lagrange, dépend d'une équation du quatrième degré. Il restait à discuter cette équation et à signaler les propriétés géométriques du tétraèdre qui répond à la question : c'est l'objet que M. Painvin s'est proposé dans son travail.

Transformation de l'aldéhyde en alcool, par M. **Wurtz.**

M. Wurtz vient de transformer l'aldéhyde en alcool par l'hydrogène produit au moyen de l'amalgame de sodium ; il avait déjà obtenu ce résultat pour l'oxyde d'éthylène isomère de l'aldéhyde. L'hydrogène fourni par l'action d'un acide sur un métal n'a pu opérer la même transformation.

Rôle physiologique de l'oxygène chez les Mucédinées et les ferments, par M. **Jodin.**

M. Jodin a fait vivre des moisissures avec diverses matières carbonées : sucre, glycérine, tartrate, succinate, lactate, acétate, oxalate d'ammoniaque, et il a reconnu que le rôle de l'oxygène est de brûler ces substances, de les convertir en eau et acide carbonique, quelquefois aussi en d'autres produits secondaires. L'acide lactique, par exemple, a paru lui donner de l'acide acétique et de l'acide carbonique. Il rapproche ces faits des combustions des mêmes matières par les agents oxydants : en particulier, l'acide lactique, traité à 100° par le permanganate de potasse et l'acide sulfurique, lui a donné de l'acide acétique et de l'acide carbonique.

Suivant l'équation :

$$C^6 H^6 O^6 + 4O = 2 CO^2 + 2 HO + C^4 H^4 O^4.$$

Préparation du protoxyde d'azote par voie humide, par M. **Schiff.**

On mêle une partie d'acide sulfurique et une d'acide nitrique à 10 parties d'eau. On ajoute du zinc, qui dégage de l'hydrogène. L'hydrogène, à son tour, réduit l'acide nitrique en protoxyde d'azote ; le peu de bioxyde d'azote qui y est mêlé est absorbé par du sulfate de protoxyde de fer.

Sur la production de vibrations et de sons musicaux par électrolyse, par **Georges Gore.** (*Proceedings of the Royal Society.*)

Si l'on fait passer un courant électrique d'une certaine intensité à travers un électrolyte bon conducteur dans un bain de mercure pur, surtout si la surface du mercure a la forme d'une bande étroite de quelques millimètres, on voit apparaître des ondulations très-remarquables, accompagnées de sons définis qui se produisent au contact du mercure et de l'électrolyte.

De l'influence de la chaleur sur la phosphorescence, par M. **O. Fiebig**. (*Poggendorff Annalen.*)

L'auteur a opéré sur des substances qui n'avaient pas été exposées à l'action de la lumière. Les sulfures de calcium, de baryum et de strontium furent préparés par le procédé de M. Becquerel et trouvés phosphorescents. Observés dans l'obscurité, ils cessèrent au bout d'un certain temps d'être lumineux ; on les chauffa alors un peu au-dessus du rouge, la phosphorescence reparut; après une seconde disparition, elle ne put être reproduite par cette méthode, et il fallut une vive exposition des substances à la lumière pour la faire renaître.

Le fluorure de calcium, après une insolation préalable, possède également la propriété de devenir phosphorescent sous l'influence de la chaleur, et conserve cette propriété même quand il est décoloré.

La solution d'esculine chauffée passe au violet, au bleu pâle et au vert, lorsque la température augmente. La couleur de la solution de quinine diminue d'intensité lorsque la température s'élève. Le refroidissement ramène la couleur ordinaire.

L'oxygène remède de la gangrène. — M. le docteur Laugier fait savoir qu'un cas de gangrène spontanée, survenue dans son service à l'Hôtel-Dieu, a été guéri en plaçant le membre malade dans un appareil où se rendait du gaz oxygène sans cesse renouvelé. (*Comptes rendus de l'Académie des sciences.*)

M. **Lereboullet**, de Strasbourg, vient d'achever la publication de ses recherches sur le développement du Lézard. (*Annales des sciences naturelles*, 4e série, t. XVII, p. 89). Le développement des principaux types de reptiles a déjà été l'objet de brillantes recherches ; on doit à Rathke et à M. Agassiz de magnifiques travaux sur l'embryologie des chéloniens et un ouvrage fort important du premier de ces deux auteurs sur le développement d'un type d'ophidiens, la couleuvre à collier. Mais, à l'égard des reptiles de l'ordre des sauriens, la science possédait seulement quelques observations détachées, relatives aux premières phases de la vie embryonnaire des

Lézards. M. Lereboullet s'est attaché à combler cette lacune, et il y est parvenu jusqu'à un certain point. Cet habile naturaliste a observé l'ovule dès les premiers temps de sa formation dans l'ovaire, ainsi que les différentes phases par lesquelles l'œuf passe jusqu'au moment où apparaît l'embryon; il a suivi également le mode de formation des premiers rudiments de l'appareil cérébro-spinal et de l'aire vasculaire. Une étude de la nature de celle que nous signalons à l'attention des zoologistes et des physiologistes, où les faits de détail sont extrêmement nombreux, n'est guère susceptible d'une analyse. Nous dirons seulement que l'auteur, ayant poursuivi depuis longtemps des recherches embryologiques sur les poissons, s'est appliqué, dans son travail relatif au lézard, à constater les différences les plus essentielles qui distinguent l'embryon d'un reptile de celui d'un poisson.

Dans le dernier cahier publié du journal de zoologie de MM. T. V. Siebold et A. Kölliker (*Zeitschrift für wissenschaftliche Zoologie*, Bd. XI, Heft. 3), nous remarquons une intéressante étude monographique du genre Priapule de Lamarck (*Priapulus*), par le docteur **Ehlers** de Gœttingue. Les Priapules, les Échiures et les Siponcles forment, dans la classe des *animaux annelés*, une division naturelle, aujourd'hui généralement adoptée par les zoologistes, qui a reçu de M. de Quatrefages le nom de Géphyriens. Les anciens naturalistes classaient ces êtres parmi les zoophytes, et c'est depuis peu que des recherches faites avec soin ont permis d'établir les véritables affinités naturelles des Géphyriens. Les Siponcles, répandus dans la plupart des mers, ont été étudiés par plusieurs anatomistes; les Échiures ont été le sujet d'un beau travail de M. de Quatrefages, tandis que les Priapules, qui paraissent habiter surtout les côtes de la Baltique et de la mer du Nord, n'avaient encore été l'objet d'aucune étude bien approfondie. Le docteur Ehlers, outre l'espèce anciennement décrite par Lamarck, en signale deux qui jusqu'à présent étaient demeurées inconnues, et s'applique à en faire connaître la conformation anatomique. L'auteur a particulièrement étudié l'enveloppe tégumentaire, les muscles, l'appareil digestif et les organes de la génération. Il nous paraît avoir examiné très-superficiellement au contraire le système nerveux, qu'il eût été important de faire connaître avec détail, pour conduire à une appréciation tout à fait exacte des affinités des Priapules avec les Siponcles et les Échiures.

SECTION SCIENTIFIQUE DU COMITÉ DES SOCIÉTÉS SAVANTES

Présidence de M. le Sénateur Le Verrier.

Note de M. **Jamin** sur l'étincelle d'induction.

On sait que l'étincelle d'induction, qui est produite par la machine de Ruhmkorff, se compose de deux parties : l'une un trait de feu intérieur, l'autre une auréole moins lumineuse qui enveloppe la première.

Plusieurs expérimentateurs ont montré que diverses actions mécaniques peuvent séparer ces deux parties de l'étincelle d'induction. Par exemple, un courant d'air, lancé entre les deux poses, entraîne l'auréole sans altérer le trait de feu, et, d'autre part, l'action d'un électro-aimant dévie l'auréole absolument comme il dévie tout courant électrique, sans produire aucun effet sur le trait de feu.

Une fois qu'on a séparé l'auréole du trait de feu, on peut les étudier séparément. Alors on a reconnu que la première livre passage à une grande masse électrique, c'est la décharge de quantité, qu'elle enflamme du papier, c'est-à-dire qu'elle est calorifique ; tandis que le trait de feu perce le papier sans l'échauffer et ne contient qu'une fort petite quantité d'électricité : c'est la décharge de tension.

Je me propose de donner l'explication de ces différences que l'on remarque entre le trait de feu et l'auréole. Cette explication est une conséquence mécanique nécessaire d'un fait qui me reste à rappeler, et qui a été découvert par M. Lissajous. Il consiste en ce que le trait de feu est instantané, tandis que l'auréole dure pendant une fraction de secondes appréciable.

Or, on sait qu'une force quelconque, à moins d'être infinie, ne peut produire qu'un effet infiniment petit pendant un instant infiniment petit : donc une action mécanique, agissant sur l'étincelle d'induction, sera nécessairement nulle sur le trait de feu, puisqu'il ne dure pas ; mais elle s'exercera sur l'auréole, puisqu'elle dure, et, par conséquent, la déplacera. C'est pour cette raison qu'un courant d'air et qu'un aimant devient la décharge de quantité sans agir sur le trait de feu.

C'est aussi parce qu'elle dure que l'auréole contient beaucoup d'électricité et qu'elle produit des phénomènes calorifiques ; et c'est parce qu'il est instantané que le trait de feu contient peu de fluide et qu'il perce un papier sans avoir le temps de l'échauffer.

En résumé, il suffit de s'appuyer sur le fait découvert par

M. Lissajous pour en déduire, sans hypothèse et comme conséquence mathématique, les différences principales qu'on a constatées entre le trait de feu et l'auréole.

Rapport sur un Mémoire de M. Bourget, professeur à la Faculté des sciences de Clermont-Ferrand, intitulé : *Calcul des divers termes de la fonction perturbatrice et de ses dérivées*, par M. **Puiseux**, (au nom d'une commission composée de MM. Bertrand, Serret et Puiseux).

Le calcul des inégalités du mouvement d'une planète exige, comme on sait, le développement de la fonction dite *perturbatrice* et de ses dérivées en séries de termes périodiques. L'argument de chacun de ces termes résulte de l'addition ou de la soustraction de multiples des anomalies moyennes de deux planètes. Lorsque ces multiples sont élevés, les inégalités correspondantes sont le plus souvent négligeables ; mais il peut en être autrement si le rapport des vitesses angulaires moyennes des deux astres approche d'être commensurable. Cette circonstance se présente en particulier dans la théorie des petites planètes découvertes en si grand nombre depuis le commencement de ce siècle, et, par exemple, il y a dans le mouvement de Pallas une inégalité fort sensible dépendant de la petite différence qui existe entre 7 fois la vitesse angulaire de cet astre et 18 fois celle de Jupiter. M. Le Verrier a calculé cette inégalité en appliquant au développement de la fonction perturbatrice une méthode d'interpolation qui lui est propre, et qui offre cet avantage particulier qu'on utilise tous les calculs antérieurs, si l'on vient à reconnaître que le nombre des valeurs particulières attribuées d'abord à la variable ne suffit pas pour donner les coefficients avec une approximation convenable (1).

A l'occasion du travail de M. Le Verrier, M. Cauchy a donné du même problème une solution toute différente (2) : ce n'est plus un procédé général d'interpolation applicable à une fonction périodique quelconque, mais une méthode spéciale appropriée à la nature particulière de la fonction perturbatrice. L'illustre géomètre considère spécialement l'inverse $\frac{1}{r}$ de la distance mutuelle de deux planètes m et m' ; cette quantité, qui forme, à un facteur constant près, la partie principale de la fonction per-

(1) *Annales de l'Observatoire* de Paris, tome I, addition III.
(2) *Comptes rendus de l'Académie des sciences*, tome XX.

turbatrice, s'exprime aisément au moyen de l'exponentielle imaginaire $x' = e^{\psi' \sqrt{-1}}$ qui a pour argument l'anomalie excentrique ψ' de la planète m' ; elle devient par là une fonction algébrique de x'. Attribuant alors à l'anomalie moyenne T de l'autre planète m une valeur numérique particulière, M. Cauchy détermine les quatre valeurs de x' qui rendent la fonction infinie, ce qui permet de la décomposer en deux facteurs : chacun de ces facteurs se développe en série à l'aide des quantités désignées par la lettre b dans la Mécanique céleste et le coefficient d'une puissance quelconque de x' dans la valeur de $\frac{1}{r}$ se trouve ainsi exprimé par une série dont chaque terme est le produit de deux quantités b. Du développement de $\frac{1}{r}$ suivant les puissances de x', il faut passer ensuite au développement suivant les puissances de l'exponentielle $e^{T'\sqrt{-1}}$ qui a pour argument l'anomalie moyenne T' de la planète m' : c'est à quoi l'on parvient à l'aide d'une proposition due à M. Cauchy et fournissant les coefficients du second développement exprimés par des séries ; chaque terme de ces séries contient le produit d'un coefficient du premier développement et d'une transcendante déjà introduite par Bessel dans la mécanique céleste.

Le coefficient $A_{n'}$ de $e^{n'T'\sqrt{-1}}$ dans la valeur de $\frac{1}{r}$ pouvant ainsi être calculé pour chaque valeur particulière de T, il devient facile de déterminer numériquement le coefficient $A_{n',-n}$ de $e^{(n'T'-nT)\sqrt{-1}}$ dans le développement de $\frac{1}{r}$ suivant les puissances des deux exponentielles $e^{T\sqrt{-1}}, e^{T'\sqrt{-1}}$, ou, ce qui est la même chose, les coefficients du sinus et du cosinus de $n'T'-nT$ dans le développement trigonométrique de $\frac{1}{r}$. Il suffira de calculer effectivement $A_{n'}$ pour un certain nombre de valeurs numériques équidistantes de T et la valeur de $A_{n',-n}$ s'en déduira par une interpolation ordinaire.

« Il nous a paru nécessaire d'entrer dans les détails qui précèdent afin de pouvoir préciser les perfectionnements que M. Bourget apporte à la méthode de M. Cauchy. Le plus important consiste à éviter la résolution d'une équation du 4e degré, qui, malgré les facilités résultant de la composition des racines, exige encore un travail considérable. Pour cela, M. Bourget développe la fonction algébrique dont nous avons parlé en une série procédant suivant les puissances paires de l'excentricité de la planète m'. Chacun des termes de ce développement (deux ou trois suffiront habituellement) est une fonction plus simple de x', pouvant se développer immédiatement suivant les puissances de cette variable, à l'aide des quantités b mentionnées ci-dessus. Mais il n'est pas même nécessaire de former ce développement, et on peut sur-le-champ, au moyen des quantités b et des transcendantes de Bessel, évaluer le coefficient de $\varepsilon^{n'T\sqrt{-1}}$ dans le développement de la fonction considérée suivant les puissances de $\varepsilon^{T'\sqrt{-1}}$. Cet avantage compense précisément l'inconvénient qu'il y a à remplacer par une série la fonction algébrique de x' que M. Cauchy conserve dans son intégrité.

Arrivé à ce point, on peut achever le calcul, soit en se conformant aux prescriptions de M. Cauchy, soit, comme le remarque M. Bourget, en faisant usage de méthodes d'interpolation donnant une approximation plus grande, et notamment de la méthode déjà citée de M. Le Verrier.

M. Bourget ne s'est pas borné à développer la partie de la fonction perturbatrice qui est réciproquement proportionnelle à la distance mutuelle des deux planètes : il a traité de la même manière l'autre partie de cette fonction ainsi que ses dérivées partielles. Il obtient ainsi un ensemble de formules qui lui permettent d'appliquer la méthode de M. Cauchy au calcul complet des inégalités d'une planète.

A la fin de son Mémoire, M. Bourget étend pareillement à la fonction perturbatrice complète et à ses dérivées une autre méthode de M. Cauchy qui convient seulement au cas où l'on considère un multiple élevé de l'anomalie moyenne de la planète perturbatrice : à la démonstration de M. Cauchy, qui est fondée sur l'évaluation de fonctions de grands nombres, il en substitue une autre tirée de considérations plus simples.

En résumé, le Mémoire de M. Bourget a le mérite de simplifier et d'étendre l'application de méthodes éminemment propres à faciliter la théorie des petites planètes aujourd'hui si nombreuses ; nous pensons en conséquence qu'il est très-digne de l'approbation du Comité.

M. **Desains** remet deux lettres relatives à la météorologie, et qui lui avaient été communiquées antérieurement.

Ces deux lettres adressées de Cologne, à différentes dates, renferment chacune une série de prédictions relatives au temps de la quinzaine suivante.

Ces prédictions, dit M. **Desains**, ne sont pas suffisamment précises. L'auteur ne marque pas les points du continent ou ceux de la mer auxquels elles s'appliquent. Or, l'état atmosphérique de Cologne n'est pas nécessairement celui de Paris, et l'état de la mer sur les côtes de Hollande peut différer beaucoup de celui qu'elle présente dans la Manche ou dans le golfe de Gascogne. Du reste, même avec ce vague, les prédictions de l'auteur ont été contredites par les faits.

Rapports sur les *Mémoires de l'Académie impériale de Metz*, 41e année, 49-1860.

Les Mémoires de science pure contenus dans ce volume se réduisent à une *Note sur un parhélie*, par M. Soleirol, et à un travail de M. Terquem sur le genre *Myoconcha*, Sowerby.

M. **Hébert** a donné au Comité l'appréciation suivante du travail de M. Terquem.

L'auteur, dit M. **Hébert**, se livre dans cette note à l'examen d'un genre qui a été diversement apprécié par les auteurs. Etabli par Sowerby, admis par A. d'Orbigny, par MM. Bronn, Pictet, Quenstedt, etc., ce genre a été rejeté par M. Deshayes, qui le fait rentrer dans les Cardites, auxquelles les *Myoconcha* passeraient par une suite de modifications. M. Terquem croit pouvoir établir que le genre *Myoconcha* possède des caractères exceptionnels qui permettent de le distinguer des autres genres avec lesquels on lui avait reconnu quelque rapport. Ces caractères sont principalement : 1° un corselet plat régnant tout le long du dos ; 2° une petite impression musculaire profonde, placée immédiatement au-dessus de la grande impression buccale, qui se traduit sur les moules en une pointe saillante ; 3° une profonde cavité en arrière des impressions buccales, au fond de laquelle un trou conique se prolonge jusqu'à l'extrémité du crochet, caractère qui ne se trouve que chez les Cardites. Cette cavité donne lieu, sur les moules, à une pointe terminale très-saillante.

Les conclusions de M. Terquem, pour être pleinement admises, auraient besoin d'être vérifiées sur un grand nombre d'espèces, et notamment sur celles qui ont paru à M. Deshayes établir leur passage entre les Myoconcha et les Cardites. Néanmoins nous pensons, autant que nous pouvons en juger par les espèces qui nous sont connues, que les observations qui leur ont servi de base méritent toute confiance.

Plusieurs Mémoires intéressants, relatifs à l'Agriculture, se font remarquer dans ce volume des travaux de l'*Académie de Metz*. Deux

Mémoires surtout sont à signaler ici : l'un, de M. Vignotti, a pour titre : *Des irrigations du Piémont et de la Lombardie*; l'autre, de M. Huot, rapporteur de la commission d'agriculture, a pour titre : *Enquête sur la culture de la vigne et la fabrication du vin.*

M. Vignotti, dit M. **Payen**, profitant de la faveur qu'il avait obtenue du Ministre de la guerre d'être envoyé à l'armée d'Italie, s'est livré à une étude attentive des irrigations dans les magnifiques et fertiles régions qu'il allait parcourir. Il répondait dignement ainsi à un vœu émis au sein de l'Académie de Metz, dans sa séance publique du 15 mai 1858, alors qu'en rendant compte du concours agricole le comte Van der Straten Ponthoz exprimait le désir que nos soldats rapportassent, de leur campagne en Lombardie, des renseignements complets sur cette intéressante question.

A la manière dont M. Vignotti s'est acquitté de la tâche honorable qu'il s'était imposée, on ne saurait attribuer qu'à un excès de modestie la demande d'indulgence qu'il adressait à l'Académie en répétant les paroles d'Ovide : *Da veniam scriptis quorum non gloria nobis causa, sed utilitas officiumque fuit.*

L'auteur, après avoir exposé dans une introduction rapide les notions précises que la science possède sur le rôle de l'eau dans la végétation, signale les conditions suivant lesquelles l'eau peut rendre les champs fertiles ou les frapper de stérilité.

Il complète l'introduction à ses propres observations en esquissant à grands traits l'histoire de l'irrigation chez les peuples anciens; rappelant ce que dit à cet égard la Genèse sur l'Egypte : *Ubi aquæ ducuntur irriguæ*; comment dans les Indes les lois de Menou et de Brama mettaient au rang des œuvres agréables aux dieux certains travaux préparatoires de l'arrosement des terres, M. Vignotti montre l'origine des nombreux canaux creusés dans ces riches contrées mille ans avant l'ère chrétienne. Il cite le canal, dépassant en étendue 245 kilomètres, qui réunissait le Gange à l'Hyphase (nommé aujourd'hui *Setledjé* ou *Gharra*), et parmi les grands réservoirs établis dans le même but ceux de Moinery et de Binteung, formant de véritables lacs artificiels, qui offraient l'un 32 kilomètres et l'autre 13 kilomètres de tour. La culture du riz, base de la nourriture de ces populations, et la production des fourrages avaient motivé ces immenses travaux d'art qui se sont transmis d'âge en âge aux générations contemporaines ; ils ont été utilisés par les ingénieurs de la Compagnie des Indes (1).

(1) On en trouve la description dans le rapport d'un officier du génie sur les irrigations en Italie : « On the agricultural canals of Piemont and Lombardia. *London*, 1852. »

De même que les Egyptiens ont fait servir les crues du Nil à la production des céréales, les Babyloniens ont utilisé les crues de l'Euphrate, nous léguant les majestueuses ruines d'aqueducs et de conduites souterraines qui attestent les soins donnés par ce peuple aux irrigations.

L'auteur rappelle encore les procédés traditionnels, remontant peut-être à une plus haute antiquité dans l'immense empire chinois, que nos voyageurs et nos missionnaires nous ont fait connaître. Nous pourrons sans doute mieux encore les étudier maintenant, grâce aux nouvelles et plus faciles relations internationales qu'ont ouvertes les armes combinées de la France et de l'Angleterre.

Dans l'historique tracé par M. Vignotti on retrouve les indices des encouragements accordés en Perse à l'établissement des irrigations dans la vallée du Pô; enfin les travaux des Etrusques en vue des irrigations, longtemps avant l'occupation romaine.

En suivant par degrés les progrès des irrigations en Occident, l'auteur note le fait capital de l'établissement dans le Milanais des deux grands canaux dérivés du Tessin et de l'Adda qui assurent l'irrigation de plus de 100,000 hectares de terres, autrefois à peu près improductives, mais constituant aujourd'hui l'une des régions les plus fertiles de l'Europe.

S'il était besoin de prouver tout le prix que les Italiens, aux douzième et treizième siècles, attachaient à l'usage des eaux courantes si utilement employées, il suffirait de dire que souvent les républiques et les communes limitrophes ont pris les armes les unes contre les autres pour la défense de droits contestés (1) sur les rivières ou canaux traversant leurs domaines.

Pénétrant alors au cœur de la question, M. Vignotti expose les résultats de ses propres observations, en décrivant d'abord l'*Etat hydrographique de la Lombardie* : il montre comment cette contrée peut tirer les eaux qui servent à ses irrigations des Alpes, des lacs, des fleuves, des canaux et des *fontanili*.

Après avoir montré comment les chaînes des hautes montagnes, avec leurs immenses glaciers et leurs neiges perpétuelles, fournissent l'eau d'une manière incessante et mettent ces heureuses régions à l'abri des vents du nord, l'auteur insiste sur la formation et l'entretien du lac Majeur, du lac de Côme et d'un grand nombre d'autres lacs. Ces eaux tranquilles que le voyageur admire dans le

(1) Notamment entre les habitants de Reggio et de Modène, les citoyens de Lodi et les Milanais.

tableaux variés qu'ils offrent à ses regards, jouent dans l'irrigation lombarde un rôle des plus intéressants. Placés au pied même des plus hautes montagnes, ils reçoivent les eaux glacées des torrents, arrêtent et calment leur impétuosité dévastatrice, les débarrassent des matières solides qu'elles entraînent, les réchauffent enfin, ce qui n'est pas sans importance. Ces récipients naturels où les eaux limoneuses s'épurent offrent de remarquables exemples de ce qui pourrait être artificiellement pratiqué en vue de transformer les eaux désastreuses des rivières débordées en vastes réserves propres à fournir ultérieurement des irrigations fécondantes.

M. Vignotti résume, dans un tableau synoptique, les indications relatives aux cinq lacs principaux, sept lacs secondaires, et deux cents lacs plus petits; on y trouve pour les deux premières classes les noms des cours d'eau qu'ils alimentent, leur élévation au-dessus du niveau de la mer, la profondeur maximum de chacun d'eux avec leur superficie; l'ensemble de ces lacs offre une superficie totale de 1,005 kilomètres carrés qui, rapprochée de la superficie de la Lombardie, égale à 21,567 kilomètres, dont moitié seulement est irrigable, indique que l'étendue de ces vastes et nombreux réservoirs ménagés par la nature atteint presque un dixième de la surface totale des terrains susceptibles d'être arrosés.

L'auteur signale l'heureuse influence des lacs pour clarifier et réchauffer les eaux qui forment des fleuves et des rivières; assurer l'uniformité de leur régime et leurs effets favorables; pour appliquer enfin ces eaux limpides, dans les irrigations, tandis que la vase, demeurée en suspension, n'aurait permis de les employer que dans le colmatage comme les eaux limoneuses de l'Ombrone toscan.

M. Vignotti indique, par des données numériques, les diverses circonstances naturelles favorables aux irrigations, notamment les hauteurs des cours d'eau sur les différents points de leur parcours et les pentes des terrains arrosables; il donne la mesure des surfaces du sol lombard arrosées par les huit cours d'eau les plus considérables, et arrive à reconnaître que ces irrigations en Lombardie s'étendent sur 425,000 hectares de terrain en été, réduits à 50,000 hectares durant l'hiver; qu'indépendamment d'innombrables petits canaux, les grandes artères canalisées ont un développement de 214 kilomètres avec des embranchements qui atteignent jusqu'à l'Adda une étendue de 5,679 kilomètres et 11 à 1,200 kilomètres au delà de cette rivière.

Les grands lacs en Lombardie alimentent en outre par des voies souterraines, suivant les couches imperméables du terrain, des nappes d'eau ramifiées à l'infini, venant sourdre en divers points où les plantes marécageuses annoncent leur présence. Telle est l'origine des nombreux et économiques travaux d'art ouvrant par des *fontanili* une issue régulière à ces eaux fraîches en été, comparativement tièdes en hiver, qui permettent en toutes saisons de fructueux arrosages, entretiennent constamment de vertes prairies et peuvent quintupler parfois les récoltes de fourrages.

Si l'auteur se laisse aller à parler avec détails de ces *fontanili*, c'est qu'il lui semble possible d'en former de semblables auprès de Metz, dans la plaine du Sablon, où l'eau se rencontre habituellement à une très-faible profondeur sous le sol.

Abordant alors l'étude des irrigations pratiquées par des moyens analogues dans la plaine piémontaise, il montre que sur 360,000 hectares de terres cultivables l'irrigation en embrasse 110 à 124,000, indépendamment des 70,000 hectares directement arrosés sur les versants des montagnes et dans les vallées supérieures.

Pour compléter l'exposé des données utiles que peut fournir la pratique traditionnelle des irrigations italiennes et en déduire numériquement les avantages que réalisent ces excellentes méthodes culturales, M. Vignotti décrit successivement et avec soin les règles qui président à la distribution des eaux en raison de la température, de la nature du sol et du climat, leurs qualités variables, utiles ou nuisibles suivant les terrains qu'elles ont traversés, tenant compte même des heures de la journée les plus favorables dans des circonstances météoriques bien déterminées, variables encore relativement aux cultures plus ou moins ombragées.

Il compare entre eux les effets des irrigations, des eaux pluviales, des arrosages artificiels et même des arrosements avec les engrais liquides dilués, introduits par les Anglais dans la riche agriculture de leur *high farming*.

Sans doute, nous sommes disposés à reconnaître avec l'auteur que cette dernière méthode, devenue célèbre sous le nom de Kennedy, son plus ardent promoteur, serait trop dispendieuse en beaucoup de régions de la France.

Cependant nous ne pouvons oublier que chez plusieurs de nos agronomes manufacturiers les eaux naguère nuisibles sortant des féculeries et des sucreries indigènes offrent aujourd'hui, répandues en irrigations bien dirigées, de nouvelles sources économiques de la fertilité du sol.

Nous ne saurions même perdre l'espérance de voir l'application actuellement à l'étude en grand des irrigations avec les engrais liquides, débarrasser un jour nos villes populeuses et nos rivières des émanations infectes que les végétaux ont le pouvoir d'assimiler ou de transformer en produits alimentaires utiles, soit aux hommes, soit aux animaux.

M. Vignotti fait connaître les quantités d'eau à distribuer par hectare, suivant les saisons, les plantes, l'état plus ou moins avancé de la végétation, en se fondant sur les observations précises des habiles irrigateurs de la Lombardie et du Piémont : le maximum pour les productives prairies *à marcita* s'élève jusqu'à 14,000^{m} cubes ; les minima pour le lin, le chanvre, le maïs et la luzerne ne dépassent pas 1,200^{m} cubes ; entre ces limites extrêmes se rencontrent les prairies ordinaires, naturelles ou artificielles qui consomment 4,500^{m}3 ; les jardins maraîchers 10,000 mètres; enfin, les rivières 12,000^{m}3 par hectare.

Au point de vue essentiellement pratique, l'auteur s'occupe des procédés à l'aide desquels on extrait le plus économiquement possible les eaux des torrents, lacs, rivières et canaux ; il dit comment on les dirige vers les points où elles doivent être répandues en irrigations, grâce à d'ingénieux travaux d'art qui permettent d'entrecroiser les canaux passant à des niveaux différents, mais que l'on ne saurait exactement décrire sans le secours de dessins. Il montre avec quels soins minutieux le sol est préparé pour les recevoir.

Afin de préciser nettement les avantages réalisés au moyen des irrigations, M. Vignotti indique en terminant la valeur d'un seul *pouce d'eau* recevant cette destination utile : le prix s'en élève jusqu'à 12,074 et 14,086 fr., suivant que l'arrosage a lieu durant l'été ou pendant l'année entière ; aussi admet-il que l'on n'a rien exagéré en disant (1) que les eaux de la Lombardie et du Piémont représentent une rente de 50,000,000 ou 1 milliard de capital emprunté au fleuve et consolidé par le sol. La concession d'un pouce d'eau suffit pour irriguer 40 à 46 hectares de terres arables ou de prairies et 20 à 25 hectares de rivières.

D'après ces données, le prix de l'hectare serait accru par la jouissance des eaux de 260 à 300 fr. pour les terrains arrosés l'été, de 300 à 350 pour les terrains arrosés toute l'année, enfin de 520 à 600 fr. pour les rizières.

Des exemples pris hors de l'Italie, notamment dans les régions méridionales et de l'est de la France, en Provence et dans les Vosges, signalent non moins clairement les bienfaits que dans le

(1) Peyret Lallier, *Des irrigations*.

plus grand nombre de nos cultures on pourrait attendre des irrigations.

L'auteur fait d'ailleurs une sage et scientifique réserve lorsqu'il ajoute que si l'irrigation double pour le moins, comme on l'admet en Italie, la récolte des prairies et des céréales, du lin et du chanvre, ce n'est pas sans emprunter au sol les substances nutritives absorbées en plus large proportion par ces plantes devenues plus vigoureuses; les terres irriguées s'appauvriraient donc bien vite si elles ne recevaient des engrais en quantité plus considérable, proportionnée à l'accroissement des récoltes.

Mais aussi, dirons-nous à notre tour, les données expérimentales, nombreuses déjà, d'accord avec la pratique éclairée, qui ont fondé les théories agricoles modernes, enseignent-elles que toujours les maxima de production totale et souvent de bénéfice net ne peuvent être obtenus lorsque la culture intensive est maintenue en rapport avec l'emploi bien calculé des engrais minéraux et organiques; lorsque la terre reçoit, année moyenne, autant de substance nutritive pour les plantes que chacune des récoltes lui en enlève, déduction faite de la partie de cette nutrition végétale spontanément fournie aux plantes par les gaz ambiants et les corpuscules flottants dans l'atmosphère.

L'intéressant Mémoire lu par M. Vignotti dans la séance de l'Académie impériale de Metz du 24 novembre 1859, est de nature à provoquer de véritables progrès en agriculture et nous paraît, à ce titre, digne de l'approbation du Comité.

L'Académie impériale de Metz, qui comprend bien tout l'intérêt qui s'attache dans le département de la Moselle aux questions de la viticulture et de la vinification, avait institué une enquête afin de les résoudre.

Les réponses se faisant longtemps attendre, un de ses membres, M. Huot, se mit résolûment en campagne, alla visiter les exploitations viticoles, consulter directement des propriétaires et des chimistes compétents, et présenta en 1860 un rapport détaillé à l'Académie au nom de la commission d'agriculture. Ce rapport, plein de faits positifs et de données intéressantes sur l'histoire, la culture, les variétés de la vigne, les procédés de vinification et quelques améliorations proposées, est lui-même trop précis dans chacune de ses subdivisions pour devenir l'objet d'une analyse ou d'un compte rendu détaillé; mais je puis dire qu'il constitue un document utile, qui sera consulté comme un bon point de départ dans toutes les occasions où l'on voudra s'occuper du développement et de l'amélioration de cette branche importante de l'agriculture du département de la Moselle. Il méritait donc d'être signalé à l'attention bienveillante du Comité.

Dans le même volume des *Mémoires de l'Académie impériale de Metz* on trouve les comptes rendus d'expériences encore incomplètes sur la culture et les produits du sorgho et sur l'alcool à extraire de la paille.

Dans la séance publique qui a été tenue le 13 mai 1860 par l'Académie de Metz, il a été lu plusieurs discours ou notices nécrologiques que nous passons sous silence. Nous signalerons seulement une étude qui a été lue dans cette séance par M. le colonel Suzanne, sur l'*Invention de la poudre.*

Le but que l'auteur s'est proposé, dit M. **Cahours**, est de démontrer qu'on ne saurait rapporter à aucun homme pris isolément l'honneur de cette brillante découverte, ni lui assigner aucune époque précise. Informe ébauche au début et pour ainsi dire un jouet d'enfant, elle finit en traversant les siècles, après avoir parcouru les phases les plus diverses, par acquérir une telle perfection, que la science moderne, avec les immenses progrès qu'elle a réalisés, serait incapable de donner une formule préférable à celle que les alchimistes nous ont transmise.

Après avoir rappelé sommairement et dans un style assez imagé les propriétés fondamentales de la poudre et la composition de cette curieuse substance, le colonel Suzanne, s'appuyant sur des faits historiques d'une authenticité parfaite, établit que la connaissance d'une substance formée de salpêtre, de soufre et de matières combustibles, remonte à l'antiquité la plus reculée.

Bon nombre de miracles produits par Moïse, les prestiges des mages de la Perse, des prêtres chaldéens, des gymnosophistes de l'Inde, les ignitions spontanées des flambeaux d'Hécate, les éclairs, les détonations, les tourbillons de flamme et de fumée de la montagne de Delphes et de l'antre de Trophonius, etc., sont autant de faits que l'auteur invoque pour établir la connaissance dans ces temps anciens de compositions pyriques, résultant de l'association de matières combustibles avec les efflorescences salines qu'on voit apparaître à la surface du sol après la saison des pluies, dans ces vallées de l'Orient où l'on place le berceau de nos premiers pères.

Si les compositions variées dont on fit successivement usage ne purent être employées que beaucoup plus tard comme poudres de ir, cela tient à l'impureté des matières premières dont on ne savait pas opérer le raffinage, à ce qu'elles furent employées dans les proportions les plus variables, et à ce qu'en outre ces mélanges furent toujours opérés d'une manière très-grossière. On sait en effet que pour obtenir une bonne poudre de tir, il faut employer des ingrédiens très-purs et dans des proportions rigoureusement déterminées, donner au mélange une densité convenable et le débiter sous la forme de grains, dont la grosseur doit être en rapport avec la densité de la matière.

En variant les dosages de salpêtre et de matières combustibles, tassant plus ou moins les mélanges qu'ils employaient toujours sous forme pulvérulente, et les enfermant dans des feuilles de papyrus, des vases fermés ou dans des trous pratiqués en terre, ceux qui se servirent les premiers de ces compositions produisirent à volonté des colonnes de feu et de fumée, des flammes éblouissantes ou des explosions formidables qui frappèrent de stupeur les masses ignorantes devant lesquelles s'accomplissaient ces prodiges. Ces mêmes mélanges enfermés plus tard dans des tubes creux de roseaux, au centre desquels on disposait une mèche, donnèrent naissance aux fusées volantes.

Rien dans les écrits des philosophes, des historiens et des poëtes de la Grèce et de l'ancienne Rome, n'autorise à penser que dans les siècles qui précédèrent l'ère chrétienne, on ait poussé plus loin les découvertes dans les manipulations et l'emploi des matériaux salpêtrés.

L'histoire nous apprend que bien postérieurement à la bataille navale de Cyzique, les Grecs défirent les Sarrasins à l'aide d'une préparation particulière désignée sous le nom de *feu grégeois*. Mais cette composition, sur laquelle MM. Reinaud et Favé ont publié des observations si pleines d'intérêt et qui, par ses effets remarquables, dut frapper si vivement les imaginations à une époque où les esprits s'hallucinaient facilement, ne ressemble en rien à la poudre dont on fait usage aujourd'hui.

Cependant, en supposant que le feu grégeois ne soit qu'une composition incendiaire capable de produire les effets prodigieux et foudroyants qu'on en raconte, dit le colonel Suzanne, on ne saurait méconnaître que l'heureuse application qu'en firent les Byzantins n'ait remis sur la voie longtemps abandonnée qui devait conduire quelques siècles plus tard à la découverte de la véritable poudre et des armes à feu.

Jusqu'au neuvième siècle toutes les manipulations exécutées

sur les mélanges salpêtrés n'aboutirent qu'à la construction d'une fusée bien inférieure à celle dont les artificiers de nos jours font usage. Ces premiers essais conduisirent bientôt toutefois à la confection de la lance à feu et du jet, moyens beaucoup plus avantageux que la fusée volante, et surtout parfaitement appropriés à la tactique des armées de terre et de mer qui se battaient toujours de très-près. En modifiant la composition de ces mélanges et les introduisant dans des enveloppes résistantes et de très-grande dimension, on pouvait produire des jets de flamme d'autant plus redoutables qu'on pouvait les diriger à volonté.

Cette grosse fusée fixe est, dans la pensée du colonel Suzanne, la première ébauche des fauconneaux et des coulevrines. De plus le mot *canon*, en italien *cannone*, qui n'est que l'augmentatif de *canna*, roseau, semble établir un point de départ commun entre les fusées et les armes à feu. Ce qui conduisit à l'invention de cette arme fut, sans nul doute, l'observation du fait qui se produit dans une fusée formée de couches alternatives de substances dures et de matières de faible densité; dans ce cas, en effet, si la combustion pénètre fortuitement dans la partie non tassée par une fissure, il y a, quand le tube ne crève pas, une projection brusque et successive des matières restées en avant. Tel est le principe de la chandelle romaine, qui successivement amène à l'arquebuse et finalement au canon, progression facile à suivre, dit le colonel Suzanne dans son intéressant Mémoire.

A partir du quatorzième siècle, on voit figurer simultanément dans toutes les guerres les armes à feu à côté des anciens engins. La purification des matériaux salpêtrés et des autres ingrédients de la poudre, le perfectionnement des moyens de trituration, la densité donnée au mélange et finalement le grenage, en fournissant des résultats uniformes amenèrent au commencement du seizième siècle, après de longues et terribles expériences, à la solution d'un problème auquel nos connaissances très-perfectionnées d'aujourd'hui ne sauraient apporter de modifications sérieuses. L'invention de la poudre, dit le colonel Suzanne en terminant, ne doit-elle pas, d'après le résumé précédent, être plutôt considérée comme le résultat des efforts successifs d'hommes qui mirent à profit les observations de leurs devanciers que comme un trait de génie sorti du cerveau d'un inventeur unique? Cette analyse sommaire et fort incomplète du travail du colonel Suzanne suffira, je l'espère, pour vous en faire apprécier tout l'intérêt.

Il est toutefois à regretter que le colonel Suzanne, dans son exposé si lucide et si plein d'intérêt d'un sujet qui a déjà donné lieu à un grand nombre de publications, n'ait pas cité les auteurs qui l'ont précédé dans cette voie historique, afin qu'on pût lui accorder la part qui lui revient en propre dans cet exposé (1).

Rapport sur un *Mémoire de* **M. Merget,** *relatif à la reproduction des médailles, timbres, clichés, planches gravées, etc.*

M. Merget s'est proposé, dit M. **Jamin,** non pas comme semble l'indiquer le titre de son Mémoire, de reproduire mécaniquement les conditions de relief des médailles ou des planches gravées, mais seulement d'en obtenir un dessin de grandeur égale par des procédés divers, les uns déjà connus en principe et qu'il a perfectionnés, les autres qu'il a imaginés et qu'il fait connaître. Pour donner une idée suffisante de ce Mémoire, il est nécessaire de rappeler les faits découverts antérieurement.

M. Moser publia, en 1842, une expérience qui est devenue célèbre par les discussions auxquelles elle a donné lieu. Il avait placé une médaille sur une plaque polie, et, après l'y avoir laissée pendant quelque temps, il l'enleva; puis il souffla sur la plaque, et, l'humidité de l'haleine se déposant inégalement sur les parties qui avaient été touchées ou non par la médaille, il vit apparaître une image nette de celle-ci. Il en est de même quand on remplace les vapeurs aqueuses par celles d'un autre corps quelconque, et cette propriété s'exagère considérablement quand on chauffe la médaille employée.

Comme on ne connaissait alors aucun phénomène qui eût un rapport même éloigné avec cette découverte singulière, M. Moser usa de la ressource trop commune et toujours malheureuse des expérimentateurs embarrassés; il fit une hypothèse. Il imagina que les corps échangent, même dans l'obscurité, des radiations d'un agent particulier qu'il appela *lumière latente*, agent inconnu qu'il n'a pas essayé de préciser, mais qu'il suppose capable de modifier les surfaces des corps quand il les rencontre dans sa route. Cela lui a paru suffire pour rendre compte des phénomènes qu'il avait découverts. Reprenant ces expériences et ce mode tout gratuit de les expliquer,

(1) Voir l'ouvrage de MM. Reinaud et Favé, le *feu grégeois et les feux de guerre*, le beau Mémoire de M. Lacabane sur le même sujet, un grand nombre de dissertations historiques relatives à l'histoire de la poudre à canon et de l'artillerie, enfin le tome IIIe, 5e édition, de l'ouvrage de M. Louis Figuier. *Exposition et Histoire des principales découvertes scientifiques*, article *Poudres de guerre*, où ces divers travaux historiques ont été résumés.

MM. Hunt et Knorr admirent que, dans le cas où la médaille est chauffée, ce sont les rayons calorifiques qui en émanent auxquels il faut attribuer la modification moléculaire qui détermine les images.

Un autre fait de même nature s'ajouta bientôt aux précédents. M. Karsten plaça sur un support métallique communiquant avec le sol d'abord une lame de verre, et ensuite une pièce de monnaie; puis il fit tomber sur celle-ci une série d'étincelles électriques qui se répétaient de la pièce au support métallique. Au bout de peu de temps on enlevait le verre, on soufflait dessus, et l'on voyait se dessiner nettement les reliefs de la monnaie par l'inégalité de la condensation des vapeurs : c'était, à la cause près, la même action que précédemment, et M. Karsten, suivant l'exemple qui lui était donné, conclut que l'électricité possède la propriété de modifier les surfaces au contact desquelles elle s'échappe, et que cette modification leur donne la propriété de condenser plus ou moins bien les vapeurs.

Ces explications conjecturales et absolument inadmissibles n'ont satisfait personne. Il n'en est pas de même des suivantes. M. Vaïdele posa en principe que les corps solides retiennent à leur surface une couche adhérente de gaz qui forme autour d'eux une atmosphère très-peu épaisse, mais très-condensée, laquelle, suivant qu'elle est constituée par un gaz ou par un autre, modifie essentiellement la propriété qu'ont ces surfaces d'attirer et de condenser les vapeurs. D'après cette idée, il décapa avec soin les surfaces d'une lame de métal et d'une médaille, puis il les plongea dans la poudre de charbon pour en enlever l'atmosphère gazeuse, et il reconnut qu'elles ne produisent aucune action spéciale par leur contact, et que l'image de Moser ne se forme pas. Elle ne se développe pas davantage si les deux atmosphères existent et sont constituées par le même gaz; mais elle se produit très-bien quand les deux corps ont été préalablement plongés, l'un dans l'air, l'autre dans l'acide carbonique, auquel cas l'échange des deux gaz se fait entre eux inégalement aux points qui se touchent et à ceux qui ne se touchent pas. De là la faculté acquise par la plaque de condenser inégalement les vapeurs et de donner une image de la médaille.

Bien que l'explication de Vaïdele soit incontestable, ce n'est pas aux gaz condensés qu'il faut exclusivement attribuer l'effet qui nous occupe : c'est surtout aux matières organiques volatiles accumulées sur les surfaces solides qu'on doit le rapporter, comme l'a prouvé M. Fizeau. En effet, une médaille bien décapée est toujours à peu près inactisée; mais quand elle a été frottée avec les doigts ou enduite d'une matière volatile, elle acquiert la propriété de donner aussitôt des images très-nettes, surtout quand on la chauffe.

Il faut donc renoncer aux actions spéciales de la lumière latente et de la chaleur, et il faut de même abandonner l'action moléculaire qu'on avait prêtée à l'électricité. M. Morren l'a montré par une intéressante expérience. Il a couvert une pièce de monnaie avec du graphite, qui naturellement se dépose dans les creux et qu'on balaye sur les saillies avec un pinceau de blaireau. On met cette face préparée sur du papier, et on électrise la pièce. Aussitôt le graphite est repoussé et il s'entasse sur le papier, en regard des creux où il dessine les creux de l'image de la monnaie.

M. Merget relate dans son Mémoire toutes ces données acquises, et il admet les explications de MM. Vaïdele, Fizeau et Morren, tout en les développant et en les complétant par des expériences personnelles. Ce n'est pas cependant le point de vue théorique qu'il a voulu spécialement aborder, il a eu surtout pour but d'employer ces phénomènes à la reproduction par le dessin des médailles ou des planches gravées, et il indique avec détail un grand nombre de procédés. Je ne ferai connaître que ceux qui me paraissent les plus praticables.

Pour obtenir l'image d'une médaille, ou d'une planche gravée, ou d'un cliché, il commence par recouvrir la surface avec un vernis, ou avec de l'encre lithographique, ou avec une substance grasse qu'on peut indéfiniment varier. Cet enduit s'accumule dans les creux, laisse à net les saillies et prend à chaque point une épaisseur proportionnée aux profondeurs des cavités. La médaille étant préparée, supposons qu'on l'expose aux vapeurs d'iode, on verra ces vapeurs attaquer les saillies métalliques en formant des iodures, et s'accumuler en chaque point du vernis proportionnellement à l'épaisseur de la couche. Si l'on vient maintenant à placer un papier amidonné sur la médaille, elle lui cédera des vapeurs d'iode plus abondamment en face des creux que vis-à-vis des saillies; elle le colorera en bleu plus ou moins foncé, et donnera une image positive de l'objet.

Les vapeurs de mercure agiront inversement; elles attaqueront les parties des médailles qui sont en relief sans s'accumuler sur le vernis, et si l'on place une lame de plaqué au-dessus de la médaille et qu'on chauffe, on verra le mercure s'attacher aux points du plaqué qui sont opposés aux reliefs, ce qui donnera précisément, et par les mêmes causes, les images de Daguerre.

Après avoir *préparé* comme il a été dit précédemment une planche gravée, M. Merget la recouvre d'une lame de verre et la chauffe. Il voit alors les vapeurs du vernis se transposer sur le verre, y dessiner les tailles de la planche par un trait opalescent, et l'épaisseur de ces dépôts est assez grande pour qu'on puisse ensuite graver par l'acide fluorhydrique toutes les parties de la plaque qu'ils ne recouvrent pas.

Je n'insisterai pas davantage sur ces procédés, qui peuvent être indéfiniment multipliés; mais je dois dire un mot d'une expérience plus originale, qui consiste à mettre dans un électrolyte, en face et très-près d'une médaille préparée, une lame de cuivre, et à faire passer un courant de l'un à l'autre de ces corps. Si la plaque ferme le pôle positif, elle se creuse plus abondamment en regard des saillies, et au premier moment il en résulte une image exacte de la médaille. Si, au contraire, elle est en communication avec le pôle négatif, on voit se faire en face de la médaille un dépôt qui affecte la même forme qu'elle.

On voit, en résumé, que M. Merget a fait connaître de nombreux procédés pour reproduire un dessin positif ou négatif d'une médaille, d'une planche gravée ou d'un cliché. Ces applications pourront être utiles aux arts et venir en aide à la photographie, qui résout déjà le problème avec autant d'exactitude et, je pense, avec plus de perfection. Ces expériences intéressantes me paraissent mériter l'attention du Comité. Il serait pourtant à désirer que M. Merget voulût bien envoyer quelques spécimens de ses résultats.

Rapport sur un *Mémoire manuscrit* de M. **Watelet**, intitulé : *Rapport sur la géologie du Soissonnais.*

Le Mémoire de M. Watelet, dit M. Hébert, est composé de deux parties. La première donne un aperçu succinct des découvertes paléontologiques faites dans le bassin de Paris pendant ces dernières années; cet aperçu est terminé par l'indication de quelques particularités relatives à certaines espèces de mollusques. Dans la seconde, qui a pour titre : *Notice sur la flore tertiaire du bassin de Paris*, l'auteur montre combien la science est encore peu avancée sous ce rapport en France, tandis que le grand nombre des espèces végétales récemment découvertes ou anciennement connues, mais non publiées, prouve l'urgence d'un travail descriptif qui comprendrait tous les végétaux fossiles du terrain tertiaire du nord de la France. M. Watelet se propose d'entreprendre ce travail, et nous nous associons de tous nos vœux à cette entreprise, car il y a là, en effet, une lacune très-regrettable. — Dans l'intérêt de la science nous demanderons que cette seconde partie, qui a peu d'étendue, reçoive la publicité de la Revue.

M. Hébert a été chargé d'examiner une lettre de MM. Roux de Marseille, par laquelle ces messsieurs offrent un fragment de mâchoire fossile découvert par eux il y a une douzaine d'années. Il est possible que ce débris fossile soit d'un grand intérêt au point de vue scientifique; mais on ne saurait le dire qu'après un examen de la pièce offerte.

Rapport sur une communication adressée au Comité par M. l'abbé **Deschamps**.

M. l'abbé Deschamps, dit M. **Chatin**, curé des Trois-Pierres, a fait parvenir au Comité le dessin colorié d'un champignon très-gros, jaunâtre et de forme bizarre, qui s'est développé dans les premiers jours de juin 1861 au fond d'une petite chapelle taillée dans le tronc d'un if séculaire. La description de ce champignon faite sur nature, comme le dessin, nous a été adressée en même temps que ce dernier.

M. Chatin, chargé d'examiner cette communication, dit que le cryptogame qui a fait l'admiration des habitants des Trois-Pierres est une espèce de *Polyporus* (*P. sulfureus* Fries) dont les individus, presque toujours de forme irrégulière et bizarre, se prêtent aisément aux comparaisons les plus fantastiques.

Communications adressées au Comité.

M. Bouché, professeur au lycée d'Angers, envoie: 1° une Notice sur un nouveau système de Logarithmes; 2° une Notice sur des tables Trigonométriques.

M. Ménière adresse d'Angers des observations sur le métamorphisme des Schistes en Anjou.

M. le docteur Blin envoie deux Mémoires: le premier, sur les eaux minérales de l'arrondissement de Saint-Quentin; le second, sur la botanique du même arrondissement.

M. Masure, professeur de physique au lycée d'Orléans, envoie un Mémoire sur l'analyse des marnes et des phosphates au point de vue de leur emploi en agriculture.

M. Gauldrée-Boilleau, consul de France à Québec, adresse des observations météorologiques faites au Canada pendant le 1er semestre de 1861.

22 mai. — M. David, chargé du cours de mathématiques pures à la Faculté des sciences de Lille, adresse un Mémoire intitulé : *Résolution de quelques cas particuliers des équations différentielles linéaires.* Les cas que nous venons de traiter, dit l'auteur en terminant, se trouvent résolus sur des exemples particuliers, au moyen d'artifices de calcul, dans les ouvrages de Sturm et de M. Duhamel. Mais la méthode que nous venons d'exposer nous paraît préférable, tant à cause de sa généralité que parce qu'elle est une conséquence immédiate de la démonstration que l'on fait dans la résolution des équations linéaires à coefficients constants pour les racines égales.

25 mai. — Le Comité a reçu la suite des observations météorologiques faites en février, mars et avril, dans les quatre écoles normales de l'Académie de Nancy.

26 mai. — Les observations météorologiques faites en 1861 au collége des Jésuites de Guatemala ont été également adressées au Comité.

Son Excellence le Ministre de l'Instruction publique s'est rendu à Nancy, le samedi 24 de ce mois, pour assister à l'inauguration du nouveau bâtiment des Facultés.

Par décret en date du 23 mai 1862, rendu sur la proposition du Ministre de l'Instruction publique et des cultes, ont été nommés chevaliers de la Légion d'honneur :

1° M. Nicklès, professeur de chimie à la Faculté des sciences de Nancy, membre correspondant du Comité.

2° M. Grandjean, professeur de matière médicale et de thérapeutique à l'Ecole préparatoire de médecine et de pharmacie de Nancy.

M. Milne-Edwards a été présenté par le Museum d'histoire naturelle et par l'Académie des sciences pour la chaire de zoologie (mammifères et oiseaux) laissée vacante au Museum par le décès de M. I. Geoffroy Saint-Hilaire.

REVUE DES SOCIÉTÉS SAVANTES.

SCIENCES MATHÉMATIQUES, PHYSIQUES ET NATURELLES.

---

6 juin 1862.

Applications d'analyse et de géométrie qui ont servi, en 1822, *de principal fondement au traité des propriétés projectives des figures* (1 vol. in-8° de 576 p. avec 202 fig. dans le texte), par M. **J.-V. Poncelet** (1).

Cet ouvrage, dit M. Poncelet, a été, sauf les notes au bas des pages, écrit dans les années 1813 et 1814, pendant ma captivité en Russie, à la suite de la retraite de Moscou. Il est divisé en sept livres ou cahiers distincts, dont le dernier, inachevé, a précédé de très-peu la notification, à Saratoff, de la paix générale en juin 1814. Il contient, sous forme de *Mémoire*, une sorte de résumé que je me proposais d'adresser à l'Académie des sciences de Saint-Pétersbourg.

Le 1er cahier comprend, sous le nom de *Lemmes de géométrie synthétique*, un grand nombre de propositions relatives aux intersections, au contact, aux cordes ou sécantes communes, réelles, idéales ou imaginaires, des circonférences de cercles situés sur un même plan. Ces propositions, inconnues pour la plupart en 1812, et susceptibles de l'étendue aux sections coniques en général par les principes de la projection centrale, constituent, avec l'exposé analytique de ces principes, la base fondamentale et le véritable point de départ de divers autres écrits publiés par moi depuis ma rentrée en France, en septembre 1814.

Le 2e cahier est, à proprement parler, l'ébauche d'un *Traité de géométrie analytique*, telle qu'on pouvait l'attendre, à cette époque, d'un jeune lieutenant du génie sorti depuis trois ans à peine de l'Ecole polytechnique, privé de toutes ressources scientifiques et réduit à de bien fugitifs souvenirs.

Les 3e et 4e cahiers sont relatifs aux *propriétés descriptives des simples coniques* par rapport aux systèmes de lignes droites, à des

(1) Paris, Mallet-Bachelier. 1862.

polygones mobiles inscrits ou circonscrits à ces courbes, et dont les sommets ou côtés sont assujettis à décrire d'autres droites directrices ou à pivoter autour de pôles fixes. La méthode d'exposition, plutôt algébrique que géométrique, renferme divers développements de calculs et de raisonnements devenus à leur tour le point de départ de mes idées sur le *principe de continuité*, d'abord mal compris ou interprété, mais dont aujourd'hui on se sert sans trop de scrupule, quoiqu'il n'ait point encore été nettement défini ou démontré, en se laissant guider d'après les simples aperçus et applications que j'en ai donnés dans divers écrits avant et depuis 1820. A cette dernière époque, je m'étais même risqué à présenter sur les *propriétés projectives*, à l'Académie des sciences de l'Institut, un premier Mémoire assez peu favorablement accueilli et jugé par un rapporteur très-célèbre et très-savant, mais plutôt algébriste que géomètre.

Les 7e et 8e cahiers ont trait aux *Propriétés descriptives des systèmes de deux ou d'un nombre quelconque de sections coniques sur un plan*, démontrées, ainsi que les principes de projection centrale qui s'y rapportent plus particulièrement, par la voie algébrique des coordonnées de Descartes. Les géomètres philosophes liront, j'ose l'espérer, ces deux cahiers avec quelque intérêt, parce qu'on y aperçoit sans aucun déguisement la lutte d'un esprit jeune et inexpérimenté contre les difficultés analytiques d'un sujet neuf alors, et qui a pris, depuis 1822, une extension si considérable entre les mains de savants habiles et distingués, parmi lesquels je me contenterai de citer MM. Bobillier, Chasles, Plucker, Steiner, Sturm et Jacobi, dont les écrits sont particulièrement mentionnés. Le supplément placé à la fin de l'ouvrage contient des *souvenirs*, *notes* et *additions* écrites par moi et par MM. Mannheim et Moutard, jeunes savants pleins d'avenir qui m'ont accordé leur bienveillant concours pendant l'impression longue et pénible des manuscrits, auxquels je me suis imposé le rigoureux devoir de n'apporter aucun changement qui pût en altérer le sens, la pensée et la contexture primitive.

Mémoire sur la fabrication du platine, par MM. **Henri Sainte-Claire Deville** et **Debray**.

M. Henri Sainte-Claire Deville a présenté le 2 juin à l'Académie des sciences, en son nom et au nom de M. H. Debray, un Mémoire sur la fabrication du platine par les procédés de fusion et de voie sèche dont ils ont déjà publié les principes dans les recueils scientifiques français. — M. Debray a assisté dans les ateliers de M. Matthey, grand fabricant de platine à Londres, à la fusion d'un lingot de platine de 100 kilogrammes qui figure aujourd'hui à l'exposition universelle. — C'était un très-beau et très-saisissant spectacle que celui d'une pareille masse d'une couleur éblouissante, et dont la liquidité a été si parfaite que le métal a pénétré jusque dans les parties les plus délicates du moule.

Les fabricants de platine sont aujourd'hui menacés de la concurrence des vases de verre, que les sept dixièmes des usines de produits chimiques appliquent aujourd'hui à la distillation de l'acide sulfurique. Il y a un double progrès à faire aujourd'hui : il s'agit d'abord de diminuer le volume et le poids des vases de platine en leur laissant la faculté de marcher avec autant de rapidité qu'auparavant; ensuite de supprimer l'or des soudures en le remplaçant par le platine fondu au chalumeau à gaz oxy-hydrogène répandu sur les surfaces à réunir par les procédés de la soudure autogène.

Les auteurs terminent leur Mémoire par la description d'un nouveau procédé d'attaque pour extraire des résidus de platine accumulés dans les usines une grande proportion d'un métal éminemment utilisable et très-peu connu, l'iridium.

Sur la cause probable des tempêtes électriques, par le Dr **Joule**.

L'auteur part de ce fait, que, dans les temps d'orage, l'atmosphère est agitée par des courants verticaux dirigés de bas en haut, et *vice versa*. L'air, échauffé à la surface du sol et chargé d'une certaine quantité de vapeur d'eau, s'élève et, rencontrant des régions de plus en plus froides, abandonne cette vapeur à l'état de nuage, et, si la température est suffisamment basse, à l'état de flocons de neige ou de grelons qui tombent sur le sol. Or, l'air au sein duquel la vapeur s'est congélée est sec, et par conséquent mauvais conducteur ; la glace est aussi un corps isolant : c'est le frottement des grêlons contre l'air sec qui dégagerait des torrents d'électricité. Cette électricité s'accumulerait dans le nuage producteur de la grêle jusqu'à ce qu'il y ait recombinaison par le moyen d'un éclair entre le fluide du nuage et le fluide contraire, développé par influence à la surface de la terre. D'après cela, la formation de la grêle serait essentielle à la production des grandes tempêtes électriques (1).

Mémoire sur la constitution de l'acier, *par* **Ch. Blondeau**, professeur de physique au Lycée de Laval. (Extrait par l'auteur.)

Dans ces derniers temps, on s'est livré à de nombreuses recher-

(1) Proceedings of the Literary and Philosophical Society of Manchester. — 1862.

ches, dans le but de pénétrer la nature intime de l'acier; mais, on est forcé de le reconnaître, la question est loin d'être résolue: aussi nous nous sommes proposé de continuer ces études, dans le but de jeter quelque lumière sur les circonstances auxquelles il faut attribuer la transformation du fer en acier.

Il y a longtemps que l'on connaît l'action que les métaux exercent sur les gaz ; on sait qu'à la température ordinaire, le platine détermine la combinaison d'un mélange d'oxygène et d'hydrogène. Mais cette action, à laquelle on a donné un nom, et que l'on nomme *force catalytique*, s'exerce également pour décomposer les gaz composés, surtout lorsqu'on fait intervenir la chaleur; et si cette action catalytique peut être considérée dans certains cas comme le résultat d'une action chimique ordinaire déterminée par la haute température à laquelle les corps réagissants sont mis en présence, dans d'autres circonstances, on doit y voir simplement l'effet *d'une force de contact* analogue encore, bien qu'elle agisse en sens contraire, de celle qui détermine la combinaison de l'oxygène et de l'hydrogène sous l'influence du platine. Ainsi, quand on fait passer de l'ammoniaque sur du fer chauffé au rouge, les deux éléments de ce gaz ne possèdent pas une bien grande affinité pour le métal, et cependant ce gaz, qui résiste à l'action d'une température très-élevée, se décompose sous l'influence du fer à une chaleur modérée. Il en est de même du cyanogène, gaz des plus stables sous l'influence de la chaleur seule, et qui se décompose avec facilité quand on fait intervenir le fer.

Mais, si le fer détermine ainsi une modification profonde dans l'état de ces gaz dont il sépare les éléments, à son tour, il éprouve dans son état moléculaire un changement complet, il devient *de l'acier*.

Les caractères généraux auxquels on reconnaît l'acier sont les suivants : c'est un corps très-dur, susceptible d'acquérir une dureté plus grande encore par la trempe, et telle que dans ce cas il est capable de couper et de percer le fer. L'acier est plus sonore que le fer; il est susceptible de prendre un plus beau poli, et, une fois qu'il a été aimanté, il conserve indéfiniment son aimantation. Nous considérons comme étant de l'acier tout corps qui possède ces propriétés, quelle que soit d'ailleurs sa composition.

Cela posé, nous nous proposons de démontrer expérimentalement que le carbone et l'azote n'entrent point nécessairement dans la constitution de l'acier.

Si l'on fait rendre sur des fils de fer d'un petit diamètre et contenus dans un tube de porcelaine porté au rouge un courant de gaz ammoniac, ce gaz est décomposé en ses éléments, et une faible quantité d'azote se combine au fer, et forme à sa surface une couche continue. Après avoir subi pendant une heure environ l'action du gaz ammoniac, ces fils présentent les propriétés suivantes : ils sont devenus durs et cassants, ils sont susceptibles de se tremper, et d'acquérir alors une dureté telle que la lime ne peut les attaquer. Lorsqu'on les aimante, ils prennent deux pôles et conservent indéfiniment leur magnétisme. Lorsqu'on les brise et qu'on observe leur cassure, on voit que le métal a perdu complétement sa structure fibreuse et qu'il est devenu granuleux : en un mot, il possède tous les caractères de l'acier : c'est donc, d'après notre définition, de l'acier.

Lorsque nous avons voulu soumettre à la même épreuve des tiges de fer un peu fortes, quelques-unes des propriétés que nous venons de signaler se sont manifestées, mais d'une manière moins complète. Ainsi le fer avait pris le grain caractéristique de l'acier; il était même susceptible de se tremper, mais son élasticité et sa dureté n'étaient pas aussi grandes que celles de l'acier ordinaire. Il nous a semblé que le temps pendant lequel nous avions soumis le fer à l'action de l'ammoniaque n'avait pas été suffisant, et qu'il fallait proportionner la durée de l'opération à la dimension des tiges sur lesquelles on opère. La durée d'une heure de temps, pendant lequel nous avons fait généralement agir l'ammoniaque sur le fer, suffit pour transformer en acier des fils très-fins, mais elle est complétement insuffisante pour transformer des tiges ayant seulement un demi-centimètre de diamètre.

Pour expliquer la transformation du fer qui a lieu dans cette circonstance, on ne saurait évidemment l'attribuer à sa combinaison avec du carbone, puisque nous avons opéré avec de l'ammoniaque se dégageant d'une dissolution aqueuse et se desséchant par son passage sur la chaux. Mais on pourrait prétendre que c'est l'azote qui, se combinant au fer, lui communique ses nouvelles propriétés. Nous avons cherché à répondre à cette objection en faisant l'expérience suivante. Après avoir aciéré des tiges de fer, ainsi que nous venons de le dire, au moyen de l'ammoniaque, et avoir bien constaté les propriétés nouvelles qu'elles avaient acquises sous cette influence, nous avons replacé ces tiges dans le tube et, après l'avoir porté au rouge sombre, nous avons fait passer dessus un courant d'hydrogène sec. Ce gaz, en se combinant à l'azote de la couche superficielle que nous avons mentionnée, a donné naissance à du gaz ammoniac, qui, se dégageant à l'extrémité d'un petit tube de verre faisant suite au tube de porcelaine, ramenait au bleu le papier de tournesol rougi par un acide. Pendant une demi-heure environ, le dégagement d'ammoniaque a été sensible, puis il s'est ralenti, et, après 3|4 d'heure de ce traitement, il ne se dégageait plus d'ammoniaque, au moins si l'on s'en rapporte à l'action exercée sur le papier rougi, qui n'était plus ramené au bleu, ou à celle de l'acide chlorhydrique, qui ne donnait plus naissance à des vapeurs blanches.

Les tiges de fer contenues dans le tube devaient donc être actuellement considérées comme ayant perdu l'azote qu'elles avaient absorbé, et cependant elles avaient conservé toutes leurs propriétés, qui ne peuvent pas être attribuées à la combinaison de l'azote et du fer, puisque le premier de ces corps se trouve complétement éliminé.

L'ammoniaque n'est pas le seul gaz qui, en se décomposant au contact du fer, possède la propriété de le transformer en acier; le cyanogène est susceptible de lui faire éprouver la même modification. Lorsqu'on a fait passer pendant une heure environ un courant de gaz cyanogène obtenu par la décomposition du cyanure de mercure sur du fer porté au rouge, ce métal acquiert toutes les propriétés de l'acier, c'est-à-dire qu'il devient dur et cassant, qu'il prend du grain, peut se tremper et s'aimanter d'une manière permanente : en un mot, il présente tous les caractères que nous avons déjà constatés sur du fer traité par l'ammoniaque, et les deux gaz paraissent agir dans cette circonstance d'une manière identique.

Personne ne met en doute que, dans cette dernière circonstance, le fer s'est changé en acier; mais quelques chimistes attribuent cette transformation à la combinaison qui se serait opérée dans cette circonstance entre le métal et les deux éléments du cyanogène. Pour prouver que cette explication n'est pas exacte, nous avons fait l'expérience suivante. Après avoir replacé dans le tube de porcelaine le fer modifié par l'action du cyanogène, nous avons porté ce tube au rouge sombre, et fait circuler dans son intérieur un courant d'air privé de vapeur, d'eau et d'acide carbonique, par son passage sur de la potasse sèche. L'oxygène de l'air a brûlé le carbone de la couche supérieure d'azoto-carbure de fer qui recouvrait le métal, et il s'est dégagé pendant quelque temps, par l'extrémité du tube, de l'acide carbonique qui venait troubler l'eau de chaux dans laquelle plongeait l'extrémité recourbée d'un tube en terre adapté au tube de porcelaine. Au bout de quelque temps, tout dégagement d'acide carbonique cesse, ce qu'il est facile de reconnaître à ce que l'eau de chaux n'est plus troublée. Il n'y a plus alors de carbone uni au fer. On remplace alors l'appareil ayant servi à faire passer dans le tube un courant d'air par un flacon d'où se dégage de l'hydrogène que l'on a soin de dessécher en le faisant passer sur de la ponce à acide sulfurique. Ce gaz à l'état d'ammoniaque enlève l'azote combiné superficiellement au fer, et, lorsque tout dégagement alcalin a cessé, on suspend l'opération et on examine le fer, qui, après ces deux traitements successifs, doit être considéré comme étant entièrement dépouillé des faibles quantités de carbone et d'azote auxquelles il s'était combiné. Dans cet état de pureté, le fer a conservé toutes les propriétés que lui avait communiquées le cyanogène en se décomposant à sa surface.

Ces deux expériences nous paraissent assez concluantes pour nous autorisér à avancer que le carbone et l'azote n'interviennent que comme substances accessoires dans la transformation du fer en acier, et que la véritable cause de cette transformation est le mouvement vibratoire imprimé aux molécules du fer par le fait même de la décomposition, soit de l'ammoniaque, soit du cyanogène.

Cette nouvelle théorie de l'aciération suffit-elle à expliquer ce qui se passe dans les fourneaux dont on se sert dans l'industrie pour opérer la transformation du fer en acier? Oui, car il est facile de se rendre compte de ce qui a lieu dans ce cas, en sachant que, lorsqu'on fait passer de l'air humide sur des charbons incandescents, il se forme du cyanhydrate d'ammoniaque qui se décompose au contact du fer. Or, dans les fours à cémentation, toutes les conditions se trouvent réunies pour qu'il se produise du cyanhydrate d'ammoniaque. L'air a accès dans l'intérieur de ces fours et s'y trouve en présence du charbon, et, en outre, les matières qui constituent le cément renferment des substances organiques et des alcalis qui, par leur action réciproque, donnent naissance à des cyanures qui, se décomposant au contact du fer, le transforment en acier.

C'est particulièrement à la décomposition des cyanures s'opérant à une température élevée sous l'influence du fer qu'il faut attribuer la transformation que ce dernier éprouve. Ce qui le démontre, c'est que, lorsqu'on veut aciérer superficiellement une pièce de fer, on se contente de chauffer cette pièce au milieu de ferro-cyanure de potassium. Ce procédé, usuel dans les ateliers, suffirait pour transformer complétement le fer en acier, à la condition que le métal éprouvât pendant un temps suffisant l'action du cyanogène, car ce n'est qu'à la longue que la transformation complète du fer à lieu.

Il n'est pas une seule circonstance dans laquelle l'aciération se produise, où il ne soit possible de constater la présence soit de l'ammoniaque, soit du cyanogène, les deux seuls gaz qui soient susceptibles par leur décomposition de communiquer aux molécules du fer une disposition particulière à laquelle sont uniquement dues les propriétés qui le fond désigner sous le nom d'acier; et c'est là un des exemples les plus curieux de ces modifications isomériques que les métaux sont susceptibles d'éprouver sous l'influence de causes diverses.

On sait, par exemple, que la plupart des métaux peuvent se présenter sous des états moléculaires différents : ainsi le cuivre précipité d'une dissolution peut constituer une plaque de métal ductile ou cassant, suivant les circonstances dans lesquelles le dépôt s'est opéré. Le platine, métal naturellement très-mou, devient aigre et cassant lorsqu'il a servi pendant quelque temps à transmettre un courant électrique. Mais ce qu'il y a de particulièrement remarquable dans la transformation qu'éprouve le fer sous les influences que nous avons mentionnées, c'est qu'elles n'agissent pas sur le fer transformé, qui conserve les mêmes caractères après comme avant d'avoir subi ces actions.

SECTION SCIENTIFIQUE DU COMITÉ DES SOCIÉTÉS SAVANTES.

Présidence de M. le Sénateur Le Verrier.

Séance du 30 mai.

M. le président donne lecture de deux lettres, l'une de Son Exc. le Ministre de l'instruction publique, l'autre de M. de Sénarmont (transmises par M. le Ministre), relatives à la publication des œuvres de Fresnel.

M. le Président, je m'empresse de vous communiquer la lettre ci-jointe, que je viens de recevoir de M. de Sénarmont, relativement à la publication des *Œuvres complètes d'Aug. Fresnel.*

La section des sciences sera heureuse d'apprendre que le travail préparatoire de cette publication est terminé, et que l'impression va commencer immédiatement pour être poursuivie avec activité.

Rouland.

Monsieur le Ministre,

Vous avez décidé que les œuvres complètes de A. Fresnel feraient partie des documents scientifiques publiés par votre ministère, et j'ai été chargé de préparer, avec M. Léonor Fresnel, frère de l'auteur, les matériaux de cette publication.

Notre travail est aujourd'hui terminé et peut être mis sous presse; il forme la matière de 3 VOL. IN-4° d'environ 500 pages: en supposant le caractère et le format semblables à ceux des œuvres de Laplace publiées à l'Imprimerie impériale de 1843 à 1847, les œuvres de A. Fresnel se composeront d'une série de Mémoires pour la plupart inédits, où l'on peut suivre le développement progressif des idées théoriques et des découvertes qui forment aujourd'hui les bases fondamentales de l'optique. La construction des phares est l'objet d'un chapitre spécial assez étendu; un choix de lettres offrira des documents intéressants pour l'histoire de la science; enfin, quelques pièces détachées et une courte notice biographique achèveront de faire connaître à la fois l'homme et l'auteur.

Les éditeurs ne se sont pas bornés à classer ces documents : un grand nombre de renvois et quelques notes très-succinctes rétablissent l'unité et une sorte de concordance générale entre les divers Mémoires sur un même sujet, composés souvent à des époques différentes; chaque pièce porte à cet effet un numéro d'ordre et des divisions multipliées en paragraphes. Par ce moyen, on a rendu la coordination systématique indépendante de la pagination.

J'oserai maintenant, M. le Ministre, vous demander que l'impression *commence très-promptement* et soit poussée le plus activement possible. M. Léonor Fresnel et moi désirons également voir notre travail terminé, et nous nous engageons à ne jamais faire attendre la correction des épreuves.

H. DE SENARMONT.

Tous les amis de la science recevront avec le même plaisir que le Comité l'assurance que la publication des œuvres de Fresnel va se poursuivre avec rapidité, et qu'avant peu on sera en possession de l'ensemble des travaux de l'illustre physicien, grâce aux libérales intentions de M. le Ministre.

Rapport sur un Mémoire manuscrit de M. Séguin, intitulé: *Explications de la stratification de la lumière électrique dans les gaz raréfiés.*

L'auteur, dit M. **Pasteur**, a traité avec soin une question difficile; il a donné dans son Mémoire des détails historiques qui seront utiles à consulter, et imaginé des expériences ingénieuses appuyant une explication nouvelle de la stratification de la lumière dans les gaz raréfiés. M. Pasteur conclut en proposant l'impression de ce travail. Cette conclusion est votée par le Comité.

Rapports sur les *Mémoires de l'Académie impériale des sciences, arts et belles-lettres de Caen.* — Année 1861.

Ce volume ne contient qu'un faible contingent scientifique. Une étude intéressante, mais toute philosophique, composée par M. Emmanuel Chaudet, professeur de philosophie à la Faculté des lettres de Rennes; quelques observations de chimie agricole, de M. Morier, sur les causes qui font varier la composition chimique des espèces végétales; et un Mémoire de M. Isidore Pierre, relatif à la recherche du sulfate de cuivre dans certains cas d'empoisonnement, contenant l'observation d'un fait nouveau de chimie toxicologique; enfin une note très-courte, de M. Desbordeaux, sur *Quelques alliages du fer et du zinc*: tels sont les travaux de science qui font partie de ce volume.

M. **Wurtz** a fait ressortir l'intérêt que présente le fait mis en évidence par M. Isidore Pierre, en ce qui concerne la recherche du sulfate de cuivre dans certains cas d'empoisonnement.

Dans cette note, dit M. Wurtz, l'auteur appelle l'attention des chimistes sur quelques circonstances particulières qui peuvent se produire dans certains cas d'empoisonnement par le sulfate de cuivre, et mettre en défaut la sagacité des experts lorsqu'il s'agit de rechercher le poison. M. I. Pierre, ayant eu occasion d'analyser une soupe aux pois dans laquelle on avait introduit, dans une intention criminelle, une dose considérable de sulfate de cuivre, n'a plus trouvé la moindre trace de ce sel dans le *bouillon*, tandis que les *pois* eux-mêmes en contenaient une certaine quantité. L'auteur a donné de ce fait une explication aussi juste que simple: la soupe avait été préparée dans un vase en fonte, et le fer de celle-ci, décomposant le sulfate de cuivre et précipitant le cuivre, est entré en solution dans la liqueur pour former du sulfate de fer. Si la décomposition du sulfate de cuivre dissous dans le bouillon a été complète, il n'en a pas été ainsi de la partie de la substance toxique qui avait pénétré dans les pois, et qui avait formé une combinaison insoluble avec la matière albuminoïde que ceux-ci renferment, c'est-à-dire avec la légumine.

L'auteur tire de ce fait cette conclusion, que, dans les cas d'empoisonnement où le sulfate de cuivre a été introduit dans des aliments, l'attention de l'expert doit se porter: 1° sur la nature du vase dans lequel ces aliments ont été préparés; 2° sur les matières albuminoïdes que renferment les aliments, et qui peuvent fixer à l'état de combinaison insoluble du sulfate de cuivre, alors que le liquide aqueux n'en contient pas la moindre trace.

M. I. Pierre termine par quelques considérations sur le rôle du sulfate de cuivre dans la conservation des bois. Il admet, avec raison, que ce sel, en se combinant avec les matières albuminoïdes disséminées dans la substance ligneuse, rend ces matières à peu près inaltérables à l'air et les transforme en de véritables poisons pour les insectes xylophages.

Toutes ces conclusions sont bien déduites des faits observés par l'auteur, et quoique ceux-ci ne présentent rien de nouveau en eux-mêmes, nous pensons que M. I. Pierre a eu raison de les faire connaître, car, en matière d'analyse toxicologique, toute observation bien faite a son utilité.

Rapport sur le *Précis analytique des travaux de l'Académie impériale des sciences, belles-lettres et arts de Rouen, pendant l'année* 1858-59.

Dans ce volume, consacré à présenter l'ensemble des travaux de l'Académie impériale de Rouen, les sciences physiques et naturelles forment deux parties distinctes. Le secrétaire de la classe des sciences, M. A. Lévy, dans un rapport de 40 pages, résume les travaux scientifiques des membres titulaires ou des correspondants de cette Académie. Nous n'avons pas à passer en revue ici cette brève analyse. Viennent ensuite les Mémoires scientifiques dont l'Académie a décidé l'impression textuelle dans son recueil. Il n'y a ici que deux Mémoires de nature à intéresser les savants. Le premier, qui touche à une question assez neuve en toxicologie, a pour objet la recherche de la nicotine dans les viscères de l'homme faisant usage du tabac; le second volume est une étude sur les enquêtes relatives aux aliénations mentales. M. **Dechambre** a été chargé d'apprécier ces deux Mémoires.

Persoune n'ignore, dit M. **Dechambre**, les entraves qui ont été apportées tout d'abord par les gouvernements de France, d'Angleterre, d'Italie, d'Allemagne, de Turquie, à la propagation de cette *herbe sèche*, comme on l'appelait, importée d'Amérique, jusqu'au jour où l'on s'aperçut que cette source de plaisir et de maladie pouvait devenir aussi une source abondante de revenu. Ni les bulles papales, ni les anathèmes de la chaire, ni les menaces de mort du sultan, ni les paternelles exhortations d'un roi d'Angleterre, Jacques Ier, ne purent arrêter ou seulement modérer l'entraînement général. Les médecins, qui attribuent aujourd'hui d'assez graves inconvénients à l'usage habituel du tabac, favorisèrent peut-être le goût public en signalant dans la plante nouvelle certaines vertus médicinales; et il est assez piquant que le nom de cette plante (*nicotiane*), accusée d'empoisonner fumeurs et priseurs, soit destinée à rappeler les services qu'elle aurait rendus entre les mains d'un botaniste amateur, guérisseur à l'occasion, Jean Nicot, ambassadeur de France à Lisbonne.

Le drame du château de Bitremont (Belgique), en 1845, a soulevé une question grave. De la nicotine a été trouvée dans les viscères de la victime; n'en trouverait-on pas aussi dans le corps de ceux qui prisent, mâchent ou fument du tabac, et alors ne serait-on pas également exposé à méconnaître un empoisonnement réel par la nicotine, et à supposer un empoisonnement qui n'existerait pas? *A priori*, on est fort disposé à regarder comme inévitable l'absorption de la nicotine chez ceux qui usent du tabac, puisque cet alcaloïde, déposé sur la muqueuse buccale des animaux, suffit pour les tuer rapidement. On suppose aussi que les vertiges et les nausées produits par l'usage du tabac ne peuvent être dus qu'à l'action de la nicotine. Néanmoins il s'agit ici d'une question tout expérimentale; et, pour ce qui concerne spécialement le tabac fumé, il y aurait à tenir compte des effets de la combustion, qui ne sont pas encore parfaitement connus.

M. Morin a recherché la nicotine dans les poumons et le foie d'un homme de soixante-dix ans qui faisait depuis longtemps et a fait jusqu'à sa mort usage du tabac *à priser*.

Nous avons coupé, dit l'auteur, les poumons par petits morceaux pour les mettre en contact avec de l'eau distillée, acidulée par quelques gouttes d'acide sulfurique pur. Après huit jours d'attente, on filtra la liqueur et on la réduisit jusqu'au tiers de son volume. Au fur et à mesure de la concentration, il se produisit des flocons qui ne tardèrent pas à se déposer. Ainsi réduite, on la filtra pour la concentrer davantage, et on y versa de l'*alcool absolu*, qui donna lieu à de nouveaux flocons qu'on sépara par la filtration. Lorsque l'alcool fut chassé par l'évaporation, on ajouta au résidu un léger excès de potasse pure. Après le refroidissement, on l'introduisit dans un flacon pour l'agiter avec de l'éther sulfurique, qui était sans action sur la potasse, mais qui devait enlever au mélange toute la nicotine mise en liberté. Après quelques heures de contact, on décanta le liquide éthéré, et on l'évapora dans le vide de la machine pneumatique. Par ce moyen, on obtint un résidu qui possédait une odeur irritante et une saveur âcre, rappelant parfaitement les propriétés organoleptiques de l'alcaloïde de tabac. Ce résidu possédait une alcalinité manifeste; il était soluble dans l'eau distillée, à laquelle il communiquait la propriété de précipiter en blanc le bichlorure de mercure, et se comportait avec les chlorures de platine et de palladium, ainsi qu'avec les sels de cuivre et de plomb, exactement comme le fait l'alcaloïde de tabac; il précipitait également l'acide tannique et le bi-iodure de potassium.

M. Morin se propose d'expérimenter de même, quand l'occasion s'en présentera, sur les viscères de personnes ayant l'habitude de fumer. Si ce projet se réalise, il est à souhaiter que l'auteur apporte toute la précision possible dans son analyse.

Quant à présent, il ne me semble pas qu'on soit autorisé à conclure de la note de M. Morin à l'existence de la nicotine dans les viscères des personnes qui font usage du tabac à priser.

Il est un point, poursuit M. **Dechambre**, sur lequel la physiologie et la pathologie confinent à la psychologie, et ceux qui portent leur étude sur les facultés intellectuelles et morales de l'homme, à l'état sain comme à l'état morbide, se mêlent forcément à des questions d'intérêt social. L'aliénation mentale, dans ses rapports avec la justice, est une de ces questions-là; et, disons-le de suite, il existe à cet égard, entre beaucoup de médecins et la magistrature, une sorte de conflit qui, au point de vue doctrinal, n'est pas près de cesser, parce qu'il repose sur une opposition de principes.

Ceux qui croient que toutes les manifestations, non-seulement de la pensée, mais encore du sentiment et de la volonté même, sont directement et uniquement subordonnées à un certain agencement de la fibre nerveuse, sont conduits à ne voir dans tout acte personnel qu'un effet fatal de l'organisation, conséquemment à nier le libre arbitre, la responsabilité morale, et finalement à ne reconnaître à la société d'autre droit que celui de se protéger sans châtier. C'est le point de vue matérialiste de la philosophie sociale. La magistrature, au contraire, admet chez l'homme le pouvoir de choisir entre le bien et le mal; elle lui en impose dès lors le devoir, et elle déduit de la faute volontaire la légitimité de l'expiation, la nécessité de l'exemple. C'est le point de vue spiritualiste et chrétien.

Quelle que soit l'opposition de ces deux doctrines, il semble aisé, au premier abord, de les concilier en présence de l'aliénation mentale; car, dans ce cas, la loi, précisément parce qu'elle conclut du libre arbitre à la responsabilité, prononce l'irresponsabilité et absout là où le libre arbitre fait défaut, comme dans la folie. Rien pourtant de plus malaisé que cette conciliation en beaucoup de circonstances. Le mot même de *libre arbitre* ne pose pas suffisamment les termes de la difficulté. Ceux des médecins qui admettent la chose savent aussi que tel individu qui a commis *librement* un crime après l'avoir *librement* prémédité peut rester néanmoins irresponsable si l'acte a été de sa part la conséquence d'une hallucination.

C'est à indiquer les causes possibles d'erreur qu'est consacré le travail de M. Duménil, médecin directeur de l'asile des *Quatre-Mares*, près Rouen.

Parmi ces causes, il en est qui ne sont pas de l'ordre scientifique. Quant aux autres, voici celles que mentionne l'auteur :

1° Certains *imbéciles maniaques* présentent quelquefois un état d'excitation mal défini ; dans cet état, on serait tenté de leur attribuer un degré d'intelligence qu'ils n'ont pas réellement. Si on les interroge pendant la période de dépression, ils deviennent confus, tremblants, et sont disposés à accorder tout ce dont on les accuse.

2° La *manie aiguë* offre des intervalles de rémission complète, rémission que la présence des magistrats et l'appareil ordinaire de la justice fait naître parfois tout à coup. L'enquête alors peut n'avoir à enregistrer que des témoignages de bon sens.

3° Les individus atteints de *paralysie générale*, *d'épilepsie*, sont sujets à ces impulsions fatales, irrésistibles, qui les précipitent dans le crime sans qu'ils en aient conscience, parfois sans qu'ils en gardent le souvenir, tandis que leur mémoire conserve sur tout le reste une force et une précision étonnantes. Dans l'épilepsie surtout, l'erreur est d'autant plus facile que cette névrose ne se traduit parfois que par des symptômes légers et rapides, dont la signification échappe même souvent aux médecins.

4° Enfin il est des aliénés à *idées fixes*, des *monomaniaques*, qui pourront subir plusieurs interrogatoires sans jamais donner un signe formel de déraison. On en voit qui s'appliquent à dissimuler leurs préoccupations délirantes. Ils sont les premiers à se moquer des idées qu'on leur attribue. S'ils ont eu des hallucinations, ils assurent que c'était pure malice de leur part. Sont-ils dans l'impossibilité de nier, ils jurent que ces visions sont passées depuis longtemps et qu'ils en sentent toute l'absurdité.

Voilà donc quatre circonstances capables de jeter dans de fâcheuses erreurs magistrats, jurés et témoins. Ce ne sont pas les seules, mais ce sont les principales et les plus fréquentes. En les rappelant, l'auteur n'ajoute pas à l'œuvre de ses devanciers, mais il enrichit cette partie de la science d'un grand nombre d'observations personnelles ; il confirme de son expérience des vues scientifiques dont l'importance même justifie une surabondance de preuves ; il montre enfin une connaissance approfondie du sujet et une grande justesse d'appréciation qui m'ont paru rendre ce travail digne des encouragements du Comité.

Communications adressées au Comité.

27 mai. — M. Blondeau, professeur de physique au lycée de Laval, envoie un Mémoire sur la *Constitution de l'acier*. (Voir p. 211).

30 mai. — M. Alphonse Milne Edwards adresse l'extrait d'un travail qui, destiné à faire partie de l'ouvrage de M. Maillard intitulé : *Notes sur l'île de la Réunion*, contient l'énumération des Crustacés de cette localité et la description de plusieurs espèces nouvelles de l'ordre des Décapodes. Quelques-uns de ces animaux offrent un véritable intérêt pour la zoologie ; les plus remarquables sont :

1° Le LITHOSCAPTUS PARADOXUS A. M. E., qui vit dans des trous creusés dans la substance d'un polypier du genre Méandrine, et qui, à raison des anomalies de sa structure, ne peut prendre place dans aucune des familles carcinologiques déjà établies. Il se rapproche des Dromies et des Ranines plus que de tous les autres types, mais il ressemble aux Macroures par le grand développement de l'abdomen, sans avoir cependant, comme ces derniers, une nageoire caudale. L'auteur n'a eu l'occasion d'étudier que des femelles qui portaient des œufs dans une chambre incubatrice formée par les cinq derniers anneaux de l'abdomen, qui sont reployés sur eux-mêmes et soudés entre eux latéralement, de façon à constituer une sorte de poche ouverte seulement en avant.

2° L'ENOPLOMETOPUS PICTUS A. M. E., qui constitue le type d'une nouvelle division générique dans la famille des Astaciens. Il ressemble beaucoup aux espèces genre *Homarus* par la conformation des rostres et des autres parties de la carapace ; mais il diffère de tous les Astaciens connus par la structure des pattes de la seconde et de la troisième paire, qui ne se terminent pas, comme d'ordinaire, par une petite main didactyle. Les pinces ou pattes antérieures sont poilues et très-épineuses.

3° Le PARTHENOPE SPINOSISSIMA A. M. E., magnifique espèce qui avait été figurée par Seba il y a plus d'un siècle, mais que depuis tous les naturalistes sans exception ont confondue avec le *Parthenope horrida* de Fabricius. Il s'en distingue cependant par un grand nombre de caractères, parmi lesquels le plus frappant consiste dans l'existence de longues épines rameuses sur la carapace et sur les mains.

30 mai. — Le Comité reçoit le résumé des observations météréologiques faites à Rouen, pendant l'année 1861, par M. F. Preisser, avec un tableau imprimé de M. Ludovic Gully.

31 mai. — M. F. Huette adresse le tableau des *observations météréologiques* faites à Nantes pendant l'année 1861.

31 mai. — M. H. Coquand, professeur de géologie à la Faculté des sciences de Marseille, envoie un Mémoire intitulé : *Rapports qui existent entre les diverses qualités d'eaux-de-vie et celles du sol dans le département de la Charente.*

ACADÉMIE IMPÉRIALE DES SCIENCES, INSCRIPTIONS ET BELLES-LETTRES DE TOULOUSE.

Séances des 8 et 15 mai (extrait du compte rendu transmis par M. Urbain Vitry, secrétaire perpétuel).

Cette Société savante a été occupée dans ces deux séances par un Mémoire de M. de Planet ayant pour titre : *Les chaudières à vapeur examinées au double point de vue de la législation et de la technologie ; sur les explosions des chaudières et leurs causes.* L'auteur a pour but l'étude d'une question sur laquelle M. le Ministre de l'agriculture, du commerce et des travaux publics, appelle l'examen de tous ceux dont les connaissances scientifiques ou leur spécialité peuvent servir à éclairer l'administration.

Par décret impérial, en date du 28 mai 1862, M. Milne Edwards, membre de l'Institut, professeur de zoologie (crustacés, arachnides et insectes) au Muséum d'histoire naturelle, est nommé professeur de zoologie (mammifères et oiseaux) dans le même établissement, en remplacement de M. Isidore Geoffroy Saint-Hilaire, décédé.

REVUE DES SOCIÉTÉS SAVANTES.

SCIENCES MATHÉMATIQUES, PHYSIQUES ET NATURELLES.

---

13 juin 1862.

Considerations concernant les observations méridiennes à faire pendant l'opposition prochaine de Mars, dans le but de déterminer sa parallaxe, par M. **A. Winnecke**, astronome de l'observatoire de Poulkova.

La distance de la Terre au Soleil nous est-elle connue à sa trentième partie près? Il y a peu d'années, on n'aurait presque pas osé soulever cette question sans avoir l'air d'être incrédule, par rapport aux faits les mieux établis de la science. Sans doute, à peu d'exceptions près, tous les astronomes auraient donné une réponse affirmative. L'excellent travail de M. Encke sur les passages de Vénus en 1761 et 1769, aurait-on dit, rend la supposition d'une si grande erreur fort peu probable. Aujourd'hui, en présence de plusieurs nouvelles recherches importantes en astronomie physique, la réponse serait autre. Il faut convenir au moins que, dans le résultat de ces recherches, il y a des motifs pour douter de l'exactitude de la parallaxe du Soleil adoptée jusqu'à présent. Voici les résultats qui semblent exiger une augmentation considérable de la parallaxe du Soleil:

1° Le coefficient de l'équation parallactique de la Lune donné par M. Hansen (1854) et déduit de nombreuses observations faites à Greenwich et à Dorpat. M. Airy trouve, en 1859, à peu près la même valeur par une discussion approfondie de l'ensemble des observations faites à Greenwich pendant un siècle.

2° Le coefficient de l'équation lunaire dans la théorie de la Terre trouvé par M. Le Verrier et introduit dans ses nouvelles tables du Soleil, dès qu'on le combine avec la masse de la Lune, déduite par M. Peters à l'occasion de ses recherches sur la nutation.

3° et 4° L'excès du mouvement du périhélie de Mars et l'excès du mouvement du nœud de l'orbite de Vénus sur les valeurs calculées par M. Le Verrier, en adoptant la masse de la Terre, telle qu'on la déduit de la chute des graves à sa surface, combinée avec sa distance au Soleil d'après M. Encke.

Toutes ces recherches s'accordent à indiquer une augmentation d'un trentième à un quarantième de la valeur adoptée jusqu'à présent pour la parallaxe du Soleil. En admettant l'augmentation d'un trentième, l'angle compris entre les directions de Mars en culmination, observées de deux stations dont les latitudes sont à peu près égales à celles du Cap et de Poulkova, sera, pendant l'opposition prochaine, de 31″ au lieu de 30″. Or, sur une différence d'une seconde entière, on peut décider certainement par des observations méridiennes, pourvu qu'on évite toutes les erreurs constantes possibles. On sait que plusieurs fois déjà on a tenté de déterminer la parallaxe du Soleil par cette voie, mais sans avoir réussi suffisamment. Cet insuccès doit être attribué, à ce qu'il paraît, aux trois circonstances suivantes : 1°, qu'on a fait les observations dans des oppositions où la distance de la planète restait très-grande; 2°, que la coopération attendue de différents observatoires n'a pas été aussi active qu'on l'avait espéré; 3°, que les observations exécutées dans les différentes stations n'avaient pas cette conformité rigoureuse qui seule peut conduire, dans ce cas, à des résultats satisfaisants.

Pour l'opposition prochaine, les conditions d'observation sont plus favorables. En octobre 1862, la distance de Mars à la Terre atteindra de très-près son minimum absolu. Pendant toute la période du 20 Août au 2 Novembre, la planète nous sera plus proche que 0,5, et au mois d'Octobre sa distance ne s'élèvera guère qu'à 0,4, la distance moyenne de la Terre au Soleil étant prise pour unité. En outre, la déclinaison boréale de la planète offre quelque avantage, les observatoires de l'hémisphère austral étant situés en général à plus petite distance de l'équateur que ceux de l'hémisphère boréal.

La première circonstance désavantageuse, que nous avons signalée plus haut comme cause de succès incomplet des entreprises précédentes, n'existe donc pas pour l'opposition de cette année, et c'est pour rendre les deux autres moins nuisibles que j'ai l'honneur de communiquer aux astronomes le plan d'observation que j'ai l'intention de poursuivre ici à Poulkova à l'aide du cercle méridien de Repsold. J'ose espérer que les astronomes qui, par des motifs sérieux, désirent des changements dans la disposition des observations voudront bien me communiquer leurs idées le plus tôt possible. Cet échange d'idées me paraît de la plus haute importance dans ce cas; par ce moyen, nous parviendrons, j'espère, à obtenir une véritable conformité dans les observations, en adoptant tous un même plan d'opération, celui qui conviendra le mieux à la majorité des astronomes engagés.

M. Winnecke entre ici dans le détail du plan des observations, qui commenceront le 20 Août et seront continuées sans interruption, chaque nuit favorable, jusqu'au 3 Novembre 1862.

Nébuleuse annulaire de la lyre.

Dans la soirée du 6 juin, M. Chacornac a pu examiner de nouveau la nébuleuse annulaire de la lyre par un temps exceptionnel, et avec un grossissement de 760 fois.

A l'aide de ce grossissement, le plus considérable qu'on ait pu employer avec avantage à Paris, la nébuleuse est résolue en une agglomération d'étoiles extrêmement serrées. La scintillation de tous ces points lumineux présente un effet fatigant pour la vue. Les étoiles les plus brillantes sont situées sur les bords de l'anneau le plus nettement terminé.

Explication de la stratification de la lumière électrique dans les gaz raréfiés, par M. **J.-M. Séguin**, professeur de physique à la Faculté des sciences de Grenoble.

J'ai fait à Grenoble, avec les conseils et avec le concours de M. Quet, recteur de l'Académie, un grand nombre d'expériences sur la stratification des décharges électriques. Les principales ont été résumées dans deux notes que nous avons présentées à l'Académie des sciences en 1858 et 1859.

Les faits énoncés dans ces notes, particulièrement dans la seconde, viennent tous à l'appui d'une explication que nous avons adoptée au sujet de la stratification, comme conséquence des observations les plus variées. Cette explication, qui est très-simple, n'a été indiquée que par quelques mots dans la note de 1859. En y revenant, je crois répondre à l'appel que M. Faye vient de faire aux physiciens à ce sujet, et j'y réponds d'autant plus volontiers que j'ai trouvé un nouvel argument dans les brillantes expériences de l'habile astronome.

J'expose ici comment nous concevons la formation des couches alternativement lumineuses et obscures qu'on voit dans l'étincelle d'induction transmise à travers les gaz raréfiés. Je commencerai par citer quelques-unes des opinions émises par d'autres physiciens sur le mécanisme de ce phénomène et je signalerai pas à pas les faits qui servent d'appui à celle que nous proposons.

Le phénomène de la lumière électrique stratifiée n'a plus besoin d'être décrit, tant il a été vu et revu par les physiciens. M. Abria est sans doute le premier qui en ait aperçu des indices, puisque, dans un Mémoire publié en 1843, il dit que l'aigrette qui part du pôle positif d'un courant induit direct lancé dans l'œuf électrique présente des zones alternativement obscures et lumineuses. M. Grove annonça plus tard, en 1852, que la décharge d'un appareil de Necf dans les gaz raréfiés était striée, sans donner à penser toutefois que ces stries indiquaient de véritables solutions de continuité dans le jet lumineux. Quelques mois après, M. Quet, opérant dans un vide très-avancé et avec un appareil de M. Ruhmkorff, observa et décrivit le phénomène tel que nous le connaissons aujourd'hui. C'est en empruntant les propres expressions de ce physicien que M. de la Rive, dans son *Traité d'électricité*, définit la stratification. M. Quet a découvert, dit-il, que la double lumière qui émane des deux boules de l'œuf électrique se compose d'une suite de couches brillantes entièrement séparées les unes des autres par des couches obscures. Les vapeurs métalliques introduites par M. Faye dans le récipient ont donné un nouvel éclat à la décharge électrique stratifiée.

Parmi les théories qui ont été proposées, je citerai d'abord celle de M. Grove, qui a vu dans les tranches alternativement lumineuses et obscures de la décharge un effet d'interférence. J'avoue que mon esprit ne conçoit pas clairement l'hypothèse des interférences appliquée à des courants électriques ; et, en fait, malgré les ingénieuses expériences de M. Grove sur ce sujet, j'admettrais difficilement que chaque battement de l'interrupteur donnât lieu à deux flux simultanés ou coïncidant en partie, et remplissant toutes les conditions de régularité et de similitude qui sembleraient nécessaires pour assurer l'apparition de franges aussi nettes et aussi constantes que le sont les couches de la lumière électrique.

Il semblerait, au premier abord, plus simple de considérer les tranches lumineuses comme des décharges successives correspondant à autant d'impulsions partielles dont se composerait un battement en apparence unique de l'interrupteur. Il paraît démontré en effet qu'une décharge électrique se compose souvent de plusieurs décharges partielles. Je doute également qu'une telle hypothèse puisse être énoncée en termes parfaitement clairs, et en y réfléchissant, on y trouve des difficultés. Puisque, dans les expériences ordinaires, les tranches produites par une seule interruption du courant inducteur se montrent simultanément dans toute la longueur de la colonne gazeuse, c'est que l'illumination correspondante à chacune des décharges partielles, dure assez longtemps pour se maintenir visible pendant le trajet d'un bout à l'autre de la colonne, et se propage trop vite pour que l'œil s'aperçoive du déplacement. Dès lors, il semble que chacune de ces décharges devrait donner lieu à l'apparence d'une lumière continue tout le long de l'intervalle compris entre les deux électrodes.

Quelques-unes de nos expériences permettent d'exclure l'influence des décharges partielles dont se composerait le courant induit à chaque rupture du courant inducteur. Comme d'autres physiciens l'ont fait avant et après nous, nous avons transmis dans les tubes à gaz raréfié l'électricité de la machine électrique ordinaire avec ou sans bouteille de Leyde, et nous avons eu le soin de supprimer les conducteurs imparfaits, tels que les cordes mouillées, qu'on avait jusqu'alors placés sur le trajet de la décharge pour en ralentir l'explosion. La stratification de la lumière n'en a pas moins eu lieu. Il y a plus, après avoir enveloppé le tube d'une feuille d'étain, nous avons chargé l'intérieur avec la machine électrique, tandis que la feuille d'étain communiquait avec le sol; le tube se trouvait ainsi transformé en une bouteille de Leyde. Il suffit de décharger l'un sur l'autre l'intérieur du tube et l'enveloppe extérieure, sans autre excitateur qu'un fil de métal, pour observer des franges dans la colonne de gaz raréfié.

La théorie que nous avons à présenter se rapproche davantage des idées émises sur le même sujet par M. Riess, dans un Mémoire écrit en 1858, et traduit en partie par la *Revue de Genève*, (février 1859). C'est à la suite de recherches sur la transmission des décharges électriques par les fils fins de métal et par les liquides, que M. Riess conclut relativement à la propagation dans les gaz raréfiés. Les fils fins éprouvent des inflexions en des points déterminés. Dans les liquides, s'il est vrai qu'on ne voit pas l'alternance de la lumière et de l'obscurité le long de la même colonne, du moins on peut obtenir, en faisant varier la conductibilité du liquide, tantôt une décharge lumineuse, tantôt une décharge obscure. Guidé par ses observations, M. Riess suppose que la décharge lumineuse, ayant lieu d'une des électrodes sur une première couche de gaz, refoule le gaz et fait naître plus loin une zone condensée qui est plus conductrice, et à travers laquelle l'électricité se propage à l'état obscur. Au delà de la zone condensée, le gaz étant moins conducteur, la décharge redevient lumineuse, opère un nouveau refoulement, etc. Relativement aux effets des refoulements produits par une décharge électrique dans un gaz environnant, on peut lire dans un Mémoire de M. Abria, qui date de 1840, le récit d'expériences curieuses démontrant que ce refoulement occasionne en effet dans le gaz de véritables ondulations. Ces ondulations sont capables de ranger en lignes successives une poussière répandue sur une plaque. En jugeant de la longueur des ondulations par l'écartement de ces lignes, on reconnaît qu'elle n'a aucun rapport avec l'épaisseur des stratifications, car les lignes de poussière ont entre elles des intervalles de 1 millimètre dans l'air ordinaire, tandis que les tranches lumineuses deviennent extrêmement fines, dès que la pression du gaz atteint quelques millimètres, et ne se retrouvent pas sous la pression atmosphériques (1).

M. Riess condamne d'ailleurs l'hypothèse que, sous l'influence des électrodes et antérieurement à la décharge, la colonne gazeuse affecte une disposition particulière en rapport avec le stratification de la lumière électrique. Il juge que la mobilité des tranches lumineuses ne s'accorde pas avec cette hypothèse. Comme la polarisation préalable de la colonne gazeuse est le point de départ de notre théorie, avant d'exposer les faits qui nous portent à admettre cette circonstance, je dois faire remarquer que dans toute explication il faudra bien accepter d'avance une certaine mobilité des couches lumineuses, comme résultant des irrégularités inévitables dans les interruptions du courant inducteur, et par conséquent dans les effets des décharges induites. Toutefois il y a telles dispositions des expériences où les tranches affectent une constance et une fixité vraiment remarquables, qui seraient en même temps favorables à l'idée d'une polarisation préalable et contraires à l'idée d'un refoulement.

Par respect pour les autorités scientifiques que je viens de nommer, j'ai mis plus de lignes à discuter leurs opinions que je n'en mettrai à exposer la nôtre. Imaginons une colonne de gaz dont les extrémités soient mises en communication avec les deux électrodes d'un courant induit et considérons, par exemple, ce qui se passe à l'électrode positive. L'électricité positive se répand de cette électrode dans le gaz jusqu'à une certaine distance ; la colonne a donc une première couche positive. L'électricité agit de là par influence sur les parties suivantes, elle attire l'électricité négative et repousse l'électricité positive. A cause de la conductibilité imparfaite du gaz, cette séparation des fluides est limitée dans une certaine épaisseur ; il en résulte une couche négative et une seconde couche positive. Le même effet se produisant plus loin et des effets analogues ayant lieu du côté de l'électrode négative, la colonne tout entière se trouve partagée en couches alternativement positives et négatives. Telle est

(1) Dans des tubes à électrodes fines et rapprochées nous avons observé des tranches jusque sous la pression de 30 millim., surtout avec l'influence de l'aimant.

cette polarisation préalable de la colonne gazeuse dont nous avons parlé.

Mais en même temps que les fluides électriques se séparent, les molécules du gaz auxquelles les fluides adhèrent, et qui sont mobiles, sont entraînées par les attractions et les répulsions des électricités. La première couche positive attire la première couche négative qui lui est voisine, et repousse la deuxième couche positive qui vient à la suite, de la même manière qu'une sphère électrisée, près de laquelle on place un cylindre isolé, attire les pendules de la partie antérieure et repousse ceux de la partie postérieure. Il en résulte une condensation du gaz entre la première couche positive et la première négative, une dilatation entre celle-ci et la positive suivante. Le même effet se produisant de proche en proche, la colonne gazeuse est donc divisée en couches alternativement condensées et dilatées, et les électricités contraires s'attirent à travers les couches condensées.

Nous ne dirons rien de la différence qui doit exister entre les couches condensées et les couches dilatées sous le rapport de la conductibilité électrique. C'est un point sujet à controverse, sur lequel nous n'avons pas à nous prononcer pour achever notre explication. Il nous suffit de rappeler que l'attraction qui s'exerce entre deux sections, l'une positive, l'autre négative, d'une couche condensée augmente en raison inverse du carré de la distance à mesure qu'elles se rapprochent par le progrès de la condensation, tandis que la résistance à la décharge opposée par cette couche, étant proportionnelle à la densité du gaz, selon M. Harris, augmente seulement en raison inverse de la distance des mêmes sections. La décharge a donc lieu à travers la couche condensée ; et comme cette décharge n'est rien autre qu'une étincelle, nous voyons que le gaz s'illumine dans toutes les parties où il est condensé, tandis qu'il reste obscur dans les parties où il est dilaté. Telle est, selon nous, la cause de la stratification lumineuse.

L'explication précédente ne s'écarte en rien des lois les plus simples et les plus connues de l'électricité ; mais elle ne serait encore qu'une hypothèse si nous ne montrions qu'en chacun de ses points elle est confirmée par l'expérience.

En premier lieu, pourra-t-on se refuser à admettre la division de la colonne gazeuse en couches électriques alternativement positives et négatives, lorsqu'on sait qu'ainsi se comportent tous les conducteurs imparfaits mis en communication avec une source électrique ? Nous avons fait à cet égard bien des expériences qu'il est inutile de décrire, puisque tant de physiciens ont observé ces zones soit à la surface, soit à l'intérieur des substances peu conductrices.

En second lieu, nous disons que la mobilité des molécules gazeuses, en leur permettant de se rapprocher les unes des autres au gré des attractions électriques, rend possible l'explosion des étincelles entre les parties chargées de fluides contraires. C'est pour constater les effets de cette mobilité des particules que nous avons fait l'expérience rapportée dans notre note de 1859. Sur une lame de verre longue de 10 à 12 centimètres et large de 1 à 2 centimètres, nous étendons au moyen d'un tamis une légère couche de poussière de charbon des cornues à gaz; nous appliquons aux deux bouts de la couche les électrodes de l'appareil de M. Ruhmkorff, et nous faisons agir les décharges. Aussitôt les grains de poussière se mettent en mouvement; on les voit attirés ou repoussés, comme il convient, par les influences électriques qui sont en jeu, et ils se rangent en lignes transversales, séparées les unes des autres par des intervalles de 1 à 2 millimètres, et cela sur toute la longueur de la lame, pourvu qu'elle soit bien isolée. Cette expérience diffère entièrement de celle de M. Abria, puisque la poussière est mise en mouvement, non par le souffle de l'air, mais par les actions électriques, et ces actions s'exerçant, non pas sur le gaz environnant, mais immédiatement sur des grains solides et conducteurs; les lignes de charbon peuvent être plus écartées que ne seraient les stratifications lumineuses dans un gaz peu raréfié, sans qu'on en tire une objection contre la comparaison des unes avec les autres. En exposant au soleil un papier photographique sous la lame de verre qui a servi à l'expérience, on obtient une image négative des lignes de charbon; l'image positive qu'on peut se procurer ensuite reproduit fidèlement le phénomène; on dirait en même temps qu'elle représente les stratifications lumineuses telles qu'elles se montrent dans un tube de Gessler.

Nous avons observé également la stratification de la décharge lumineuse, en la transmettant soit à travers l'air ordinaire tenant en suspension de la poudre de charbon, soit à travers une flamme un peu fuligineuse. L'étincelle s'allonge et prend la forme d'un chapelet à grains lumineux.

Pour achever la démonstration expérimentale de notre théorie, il nous reste à faire voir qu'elle explique sans effort quelques-unes des particularités qu'on remarque dans le phénomène de la stratification, lorsqu'on varie les conditions de l'expérience. Une des circonstances les plus remarquables, c'est que plus le gaz est raréfié, plus les tranches lumineuses et obscures sont épaisses. Cela doit être;

d'un côté, les mouvements de transport qui ont lieu dans les couches gazeuses par suite des attractions et des répulsions électriques sont d'autant plus étendus que les forces émanant des mêmes quantités d'électricité s'appliquent à des couches de moindre masse ; d'un autre côté, la distance explosive est augmentée par la raréfaction du milieu.

Nous avons trouvé, par quelques essais, que les tranches s'élargissaient aussi quand nous chauffions le tube vide avec une lampe. Il est vrai que la flamme faisant office d'une enveloppe conductrice appliqué sur le tube peut modifier par cela même la disposition des couches. Néanmoins, il est permis de penser, d'après le peu de faits connus à cet égard, que l'élévation de la température rend le gaz plus facile à traverser par une décharge.

C'est ici le cas de citer les dernières expériences de M. Faye. Les tranches lumineuses deviennent plus « nombreuses et plus marquées » quand dans l'oxygène raréfié de l'œuf électrique on répand de la vapeur de sodium. Faute de renseignements directs, nous pouvons admettre qu'une vapeur métallique est plus conductrice pour l'électricité de tension qu'un gaz ordinaire ou que la vapeur d'un liquide organique. Dès lors, l'influence électrique s'exerçant, à partir de chaque électrode, sur ce milieu conducteur, la séparation des fluides s'opère sur une plus grande étendue et d'une manière plus complète. De là une stratification plus nette et plus brillante. Les effets de coloration, si remarquables dans les expériences de M. Faye, supposant le transport des particules matérielles du milieu par l'étincelle, sont eux-mêmes plus favorables à notre manière de voir qu'à toute autre théorie.

L'intervalle obscur qui sépare la lumière émise par le pôle négatif de l'aigrette lancée par le pôle positif est une circonstance bien singulière. Toutefois, cet intervalle nous paraît être de la même nature que les autres intervalles obscurs qui se succèdent dans toute l'étendue de l'aigrette. Il s'agrandit et se rétrécit sous les mêmes influences que tous les autres. Demander pourquoi il est plus large, c'est demander pourquoi il y a des différences si nombreuses entre le pôle positif et le pôle négatif. non-seulement dans l'expérience de la lumière électrique stratifiée, mais encore dans tous les autres cas dont la physique est pleine. Ni les émanations matérielles provoquées par la décharge, ni la température ne sont les mêmes aux deux électrodes, et l'aspect de la lumière doit se ressentir de ces différences.

Ainsi le peu d'incertitude qui reste dans nos explications se rapporte exclusivement à des détails secondaires et dépend de l'état général de la physique. Quant aux principes sur lesquels nous avons fait reposer l'ensemble de la théorie, ils appartiennent à la physique élémentaire, et l'application que nous en avons faite au phénomène de la lumière stratifiée semble être justifiée par les expériences spéciales que nous avons citées.

Mémoire sur les phénomènes produits par la combustion de gaz en vases clos, par MM. **Demondésir** et **Schlœsing**, ingénieurs en chef de l'administration des tabacs.

L'influence que la position de l'étincelle et le mouvement des gaz exercent sur leur combustion, disent les auteurs, montre que, pour préciser les limites d'inflammabilité, il faut tenir compte de ces circonstances.

Dans les mélanges d'hydrogène et d'air, l'étincelle étant placée en haut, il n'y a plus inflammation lorsque la proportion d'hydrogène descend à 8 0/0. Gay-Lussac et Humboldt ont trouvé que l'hydrogène mélangé à la dose de 6 1/2 0/0, dans l'oxygène pur ne donne pas trace de combustion. Nous enflammons cependant encore l'hydrogène mélangé *à l'air* dans une proportion un peu inférieure à cette limite de 6 1/2 0/0, mais à condition que l'allumage se fasse par en bas.

Il était intéressant de chercher à voir comment se produirait la combustion des mélanges pauvres sous l'influence du mouvement. En opérant dans un ballon de verre sur un mélange d'hydrogène et d'air dans la proportion de 8 0/0 d'hydrogène, nous avons rencontré un curieux phénomène. L'étincelle étant placée en haut, si le mélange est au repos chaque étincelle successive s'entoure d'une petite flamme, mais la combustion ne se propage pas. Un léger courant de gaz transforme ces flammes en couronne plus étendue, un mouvement plus rapide produit des points brillants et des flammes isolées les unes des autres animées de mouvements rapides et variés. On peut les comparer à des tourbillons d'insectes phosphorescents, mais il nous paraît bien difficile de donner une image précise de ces singulières apparences. Le phénomène est facile à reproduire et n'exige pas la proportion rigoureuse de 8 0/0 d'hydrogène. Sa lumière, on le conçoit, est très-pâle, mais il est facile de lui donner plus d'intensité et des couleurs variées par l'introduction de vapeurs diverses, telles que les chlorures de cuivre et d'étain, le brome, etc...

SECTION SCIENTIFIQUE DU COMITÉ DES SOCIÉTÉS SAVANTES.

Présidence de M. le Sénateur Le Verrier.

Rapport sur les *Observations météorologiques faites à Chartres.*

M. Maunoury, docteur en médecine, a présenté, à la So-

ciété archéologique d'Eure-et-Loir un résumé des observations faites à Chartres par un de ses confrères, M. Durand. Ces observations comprennent la température, la pression atmosphérique et la quantité de pluie tombée, ainsi que les notations habituelles de la direction du vent, du ciel, etc.

M. **Renou** a examiné ce travail.

Les minima diurnes relevés tous les matins à 7 heures et l'observation de 2 heures du soir ont fourni, dit M. **Renou,** la moyenne température des mois et des années ; elle a été trouvée de 9°,8, dit le rapport de M. Maunoury. Mais, en calculant cette température moyenne pour les sept années 1853-59 par les moyennes mensuelles portées au tableau n° 4, je ne trouve que 9°,67, soit 9°,7 en ne conservant qu'un seul chiffre décimal.

Il n'a pas été question de vérification d'instruments, ni de leur emplacement ; on dit seulement que le thermomètre est au nord et à l'abri des rayons du soleil. Il y a lieu de croire cet instrument assez exact et assez bien placé, car la moyenne 9°,7 correspond au niveau de la mer à 10°,6, l'altitude de Chartres étant à la cathédrale 158^{m}. Chartres est, en effet, d'après mes recherches, près de l'isotherme, de 10°,5.

La pluie a été recueillie dans un pluviomètre dont on n'a indiqué ni les dimensions, ni la forme, ni l'emplacement ; elle est de 558^{mm} pour les sept années 1853-59 ; elle a été pendant le même intervalle à Paris de 564^{mm},4. Les hauteurs de pluie sont donc sensiblement les mêmes : c'est en effet ce qu'indiquent toutes les observations faites dans les plaines du centre de la France.

Il nous est impossible de donner une conclusion aussi favorable pour le baromètre. L'auteur du rapport ne dit rien sur la manière dont ces observations ont été faites, ni comment elles ont été calculées et résumées. Nous extrayons de ces résumés les quatre années suivantes, en plaçant en regard les moyennes correspondantes obtenues à Paris.

	CHARTRES.	PARIS, midi.
1854	757,4	757,5
1855	745,6	755,2
....	....	....
1857	756,4	757,0
1858	746,1	757,1

De pareilles divergences sont impossibles, et, au besoin, les observations de Vendôme seraient là pour prouver, par leur concordance avec les chiffres de Paris, que la pression n'a point subi, à si petite distance, d'aussi grandes fluctuations. Le tableau n° 8 donne 753^{mm} pour la moyenne barométrique des sept années à Chartres, tandis qu'on devrait trouver 747^{mm},5 environ pour une altitude de 159^{m}. Des résultats aussi éloignés de la vérité viennent sans doute de ce qu'on a calculé les moyennes en se servant d'observations insuffisantes et faites avec un instrument défectueux.

Il est à croire que le nombre des jours de pluie n'a pas été exactement noté toutes les années, car nous trouvons en 1853 166 jours, et en 1857 seulement 41; cette dernière année a été fort sèche; elle n'a fourni que 352^{mm} d'eau; mais cela supposerait qu'il est tombé en moyenne 8^{mm},6 d'eau par jour de pluie, résultat contredit par toutes les observations faites au centre de la France, et, comme pour le baromètre, par les observations faites à Paris, Blois, Tours, Vendôme et Marboué, situé seulement à 45 kilom. au S. S.-O. de Chartres. On n'a jamais cité non plus un nombre de jours de pluie si faible au centre de la France : la Provence seule en offrirait des exemples dans ses années de sécheresse.

Le nombre de huit jours d'orage par an est aussi trop faible; on n'aura noté que les principaux.

J'ai dit tout à l'heure, en parlant du chiffre de la température moyenne annuelle, qu'il était indiqué comme égal à 9°,8, mais que ce chiffre ne s'accordait point avec ceux portés sur les tableaux: ces tableaux offrent de nombreuses fautes de copie ou de calcul.

Je pense donc qu'il y a lieu de demander à la Société archéologique d'Eure-et-Loir de faire collationner tous les tableaux et refaire tous les calculs, et d'envoyer en même temps une note détaillée sur les instruments mis en usage, sur leur vérification, sur leur emplacement et sur les méthodes qu'on a suivies pour calculer les moyennes portées sur les différents tableaux.

Rapport sur des *Observations météorologiques* faites à Chartres en 1780 par Horeau, copiées par M. **Merlet**, archiviste du département d'Eure-et-Loir.

Des observations météorologiques régulières, dit M. **Renou**, ont été faites à Chartres, de 1780 à 1790, par un habitant de cette ville nommé Horeau; le manuscrit de ces observations, relié en un volume qui appartient à la bibliothèque de la ville, m'a été communiqué au mois de juillet de l'année dernière. Ces observations, que je connaissais de nom, l'abbé Cotte en ayant parlé avec éloge, m'ont paru en effet avoir été faites avec beaucoup de soin. M. Lucien Merlet, archiviste du département d'Eure-et-Loir, a bien voulu faire lui-même la copie d'une partie de ces observations, celle de l'année 1780, qu'il a adressée à M. le Ministre. C'est cette copie que j'ai eu à examiner.

Les observations faites vers 6 heures, puis à 2 heures et 10 heures du soir, comprennent la température de l'air, la hauteur du baromètre, l'état du ciel et la direction du vent; les températures sont exprimées en degrés et douzièmes de degrés Réaumur; la pression atmosphérique en pouces, lignes et douzièmes de ligne; de plus, Cotte dit qu'à partir de septembre 1781 les hauteurs barométriques sont réduites à 0°. Ces observations, comme je viens de le dire, paraissent bien faites, le thermomètre était probablement bien garanti, et même trop garanti, ce qu'on reconnaît à ce caractère, que les minima et les maxima extrêmes diffèrent moins que dans les autres localités où des observations ont été faites à la même époque. Ainsi le maximum de l'été de 1780 a été à Chartres, le 2 juin, 33° 8, à Paris, le même jour, 35° 0. Dans l'hiver de 1780, le 28 janvier, le minimum n'a atteint que 8° 1, à Paris 10° 6.

Quoi qu'il en soit, ces observations seraient encore à classer parmi les moins défectueuses; elles acquièrent un grand degré d'intérêt à présent que presque toutes les séries faites à cette époque ont été perdues et ne sont connues que par des résumés insignifiants et calculés d'après une méthode vicieuse; elles comprennent les deux hivers si remarquables de 1784 et 1789, sur lesquels nous n'avons que des données vagues, l'observatoire de Paris n'ayant publié lui-même que des températures extrêmes. Il serait bien à désirer que ces onze années d'observation fussent imprimées textuellement; on rendrait ainsi un grand service à la météorologie, qui manque tout à fait de matériaux de cette époque, malgré son grand intérêt.

Rapport sur un Mémoire intitulé : *Du rôle physiologique de l'oxygène chez les Mucédinées et les Ferments*, par M. **V. Jodin.**

Le Mémoire de chimie physiologique de M. Victor Jodin, que M. le président a renvoyé à mon examen, dit M. **L. Pasteur**, est très-digne de l'approbation du Comité. Son auteur mérite d'autant plus d'être encouragé qu'il habite une petite ville de la Meuse où il n'a de lien avec aucun établissement scientifique quelconque, et où il se trouve livré entièrement à ses propres ressources. Ce Mémoire fait preuve de connaissances étendues et précises, et il témoigne en outre d'un véritable esprit d'invention, chose toujours rare, et que le Comité ne saurait trop s'efforcer de reconnaître et d'apprécier à sa valeur. J'ai l'honneur de proposer au Comité de faire imprimer le Mémoire de M. V. Jodin.

Communications adressées au Comité.

1er juin. — M. Perrey, professeur à la Faculté des sciences de Dijon, demande, dans l'intérêt de ses travaux sur les tremblements de terre, que les observations météorologiques faites en 1861 au collége des jésuites de Guatemala lui soient communiquées. D'après les instructions de Son Exc. M. le Ministre, il sera donné immédiatement satisfaction à M. Perrey.

3 juin. — M. Mathieu (de la Drôme) adresse un Mémoire imprimé, ayant pour titre : *De la prédiction du temps.*

SOCIÉTÉ ARCHÉOLOGIQUE D'EURE-ET-LOIR.

Séance du 12 février 1862.

Présidence de M. Sédillot, maire de la ville de Chartres, président d'honneur.

La séance est ouverte à une heure et demie, dans la grande salle de la Mairie ; plus de 200 personnes, sociétaires ou invités, assistent à cette réunion. M. Le Verrier, sénateur, président du Comité des sciences, prend place au bureau, à côté de M. le Président. Siégent en outre au bureau : MM. de Boisvillette, président de la Société, Denain, vice-président, et Merlet, secrétaire. Parmi les personnes présentes à la séance, on remarque MM. le général commandant le département, le président et la plupart des membres du tribunal civil, le colonel de gendarmerie, plusieurs chanoines de la cathédrale, les conseillers de préfecture, le docteur Lescarbault, etc.

M. le Maire ouvre la séance par un discours fort applaudi, dans lequel, après avoir retracé le passé de la Société, il la félicite de la nouvelle impulsion qu'elle reçoit de ses relations avec les savants de la capitale, relations que la visite du président du Comité des sciences rend de plus en plus intimes.

M. Le Verrier remercie M. le Président des paroles bienveillantes qu'il lui a adressées. Il rappelle l'élan que S. Exc. M. Rouland a donné aux Sociétés de province depuis son avénement au ministère : la Société archéologique d'Eure-et-Loir a dignement répondu aux intentions de M. le Ministre, et la récompense qu'elle a reçue le 25 novembre, dans la personne de son secrétaire, est venue justement la distinguer parmi les Sociétés savantes de la France provinciale.

Ce que veut surtout le gouvernement impérial, c'est laisser aux

Sociétés de province tout leur libre arbitre, toute leur individualité: il ne prétend pas centraliser, encore moins absorber leurs travaux, et, s'il les convoque à des réunions scientifiques à Paris, c'est pour qu'elles puissent s'entretenir avec les savants de la capitale de leurs œuvres, de leurs intérêts communs, sans crainte d'ailleurs de se voir annihilées dans ce grand centre des connaissances humaines. Pénétrée de ces intentions, la Section des sciences a compris que, plus que toute autre, elle devait conserver aux Sociétés de province une entière liberté d'action : aussi, renonçant bientôt à un projet de *Dictionnaire scientifique général de la France* qu'elle avait d'abord conçu, elle a cru devoir abandonner à chaque Société le soin de rédiger et de publier elle-même, suivant le programme qu'elle jugerait préférable, le Dictionnaire scientifique de son département, se réservant de proposer au Ministre de venir en aide aux Sociétés autant que cela lui serait possible.

M. Le Verrier félicite ensuite la Société de la fondation de son observatoire météorologique et des relations qui se sont établies entre elle et l'Ecole normale pour l'accomplissement de cette œuvre. Mais il voudrait qu'on fît un pas de plus. Aux six observations diurnes, il demanderait que, pendant une année on ajoutât des observations nocturnes, de manière à réunir des notes complètes pour la nuit comme pour le jour; ce serait là un éminent service rendu à la science. Puis, pourquoi ne pas joindre quelques observations astronomiques? Ce qui manque surtout, ce sont des observateurs: les astronomes, absorbés par des phénomènes généraux, laissent nécessairement échapper bien des phénomènes particuliers: ce qu'ils ne peuvent constater, détournés qu'ils sont par d'autres études, des travailleurs intelligents le relèveraient. Ici le savant astronome explique le mode qu'il convient de suivre pour l'observation du ciel, et, afin d'engager la Société à répondre à son désir, il lui fait don d'un exemplaire de l'*Atlas écliptique* de M. Chacornac.

La méthode employée par les astronomes dans l'observation du ciel conduit naturellement M. Le Verrier à parler de la découverte de la planète *Vulcain* par le docteur Lescarbault, membre de la Société. Il rappelle d'abord le système des anciens, qui, Aristote à leur tête, n'admettaient que cinq planètes, et qui, pour défendre *l'incorruptibilité des cieux*, prétendaient que tous les phénomènes qui survenaient étaient des *phénomènes sublunaires*. Il explique comment on fut forcé d'abandonner ce système ; il raconte en peu de mots les principaux progrès de la science astronomique, puis il fait l'histoire de la découverte de M. Lescarbault. Il redit les précautions prises pour s'assurer de la réalité de la découverte, et montre que les données fournies par les observations de M. Lescarbault se plient à toutes les conditions des mouvements planétaires. Malgré tous les écrits des détracteurs de M. Lescarbault, sa découverte est donc incontestable, et Vulcain, sans nul doute, reparaîtra un jour pour donner un éclatant démenti à ceux qui veulent douter encore de son existence. Une des plus grandes objections qu'on ait faites à M. Lescarbault est qu'il n'avait pas vu l'entrée de la planète sur le Soleil, et que cependant il a noté le moment de cette entrée. Mais, répond M. Le Verrier, il y a une célèbre observation d'un passage de Vénus sur le Soleil qui nous présente la même circonstance. Un astronome de Liverpool, Horroxius, contemporain de Gassendi, signala en 1639 le passage de Vénus sur le Soleil : Horroxius n'était pas non plus présent au moment précis de l'entrée de la planète; il l'estima néanmoins, et l'on n'a jamais argué de faux son observation. Nul fondement donc dans cette objection. La découverte de M. Lescarbault est certaine, et la Société peut se faire gloire de posséder ce savant dans son sein.

L'improvisation de M. Le Verrier est suivie de longs applaudissements.

L'ordre du jour appelle ensuite la lecture d'une notice de M. de Boisvillette sur la *Météorologie de Grégoire de Tours*. La lecture de ce Mémoire, dans lequel le savant président de la Société a groupé avec son bonheur habituel les différents faits se rattachant plus ou moins directement à la météorologie des premiers siècles de la France chrétienne, est écoutée avec le plus vif intérêt. Le manuscrit est renvoyé à la Commission de publication.

Le secrétaire notifie à l'assemblée l'établissement de cours publics entrepris, sous le patronage de la Société, par MM. P. Durand, Merlet, Salmon et Barrois, sur l'archéologie, l'histoire littéraire, la physique et la chimie. Il donne communication d'une lettre de Son Exc. M. le Ministre de l'Instruction publique, félicitant la Société *d'une création qui honore la Société archéologique d'Eure-et-Loir.*

M. Ad. Lecocq donne lecture d'une notice sur *Jean le Maçon, fondeur de cloches, Chartrain*, et auteur de la fameuse cloche Georges d'Amboise, de Rouen. — Cette lecture, remplie des renseignements les plus inattendus et les plus intéressants, est suivie des applaudissements de l'assemblée et renvoyée à la Commission de publication.

(Extrait du procès-verbal.)

Le secrétaire,

L. Merlet.

REVUE DES SOCIÉTÉS SAVANTES.

SCIENCES MATHÉMATIQUES, PHYSIQUES ET NATURELLES.

---

20 juin 1862.

Recherches théoriques et expérimentales sur l'électricité considérée au point de vue mécanique, par M. **Marié Davy.**

Mes travaux sur l'électricité ont été commencés à ma sortie de l'École normale, en 1844; continués sans interruption jusqu'à ce jour, ils embrassent actuellement la presque totalité des principaux faits relatifs à l'électricité. Toutefois, je n'ai voulu commencer la publication des résultats de mes longues recherches que lorsque je me suis cru en possession du fil conducteur qui devait me guider dans la grande synthèse que j'avais entreprise.

Un premier fascicule a paru au commencement de cette année; l'impression du second est presque terminée, et j'espère dans quelques jours pouvoir le soumettre au jugement du Comité. Mais comme les sept Mémoires contenus dans ces deux fascicules ne forment que le développement graduel d'une même idée scientifique, je crois utile, pour mettre les lecteurs de la Revue en état de bien saisir le résumé de ma seconde publication, de rappeler en quelques mots les principaux points établis dans la première.

Dans un travail comme celui dont il est ici question, on ne saurait mettre trop de soin à établir nettement son point de départ. Mes deux premiers Mémoires, qui forment une sorte d'introduction à l'ensemble de mes recherches, sont consacrés à la fixation des unités de courant et de résistance auxquelles je me suis arrêté et à la discussion des appareils de mesure dont j'ai fait usage.

Je prends pour unité de courant, celle qui en une heure dépose 0, mg. 108 d'argent (108 millièmes de milligramme), et pour unité de résistance, celle d'une colonne de mercure pur à 0° de 1 mètre de long et de 1 millimètre carré de section.

Mon troisième Mémoire est destiné à poser les bases de la théorie mécanique de l'électricité telle que je la comprends.

Quelle que soit la nature du mouvement électrique, que je laisse pour le moment en dehors de toute hypothèse, je considère comme essentiellement distinctes la vitesse du mouvement électrique en chaque point de circuit et la vitesse *V* avec laquelle ce mouvement se propage d'un point à l'autre du même circuit, de même qu'on distingue, par exemple, la vitesse de vibration d'un corps sonore de la vitesse de transmission du son.

En désignant par

v la vitesse du mouvement électrique au bout d'un temps *t* compté à partir de la fermeture du circuit,

m la masse électrique en mouvement dans l'unité de longueur du circuit supposé homogène,

ρ la longueur totale de ce circuit homogène, ce que l'on appelle longueur réduite du circuit vrai,

A la force électromotrice par unité de surface,

b le coefficient des résistances que le courant éprouve de la part de chaque unité de longueur du circuit homogène,

i l'intensité du courant à l'instant *t*,

k un paramètre dépendant des unités adoptées,

Je pose, en m'appuyant sur des données expérimentales et en supposant le circuit très-court :

$$i = kmv.$$

$$\frac{dv}{dt} = \frac{A}{m\rho} - \frac{b}{m} v.$$

d'où

$$v = \frac{A}{b\rho}\left(1 - e^{-\frac{b}{m}t}\right)$$

$$i = kmv = \frac{kmA}{b\rho}\left(1 - e^{-\frac{bt}{m}}\right)$$

La durée de l'état variable du courant est donnée par la valeur de *t*, qui rend nulle l'expression $(e - \frac{b}{m} t)$.

Mathématiquement, cette durée est infinie; physiquement, elle se réduit à quelques millièmes de seconde.

En appliquant cette formule à l'état variable du courant dans des conducteurs en platine, cuivre, fer, plomb et sulfate de cuivre en dissolution, dans lesquels la masse *m*, la longueur absolue *l* et la longueur réduite ρ du conducteur varient dans des limites très-étendues, j'ai obtenu pour $\frac{b}{m}$ des valeurs sensiblement égales entre elles; et comme, d'un autre côté, mes expériences montrent que les plus légères influences extérieures auxquelles il est impossible d'échapper complétement, peuvent modifier de la manière la plus prononcée cette valeur de $\frac{b}{m}$, je me suis cru en devoir de la considérer comme constante et égale à 20000 en nombre rond. Nous avons donc

$$i = C \frac{A}{\rho} \left(1 - e^{-20000} \right)$$

Dans un fil dont la longueur est assez faible pour que le temps employé par l'électricité pour le parcourir soit négligeable, le temps que le courant met à acquérir, à un millième près, son état permanent est donc indépendant de la longueur absolue du circuit, de sa longueur réduite et de sa conductibilité, résultats incompatibles avec la théorie de Ohm.

La valeur de $\frac{b}{m}$ n'est toutefois égale à 20000 que quand le circuit est rectiligne. S'il est replié sur lui même, s'il agit sur un noyau de fer doux, ou, d'une manière plus générale, si le courant exécute un travail en dehors de son circuit, $\frac{b}{m}$ diminue dans une proportion correspondante, et la durée de l'état variable s'accroit d'autant. Dans les fils télégraphiques sous-marins avec spirales de fer extérieures, cette durée peut être accrue dans le rapport de 150 à 1. Cette spirale de fer, qui ne tend qu'à augmenter les difficultés de la pose en surchargeant le fil sans le garantir en rien contre les causes de tiraillement longitudinal, a donc en outre l'inconvénient de ralentir outre mesure la durée de la transmission des signaux. Il conviendrait de renverser complétement la question, de donner la forme spirale aux fils conducteurs et de composer l'armature protectrice de fils longitudinaux en tout autre métal que le fer.

$\frac{b}{m}$ étant constant, $\frac{km}{b} = c$ l'est aussi pour les mêmes unités de résistance et de courant ; ce qui donne pour l'état permanent

$$i = c \frac{A}{\rho}$$

formule qui est l'expression réduite des lois de la pile.

Les conclusions de ce troisième Mémoire sont renfermées dans les trois propositions suivantes :

1° Conformément à ma théorie, et contrairement à la théorie de Ohm, la durée de l'état variable d'un courant est sensiblement indépendante de la nature et de la longueur du circuit, tant que cette longueur ne dépasse pas une certaine limite, qui n'est guère atteinte que sur les grandes lignes télégraphiques.

2° Cette durée se trouve accrue lorsque le courant effectue un travail extérieur tel que l'aimantation d'un noyau de fer doux ou d'une enveloppe de fil de fer analogue à celle qui garnit les câbles sous-marins anglais.

3° Tandis que la théorie de Ohm dénie à l'électricité une vitesse propre et finie, la théorie mécanique de l'électricité la lui restitue; et, tout en admettant que cette vitesse est voisine de celle de la lumière, elle rend compte des divergences extrêmes que présentent les nombres donnés par les divers physiciens pour expression de la vitesse de l'électricité, qui, dans la plupart des cas, n'est que la vitesse de transmission des signaux télégraphiques, essentiellement distincte de la vitesse vraie de l'électricité.

Mémoire sur les *dangers des unions consanguines et nécessité des croisements*, par M. le Dr **Boudin** (résumé par l'auteur).

De l'ensemble des faits constatés, dit l'auteur, nous déduirons les propositions générales suivantes :

1° Les mariages consanguins représentent en France environ 2 pour 100 de l'ensemble des mariages, tandis que la proportion des sourds-muets de naissance issus de mariages consanguins est à l'ensemble des sourds-muets de naissance :

a A Lyon, *au moins* de 25 pour 100;

b A Paris, de 28 pour 100;

c A Bordeaux, de 30 pour 100.

2° La proportion des sourds-muets de naissance croît avec le dégré de la consanguinité des parents; si l'on représente par 1 le danger de procréer un enfant sourd-muet dans un mariage ordinaire, ce danger est représenté par :

18 dans les mariages entre cousins germains;

37 dans les mariages entre oncles et nièces;

70 dans les mariages entre neveux et tantes.

3° A Berlin, on compte :

3,1 sourds-muets sur 10,000 catholiques;

6 sourds-muets sur 10,000 chrétiens, en grande majorité protestants;

27 sourds-muets sur 10,000 juifs.

En d'autres termes, la proportion des sourds-muets croît avec la somme des facilités accordées aux unions consanguines par la loi religieuse.

4° On comptait en 1840 dans le territoire de Jowa (États-Unis) :

2,3 sourds-muets sur 10,000 blancs;

212 sourds-muets sur 10,000 esclaves.

C'est-à-dire que, dans la population de couleur, dans laquelle l'esclavage facilite les unions consanguines et même incestueuses, la proportion des sourds-muets était QUATRE-VINGT-ONZE fois plus élevée que dans la population blanche, protégée par la loi civile, morale et religieuse.

5° La surdi-mutité ne se produit pas toujours *directement* par les parents consanguins, on la voit se manifester parfois *indirectement* dans des mariages croisés dont l'un des conjoints était issu de mariages consanguins.

6° Les parents consanguins les *mieux portants* peuvent procréer des enfants sourds-muets; par contre, des parents sourds-muets, mais non consanguins, ne produisent des enfants sourds-muets que *très-exceptionnellement* : la fréquence de la surdi-mutité chez les enfants issus de parents consanguins est donc *radicalement indépendante de toute hérédité morbide.*

7° Le nombre des sourds-muets augmente souvent d'une manière très-sensible dans les localités dans lesquelles il existe des obstacles naturels aux mariages croisés. Ainsi la proportion des sourds-muets, qui est, pour l'ensemble de la France, de 6 sur 10,000 habitants, s'élève :

En Corse, à 14 sur 10,000 habitants;
Dans les Hautes-Alpes, à 23 ;
En Islande, à 11 ;
Dans le canton de Berne, à 28.

8° On peut estimer à environ 250,000 le nombre total des sourds muets en Europe.

9° Les alliances consanguines sont accusées encore de favoriser chez les parents l'infécondité, l'avortement; chez les produits, l'albinisme, l'aliénation mentale, l'idiotisme, la rétinite pigmenteuse et autres infirmités : mais ces diverses propositions nous paraissent réclamer une démonstration numérique qui leur manque plus ou moins jusqu'ici.

Acide ditartrique et disuccinique par M. **Schiff** (de Berne).

M. Schiff, en exposant à l'action de la chaleur l'acide tartrique $C^8 H^4 O^{10}. 2 HO$, et l'acide succinique $C^8 H^4 O^6. 2 HO$, a obtenu deux nouveaux acides qui ne diffèrent des premiers que par un équivalent d'eau: l'acide ditartrique $C^8 H^4 O^{10}. HO$; et l'acide disuccinique $C^8 H^4 O^6. HO$. Les acides peuvent former des sels qui leur sont propres.

Sur la présence et sur le rôle de l'acétylène dans le gaz d'éclairage.

M. **Berthelot** a montré l'existence de l'acétylène dans le gaz d'éclairage.

La proportion de ce corps s'élève à peine à quelques dix-millièmes et cependant son rôle a une grande importance.

D'une composition peu différente de celle de la Benzine, il contribue à augmenter le pouvoir éclairant du gaz d'éclairage, en même temps qu'il lui communique son odeur désagréable.

M. Berthelot a constaté que l'on ne pouvait pas obtenir l'acétylène en faisant circuler de l'hydrogène entre deux électrodes de charbon entre lesquels jaillit l'étincelle d'un puissant appareil de Ruhmkorff, même quand on interpose dans le circuit une grande bouteille de Leyde.

Sur la réduction du perchlorure de fer par le platine, le palladium et l'or : réduction des chlorures d'or et de palladium par le platine ; par M. **Camille Saint-Pierre.**

MM. Saint-Pierre et Béchamp avaient trouvé dans des recherches précédentes que le chlorure de fer $Fe^2 cl^3$ bouilli avec du platine est ramené à l'état du protochlorure. Il s'est assuré dans ces nouvelles expériences que la chaleur seule ne produit pas le même résultat.

De plus, il a réduit le chlorure de fer à l'aide du même procédé par l'or et le palladium. Avec ces deux métaux, l'action est plus lente; aussi des expériences faites sur leurs chlorures ont montré qu'ils sont partiellement réduits par le platine.

SECTION SCIENTIFIQUE DU COMITÉ DES SOCIÉTÉS SAVANTES

Présidence de M. Milne Edwards, membre de l'Institut.

Séance du 13 juin 1862.

M. le Président donne lecture de la pièce suivante (transmise par M. le Ministre).

Vu les propositions du Comité impérial des travaux historiques et des Sociétés savantes, le Ministre de l'instruction publique et des cultes,

Arrête:

Art. 1er. Les œuvres complètes d'Augustin Fresnel seront publiées sous les auspices du Ministre de l'instruction publique et des cultes.

Art. 2. M. Léonor Fresnel et M. de Sénarmont, ingénieur en chef des mines, membre du Comité des travaux historiques et des Sociétés savantes, sont chargés de cette publication qui, formera trois volumes in-4° et sera imprimée à l'Imprimerie impériale.

7 juin 1862.

ROULAND.

Rapport sur un Mémoire de M. Morren, relatif aux *phénomènes lumineux que présentent quelques milieux très-raréfiés pendant et après le passage des étincelles électriques*, par M. **Jamin**.

Tout le monde connaît aujourd'hui les beaux phénomènes qui se produisent quand on fait passer le courant de la machine de Ruhmkorff à travers des tubes contenant des gaz ou des vapeurs très-raréfiés. Ces milieux s'illuminent dans toute l'étendue du tube et offrent des teintes variables suivant leur nature. Ces phénomènes ont été déjà l'objet de nombreux travaux, et M. Morren, dans le Mémoire que je vais analyser, fait connaître et cherche à expliquer quelques-unes des circonstances qui tout d'abord n'avaient point attiré l'attention.

La plus curieuse de ces circonstances est la suivante : il arrive quelquefois que le tube s'illumine d'une lumière blanche vaporeuse, qui persiste après le passage de l'étincelle, ce qui prouve que le gaz intérieur devient et reste phosphorescent pendant un certain temps, puisqu'il conserve la propriété d'émettre de la lumière après que l'étincelle cesse de s'illuminer. M. Morren cherche la cause de cette phosphorescense.

Il reconnaît d'abord quelle ne se produit avec aucun gaz simple et pur ni avec un mélange d'oxygène et d'azote, mais qu'elle se développe aussitôt qu'on ajoute à ce gaz de l'acide sulfureux; il cherche alors à se rendre compte des effets chimiques produits dans les mélanges de ces trois gaz, quand on y fait passer une série d'étincelles de la machine de Ruhmkorff et il reconnaît qu'il se forme un composé bien connu, dont la formule chimique est : $AzO^3\ 2SO^3$.

Ce composé se forme donc probablement dans les tubes de Geissler quand on y introduit un mélange d'azote, d'oxygène et d'acide sulfureux, et il était probable que la phosphorescence observée est déterminée par sa présence. En effet, en l'introduisant directement dans des tubes, on voit la phosphorescense se produire.

M. Morren admet que ce composé se forme d'abord sous l'influence du courant, puis qu'une action prolongée le décompose en acide sulfurique qui se porte au pôle positif, et en acide azoteux qui s'accumule au pôle opposé. Il suppose que l'acide sulfurique est phosphorescent et que la lumière se conserve après la cessation du courant tant qu'il reste une suffisante quantité de cet acide en liberté. Je laisse à M. Morren la responsabilité de cette explication qui, tout ingénieuse qu'elle est, ne paraît pas complétement à l'abri des objections qu'on pourrait lui opposer.

La seconde partie du Mémoire de M. Morren contient la description très-détaillée des procédés qu'il emploie pour préparer les tubes dits de Geissler, et il donne, à cette occasion, la description d'une machine pneumatique qui me paraît appelée à rendre de grands services aux expérimentateurs : il est facile d'en comprendre le principe. Que l'on se figure un baromètre à siphon dont la branche ouverte soit reliée à la branche fermée par une charnière en caoutchouc qui permet de la placer verticalement ou horizontalement. Si on la met horizontalement, on abaisse le niveau extérieur du mercure, par conséquent on fait descendre également le niveau intérieur et la chambre barométrique augmente. Si au contraire on relève verticalement la branche ouverte, on voit remonter le mercure intérieur, et la chambre barométrique descendre jusqu'à devenir nulle si la différence de niveau devient moindre que 760 millimètres. En résumé, en abaissant la branche mobile, on fait le vide dans la colonne barométrique, et en la relevant on fait remonter le mercure jusqu'au sommet. On comprend aisément que par le premier mouvement on peut extraire l'air d'une capacité quelconque en la mettant en communication avec la chambre barométrique, et que par le second on chassera cet air par un conduit disposé à cet effet.

Cet instrument est exempt des causes d'imperfection qui se remarquent dans les machines pneumatiques ordinaires. Il n'y a point de rentrée de gaz à craindre, et comme on n'emploie aucune matière grasse ou poreuse, il ne se condense aucun gaz ou aucune vapeur qui puisse altérer la pureté des milieux raréfiés que l'on introduit dans les tubes de Geissler.

M. Plucker a étudié en 1858 les spectres de la lumière fournie par les tubes de Geissler, il a reconnu que ces spectres sont sillonnés de raies nombreuses et différentes pour les divers gaz. Il en a conclu le premier que l'étude des spectres produits dans ces conditions peut devenir un excellent moyen d'analyse pour les gaz, et l'on sait quelle éclatante confirmation MM. Kirchhoff et Bunsen ont donnée à cette idée. Mais, pour que ce procédé d'analyse puisse devenir pratique, il faut que l'on ait une fois pour toutes dessiné avec soin les spectres électriques des divers gaz simples. C'est ce que M. Morren a fait pour le cas de l'azote, et il a joint à son Mémoire une planche gravée et coloriée avec le plus grand soin. Nous faisons des vœux pour que M. Morren soit mis à même de continuer ce travail. Les divers établissements d'instruction publique recevraient avec reconnaissance et emploieraient utilement pour la démonstration un exemplaire de ces remarquables dessins, auxquels on pourrait ajouter une courte légende explicative.

Rapport sur les travaux du *Conseil central de salubrité du département du Nord pendant l'année* 1859.

Les travaux du conseil central de salubrité, dit M. **Payen**, et des conseils d'arrondissements du département du Nord pendant l'année 1859, sont publiés en un volume in-8° de 320 pages ; 50 pages sont en outre consacrées aux observations météorologiques faites par M. Victor Meurein ; enfin une table générale des matières traitées dans 17 volumes, depuis la fondation, en 1828 des conseils d'hygiène et de salubrité du département, et la liste des membres qui ont accompli ces travaux, indiquant les rapports qu'ils ont présentés, termine ce volume en dehors de sa pagination.

Le dernier volume, le seul dont je sois chargé de rendre compte, indique les délibérations du conseil central sur cent quatre-vingts affaires relatives aux diverses circonstances qui, dans les usines, les exploitations agricoles, les établissements d'éducation, les logements des ouvriers, peuvent compromettre la santé ou la sécurité publique. La plupart des sages prescriptions formulées d'après les propositions du conseil central s'appuient sur des opinions analogues exprimées par le conseil d'hygiène et de salubrité du département de la Seine.

On remarque dans ce volume un grand nombre d'observations soigneusement recueillies sur des exemples de la transmission de certaines maladies du cheval (morve, farcin) à l'homme. Cette transmission longtemps niée a pris cours parmi les vérités scientifiquement établies, surtout depuis les travaux de M. Rayer.

De nouveaux faits à cet égard bien constatés n'en avaient pas moins une importance réelle pour éclairer les gens des campagnes et justifier les mesures sanitaires adoptées par les autorités locales. Une intéressante statistique résume dans plusieurs tableaux synoptiques les observations relatives aux mouvements de la population.

Parmi les objets les plus importants qui, dans ces localités, fixent l'attention des médecins, ingénieurs, chimistes et physiciens, membres du conseil central, on doit placer au premier rang les causes multiples de l'altération des eaux des rivières, canaux, étangs, etc., etc., dérivant surtout de certaines distilleries de grains, de betteraves et de mélasses ou des sucreries indigènes.

De là, les recommandations utiles de purifier ces eaux en les saturant de chaux et les laissant déposer dans de larges bassins, afin qu'elles soient rendues limpides avant de les faire écouler dans les cours d'eau; et, lorsque ces précautions doivent être insuffisantes, la nécessité impérieuse d'exiger la fermeture de ceux de ces établissements manufacturiers qui, par la nature et le volume de leurs résidus liquides, occasionneraient l'infection des eaux naturelles et de graves dangers pour la santé publique.

Les distilleries de grains, suivant la méthode de saccharification par les acides sulfurique ou chlorhydrique, sont du nombre de celles dont les eaux, résidus de la distillation, mélangées de sels calcaires et de substances organiques azotées et non azotées fermentescibles, donnent lieu à l'infection des cours d'eau. Il est une autre méthode bien préférable, au point de vue de l'économie agricole; elle consiste à saccharifier les grains par la diastase que contient l'orge germée; après la fermentation alcoolique et la distillation, le résidu retenant en effet une portion de la substance amylacée, la dextrine, les matières azotées, grasses et salines, toutes substances nutritives pour les animaux des espèces bovines, ovines et porcines, il se trouve donc naturellement utilisé dans les fermes; aussi ce procédé est-il seul permis aux époques de pénurie des grains. Dans les circonstances ordinaires, les établissements purement industriels donnent la préférence au système plus productif pour eux du traitement par les acides.

Il n'en est pas de même, fort heureusement, de la distillation des betteraves, suivant une méthode due à M. Champonnois, et dont les analyses de M. Meurein, un des membres du conseil central de salubrité, faites sur les résidus, ont mis de nouveau en lumière les principaux avantages.

Ce procédé permet effectivement d'obtenir l'alcool tout en laissant à la disposition des fermiers les résidus, qui représentent, à peu de chose près, les substances organiques et minérales de la racine, moins le sucre transformé en alcool, acide carbonique et autres produits de la fermentation. Dès-lors, il est évident que l'industrie agricole ainsi dirigée peut éviter les inconvénients inhérents à l'écoulement des liquides dans les cours d'eau.

En résumé, les travaux nombreux, consciencieux et variés du conseil central d'hygiène du département du Nord, me semblent dignes d'être signalés à l'attention du Comité des Sociétés savantes.

Rapports sur les *Mémoires de l'Académie impériale des sciences, belles-lettres et arts de Lyon.* Tome IXe, 1859.

Ce volume débute par une notice historique sur le sucre de canne, lue à l'Académie impériale de Lyon, le 6 juillet 1858, par M. le docteur Lortet. Ce travail, dans lequel l'auteur fait preuve de la plus solide érudition, est consacré à rechercher l'origine de la connaissance et de la culture de la canne à sucre dans les deux mondes. Il comble une lacune manifeste dans nos traités de chimie et de technologie, et sera consulté avec le plus grand profit quand on voudra se rendre compte de l'histoire et du progrès de l'industrie sucrière.

Après le travail de M. Lortet vient une *Note sur les dépôts houillers de Brassac et de Langeac*, par M. Dorlhac, ingénieur civil des mines.

M. **Delesse** résume en ces termes le travail de cet ingénieur :

M. J. Dorlhac a présenté diverses considérations sur la distribution des bassins houillers dans le plateau central. Ces bassins, qui se trouvent généralement vers les bords extérieurs du plateau, paraissent correspondre à d'anciens rivages de la mer carbonifère; mais, dans la partie occidentale, il y a une interruption, et plusieurs lambeaux du terrain houiller sont alignés suivant une direction N. 15° E. Il s'observent sur une longueur de 160 kilomètres à Pléaux, Mauriac, Bort, Pontaumur, Saint-Gervais, Saint-Éloi, le Montet, Noyons, Fins et Decize. Bien qu'isolés aujourd'hui, ils ont sans doute été réunis et ils semblent indiquer la trace d'une vallée houillère qui traversait autrefois le plateau central dans la direction indiquée.

M. Dorlhac pense en outre que les trois dépôts houillers de Brassac, de Fressanges et de Langeac, qui sont isolés au milieu du plateau central, appartenaient aussi à une même vallée houillère qui s'étendait de l'Alagnon à Lavaudieu. La lacune qui existe entre Sénonière et Langeac est attribuée à un soulèvement postérieur au dépôt houiller qui aurait apporté une solution de continuité sur une longueur de 18 kilomètres. La trace de dislocations violentes se retrouve d'ailleurs à Langeac, à Lugeac, à Lamothe, et en général dans la partie Est où le gneiss a été renversé par dessus le terrain houiller. M. Dorlhac admet même que cette vallée houillère se réunissait avec la vallée occidentale, et qu'entre Brassac et Moulins, il peut exister des lambeaux de terrain houiller qui sont cachés par la grande épaisseur du terrain tertiaire.

Cette conclusion de M. Dorlhac s'accorde d'ailleurs avec les idées qui ont été développées par M. Fournet, relativement à l'extension des terrains houillers.

On trouve encore à signaler dans le même volume des *Mémoires de l'Académie impériale de Lyon*, deux Mémoires de M. Estaunié, ingénieur des mines. Voici, sur ces travaux, l'opinion exprimée par M. **Phillips** :

Dans le premier de ces Mémoires, dit M. **Phillips**, M. Estaunié a établi des relations entre la force des machines à vapeur et les dimensions de leurs chaudières. Il a examiné séparément le cas des machines à détente et sans détente. Son point de départ consiste à égaler la portion réellement utilisée de la vapeur produite dans un temps donné par le générateur au volume engendré dans le même temps par le piston pendant l'admission à pleine pression.

De même, M. Estaunié donne l'expression du travail de la machine en fonction, de la quantité d'eau vaporisée, et, par suite, on a le rapport entre la surface de chauffe pour une chaudière d'un type déterminé et la force en chevaux correspondante.

Toutes les relations indiquées par M. Estaunié sont simples et exactes. Il est vrai qu'elles étaient connues en principe; mais il est bon de les avoir précisées et de s'occuper de les répandre.

Il est toutefois un point, et c'est du reste le sujet du deuxième Mémoire, qui exige quelques observations. M. Estaunié s'est proposé de donner une nouvelle forme du travail développé par la vapeur pendant la détente, au lieu de l'expression connue qui contient, comme on sait, comme facteur, le logarithme népérien de la valeur inverse de la fraction de détente. Il a remarqué, ce qui est vrai, que la formule ordinaire suppose l'application de la loi de Mariotte à l'expansion de la vapeur, ce qui n'a pas lieu, rigoureusement parlant. Néanmoins, dans les limites ordinaires de la pratique, cette formule est assez approchée pour qu'il n'y ait pas lieu d'en regretter l'emploi.

Le point de départ de l'auteur est la formule donnée par Laplace, dans le XIIe livre de la Mécanique céleste, et qui exprime la loi des pressions d'un fluide élastique dont le volume change, sa quantité de chaleur initiale restant invariable. Le résultat est analogue à celui qui exprime la loi de Mariotte, sauf que le rapport des pressions est égal, non plus au rapport inverse des volumes correspondants, mais à ce rapport élevé à une puissance dont l'exposant est égal au rapport de la capacité calorifique du gaz à pression constante, à sa capacité calorifique à volume constant.

Mais il faut remarquer que la formule de Laplace suppose constant le rapport des deux capacités calorifiques, et ce fait n'a pas encore été démontré pour la vapeur. De plus, il ne semble pas même que l'on soit encore bien fixé sur la valeur de ce rapport pour la vapeur d'eau. En effet, M. Estaunié prend pour sa valeur 3/2, d'après Péclet; mais ce dernier donne lui-même ce nombre d'après Dulong, comme résultant d'expériences qui n'ont pas été publiées. D'un autre côté, M. Pouillet a été conduit par d'autres considérations à un chiffre beaucoup moindre.

A un autre point de vue, il ne faudrait pas oublier que dans la pratique les circonstances de l'hypothèse de Laplace ne sont pas complétement réalisées dans l'emploi de la vapeur d'eau. Il y a généralement de l'eau entraînée mécaniquement avec la vapeur; de plus, condensation d'une certaine quantité de vapeur et une notable influence des parois du cylindre sur la température de celle-ci.

M. Estaunié a d'ailleurs vérifié que le travail de la détente, tel que le donne sa méthode, diffère fort peu de celui qui résulte de la formule ordinaire dans les faibles détentes, et que l'écart ne devient notable que dans les détentes prolongées. La comparaison de la formule de Laplace avec celle de Mariotte montre immédiatement qu'il devait en être ainsi.

En résumé, et réserve faite des observations que j'ai cru devoir présenter, M. Estaunié s'est livré à une étude digne d'intérêt. Seulement, je pense qu'il ne faut user qu'avec une très-grande circonspection de l'emploi du calcul dans les questions de ce genre, où l'application de la théorie pure vient se compliquer d'un certain nombre d'influences étrangères et qui sont assez peu connues.

M. Fournet a publié dans ce volume de l'Académie impériale de Lyon deux Mémoires intéressants : l'un est relatif à la structure et au régime pluvial de la concavité bourguignonne ; l'autre aux ombres colorées : M. **Renou** apprécie comme il suit l'intéressant Mémoire de M. Fournet :

L'auteur, dit M. **Renou**, a étudié avec beaucoup de soin la distribution des pluies sur les différentes parties du bassin qui alimente la Saône; il a eu pour cela à sa disposition les immenses registres de la *commission hydrométrique* dont les travaux sont connus depuis longtemps et se continuent sous son habile direction. Il fait voir que les hauteurs de pluies, variées comme la configuration de ce bassin lui-même, présentent des moyennes annuelles qui varient depuis 0^m623 à Bourbonne, jusqu'à $1^m,600$ à Saint-Rambert; que les plus grandes quantités de pluie tombent au pied du Jura, surtout dans les gorges élevées, de sorte que les affluents de la Saône descendant de cette région ont une influence bien plus grande sur les inondations que ceux de la rive droite.

Il serait superflu de faire remarquer toute l'utilité scientifique et pratique de ces études, bien connue aujourd'hui. Ce sont ces études qui ont attiré depuis quelques années l'attention du gouvernement, et qui ont été cause que des recherches analogues s'organisent et s'organiseront successivement par toute la France. Déjà le bassin de la Seine est pourvu dans toute son étendue de pluviomètres dans le service des ponts et chaussées. On ne saurait trop répéter qu'il faudra avoir un jour un nombre de pluviomètres considérable par toute la France, surtout dans les régions montagneuses où la distribution de la pluie est fort compliquée, et où quelques pluviomètres donnent des indications tout à fait insuffisantes.

Le travail expérimental de M. Fournet, relatif aux ombres colorées, a donné l'occasion à M. **Jamin** d'entrer sur ce point de physique dans d'importantes considérations :

Lorsque la lune et une bougie, dit M. **Jamin**, émettent à la fois leur lumière sur un papier blanc et qu'on place en avant un écran opaque, on voit se projeter deux ombres, l'une produite par la lune, mais qui est éclairée par la bougie et qui a une teinte orangée, l'autre déterminée par la bougie, et qui est illuminée par les rayons blancs de la lune. En général, elles n'ont pas le même éclat, et l'on voit qu'elles ont nécessairement des teintes différentes.

Le phénomène reste le même en principe, mais se complique énormément en fait, quand la feuille de papier est exposée dans les mêmes conditions aux rayons venus du ciel et des objets terrestres. Deux points de cette feuille diversement situés par rapport à l'écran opaque reçoivent des lumières venues de parties différentes de l'espace éclairant, qui sont inégales en quantité et en qualité; dès lors leur éclat et leur teinte sont différents et changent avec toutes les variations qui surviennent dans la distribution des lumières émises.

En général, les objets terrestres émettent fort peu de lumière, et le ciel envoie des rayons blancs. Par conséquent, les ombres portées doivent offrir et offrent, en effet, une teinte grise; mais au moment du lever ou du coucher du soleil et dans certaines circonstances particulières, elles se colorent d'une manière remarquable. Je citerai l'exemple suivant que j'emprunte à M. Babinet :

Le ciel étant couvert d'une brume épaisse, les rayons solaires se divisaient en deux parties distinctes : les plus réfrangibles étaient réfléchis et donnaient au ciel une teinte d'un blanc bleuâtre; les moins réfrangibles, au contraire, traversaient l'air directement et éclairaient le sol d'une lumière orangée ; mais les ombres portées, ne recevant que les rayons réfléchis, paraissaient bleues.

A ces principes qui expliquent la partie physique du phénomène, il faut ajouter un effet physiologique qui contribue pour une grande part à en augmenter l'éclat. On sait que par une propriété de l'œil encore inexpliquée, le blanc paraît vert quand il est voisin d'une couleur rouge; qu'en général il prend la teinte complémentaire de celles qu'on voit en même temps, et que deux couleurs s'altèrent au voisinage l'une de l'autre par cet effet de contraste. Dès lors il n'est pas douteux que dans l'exemple précédent les ombres aient pris une coloration bleue parce qu'elles étaient voisines de l'orangé uniforme émis par le soleil.

Le phénomène des ombres colorées n'est donc point imprévu ni inexpliqué. C'est, au contraire, un fait général qui rentre avec la plus grande facilité dans les lois connues de l'optique, et l'on peut dire que si l'on connaissait à un moment donné l'éclat et la composition des lumières émises par les diverses parties d'un paysage quelconque, on pourrait mathématiquement calculer l'intensité et la qualité des teintes qui se distribuent aux divers points d'une surface placée derrière un écran opaque.

M. Fournet n'a point étudié dans son travail ces conditions théoriques, mais il a observé avec une grande persistance la couleur des ombres portées dans les conditions atmosphériques les plus variées, en notant avec soin les circonstances qui pouvaient influer sur le phénomène. On peut regretter que ce travail ne soit pas terminé par des conclusions précises, et que les applications annoncées dans le titre ne soient pas plus nombreuses et plus détaillées.

Le sujet a cependant au point de vue des arts d'imitation une importance si grande qu'il serait à désirer que ces études fussent continuées. Il faudrait avant tout employer des moyens d'observation plus délicats. M. Fournet s'est contenté d'exposer en face du ciel une page blanche de son carnet, d'en approcher un crayon et de juger à la simple vue la teinte de l'ombre. Quelque habileté qu'on puisse acquérir par un long exercice, il n'est pas douteux qu'on ne puisse perfectionner beaucoup cette méthode, et voici un procédé dont je puis garantir la perfection.

Que l'on polarise la lumière venue des parties éclairées et de l'ombre portée au moyen de deux prismes de Nicole juxtaposés et à angle droit, et qu'on reçoive la lumière sur un troisième Nicole. En tournant celui-ci convenablement on pourra éteindre progressivement la partie éclairée jusqu'à lui donner le même éclat qu'à l'ombre portée; alors elles ne pourront plus différer que par leurs teintes, et pour peu que celles-ci soient inégales, on le reconnaîtra par l'impossibilité de rendre identiques les deux parties juxtaposées qu'on observe. Quand on répète cette expérience plusieurs fois, on se convainc aisément qu'il n'y a pour ainsi dire aucun cas dans la nature où la couleur des ombres soit la même que celle des lumières voisines, et l'on peut alors apprécier avec une grande sûreté l'effet d'influences qui passent inaperçues à l'œil nu.

Je pense en résumé que le Mémoire de M. Fournet contient des observations qui seront consultées avec fruit par les météorologistes, et qu'il y aurait un grand intérêt à continuer ce genre de recherches.

M. Fournet a encore publié dans le même volume un Mémoire sur le Palatinat, qu'il a visité à plusieurs reprises. Dans un travail intitulé : *Recherches sur la constitution géologique des montagnes du Palatinat du Rhin et sur la formation des spilites agatigères*, l'auteur, dit M. **Delesse,** fait d'abord connaître les principaux soulèvements, qui se réduisent à trois systèmes principaux.

1° Système N.-E., indiqué par deux bourrelets, l'un partant de Thionville, aligne le cours de la Moselle jusqu'à Sierck, traverse la Sarre près de Saint-Gangolf, comprend le Hochwald et l'Idarwald, puis la croupe du Hundsrüch. L'autre bourrelet se prolonge de Phalsbourg à Durckheim.

2° Système N., formé par une ligne montagneuse soudée à la Haardt vers Dahn. Il est marqué d'ailleurs par le surexhaussement du Mont-Tonnerre.

3° Sytème N.-O., auquel se rattache la grande inflexion de la Sarre entre Sarreguemines et Saint-Gangolf, ainsi que celle du Rhin entre Bingen et Cologne; enfin il est marqué par la ligne de partage des eaux qui se déversent dans le Rhin et dans la Sarre.

4° Système N.-N.-O., qui est celui du grand soulèvement vosgien, dont l'importance est très-grande pour les Vosges, et qui a été signalé par M. Elie de Beaumont.

5° Système E.-N.-E, qui a affecté surtout les roches voisines de la Belgique.

Un tableau donne ensuite les hauteurs des principaux points du Palatinat d'après les déterminations faites par M. de Dechen.

M. Fournet passe rapidement sur les roches sédimentaires, qui comprennent le terrain silurien, dévonien, houiller soit inférieur, soit supérieur, le nouveau grès rouge et le grès vosgien.

Il s'occupe ensuite des roches éruptives, qui sont les syénites et les porphyres.

La syénite se montre au Jægerthal ; elle contient du quartz, deux feldspaths, de l'amphibole, du mica, du sphène ; sa composition minéralogique est donc celle de la syénite des ballons des Vosges. Comme cette dernière, elle peut d'ailleurs se changer en granite.

Le porphyre est bien caractérisé près de Kreutznach, et il est quartzifère. Son feldspath est vitreux et en petits cristaux ; le mica y manque généralement et son quartz est en petits grains. Sa pâte est très-compacte, à cassure conchoïde, quelquefois aussi lisse que le verre. L'argilophyre se rencontre à Kreutznach, au mont Tonnerre, au Kœnigsberg, au Schaumbourg.

M. Fournet décrit encore les porphyres bruns et les spilites. Son porphyre brun type est celui d'Oberstein, du Schaumbourg, de Duppenweiler : ce porphyre est fortement teinté et il contient des cristaux du Labrador. Il peut d'ailleurs prendre insensiblement une texture rude et terreuse. On observe dans ce cas de nombreuses cellules dans sa pâte, et elles atteignent quelquefois de grandes dimensions ; il constitue les variétés nommées porphyre amygdaloïde, spilite, mandelstein. On y exploite des agates, qui sont même très-abondantes dans tout le bassin entre Kreutznach et Sarrebruck.

Lorsque le porphyre contient de l'augite, il passe au mélaphire. Il se montre alors intercalé dans le terrain houiller et dans le terrain de transition. Quelques variétés du porphyre brun se chargent de mica bronzé. D'autres, ayant une couleur verte, ont été nommés diorite, grunstein, cornéenne, aphanite, trapp, wake.

Comparant la densité des roches éruptives du Palatinat, M. Fournet observe que les porphyres bruns ont une densité voisine de celle des feldspaths, et il en conclut que, malgré leur tissu poreux et leur couleur foncée, ils ne peuvent être considérés comme des mélaphyres. Examinant ensuite le magnétisme des porphyres du Palatinat et particulièrement de ceux qui contiennent des amygdaloïdes, il trouve qu'il n'est pas toujours assez fort pour dévier l'aiguille aimantée et il le regarde comme nul. C'est une conclusion que nous voudrions admettre, car il est facile de constater et de mesurer ce magnétisme, qui n'a pas été étranger à la séparation des minéraux formés dans les amygdaloïdes (1). En terminant cette première

(1) Delesse. Annales des Mines. Pouvoir magnétique des minéraux et des roches.

partie de son Mémoire, M. Fournet émet l'avis que les propriétés physiques des porphyres avec amygdaloïdes du Palatinat ne permettent pas de les réunir aux mélaphyres, et il se propose de l'établir plus complétement par l'étude de leur composition chimique. Sur ce point, le savant professeur de Lyon se trouve en désaccord avec la plupart des géologues; mais nous n'hésiterons pas à reconnaître avec lui que, d'après l'ensemble de leurs caractères, les mélaphyres doivent être classés à la limite des roches volcaniques et des roches plutoniques.

Le t. IX des *Mémoires de l'Académie impériale* de Lyon renferme encore la monographie d'un groupe d'insectes coléoptères (les *Opatrites*) par MM. Mulsant et Cl. Rey. Ce travail, qui consiste dansune description faite avec le plus grand soin de toute les espèces connues d'une division entomologique jusqu'ici très peu étudiée, n'est pas susceptible d'une analyse; mais nous le signalons tout particulièrement à l'attention des naturalistes.

Rapports sur les *Annales des sciences physiques et naturelles, d'agriculture et d'industrie, publiées par la Société impériale d'agriculture etc., de Lyon.* 3e série, t. II et III. 1858-1859.

Le premier volume de cette série s'ouvre par le rapport de la Commission chargée d'étudier les causes de la maladie des Vers à soie. M. **Bertsch** a ainsi rendu compte de ce travail.

En présence d'une question qui intéresse si puissamment l'industrie de la seconde ville de France et la fortune de plusieurs de nos départements du Midi, la Société d'agriculture ne pouvait rester indifférente. Elle a donc choisi, parmi les hommes distingués qui la composent, ceux que leurs études et leur profession mettent le plus à même d'observer la marche de cette terrible maladie et d'apprécier les moyens pratiques de la combattre.

Depuis plus de trois ans, avec un zèle infatigable, cette Commission, s'entourant de toutes les lumières, centralisant toutes les observations individuelles, fait elle-même des expériences, compare les résultats et entretient avec tous les éleveurs de l'Europe une correspondance suivie. Cependant, malgré sa persévérance, elle n'a encore pu donner sur les probabilités de l'avenir, rien de bien rassurant.

En dehors de ces travaux, on a beaucoup écrit sur ce fléau menaçant. Accusant tour à tour une prétendue maladie du mûrier, la dégénérescence de la graine, les perturbations anormales de l'atmosphère; on n'a jusqu'à présent proposé pour conjurer le mal que des palliatifs souvent impraticables et toujours insuffisants.

La production annuelle des cocons en France, représentée par 6 millions cinq cent mille kilogrammes avant 1789, tombée pendant la révolution à 3 millions cinq cent mille, remonte à partir de cette époque, éprouvant un accroissement constant et régulier. En 1830, elle est de 11 millions; dix ans après, de 15 millions. De 1846 à 1853, elle dépasse 24 millions. Enfin, en 1853 même elle atteint son maximum de 26 millions. C'est alors que la maladie fait invasion. Le désastre ne tarde pas à devenir effrayant: 7 millions cinq cent mille kilogrammes, un peu plus du quart du dernier chiffre que nous venons d'indiquer, tel est le triste résultat des éducations de 1856, c'est-à-dire ce qu'il était il y a plus de quarante ans. Cependant, les étoffes de soie entrant de jour en jour davantage dans les habitudes des classes moyennes, les commandes n'ont cessé de devenir plus considérables tant pour notre pays que pour l'étranger. Loin de s'abaisser, le prix des cocons, de 2 fr. 50 c. en 1788, qui, avant la maladie, était à 5 fr. le kilogr, s'élève aujourd'hui à 9 fr. Le nombre des métiers a suivi les mêmes phases. De 15,000 en 1780, de 47,000 en 1846, il est maintenant de 80,000. Quel désastre pour cette belle industrie sans rivale dans le monde, et quelle perte immense pour le pays depuis plusieurs années! Tant de calamités découragent les éleveurs, et une source considérable de richesse tend à se tarir dans nos départements, auxquels il faut ajouter deux des trois départements annexés, dont l'élève des vers à soie constitue le revenu le plus important.

Le rapport dont nous nous occupons, est rempli de faits concordant entre eux et avec les observations étrangères. Il se termine par des conclusions rassurantes: comme un grand nombre de sériciculteurs en France, comme M. le maréchal Vaillant en Lombardie, comme nous-mêmes dans deux de nos départements, la Commission avait reconnu en 1858 que le mal, concentré dans les grandes exploitations, épargnait les petites presque sans exception.

Il est incontestable, dit le rapport, que les petites éducations sont peu sujettes à ces épidémies qui détruisent les récoltes. M. Dorel nous apprend que dans les contrées qu'il a visitées, nulle part on n'a eu à se plaindre des maladies qui infestent l'Europe. C'est que non-seulement on ne fait, en général, que de petites éducations, mais encore qu'elles sont faites dans des conditions extrêmement favorables aux vers.

Non-seulement, la Commission reconnaissait que l'accumulation des vers dans nos grandes magnaneries favorise à un haut degré le développement de la maladie, mais ses expériences semblaient même lui démontrer quelle en est l'origine, et ses conclusions sont que le mal cessera quand les éducations disséminées seront devenues champêtres.

Telles furent aussi nos impressions cette même année, après un voyage dans l'Isère et la Drôme. Le fait à cette époque était encore presque général. Tandis que, dans les grandes magnaneries, le mal réduisait souvent les récoltes de quatre-vingt-quinze pour cent, le fléau restait pour ainsi dire inconnu dans les exploitations que nous appellerons de famille, c'est-à-dire là où les vers sont élevés dans l'habitation, partout où il y a un meuble, une planche pour supporter une claie. En même temps, nous remarquions que, dans ces pays comme ailleurs, la feuille de mûrier atteinte de ce qu'on nomme la rouille ne paraissait avoir aucune influence sur la santé des vers. Quant à la provenance de la graine, nous devons ajouter que les paysans s'en préoccupaient peu; qu'ils la conservaient sans grandes précautions, et que presque tous élevaient la race depuis longtemps acclimatée dans le pays, celle à cocons rugeux que M. Duseigneur nomme rustique.

On voit que d'après les conclusions de ce rapport et les observations étrangères, l'espérance d'arriver par la dissémination à vaincre la maladie pouvait ne pas paraître chimérique.

Les résultats de l'année suivante n'ont malheureusement pas justifié ces prévisions. Nous devons reconnaître que, malgré la longue expérience de chacun de ses membres, la Commission s'était trop hâtée de tirer de faits concordants, mais trop peu nombreux, une conclusion rassurante pour l'avenir. En effet, depuis deux ans, le mal, faisant de rapides progrès, s'est répandu partout. Il s'est abattu dans certaines localités jusque sur les plus infimes exploitations, et l'on peut dire aujourd'hui qu'aucune contrée n'est épargnée. Une terreur facile à comprendre s'est en même temps emparée des éleveurs; les remèdes les plus extravagants, proposés, suivis, abandonnés et repris tour à tour, ont depuis lors jeté dans les exploitations un désarroi peut-être plus préjudiciable encore que le mal. Les fumigations, le soufrage, l'emploi du sucre, du coaltar, du chlore, des huiles essentielles, des modes différents d'accouplement et de grainage, l'élève d'espèces nouvelles, tout a été tenté sans succès.

Aussi, le second travail de la Commission contenu dans le volume suivant est-il empreint du plus profond découragement. Il n'expose que des faits le plus souvent contradictoires et recule devant une conclusion.

Il résulte de la lecture de ce rapport que, depuis deux ans, nulle part on n'a pu constater une amélioration sensible dans l'état sanitaire des vers, et que la somme des localités infestées s'est encore accrue, qu'aucun des remèdes proposés jusqu'à ce jour n'a produit d'effet certain, et que les graines d'une même provenance donnent, dans les éducations souvent voisines l'une de l'autre, tantôt de bons produits, tantôt des résultats déplorables.

En résumé, il paraît vrai que la maladie du mûrier n'a point eu d'influence fâcheuse. Cette cause, depuis longtemps invoquée, a perdu aujourd'hui presque tous ses partisans. Les sériciculteurs conviennent d'ailleurs, comme l'a fait observer M. de Quatrefages, que jamais la feuille n'a été plus belle et plus saine que depuis deux ans.

Quant à la dégénérescence de la graine, des faits nombreux nous la rendent contestable. On cite un assez grand nombre de magnaneries, qui, depuis le commencement, ont complétement échappé à l'envahissement du mal; la graine qu'ils exploitent est donc saine. Néanmoins cette même graine distribuée dans des magnaneries voisines, donne lieu comme toutes les autres aux mécomptes les plus complets.

Enfin, M. Duseigneur, aujourd'hui vice-président de la Commission, et sans contredit un des hommes les plus éclairés en cette matière, nous écrit que, malgré la généralisation du mal, les exploitations rustiques sont encore maintenant proportionnellement moins atteintes que les grandes.

Nous croyons donc que la dissémination sur de grands espaces, l'assainissement des ateliers, un délitement mieux entendu, une bonne distribution de l'air et de la lumière, sont aujourd'hui les moyens les plus rationnels à employer pour atténuer les effets de l'épidémie que, comme dans toutes les autres conditions, les matières organiques en fermentation sont si puissantes à entretenir.

Au nombre des Mémoires contenus dans le premier des volumes dont nous nous occupons, dit M. **Bertsch**, nous avons remarqué un travail intéressant de M. le docteur Lambert sur le passage spontané des corps, de l'état amorphe à l'état cristallin. Ce travail a pour but de rechercher si ce passage n'obéirait pas à une loi générale, qui permît d'expliquer un phénomène observé d'ailleurs depuis longtemps par un grand nombre de chimistes. Le docteur Lambert a mélangé dans des flacons des dissolutions salines, pouvant par leur réaction donner naissance à un produit insoluble. Il a ensuite examiné au microscope, d'abord sur-le-champ, puis à des époques plus ou moins éloignées, les changements survenus dans la forme des précipités. Il a reconnu que presque toujours, après un temps variable, les précipités, bien que formés de molécules amorphes, prennent peu à peu la forme cristalline. Ses expériences ont porté sur une soixantaine de mélanges, dont les précipités, examinés immédiatement au microscope, l'ont été ensuite à des époques variées. Plusieurs sels ont cristallisé sur-le-champ, d'autres après une heure de repos, un certain nombre dans un temps qui a varié de plusieurs jours à quelques mois, et même à plus de deux années.

Au nombre des conclusions que l'auteur tire de son travail, nous citerons les suivantes, qui nous ont paru offrir de l'intérêt :

Les matières solides inorganiques tendent constamment vers l'état cristallin, et l'état de dissolution appréciable n'est pas toujours en rapport direct avec la solubilité de la substance.

L'eau peut favoriser le mouvement moléculaire des corps solides sans agir comme dissolvant; mais, par une sorte de tendance à la dissolution, on peut dire qu'elle mobilise leurs molécules.

Dans ces expériences, qui présentent de l'intérêt au point de vue de l'intervention du temps dans l'arrangement moléculaire des corps composés non solubles, nous regrettons que l'auteur n'ait pas eu le loisir de rechercher par l'analyse si, au lieu d'exercer simplement une action mécanique, l'eau n'aurait pas favorisé, dans les circonstances par exemple où les cyanures ont été employés, quelques combinaisons nouvelles.

M. le docteur Lambert établit ensuite dans un second Mémoire que, si les réactions chimiques qui se font rapidement dans les liqueurs de concentration moyenne sont plus tardives dans les dissolutions diluées, elles ne s'effectuent plus du tout quand on arrive à des liqueurs suffisamment étendues. Il a entrepris une série de recherches, dans le but de saisir le terme où ces réactions cessent de se produire.

Il tire d'un nombre assez considérable d'expériences plusieurs conclusions dont voici la principale :

De même, dit-il, que l'ordre de facilité des réactions chimiques, d'après l'état des corps, est le suivant : corps liquides, gazeux, solides ; de même, pour les corps en dissolution, le maximum d'intensité des réactions chimiques appartient aux dissolutions de concentration moyenne. Il ajoute même, ce qu'aucune de ses expériences, qui ne portent que sur des phénomènes physiques de coloration, ne nous a paru suffisamment démontrer, que cette intensité diminue à mesure qu'on s'approche des termes extrêmes et qu'elle finit même par cesser.

M. F. Pouriau, professeur à l'École impériale d'agriculture de la Saulsaie, a fait une étude intéressante des sols de la Bresse et de la Dombes. Son Mémoire, intitulé : *Études géologiques, chimiques et agronomiques des sols de la Bresse et particulièrement de la Dombes*, inséré dans le tome II des *Annales de la Société impériale d'agriculture de Lyon*, est ainsi apprécié par M. **Delesse**.

L'auteur, examine successivement les propriétés géologiques, chimiques et agronomiques de ces terrains. Il indique ensuite d'une manière générale comment les roches stratifiées ou non stratifiées se décomposent, et comment les terres arables naissent de leurs débris. D'après leur origine, les sols sont partagés en deux classes, ceux qui se sont formés sur place par la destruction de la roche sous-jacente et ceux qui résultent des matériaux apportés par les eaux. A ces derniers appartiennent les alluvions proprement dites, les créments ou dépôts alluviens du Rhône, les polders de la Hollande, les alluvions de la Bresse et de la Dombes.

Après un résumé général sur la constitution géologique de la Bresse, M. Pouriau aborde l'étude géologique, chimique et agronomique des sols avoisinant l'École de la Saulsaie. Cette École se trouve près de la limite méridionale de la Dombes, sur un plateau légèrement mamelonné ayant une altitude d environ 290 mètres. La terre végétale est formée par un dépôt diluvien très-ténu qui est brun-jaunâtre ou blanchâtre lorsqu'il n'est pas mélangé d'oxyde de fer ; dans ce dernier cas, on lui donne le nom de *Terrain blanc goutteux de la Bresse*. Quand il est soumis au lavage, il se délaye presque entièrement, et souvent le résidu sableux laissé par l'eau n'est que de 10 pour 100. Il contient de petits grains d'oxyde de fer nommés *têtes de clous* par les habitants du pays. Son épaisseur varie de $0^m 30$ à 3^m.

La terre végétale provient souvent d'étangs désséchés ; elle est alors noirâtre, parce quelle contient beaucoup de détritus organiques. Sa ténuité est encore plus grande que celle du dépôt diluvien précédent, et le résidu de son lavage est un sable dont le poids s'élève à peine à 3 pour 100.

Pénétrant plus avant dans le sol, on trouve quelquefois une argile bleuâtre assez irrégulière, puis une couche ferrugineuse imperméable, atteignant une épaisseur de 10^m dans la Dombes. Cette dernière couche, qui est-très importante, empâte des cailloux roulés et présente l'aspect d'un béton très-résistant qui est souvent tout à fait imperméable. Les cailloux qu'elle enveloppe sont presque exclusivement des quartzites. Au-dessous de cette couche on rencontre successivement une couche argileuse noirâtre de 7m, une nouvelle couche ferrugineuse à quartzites, qui est également imperméable et qui a 1m 50, une couche argileuse jaunâtre de 0m 50, et enfin une couche à gravier qui est perméable.

M. Pouriau s'occupe ensuite de l'étude physique et chimique des sols. Par un lavage mécanique, il détermine la proportion des matières terreuses, du sable et du gravier, il compare ensuite l'hygroscopicité de la terre tamisée en cherchant la quantité d'eau quelle peut absorber. Pour les terres qu'il a expérimentées, la proportion d'eau imbibant 100 parties était comprise entre 35 à 76 pour 100. Toutes choses égales cette proportion d'eau augmente avec l'humus et avec l'argile ; elle augmente aussi avec l'état de division. Elle dépend d'ailleurs de la composition chimique, et dans une argile très siliceuse elle s'est réduite à 35 ; elle est alors notablement inférieure aux résultats que nous avons obtenus nous-même dans des recherches sur l'hygroscopicité des diverses argiles.

L'analyse des terres de la Dombes a encore été faite par M. Pouriau, et il a opéré sur la partie tamisée. Il a reconnu que ces terres ne sont pas argileuses, comme on l'admettait, mais au contraire silico-argileuses. Lorsquelles ont été préalablement désséchées à 300° leur teneur en silice s'élève jusqu'à 88 pour 100, et elle descend rarement au-dessous de 80 pour 100. Lorsqu'elle est inférieure à ce nombre, la composition primitive du sol parait avoir été modifiée, et on s'explique aisément pourquoi elle diminue. Ainsi les terres qui forment les prés et les étangs désséchés sont moins siliceuses, parce qu'elles résultent d'un dépôt lent opéré par les eaux, qui ont surtout entraîné les parcelles argileuses, lesquelles sont les plus faciles à délayer. De même lorsque les terres sont caillouteuses et mélangées avec des débris calcaires, il est facile de comprendre que leur teneur en silice doit diminuer. La grande teneur en silice des terres de la Dombes doit d'ailleurs être attribuée à ce qu'elles renferment surtout des cailloux de quartzite qui, au moment de leur dépôt, ont nécessairement donné une poudre siliceuse réduite en parcelles microscopiques.

L'alumine reste généralement inférieur à 10 pour 100 dans les terres de la Dombes ; celles qui sont fines en donnent un peu plus que celles qui sont à gros grain.

L'oxyde de fer varie en sens inverse de l'alumine. Les terres de la Dombes contiennent à la fois du carbonate de chaux et du carbonate de magnésie; mais, lorsqu'elles sont pauvres en carbonate de chaux, elles ont moins de chaux que de magnésie. Quand elles sont ténues et à une altitude supérieure à 260^{m}, elles ont une proportion de calcaire qui peut descendre jusqu'à 0^{m} 26, et qui ne dépasse pas 1 pour 100. A mesure que l'on descend du platau de la Dombes et à partir de l'altitude de 260^{m}, les carbonates vont en augmentant. Les terres constituées par le diluvium rougeâtre à gros grains sont d'ailleurs toutes calcaires. Comme les terres très-pauvres en chaux sont celles qui renferment le plus de magnésie, il est probable que ces deux bases peuvent se remplacer mutuellement dans la nutrition des plantes.

La Dombes est l'une des contrées de la France dans laquelle il y à le plus d'améliorations agricoles à réaliser; toute étude ayant pour but de faire connaître la composition de son sol, ses propriétés physiques et agronomiques, présente par suite une grande importance: le travail de M. Pouriau est donc digne d'intérêt, et il serait à désirer que l'auteur profitât pour le compléter de sa position de professeur à l'École d'agriculture de la Saulsaie.

Après avoir signalé les Mémoires les plus importants contenus dans le t. II des *Annales de la Société d'agriculture de Lyon*, nous devons compléter cette revue en insérant ici l'appréciation, faite par M. Renou, des travaux et des observations météorologiques insérés dans ce volume.

Résumé des travaux de la commission hydrométrique de Lyon, pendant l'année 1858 (15e année).

Ce résumé, dit M. **Renou**, présenté dans la même forme que ceux des précédentes années, indique jour par jour les hauteurs d'eau tombées sur chacune des douze stations du bassin de la Saône, avec la direction du vent une fois par jour. En même temps sont indiquées les hauteurs de la Saône à Saint-Jean-de-Losne, Verdun, Châlons, Trévoux et Lyon. Des planches lithographiées représentent les hauteurs de pluies tombées sur le bassin de la Saône et les fluctuations de la hateur de la rivière.

La Commission hydrométrique a publié depuis longtemps la description du pluviomètre qu'elle a cru devoir adopter : cet instrument compliqué laisse beaucoup à désirer, précisément à cause de sa complication, et il serait bien à désirer qu'elle en adoptât un beaucoup plus simple et plus sûr. C'est la seule remarque critique que nous trouvions à faire, car ces observations sont faites avec le plus grand zèle et le plus grand désintéressement; ces recherches sont d'une haute utilité, et tout le monde sait que la Commission hydrométrique est arrivée à prédire très-approximativement, plusieurs jours d'avance, la hauteur qu'atteindra la Saône. C'est, comme nous avons eu l'occasion de le dire à propos d'un autre travail, à l'imitation de cette Commission qu'on a institué dans les bassins de la Seine et de la Loire un système d'observations destiné à prédire quelques jours à l'avance les inondations qui arrivent à la suite des pluies.

Recherches sur les inondations dans le bassin de la Saône, par M. L'Eveillé.

Ce travail, dit M. **Renou**, est divisé en plusieurs parties distinctes :

Dans la première, l'auteur a réuni, d'après un grand nombre de renseignements authentiques, l'évaluation en argent des dommages causés par l'inondation de 1856.

Dans la deuxième partie, M. L'Eveillé étudie l'effet des inondations sur les terrains des différentes subdivisions du bassin de la Saône; il compare ensuite le produit des prairies en 1856 à celui d'une année moyenne.

Il termine en rapportant des tableaux très-curieux dressés par M. Bénard, ingénieur ordinaire, tableaux dans lesquels se trouve indiqué, pour les principaux produits de la terre, le temps maximum pendant lequel ils peuvent rester submergés sans dommage. Les effets étant différents en été et en hiver, on a eu soin de donner les nombres relatifs à chaque saison. On y trouve étudiée aussi avec soin l'influence qu'exerce le temps subséquent sur les terrains inondés.

En résumé, ce Mémoire contient une foule de renseignements originaux réunis et groupés avec beaucoup de soin et de clarté; c'est un travail extrêmement intéressant à consulter, et il est à souhaiter qu'on fasse, à l'occasion, des études semblables soit dans le bassin de la Saône, soit dans les autres parties de la France.

Les volumes des *Annales* publiées par la *Société impériale d'agriculture de Lyon*, qui sont en ce moment l'objet de l'attention du Comité, renferment une suite de Mémoires relatifs à l'Entomologie.

Ce recueil, dit M. **Milne Edwards**, fait suite aux *Mémoires* *de la Société d'agriculture, d'histoire naturelle et des arts utiles de Lyon*, dont la publication commença en 1786. Ces Annales datent de 1838; elles se composent aujourd'hui de 22 beaux volumes et elles contiennent un grand nombre d'écrits qui intéressent les diverses branches des sciences. Je n'ai pas à m'occuper ici de la longue série de recherches zoologiques qui s'y trouvent consignées; mais afin de faire bien apprécier l'importance de divers articles contenus dans les volumes publiés en 1858 et en 1859 et soumis à mon examen, il me paraît nécessaire de dire quelques mots de l'ensemble des travaux auxquels la plupart de ces notes ou Mémoires se rattachent.

Depuis plus de vingt ans, un naturaliste instruit et plein de zèle, M. Mulsant, professeur au lycée de Lyon et bibliothécaire adjoint de la même ville, s'est appliqué avec une rare persévérance à la description d'une partie des richesses entomologiques de la France, et ce travail l'a conduit à étudier avec un soin non moins minutieux les caractères extérieurs des espèces exotiques qui appartiennent à chacune des principales familles naturelles dont il s'occupait successivement. Ses recherches portent sur une des divisions les plus considérables de l'immense classe des insectes, celle des coléoptères, et elles ont fourni la matière de plusieurs gros volumes dont la publication est due à la Société d'agriculture et des sciences de Lyon.

Ainsi, de 1839 à 1858, M. Mulsant a écrit neuf grands Mémoires sur l'histoire naturelle des coléoptères de France; en 1850 et 1851, il a fait paraître une monographie générale, ou *Species des Coléoptères trimères sécuripalpes*, formant un volume de plus de 1100 pages; de 1852 à 1858, il a publié huit fascicules d'un ouvrage non moins étendu, qui a pour titre : *Opuscules entomologiques*, et qui se compose de Mémoires descriptifs sur divers groupes de coléoptères tant indigènes qu'exotiques. Enfin, dans le 3e volume de la 3e série des Annales des sciences physiques et naturelles de la Société d'agriculture de Lyon, imprimé en 1859, volume dont l'examen m'a été renvoyé par le Comité, cet entomologiste infatigable a donné soit seul, soit en collaboration avec M. Rey, M. Revelière et M. Wachanru, une série de huit Mémoires ou notes sur des sujets analogues.

Les travaux que je viens d'énumérer ne sont pas susceptibles d'analyse, et pour les caractériser en peu de mots, il me suffira de dire que M. Mulsant s'est appliqué à décrire, de la manière la plus complète possible, les formes extérieures, les couleurs et toutes les autres particularités qu'il a pu découvrir dans chacune des espèces d'insectes dont il s'occupait; qu'il a fait connaître un grand nombre d'espèces nouvelles pour la science, et qu'il a souvent introduit des modifications heureuses dans la classification de ces animaux. Je ne saurais donner trop d'éloges à son zèle, à son exactitude et à son habileté comme observateur. Mais je ne partage pas entièrement les vues de cet entomologiste distingué sur les mérites de la marche qu'il a cru devoir adopter. Une description si longue et si minutieuse de chaque partie de l'organisation extérieure de chaque espèce d'insecte me semble être rarement utile pour caractériser ces mêmes espèces; elle rend les déterminations très-laborieuses et fatigue l'attention de l'observateur, qui est obligé de passer en revue une multitude de détails dont la connaissance lui est inutile pour arriver au but qu'il se propose d'atteindre. Les Musées zoologiques renferment aujourd'hui plus de 100,000 espèces d'insectes, et si la description des formes extérieures de ces animaux pour être suffisante nécessitait pour chaque espèce 2 ou 3 pages d'un volume grand in-8°, imprimé en caractères fins, l'étude de l'Entomologie deviendrait impossible pour la plupart des naturalistes, et bientôt les déterminations spécifiques ne se feraient plus que d'une manière pour ainsi dire empyrique, par la comparaison directe des objets déjà nommés dans les collections avec ceux dont on chercherait à connaître l'espèce.

Il me semble toujours préférable d'élaguer de ces descriptions, qui à raison de leur nature sont inévitablement fort arides, tous les détails inutiles au but que l'on se propose, c'est-à-dire à la caractérisation précise de l'espèce. Je pense aussi que l'application de noms particuliers aux diverses variétés d'une même espèce n'est pas nécessaire et complique trop la nomenclature. Je n'engagerais donc pas les jeunes naturalistes à adopter dans les travaux descriptifs la marche suivie par l'entomologiste habile dont je viens d'énumérer les principaux travaux. Mais, tout en faisant ces réserves, je me plais à dire hautement que par ses nombreuses et patientes recherches, M. Mulsant me paraît avoir rendu à la science qu'il cultive d'importants services, qu'il est haut placé dans l'estime des entomologistes, et que je suis heureux d'avoir l'occasion de le signaler à l'attention bienveillante du chef de l'Université.

J'ai lu aussi avec intérêt dans le 3ᵉ volume des Annales de la Société d'agriculture de Lyon quelques articles relatifs à l'éducation des vers à soie et aux maladies dont ces insectes précieux sont atteints depuis quelques années; l'un de ces écrits est un rapport fait par la commission des soies; les autres sont des notes de M. Drion, sur l'état actuel des études séricicoles, et de M. Duseigneur, sur l'état sanitaire des vers à soie pendant l'année 1859. On y trouve beaucoup de remarques judicieuses; mais à l'époque où remontent ces publications, on n'était arrivé qu'à peu de résultats positifs au sujet de la nature du mal, de ses causes ou des moyens à mettre en usage pour en combattre les effets désastreux, et par conséquent je ne m'y arrêterai pas ici.

En terminant ce rapport, je crois devoir féliciter la Société impériale d'agriculture et des sciences de Lyon, d'abord d'avoir trouvé dans son sein des naturalistes si habiles et si zélés, puis d'avoir pu mettre au jour un recueil aussi important que l'est sans contredit la longue série de ses Annales.

MM. Parandier et Duhamel ont inséré dans le même recueil le résultat de leurs recherches sur la *géographie physique* et sur les *nivellements de diverses parties du département du Doubs.*

M. **Delesse** expose comme il suit les résultats consignés dans ce Mémoire par les deux ingénieurs :

MM. Parandier et Duhamel, dit M. **Delesse**, se sont proposé de niveler le département du Doubs, et bien que leur travail n'ait pas été entièrement terminé, il présente un grand nombre de données intéressantes. Déjà le père Chrysologue (André de Gy) s'était occupé de déterminer plusieurs séries de hauteurs dans les montagnes du Jura (1); mais il s'était contenté de suivre les chaînes principales sans avoir égard aux lignes de séparation des bassins. MM. Parandier et Duhamel ont au contraire exécuté leurs nivellements, soit sur les lignes de thalwegs, soit sur les lignes qui marquent la séparation des divers bassins. Généralement, dans le département du Doubs, les chaînes de montagnes sont parallèles à un grand cercle de la sphère qui serait orienté N. N. E.; toutefois ces chaînes sont souvent interrompues, et les lignes de séparation des bassins passent alors d'un faîte à celui d'une autre chaîne parallèle. Si ces lignes de séparation se déterminent aisément tant qu'elles suivent le sommet d'une chaîne, il n'en est plus de même lorsqu'elles passent d'une chaîne à une autre, car alors elles descendent presque toujours dans des parties basses où les mouvements de terrain sont peu prononcés et où il est très-difficile de fixer leur position d'une manière précise. Par exemple, dans le département du

(1) Journal des Mines, tome XVIII.

Doubs, lorsqu'un cours d'eau, comme le Doubs ou le Dessoubre, coule N. N. E., c'est-à-dire parallèlement à la chaîne des montagnes, la ligne limite de son bassin est parallèle au thalweg duquel elle est très-rapprochée. Lorsqu'au contraire le cours d'eau est oblique ou perpendiculaire à la chaîne, la ligne limite de son bassin peut s'écarter beaucoup du thalweg; c'est en particulier ce qui a lieu pour la Loue, depuis sa source jusqu'à Chenecey.

Sur certains points, notamment entre les grandes chaînes parallèles, il existe d'ailleurs des bassins complétement fermés dans lesquels les eaux pluviales se réunissent comme dans de vastes entonnoirs, et alors elles se perdent soit par l'évaporation, soit par l'infiltration dans le sol. Lorsque ces bassins ont un fond qui est imperméable, ils donnent lieu à des marais; le marais de Saône en est un exemple dans le département du Doubs. La surface occupée par ces bassins fermés est même très-notable, puisqu'elle représente environ le quart de la surface totale du département.

Nous ferons remarquer, du reste, que les bassins fermés existent dans les pays de plaines aussi bien que dans les pays de montagnes; seulement c'est surtout dans ces derniers que leurs formes sont nettement accusées. Quelquefois même leurs eaux s'y perdent dans des gouffres ou dans des bétoirs qui sont de véritables puisards naturels. C'est ce qu'on observe notamment dans les montagnes constituées par des roches, comme les quartzites ou les calcaires qui se laissent facilement désagréger, et corroder par les eaux qui s'y frayent des canaux souterraines. Ces puisards ont été signalés dans les quartzites diamantifères du Brésil, ainsi que dans les calcaires de l'île de Crète et de la Grèce, où ils sont connus sous le nom de *Khonos* et de *Katavothron* (1).

Le travail de MM. Parandier et Duhamel est accompagné d'une carte orographique et hydrographique du département du Doubs, sur laquelle sont figurées les lignes de partage des eaux à la surface du sol. Ces lignes montrent très-bien comment se déversent les eaux de la surface, mais la répartition des eaux pluviales qui pénètrent à l'intérieur de la terre reste encore complétement inconnue. Il serait à désirer que cette lacune fût comblée par l'habile ingénieur des ponts et chaussées, qui est actuellement chargé du service dans le département du Doubs, et quoique le problème présente quelque difficulté, il peut le résoudre en exécutant une carte hydro-

(1) V. Raulin. Description physique de l'île de Crète, p. 368.

logique et géologique, d'après le système qui a été suivi pour celle de la ville de Paris (1).

Le t. III des *Annales de la Société d'agriculture de Lyon* contient, dit M. **Renou**, les observations faites à l'Ecole d'agriculture de la Saulsaie, non loin de Lyon, sur le plateau de la Dombes, par M. Pouriau, professeur de physique à cette École. L'altitude du sol est 284 mètres, celle de la cuvette du baromètre et des thermomètres 297^{m},7.

M. Pouriau, avec qui je suis en rapport depuis longtemps, est muni de bons thermomètres placés dans des conditions d'isolement convenables. Il donne, page 305 du volume cité, les résumés de trois années d'observation, 1856, 1857, 1858, et de plus, les résumés de 1850 à 1855, la plupart empruntés à des observations faites avant son entrée à l'École. Le baromètre paraît marquer quelques dixièmes millimètre trop haut.

Ce que ces observations présentent de particulier, c'est une série de températures à 2^{m} de profondeur. Ces températures dépassent de près de 3° celle de l'air en 1858; elles présentent une variation annuelle très-considérable relativement aux nombres analogues obtenus dans d'autres localités : ce résultat remarquable tient, sans doute, au caractère continental du climat de la Saulsaie et à une radiation solaire considérable,

La hauteur de pluie annuelle est 850^{mm}; les mois les plus pluvieux sont mai et juin, ensuite août et octobre.

En résumé, les observations de M. Pouriau sont à classer parmi les meilleures qui se fassent en France; elles serviront dans quelques années de point d'appui à l'isotherme de 11°, qui se dirige des environs de Cherbourg sur Vendôme, puis sur Màcon et Genève, coupant ainsi diagonalement la France presque par le centre, avec un abaissement de l'ouest à l'est de 3° 1/2 en latitude.

Ce volume, poursuit M. **Renou**, contient, à la page 366, les résumés des observations faites à Ahun par MM. Midre-Saint-Sulpice et Aristide Charière. Ces résumés, qui font suite aux observations que ces deux observateurs font depuis longtemps, sont courts; ils donnent la moyenne température par mois, déduite des minima et maxima diurnes, et la hauteur moyenne mensuelle du baromètre à midi. On y trouve aussi les résumés de la direction des vents, de l'état du ciel, etc.

Les instruments paraissent assez exacts. Le thermomètre à mi-

(1) Delesse. Carte hydrologique de la ville de Paris.

nima est le thermomètre Rutherford ; mais le thermomètre qui donne les maxima de chaque jour est un thermomètre à mercure, muni d'un index de chanvre qui fonctionne bien, à ce qu'il paraît, depuis longtemps. Ce système, que j'ai expérimenté, paraît exiger, pour bien réussir, que le thermomètre soit de dimension un peu considérable, ce qui présente de grands inconvénients et donne des nombres trop élevés quand on n'est pas à l'abri des réflexions solaires ou qu'on est trop près des maisons, à une fenêtre par exemple.

Les observations de MM. Midre et Charière, malgré ces quelques remarques, sont intéressantes ; elles sont instituées dans une région de la France où les observateurs sont rares jusqu'ici. On ne peut que souhaiter de les voir continuer longtemps.

Le recueil qui nous occupe renferme encore un rapport sur des expériences auxquelles une commission de la *Société d'agriculture de Lyon* a soumis le système d'embrayage électrique proposé, il y a quelques années, par M. Achard, ancien élève de l'Ecole polytechnique, comme moyen d'assurer la sécurité des convois sur les chemins de fer. Ce rapport est écrit dans un sens favorable, et il aura l'avantage de répandre la connaissance d'un système ingénieux et conçu dans un but utile. On peut regretter seulement que les expériences n'aient porté que sur un wagon traîné par des chevaux, au lieu d'être effectuées sur un train même, ce qui les eût rendues plus concluantes, et ce qui semblait devoir être possible, puisque, à Oullins, où avaient lieu les essais, se trouve un chemin de fer.

Un autre travail, qui se lit avec un vif intérêt, est relatif à l'*Essai chimique des eaux potables approprié aux eaux de la ville de Lyon*, par M. Seeligmann, chimiste du service municipal de la ville de Lyon. Ce Mémoire dit M. **L. Figuier** renferme le résultat d'un grand nombre d'analyses chimiques de différentes eaux potables distribuées dans la ville de Lyon, analyses qui sont dues tant à M. Seeligmann qu'à divers autres chimistes. Le Mémoire de M. Seeligmann ne renferme peut-être rien de nouveau sous le rapport des méthodes scientifiques, mais l'auteur fait des applications très-rationnelles des principes posés à cet égard par les maîtres de la science ; son travail est digne de remarque à ce point de vue d'application ; on le lira donc avec plaisir et profit, surtout dans un moment où la question des eaux publiques et de leur distribution dans les grande villes préoccupe les savants et les administrations municipales.

REVUE DES SOCIÉTÉS SAVANTES.

SCIENCES MATHÉMATIQUES, PHYSIQUES ET NATURELLES.

---

27 juin 1862.

Recherches sur l'hydrure de caproylène, par **MM. Pelouze et Cahours.**

Il s'échappe des fissures du sol, dans certaines parties de l'Amérique, un liquide inflammable ou naphte, doué d'une grande volatilité, qu'on emploie soit comme dissolvant, soit pour l'éclairage. MM. Pelouze et Cahours ont soumis a une analyse approfondie la partie la plus volatile qui est aussi la plus abondante.

C'est un liquide incolore et très-mobile, qui bout régulièrement à la température de 68°, et dont la composition, entièrement analogue à celle du gaz des marais, est représentée par la formule

$$C^{12} H^{14} = 4 \text{ vol. vapeur.}$$

Traité par le chlore, ce carbure d'hydrogène donne une série régulière de produits de substitution représentés par les formules

$$C^{12} H^{13} Cl$$
$$C^{12} H^{12} Cl^{2}$$
$$C^{12} H^{10} Cl^{4}$$
$$C^{12} H^{8} Cl^{6}.$$

Le premier terme de cette série n'est autre que l'éther chlorhydro-caproylique.

En faisant agir ce composé sur une dissolution alcoolique de monosulfure de potassium, on obtient une huile fétide, d'un point d'ébullition élevé, dont la composition est exprimée par la formule

$$C^{12} H^{13} S$$

Remplace-t-on le monosulfure de potassium par son sulfhydrate, on observe une réaction semblable à la précédente. Cette fois on obtient un liquide incolore et très-limpide, bouillant vers 145°, possédant des caractères analogues à ceux que présente le mercaptan, ou alcool sulfuré, dont la composition est exprimée par la formule

$$C^{12}\ H^{14}\ S^2 = C^{12}\ H^{13}\ S.\ H\ S.$$

Soumet-on à l'action du bain-marie en vases clos un mélange d'éther chlorhydro-caproylique et de cyanure de potassium, on voit apparaître l'analogue de l'éther cyanhydrique. Enfin, par son contact avec une dissolution alcoolique d'ammoniaque, l'éther chlorhydro-caproylique fournit le chlorhydrate d'une base ammoniacale analogue à l'amyliaque dont la composition est représentée par la formule

$$C^{12}\ H^{15}\ A^2 = A^z \left\{ \begin{array}{c} C^{12}\ H^{13} \\ H \\ H \end{array} \right.$$

L'iodure caproylique est un liquide incolore qui bout entre 170 et 175°. Chauffé avec de l'acétate d'argent, il donne naissance à l'éther acéto-caproylique, qui, par la distillation avec une lessive de potasse, fournit en dernier lieu l'alcool caproylique

$$C^{12}\ H^{14}\ O^2.$$

On voit donc que le carbure d'hydrogène qui fait l'objet du travail de MM. Pelouze et Cahours peut être considéré comme le point de départ d'un nouvel alcool. et par suite d'une série de composés intéressants.

SECTION SCIENTIFIQUE DU COMITÉ DES SOCIÉTÉS SAVANTES.

Présidence de M. le Sénateur Le Verrier.

Rapports sur les *Actes de la Société Linnéenne de Bordeaux*, t. XXI et XXII, ou t. I et II de la 3e série (1858-1860).

Dans ces deux volumes, nous remarquons d'abord une série de Mémoires relatifs à la botanique. Ces travaux ont été examinés par M. Chatin, qui en donne ainsi un aperçu.

Dans le premier des deux volumes dont nous avons à rendre compte, dit M. **Chatin**, nous trouvons à mentionner :

1° Un Conspectus systématique des Characées, par feu J. Wallmann, traduit du suédois par le docteur W. Nylander ;

2° Le Prodromus *Lichenographiæ Galliæ et Algeriæ*, quem conscripsit W. Nylander, D. M.

3° Une note sur une nouvelle espèce de *Monostroma*, par M. le docteur E. Lebel, correspondant.

A leurs titres, on voit que ces travaux défient l'analyse. Tous les botanistes connaissent et ont en grande estime les Characées de Wallmann, et surtout les Lichens de Nylander, ce savant modeste et exact qu'Helsingfors vient de reprendre à Paris, en lui offrant une chaire bien méritée.

Quant à l'espèce du genre *Monostroma*, de la division des Algues, trouvée par M. Lebel, tout ce que nous pouvons en dire ici, c'est qu'elle a reçu le nom de *M. parasiticum*, parce qu'elle vit fixée sur *l'Obione portulacoïdes*, plante assez commune sur le bord des eaux saumâtres des havres de Saint-Waast et de Quineville. Mais le *Monostroma parasiticum* est-il un vrai parasite tirant sa nourriture de *l'Obione portulacoïdes?* M. le docteur Lebel l'admet; votre rapporteur doute : l'examen anatomique des points d'attache conduirait à mettre le fait hors de toute contestation.

Dans le second volume, comme dans le premier, la botanique est assez largement représentée.

M. Charles Des Moulins y publie des *Notes* sur le *Scirpus Duvalii* de Vayres (Gironde), espèce trouvée sur la rive gauche de la Dordogne. Cette plante, qui tient à la fois du *Scirpus lacustris* et du *Sc. Tabernæmontani*, avait été méconnue jusque-là dans la Gironde.

M. Debeaux, pharmacien aide-major de l'armée d'Afrique, rend compte de ses excursions botaniques dans la haute Kabylie,

M. le docteur Cuigneau écrit, pour les Actes de la Société Linnéenne, un résumé de la session extraordinaire tenue à Bordeaux (en août 1859) par la Société botanique de France.

Quelque intéressants que soient ces divers comptes rendus, ils ne sauraient être ici l'objet d'une analyse.

Je termine en ajoutant que ce même volume contient un fort bon éloge historique de J.-F. Laterrade, fondateur et directeur de la *Société Linnéenne*, par M. Charles Des Moulins.

Disons encore que la *Société Linnéenne* a bien mérité de la science en publiant à ses frais, dans notre langue, les Characées de Wallmann et en ouvrant son recueil au Mémoire sur les Lichens de M. Nylander.

Les Mémoires de géologie occupent une place importante dans le tome XXII des Actes de la Société linnéenne de Bordeaux. Ces écrits sont ainsi résumés par M. **Hébert.**

Dans ce volume M. Raulin, professeur à la Faculté de sciences de Bordeaux, donne la description physique de l'île de Crète. C'est un travail considérable, car il ne contient pas moins de 307 pages grand in-8°, qui sert d'introduction à une description géologique que le savant professeur doit prochainement publier. La nature des sujets si variés que traite cette première partie ne saurait se prêter à une analyse. Nous ne pouvons qu'en recommander la lecture, persuadé que chacun y puisera, comme nous, plaisir et instruction.

M. Lagrèze-Fossat signale (page 71) une Tortue fossile qu'il a découverte à Moissac dans une couche sableuse, où en 1835 il avait déjà recueilli un tibia de *Palæotherium magnum*, et en 1843 une mâchoire inférieure d'*Anthracotherium magnum*. Disons d'abord que la détermination de ces deux espèces, qui caractérisent en général des horizons géologiques très-différents, aurait besoin d'etre soumise à une nouvelle vérification. La tortue rencontrée dans le même gisement paraît être pour M. Raulin et pour M. Lagrèze-Fossat le *Testudo isselensis* de M. Marcel de Serres. Or, comme les sables d'Issel, d'où provient le type de cette espèce, sont éocènes (ou tertiaires inférieurs), M. Lagrèze-Fossat en conclut que la mollasse de Moissac est aussi éocène, et à cette occasion il entre, sur la constitution des terrains tertiaires des environs de Moissac situés au nord de la Garonne et du Tarn, dans quelques développements qui lui paraissent confirmer cette manière de voir. Mais les réserves que nous sommes obligé d'exprimer relativement à l'exacte détermination des débris organiques qui servent de base à ces conclusions nous obligent à en ajourner l'adoption.

Cette réserve est d'autant plus nécessaire que, d'après un travail récent (1) de M. Noulet, professeur à l'Ecole de médecine de Toulouse, l'incertitude porterait exclusivement sur le tibia de Paleotherium et sur la Tortue, et les couches où ces débris se rencontrent, caractérisées par la présence de l'*Anthracotherium magnum* correspondraient au miocène inférieur, c'est-à-dire à nos meulières supérieures et au calcaire de Beauce.

M. Mairand s'est proposé l'étude des alluvions qui se forment aujourd'hui sur les côtes de l'Océan de Nantes à Bordeaux.

Le Mémoire qui renferme l'exposé de ses recherches et qui est intitulé : *Mémoire sur les dépôts littoraux observés de Nantes à Bordeaux*, est divisé en trois parties.

Dans la première, il donne une esquisse des masses minérales stratifiées ou non stratifiées qui forment le littoral qu'embrasse son

(1) De la répartition stratigraphique des corps organisés fossiles dans le terrain tertiaire moyen ou miocène d'eau douce du sud-ouest de la France. (*Mém. de l'Acad. imp. des sciences, inscriptions et belles-lettres de Toulouse*, 5e série, t. V, p. 126. 1861.)

étude. Ce résumé, utile aux lecteurs, ne renferme rien de nouveau.

La seconde partie est consacrée à l'examen de la nature et de la disposition des dépôts littoraux. Il distingue les cordons littoraux, sortes de « bourrelets de matières meubles qui régularisent par des courbes simples les anfractuosités naturelles des côtes, et au moyen desquels la mer s'est formé à elle-même une enceinte stable qui la sépare définitivement des terres, en opposant une barrière à ses flots; » les dunes, les anses limoneuses ; enfin, il donne un aperçu très-sommaire de la distribution des animaux mollusques sur les côtes.

La description et le mode de formation des *cordons littoraux* sont empruntés à M. Elie de Beaumont (*Leçons de géologie*, page 221), et en effet il serait difficile de mieux traiter ce sujet que ne l'a fait l'illustre géologue. D'après M. Mairand, ce genre de dépôts se montre principalement sur les côtes de la Charente-Inférieure ; cependant, sur le littoral de la Loire-Inférieure, de Paimbœuf à Pornic, il y a des galets et des sables granitiques; sur celui de la Vendée, des fragments volumineux de roches schisteuses constituent de dangereux écueils.

Les dunes occupent quelques parties des côtes de la Vendée, de la Charente-Inférieure, de la Gironde; on sait qu'elles s'étendent sur tout le littoral compris entre l'embouchure de la Gironde et celle de l'Adour.

Les *dunes* de la Loire-Inférieure sont surtout remarquables sur la rive droite du fleuve, en face de Paimbœuf et à l'ouest de l'île de Noirmoutier, où elles s'avancent à l'est progressivement, de manière à menacer la capitale de l'île.

Sur les côtes de la Vendée, le dunes s'étendent de Noirmoutier à l'Aiguillon; elles ont une hauteur de quinze à vingt mètres; sur celles de la Charente-Inférieure, elles atteignent la hauteur de soixante mètres.

Anses limoneuses. — Les principaux atterrissements sont les suivants :

1° Ceux de la baie de Bourgneuf, qui forment le marais occidental de la Vendée; ils présentent beaucoup d'analogie par leur composition avec le limon rougeâtre des plaines de la basse Loire; seulement celui-ci est plus riche en carbonate de chaux, trente pour °/₀ au lieu de huit.

2° *La terre de bri*, formant le vaste atterrissement du golfe de Luçon, est composée de deux couches: la supérieure contenant douze pour °/₀ de carbonate de chaux, l'inférieure dix-huit pour °/₀. Ces anciens sédimens diffèrent de ceux qui se déposent aujourd'hui par leur richesse en carbonate de chaux, ces derniers n'en contenant au maximum que 6,56 pour %.

3° Les vases qui s'accumulent dans la baie de la Rochelle renferment beaucoup de débris coquilliers, et paraissent provenir en grande partie d'animaux infusoires.

4° Les alluvions de la Gironde présentent des différences selon les points où on les examine.

La troisième partie du Mémoire de M. Mairand est destinée à rechercher les causes qui ont contribué à la formation des dépôts littoraux. M. Babinet a émis l'opinion que les côtes de la Charente-Inférieure ont éprouvé un mouvement d'exhaussement lent et successif, ce qui ferait considérer les dépôts des rivages comme déjà formés dans la mer, et leur apparition au jour comme le résultat de ce soulèvement. M. Mairand dit qu'il a été reconnu par des observations bien précises que les falaises de la Charente-Inférieure n'ont point subi de modification de ce genre. Le sujet est assez important pour que nous regrettions vivement que M. Mairand n'ait point exposé en quoi consistent ces observations. Les mouvements lents du sol ne peuvent d'ailleurs être mis en évidence que par des recherches de longue durée. Les observations de notre siècle serviront aux siècles suivants, et, si le géologue constate aisément l'existence de ces mouvements lents pendant toute la durée des périodes géologiques, c'est qu'il a devant lui, dans chacun des cas soumis à ses investigations, tracée sur le terrain, la succession des effets produits par ces mouvements pendant un laps de temps qui ne se mesure pas par des années ni peut-être par des siècles.

M. Mairand examine ensuite si les sédiments littoraux peuvent être apportés à la mer de l'intérieur des terres par les cours d'eau. Il constate que les cinq rivières qui se trouvent entre la Loire et la Gironde n'apportent à la mer qu'une très-minime quantité de sédiments, bien qu'il se forme à leur embouchure des dépôts considérables ; que ces deux fleuves ne paraissent pas non plus contribuer pour une grande part aux alluvions. La Loire est celui qui transporte le plus de matières meubles ; il dépose dans son lit, de Nantes à Saint-Nazaire, des sables grossiers, formant des bancs mobiles légèrement inclinés du côté de l'amont, offrant une pente rapide du côté de la mer; les sables qui sont rejetés à l'ouest, sur la côte d'Escoublac, y forment des dunes, et les parties limoneuses sont transportées dans la baie de Bourgneuf.

Néanmoins, c'est à l'action de la mer sur les côtes qu'est due principalement la formation des alluvions. M. Mairand décrit cette action en prenant pour exemple la pointe de Châtelaillon, reste d'une falaise qui, en 1780, portait encore l'ancienne capitale de l'Aunis (Castellum Allionis), dont les débris sont aujourd'hui à plus d'un kilomètre en mer. D'un fort, bâti sur cette même falaise sous Napoléon 1er, et qui en 1825 était encore à plus de deux cents mètres du rivage, il ne reste aujourd'hui (1857) qu'un pan de muraille debout au sommet de l'escarpement.

Cette invasion de la mer s'exerce avec une intensité non moins grande sur beaucoup d'autres points. Il serait d'un grand intérêt de savoir si les accroissements produits par les alluvions dans les golfes et en général sur les plages basses compensent ce que la mer enlève aux falaises escarpées. Nous soumettons au Comité le vœu que les éléments de ce travail, aussi désirable au point de vue de l'intérêt général qu'à celui de la science, soient demandés d'une manière spéciale aux Sociétés savantes des départements maritimes.

M. Mairand nous paraît être dans une excellente voie quand il montre que, malgré les obstacles qu'on ne cesse de leur opposer, les alluvions vaseuses qui encombrent le port de la Rochelle empêcheront, dans un temps qui ne saurait être bien long, l'entrée des navires d'un fort tonnage, de même que le port militaire de Rochefort devient inaccessible par la barre qui existe à l'embouchure de la Charente. Les causes naturelles ne sauraient être surmontées d'une manière définitive par les efforts humains, elles ont le temps et la continuité pour elles ; elles profitent d'un ralentissement qui arrive toujours à un moment donné pour détruire les digues les plus puissantes opposées à leur action.

Il est absolument indispensable de s'inspirer de la nature, d'étudier sa marche, de se mettre à sa suite, si l'on veut créer des œuvres durables. M. Mairand est d'avis qu'entre la pointe de Chef de Baie et celle de Minimes les mêmes obstacles naturels ne se produiraient pas, et que l'on pourrait y établir, en élevant des jetées sur les restes de la digue de Richelieu, un magnifique port commercial et militaire. C'est une question d'un si haut intérêt qu'elle mériterait un sérieux examen. Nous ne saurions, n'ayant point étudié les lieux, exposer aucune opinion sur l'emplacement que désigne M. Mairand, mais nous avons assez reconnu à l'embouchure de la Seine les effets de ces envasements pour que nous considérions comme un devoir d'insister sur le conseil que nous nous permettons d'émettre en matière de travaux publics. La canalisation de la basse Seine jette aujourd'hui à la mer une masse de sédiments qui se déposaient dans son lit et formaient ces bancs mobiles, ces écueils qu'on a voulu empêcher; mais, en revanche, le port d'Honfleur sera bientôt inaccessible, et l'avenir que ces travaux réservent au Havre, déjà menacé auparavant, ne nous semble pas douteux.

Terminons par les conclusions que M. Mairand a déduites de ses recherches sur le littoral de Nantes à Bordeaux. Ces conclusions sont : qu'il se forme en même temps :

« 1° Au-dessus du niveau des marées, sur les côtes plates, des dunes de sable non stratifiées, agitées sans cesse par les vents.

« 2° Au niveau supérieur des marées, des couches horizontales de vase dans les golfes, sur les points abrités de la vague ou des courants; des sables ou des cordons littoraux de galets, sur les côtes lavées par des eaux en mouvement.

« 3° Au-dessous du balancement des marées, des bancs de sable grossiers dans le lit des courants, et des dépôts d'autant plus fins que la tranquillité est plus grande à mesure qu'ils descendent dans les profondeurs de l'Océan. »

La zoologie a fourni aussi son contingent aux *Actes de la Société Linnéenne de Bordeaux*. Les travaux contenus dans le premier volume de la troisième série ont été l'objet de l'attention du Comité à une époque déjà un peu ancienne; ceux qui se trouvent insérés dans le second volume (t. XXII) sont ainsi résumés par M. **Hupé**:

1° *Catalogue des Lépidoptères du département de la Gironde*, par M. Trimoulet.

Après avoir énuméré avec soin les services que rend chaque jour l'étude des Lépidoptères soit à l'agriculture, soit à l'industrie, l'auteur passe en revue les différents moyens employés pour la chasse de ces animaux, entre dans des considérations touchant les soins que réclame l'élève des chenilles et enfin ajoute quelques détails sur leur conservation dans les collections.

Les espèces sont ensuite inscrites dans un ordre méthodique, et leur nombre s'élève à 590, réparties de la manière suivante : *Rhopalocères*, 95; *Hétérocères*, 495; ces derniers partagés en *Crépusculaires*, 127, *Noctuelles*, 213 et *Géomètres*, 154.

L'auteur désigne chaque espèce par son nom scientifique, mentionne très-exactement son époque d'apparition, son *habitat* général, et donne l'indication précise des différentes localités où elle se rencontre dans le département de la Gironde. Des observations analogues sont présentées au sujet de la chenille et de la chrysalide. Il nous paraîtrait superflu d'ajouter quelque chose à cet énoncé général du travail de M. Trimoulet; il nous suffit de dire que c'est là un de ces travaux dont l'utilité au point de vue de la répartition des espèces et de leur géographie est chaque jour appréciée davantage.

2° *Catalogue raisonné des Mollusques terrestres et d'eau douce de la Gironde*, par M. Gassies.

Il y a déjà plus de trente années que M. Charles Des Moulins donna un catalogue des Mollusques terrestres et fluviatiles du département de la Gironde; on concevra donc facilement qu'en considération du laps de temps écoulé M. Gassies ait eu l'idée de reprendre ce travail, afin d'enregistrer les nombreuses acquisitions faites par la science dans ce groupe d'animaux; en effet, l'ouvrage que nous avons cité en premier lieu ne comprenait que 91 espèces de Mollusques; celui de M. Gassies en compte 138.

Le Mémoire de cet auteur ne consiste pas seulement en une simple énumération des espèces; il est précédé, d'observations intéressantes touchant l'alimentation de ces animaux, la manière de les rechercher, de les élever en captivité; puis, enfin, de renseignements sur leur utilité dans nos usages domestiques. Ajoutons que des descriptions accompagnent la citation d'un grand nombre de ces espèces, ainsi que l'indication précise des lieux d'habitation.

En résumé, le travail de M. Gassies offre un certain intérêt et tend à compléter nos connaissances relatives à la Faune française.

Pour compléter l'énumération des travaux de la Société Linnéenne de Bordeaux publiés en 1860, nous trouvons encore à signaler :

Une note de M. Paquerée, ayant pour objet de rendre compte d'une *Excursion aux grottes d'Arcy-sur-Cure*, dans le département de l'Yonne;

Des *observations sur la pisciculture et sur les règlements qui régissent la pêche*, par M. A. Bazin, qu'on lira avec intérêt;

Enfin un *Questionnaire relatif aux Cétacés du golfe de Gascogne*, par M. Eschricht, et la *Réponse aux diverses questions relatives à l'ancienne pêche de la Baleine dans le golfe de Gascogne*, par M. Darracq. Tous les zoologistes connaissent les magnifiques travaux sur les Cétacés de M. Eschricht, le savant professeur de l'Université de Copenhague, et l'on comprend l'intérêt qu'il attachait à connaître exactement quelles étaient les espèces de baleines et d'autres cétacés qui naguère se montraient chaque année dans le golfe de Gascogne; mais jusqu'ici il ne paraît pas qu'on ait pu lui fournir beaucoup de lumières à cet égard, malgré les quelques faits recueillis par M. Darracq.

Le volume qui nous occupe se termine par le compte rendu des travaux de la Société pendant l'année académique 1858-1859 par M. E. Lafargue, secrétaire général.

Communications adressées au Comité.

21 juin. — M. Bouché, professeur au lycée impérial d'Angers, fait hommage au Comité d'une *Notice sur les usages d'un nouveau système de logarithmes à quatre décimales.*

22 juin. — M. Taillecourt, professeur au lycée de Toulouse, adresse un Mémoire intitulé : *Sur la déviation dans la chute des graves.*

22 juin. — Le Chef du département fédéral de l'intérieur (confédération helvétique) transmet une circulaire, adressée à tous les gouvernements cantonaux, concernant l'organisation d'un système commun d'observations météorologiques dans toute la Suisse. On énumère dans cette pièce les demandes de la Société suisse des sciences naturelles, qui a pour but d'établir un plan déterminé d'observations sur tous les points du territoire helvétique.

23 juin. — Le Président de la Société Linnéenne de Bordeaux adresse un extrait du procès-verbal de la séance du 18 juin. (*V.p.* 287.)

23 juin. — Le Comité reçoit également un Mémoire de M. A. Lamy, lu à la Société impériale des sciences, de l'agriculture et des arts de Lille, dans sa séance du 20 juin. (*Voir ci-après.*)

SOCIÉTÉ IMPÉRIALE DES SCIENCES, DE L'AGRICULTURE ET DES ARTS, DE LILLE.

Mémoire lu dans la séance du 20 juin.

De l'existence d'un nouveau métal, le thallium, par M. **Lamy**, professeur de physique à la Faculté des sciences de Lille.

En examinant, il y a trois mois, avec l'appareil de MM. Kirchhoff et Bunsen pour l'analyse spectrale, un échantillon de sélenium extrait par mon beau-frère, M. Fréd. Kuhlmann, des boues des chambres où l'on fabrique l'acide sulfurique par la combustion des pyrites, j'aperçus une raie verte, nettement tranchée, qui ne m'était apparue dans aucun des nombreux corps simples ou composés minéraux que j'avais étudiés. J'ignorais alors qu'un chimiste anglais, M. W. Crookes, avait non-seulement découvert la même raie dans des circonstances à peu près analogues, mais avait donné le nom de *thallium* à l'élément nouveau, du mot grec θαλλος, ou du latin *thallus*, fréquemment employé pour exprimer la riche teinte d'une végétation jeune et vigoureuse.

Dans une première note, insérée dans le *The Chemical News* du 30 mars 1861, M. Crookes avait annoncé que des traces du nouvel élément, dégagé le mieux possible des autres corps connus, communiquent à la flamme la propriété de donner au spectroscope une raie unique, verte, aux bords bien définis et rivalisant d'éclat avec la raie jaune du sodium. L'auteur indiquait ensuite quelques-unes des propriétés chimiques que lui avaient présentées des combinaisons solubles de la substance, et il concluait de son travail que les réactions obtenues et surtout la propriété optique signalée devaient faire admettre l'existence d'un nouveau corps élémentaire appartenant probablement au groupe du soufre.

Dans une deuxième note du 18 mai et ayant pour titre: *Nouvelles Remarques sur l'existence probable d'un nouveau métalloïde,* le chimiste anglais croyait pouvoir donner le nom provisoire (provisional) de *thallium* à cet élément. Il annonçait l'avoir trouvé en quantité notable dans un échantillon minéralogique de soufre de Lipari, et dans un soufre sublimé des pyrites d'Espagne ; enfin, il indiquait la méthode à suivre pour extraire le thallium de son minerai.

La petite quantité de matière première sur laquelle M. Crookes a opéré ne lui a pas permis de faire une étude complète du thallium, ni même d'isoler ce corps ; car, tout en reconnaissant la profonde sagacité avec laquelle le savant anglais a signalé quelques réactions qui lui sont propres, nous nous permettons de croire, d'après le mode même de préparation, que les quelques centigrammes de poudre noire amorphe qui ont été considérés comme du thallium ne sont autre chose qu'un composé de thallium et de soufre.

De notre côté, nous avons essayé d'isoler le nouvel élément, en allant le chercher dans les boues des chambres de plomb d'où avait été extrait le sélénium qui nous avait donné au spectroscope la ligne verte caractéristique.

C'est cette ligne qui nous a naturellement servi de guide dans nos recherches, et qui nous a permis d'arriver à la préparation de composés cristallins parfaitement définis, d'où nous avons pu retirer le thallium, la première fois avec le secours de la pile électrique.

Propriétés du thallium. Le thallium présente tous les caractères d'un véritable métal, et par la plupart de ses propriétés physiques se rapproche beaucoup du plomb. Un peu moins blanc que l'argent, il est doué d'un vif éclat métallique dans une coupure fraîche. Il paraît légèrement jaunâtre lorsqu'on le frotte contre un corps dur; mais cette teinte est due sans doute à une oxydation, car le métal qui vient d'être ou précipité par la pile d'une dissolution aqueuse, ou fondu dans un courant d'hydrogène, est blanc avec une teinte gris bleuâtre qui rappelle l'aluminium.

Le thallium est très-mou et très-malléable; il peut être rayé par l'ongle et coupé facilement au couteau. Il tache le papier en laissant une trace à reflets jaunes. Sa densité (11,9) est un peu supérieure à celle du plomb. Il fond à 290°, et se volatilise au rouge. Sous le dard d'un chalumeau à gaz hydrogène, il reste blanc comme l'argent, beaucoup plus brillant que le plomb, et disparaît à peu près avec la même lenteur que ce dernier. Enfin, le thallium a une grande tendance à cristalliser, car les lingots obtenus par la fusion font entendre le cri de l'étain quand on les plie.

Mais la propriété physique par excellence du thallium, celle qui, d'après les admirables travaux de MM. Kirchhoff et Bunsen, caractérise l'élément métallique, celle qui a amené sa découverte, c'est la faculté qu'il possède de donner à la flamme pâle du gaz une coloration verte d'une grande richesse, et, dans le spectre de cette flamme, une raie verte unique, aussi isolée, aussi nettement tranchée que la raie jaune du sodium ou la raie rouge du lithium. Sur l'échelle micrométrique de mon spectroscope, cette raie occupe la division 120, 5, celle du sodium étant à la division 100. La plus légère parcelle de thallium ou de l'un de ses sels fait apparaître la ligne verte tellement éclatante qu'elle semble blanche. Un cinquante-millionième de gramme peut encore, d'après mes évaluations, être aperçu dans un composé.

Le thallium se ternit rapidement à l'air en se recouvrant d'une pellicule mince d'oxyde, qui préserve d'altération le reste du métal. Cet oxyde est soluble, manifestement alcalin et a une saveur et une odeur analogues à celles de la potasse. Par ce caractère aussi bien que par le caractère optique, le thallium se rapproche des métaux alcalins.

Le thallium est attaqué par le chlore, lentement à la température ordinaire, rapidement à une température supérieure à 200°. Alors le métal fond, devient incandescent sous l'action du gaz, en donnant naissance à un liquide jaunâtre qui se prend par le refroidissement en une masse de couleur un peu plus pâle. L'iode, le brome, le soufre, le phosphore, peuvent aussi se combiner au thallium pour former des iodures, bromures, sulfures et phosphures.

Récemment préparé, le thallium conserve son éclat métallique dans l'eau. Il ne paraît pas la décomposer à la température de l'ébullition, mais il en sépare les éléments avec le secours d'un acide en dégageant de l'hydrogène.

Les acides sulfurique et azotique sont ceux qui attaquent le plus facilement le thallium, surtout avec l'aide de la chaleur. L'acide chlorhydrique concentré, même bouillant, ne le dissout que très-difficilement. Dans ces circonstances, il se forme des sels blancs, sulfate et nitrate solubles, cristallisables et un chlorure blanc fort peu soluble, mais pourtant susceptible, lui aussi, de cristalli er.

Le chlorure formé par l'action directe du chlore ou par l'eau régale se dépose de sa dissolution aqueuse sous forme de magnifiques lamelles cristallines jaunes qui appartiennent, si je ne me trompe, au système rhomboëdrique.

Le zinc précipite facilement le thallium des dissolutions de sulfate et de nitrate : le nouveau métal se dépose en lamelles brillantes.

L'acide chlorhydrique et les protochlorures donnent avec les mêmes dissolutions un précipité blanc de chlorure de thallium ressemblant au chlorure d'argent, mais un peu soluble dans l'eau, d'ailleurs fort peu soluble dans l'ammoniaque et inaltérable à la lumière. L'iodure de potassium donne un précipité jaune semblable à l'iodure de plomb.

L'acide sulfhydrique n'a pas d'action sur les liqueurs pures, neutres ou acides; mais, si elles sont alcalines, il se produit un volumineux précipité noir qui se rassemble aisément au fond des vases, et qui est insoluble dans un excès du précipitant.

Enfin, la potasse, la soude et l'ammoniaque ne déplacent pas l'oxyde de thallium en combinaison avec les acides sulfurique et nitrique.

Etat naturel et extraction. Le thallium ne peut pas être considéré comme très-rare dans la nature. Il existe en effet dans plusieurs espèces de pyrites dont on exploite aujourd'hui des masses considérables pour la fabrication de l'acide sulfurique. Je citerai notamment les pyrites belges de Theux, de Namur et de Philippeville. Je l'ai trouvé aussi dans un échantillon provenant des environs de Nantes et dans des pyrites blanches de Bolivie en Amérique. Je ne l'ai pas rencontré dans les pyrites de Chessy, près de Lyon, non plus que dans une douzaine d'échantillons minéralogiques de diverses parties de l'Europe. Des calcopyrites, des cuivres gris, des galènes, sept ou huit échantillons de soufre de plusieurs provenances, des séléniures du Haartz, des composés naturels de tellure, ne m'en ont présenté aucune trace. Je dois faire observer toutefois que de ces résultats négatifs obtenus sur de petits fragments on ne saurait conclure à l'absence absolue du thallium dans la masse d'où ces fragments ont été tirés. Ainsi je n'ai pas trouvé le nouvel élément dans des soufres de Sicile, et pourtant des cendres provenant de la combustion de quantités considérables de soufre de Sicile m'ont présenté des traces non douteuses de thallium.

On pourrait à la rigueur extraire le thallium des pyrites qui le renferment, et particulièrement des pyrites de la province de Namur. Mais il est beaucoup plus simple et moins coûteux de le chercher dans les dépôts des chambres où il s'accumule en quantités relativement considérables pendant la fabrication de l'acide sulfurique. Je ne crois pas exagérer en estimant à un cent-millième la quantité du nouveau métal contenue dans les pyrites de la nature de celles qui sont brûlées dans la fabrique de M. Kuhlmann, à Loos (Nord); et comme l'on brûle actuellement, en 24 heures, sur différents points de l'Europe, plus de 100,000 kilogrammes de pyrites thallifères, on comprend que cette seule source de production puisse déjà fournir, au bout de peu de temps, des quantités considérables de dépôts riches en thallium à plusieurs millièmes.

Je vais indiquer sommairement la marche que j'ai suivie pour extraire sur une assez grande échelle le thallium de ces dépôts : non pas que j'entende proposer cette marche comme la meilleure, mais parce qu'elle m'a donné des résultats satisfaisants : la méthode la plus rationnelle, ne pouvant être que la conséquence d'une étude du thallium plus complète que celle que j'ai pu faire jusqu'à présent.

65 kilogrammes de minerai (boues séchées de la première chambre de plomb) ont été chauffés pendant quatre jours consécutifs, avec 40 kilogrammes d'acide azotique et 20 d'acide chlorique. La matière, à peu près sèche, à été épuisée en grande partie de ses sels solubles par 200 litres d'eau chaude, lesquels ont abandonné en se refroidissant environ 250 grammes d'un chlorure jaune de thallium impur. Dans la liqueur refroidie on a fait passer, pendant 36 heures, un courant de gaz sulfureux, qui a produit un précipité contenant, avec du sulfate de plomb, à peu près tout le sélénium et le thallium qu'avait dissous l'eau règale. Ce précipité a été chauffé pendant 24 heures avec de l'acide sulfurique concentré, et le tout, étendu de trois ou quatre fois son poids d'eau, a été de nouveau soumis à l'action de l'acide sulfureux. Le plomb s'est précipité à

l'état de sulfate; le sélénium a été réduit sous forme de poudre rouge. Enfin, dans la liqueur claire on a versé de l'acide chlorhydrique, et l'on a obtenu un volumineux précipité blanc de chlorure de thallium. J'estime que tout le thallium pur que je pourrai retirer de cette opération ne s'élèvera pas à moins de 3 ou 400 grammes.

Le chlorure blanc peut être transformé en chlorure jaune par l'acide azotique, et celui-ci, purifié par plusieurs cristallisations successives, devenir le point de départ de l'étude du thallium et de ses composés.

Quant au métal lui-même, on peut l'extraire de l'une de ses combinaisons salines soit par l'action décomposante d'un courant électrique, soit par la précipitation à l'aide du zinc, soit par la réduction avec le charbon à une température élevée. On peut également le séparer de ses chlorures par le potassium ou le sodium, sous l'influence de la chaleur ; dans ce cas, la réaction est très-vive.

Le petit lingot du poids de 14 grammes que j'ai l'honneur de présenter à la Société a été tout entier isolé par une pile de quelques éléments Bunsen, d'abord des chlorures que j'avais obtenus primitivement, ensuite du sulfate cristallisé formé directement par la dissolution de ce thallium dans l'acide sulfurique pur.

En terminant ce Mémoire, il est sans doute inutile de faire observer à la Société que je n'ai pas la prétention de lui présenter un travail complet sur le thallium. Mon but a été surtout de lui montrer le nouveau métal et quelques-uns des principaux sels auxquels il donne naissance. Dans une prochaine communication, j'essayerai de combler les lacunes que renferme encore son histoire.

SOCIÉTÉ LINNÉENNE DE BORDEAUX.

Mémoires lus dans la séance du 18 juin 1862.

Autonomie réelle du genre SCHUFIA, *détaché* par M. Spach; *du genre* FUCHSIA, par M. **Charles des Moulins.**

M. Spach a détaché des *Fuchsia* le *F. arborescens* Sims., et, n'ayant pu corroborer la diagnose par la description du fruit, son genre *anagrammatique* SCHUFIA n'a pas été généralement accepté.

M. Des Moulins montre, par l'étude du fruit mûr et des graines combinée avec plusieurs autres caractères de *préfloraison*, etc., que le genre créé par M. Spach est excellent et doit être définitivement adopté.

Il donne une description complète, détaillée, faite sur le vivant, en latin, du *Schufia arborescens* Spach, et reproduit la description française que M. Ch. Lemaire a donnée de la variété *syringæflora*, qui ne se distingue nullement du type, si ce n'est par une différence dans la vigueur de la plante et l'intensité de son coloris.

Sur quelques protubérances crétacées de la partie occidentale de l'Aquitaine, par M. **Raulin** (conclusions).

L'Aquitaine, des bords du Gave de Pau, où viennent se terminer les dernières pentes des Pyrénées, jusque non loin de Bordeaux, renferme une série de protubérances allongées en crêtes, parallèles à la chaîne, qui ne font pas saillie dans la plaine, et dont on ne peut découvrir l'existence qu'en explorant les vallons généralement peu profonds qui sillonnent le pays. — Elles sont formées par le terrain crétacé, dont l'inclinaison des strates devient moindre à mesure qu'on s'éloigne des Pyrénées; tandis qu'à Dax celle-ci approche de la verticale, elle paraît ne pas dépasser 10° à Roquefort et 5° à Villagrain. — Les parties culminantes de ces protubérances ne sont plus souvent complètes que par le sable des landes; mais sur leurs pentes viennent s'appuyer les différentes assises tertiaires de la contrée, depuis le terrain à nummulites jusqu'au falun de Bazas. — Les protubérances qui ont été reconnues jusqu'à présent sont les suivantes :

	Longueur.	Direction.
Villagrain — Landiras, à l'O. de Langon.	16 k.	O. 8° N. — E. 8° S.
Roquefort — Saint-Justin.............	16 k. 5	O. 19° N. — E. 19° S.
Montaut — Eyres, au S. de Saint-Sever.	11 k.	O. 15° N. — E. 15° S.
Tercis — Montpeyroux, au S. de Dax..	13 k.	O. 18° N. — E. 18° S.
La chaîne des Pyrénées...............		O. 18° N. — E. 18° S.

M. Emile Blanchard, membre de l'Institut, a été présenté, à l'unanimité des suffrages, par le Muséum d'histoire naturelle et par l'Académie des sciences pour la chaire d'Entomologie, vacante au Muséum par suite de la nomination de M. Milne Edwards à la chaire de Zoologie (mammifères et oiseaux).

REVUE DES SOCIÉTÉS SAVANTES.

SCIENCES MATHÉMATIQUES, PHYSIQUES ET NATURELLES.

---

4 juillet 1862.

ACADÉMIE IMPÉRIALE DES SCIENCES ET LETTRES DE MONTPELLIER.

Séance du 13 juin 1862.

Présidence de M. le professeur Dupré.

La séance est ouverte à huit heures.

Parmi les personnes présentes, on remarque M. le général Picard, commandant la division; M. Goirand de Labaume, premier président de la cour impériale; M. Piétri, préfet de l'Hérault; M. Pagezy, maire de Montpellier; M. Donné, recteur de l'Académie; MM. Le Verrier et Foucault, de l'Observatoire impérial de Paris.

M. le président **Dupré** prononce un discours dont nous regrettons de ne pouvoir reproduire qu'un extrait.

« Il est inutile, dit M. Dupré, de rappeler les motifs du voyage à Montpellier du Directeur de l'Observatoire de Paris. L'Académie les connaît mieux que personne; c'est elle qui a fait non-seulement les premiers vœux, mais aussi les premières démarches, en vue de provoquer la création d'un établissement astronomique à Montpellier. Je me hâte d'ajouter qu'elle a été activement et intelligemment secondée par l'autorité municipale et par tout ce que la ville renferme d'esprits éclairés. Les souvenirs du passé, les avantages d'un climat exceptionnel, l'amour et le succès avec lesquels l'astronomie a été de tout temps cultivée parmi nous expliquent, et au besoin justifient les tentatives de l'Académie.

Rappelant ensuite les heureuses relations de l'Académie avec Son Exc. M Rouland, et s'adressant à M. Le Verrier, M. le président ajoute:

« L'Académie de Montpellier ne peut oublier de vous dire qu'elle doit à M. le Ministre de l'Instruction publique et des Cultes d'incontestables témoignages d'estime et des encouragements dont elle est glorieuse. Le nombre de ses travaux et, je puis le dire, leur mérite reconnu, justifient ces libéralités sans affaiblir notre reconnaissance.

« En votre qualité de président du Comité des Sociétés savantes de France, vous êtes notre intermédiaire naturel avec Son Excellence. L'Académie vous prie d'être auprès d'elle l'interprète de ses sentiments de gratitude et de son ardent désir de se rendre toujours digne de sa haute bienveillance. »

M. **Le Verrier**, répondant à M. le président, fait connaître les motifs et le but de la mission dans le Midi de la France dont l'a chargé Son Exc. le Ministre de l'instruction publique et des cultes.

« Après avoir rappelé les liens qui unissaient, au siècle dernier, la Société royale des sciences de Montpellier à l'Académie royale des sciences de Paris, ainsi que les travaux qui ont illustré la Société royale de Montpellier, M. Le Verrier, faisant allusion à l'ancien Observatoire installé à la tour de *la Babotte*, dit qu'il souhaite avec l'éminente assemblée, que l'exposé qu'il va faire, en forme de Mémoire, pour se conformer aux usages de l'Académie, puisse être intitulé : *De la réinstallation de l'Observatoire de Montpellier.*

« Il est regrettable, poursuit M. Le Verrier, que la France, la première nation du monde à tant de titres, soit précisément celle où les observations astronomiques soient le moins répandues. Les nombreux établissements qui existaient encore à la fin du siècle dernier ont disparu comme l'Observatoire de Montpellier, tandis que, partout ailleurs, des observations régulières sont faites sur une très-grande échelle.

« En Angleterre, par exemple, à côté des Observatoires royaux, se groupent des établissements nombreux appartenant aux villes ou même à de simples particuliers. Les professions les moins compatibles en apparence avec l'étude des astres ont fourni de sérieux observateurs.

« En Allemagne, en Russie, des Observatoires importants existent jusque dans des villes de second ordre.

« En Amérique, une guerre désastreuse n'a pu interrompre les travaux des astronomes. L'Observatoire de Washington n'a pas discontinué ses études, malgré le départ du célèbre Maury. Né dans le Sud, il y sert la cause des confédérés ; tandis que le directeur de l'Observatoire de Cincinnati, Mitchel, s'est fait un nom parmi les généraux du Nord. Singulier contraste que celui d'un habile astronome transformé en un énergique capitaine !

« La France, au contraire, ne possède qu'un seul grand Observatoire, celui de Paris ; encore est-il resté longtemps, pour la puissance des instruments, au-dessous de ses rivaux. Une occasion de changer cette situation sembla se présenter en 1855.

« A l'exposition de cette année, une manufacture anglaise, dirigée, remarquons-le, par un Français, M. Bontemps, de Nantes, présenta deux lentilles, l'une en flint, l'autre en crown, du diamètre inespéré de 75 centimètres. La lentille de flint avait déjà figuré à l'exposition anglaise de 1851; mais ce n'est que plus tard que l'habile manufacturier de Birmingham parvint à fondre le crown qui devait être associé au flint. Ce nouveau verre, jugé d'abord défavorablement par le jury de l'exposition, ayant été, au contraire, reconnu d'une très-grande pureté par M. Foucault, la propriété des deux verres flint et crown fut, conformément à un ordre direct de l'Empereur, assurée à l'Observatoire de Paris.

« Cependant, la question était loin d'être résolue ; il fallait donner à des verres énormes leur forme sphérique ; or, avant de commencer ce travail délicat, il était indispensable d'avoir un moyen d'en contrôler la perfection.

« Ici se place une observation d'une grande vérité. Quand un savant entreprend un travail, il trouve rarement ce qu'il avait cherché, mais il rencontre autre chose ; et ce qui caractérise l'homme d'un esprit vraiment scientifique, c'est que, bien qu'il dévie souvent de sa direction primitive, il sort toujours de ses recherches un résultat utile, quoique souvent inattendu. Ainsi est-il arrivé à M. Foucault, qui avait été chargé de la très-délicate question de la taille des verres.

« La construction d'un miroir concave devant servir de collimateur, et travaillé avec une grande perfection, fut décidée. Mais M. Foucault dut bientôt, renonçant aux miroirs métalliques, s'adresser à une substance exempte des inconvénients des métaux, et susceptible néanmoins d'un poli très-parfait. Après un travail minutieux, il parvint à donner une courbure d'une grande précision à la surface de miroirs en verre, qu'une mince couche d'argent transforma ensuite en miroirs métalliques.

« Ce premier essai avait été effectué sur une surface de petite dimension, un miroir de 10 centimètres de diamètre. Plus tard, il fut appliqué à des verres de vingt, de quarante, et enfin de quatre-vingts centimètres.

« Le résultat était atteint, et dès lors le travail des lentilles eût du être commencé, si l'on n'avait pas été conduit à se demander, non sans quelque surprise, si le miroir parfait sorti dés mains de M. Foucault ne pouvait pas remplacer des lentilles qu'il excédait même en dimension ?

« Quoi qu'il en soit, bien des questions jusqu'alors insolubles allaient pouvoir être abordées. L'une d'entre elles touchait à l'un des plus intéressants problèmes de l'astronomie : les étoiles fixes sont-elles des soleils entourés de planètes ? La solution théorique ne saurait être douteuse, mais elle attendait encore sa confirmation expérimentale. Des oscillations de Sirius, cette brillante étoile qui resplendit pendant nos nuits d'hiver, avaient amené le célèbre Bessel à soupçonner la présence d'un astre voisin. Convaincu de la réalité de son existence, qui seule pouvait expliquer les mouvements périodiques de Sirius, M. Le Verrier conseilla à M. Chacornac de faire des recherches avec le nouveau télescope ; le compagnon de Sirius ne pouvait échapper à des investigations suivies à l'aide d'un si puissant appareil.

« Malheureusement on dut attendre pendant plus de trois mois une nuit favorable.

« Pendant ce temps, on se livrait en Amérique aux mêmes recherches. Or, les vents d'ouest, qui règnent d'une manière presque constante dans nos régions, comme les vents alizés sur l'Océan, amènent des résultats opposés pour les deux hémisphères. Tandis qu'ils soufflent sur la côte est d'Amérique, après s'être desséchés en traversant le continent, ils nous arrivent au contraire dans l'ouest de l'Europe, chargés des humidités de la mer et obscurcissent notre ciel. Aussi, favorisés par les conditions atmosphériques, les Américains annoncèrent la découverte du compagnon de Sirius. L'astronome de Paris auquel était confié le télescope de M. Foucault ne put que constater quelques jours après, pendant la nuit propice si longtemps attendue, la vérité de cette observation.

« Nous comprîmes dès lors qu'il fallait aller chercher un ciel plus favorable aux investigations astronomiques, et transporter nos instruments dans le Midi. »

« Ce n'est que justice de reconnaître que Montpellier a eu l'initiative des propositions faites par diverses villes pour s'assurer la possession de la grande succursale astronomique qu'il s'agit d'établir, et la science doit honorer la générosité que M. le maire et l'administration municipale ont déployée dans cette circonstance. Aussi lorsqu'on en est venu à traiter de la question financière, cette pierre habituelle d'achoppement, la confiance réciproque était devenue telle qu'on aurait facilement pris M. le maire pour le directeur de l'Observatoire de Paris, tant il défendait avec chaleur les intérêts de l'astronomie, et M. Le Verrier, pour le maire de Montpellier, tant il prenait les intérêts des finances de la ville. Un grand monument n'est pas nécessaire; ce qu'il faut, ce sont des instruments, ce sont surtout des observateurs qui produisent des travaux sérieux, des documents à consulter.

« Quelles que soient d'ailleurs les espérances que la ville doit légitimement concevoir, il faut se souvenir cependant que toute décision est réservée à Son Exc. M. le Ministre de l'instruction publique. Mais je n'oublierai dans aucune circonstance, dit M. Le Verrier, la généreuse attitude de la cité que vous représentez tous ici.

« M. Le Verrier termine cette partie de son discours, en faisant allusion à l'égoïsme avec lequel l'ancienne Société royale sollicitait des priviléges dont elle cherchait à entraver la concession aux Sociétés des villes voisines. Il se dit l'interprète des sentiments plus libéraux de son auditoire en affirmant qu'aucune rivalité ne ferait obstacle à la création de plusieurs centres astronomiques dans le Midi. »

S'adressant alors, d'une manière plus spéciale à l'Académie, M. Le Verrier rappelle, comme Président du Comité des Sociétés savantes, les efforts du gouvernement de l'Empereur pour favoriser toutes les aptitudes, tous les genres d'application. Le Congrès général des Sociétés de province, récemment tenu à Paris, a eu déjà d'excellents résultats qu'il faudra étendre et développer encore.

Sous la puisante impulsion de Son Exc. M. le Ministre de l'Instruction publique, dont on connaît les bienveillantes intentions, un recueil périodique a été créé dans le but d'établir des relations entre les diverses Sociétés savantes de l'Empire. Fonder ainsi, au moyen de ce recueil, une véritable représentation de la science française, tel est le but que désire atteindre l'administration. Mais là s'arrête et doit s'arrêter son initiative; il ne lui appartient pas d'indiquer à chacun sa voie. C'est aux Sociétés, dont l'indépendance est entièrement réservée, à formuler elles-mêmes leurs demandes, sûres qu'elles peuvent être de les voir bien accueillies.

Toute tentative de progrès, de quelque part qu'elle vienne, sera toujours encouragée par le gouvernement, dont le chef auguste, savant distingué à tant de titres, désire qu'une puissante et féconde impulsion soit donnée, sous son règne, à tout effort généreux de l'intelligence et de la pensée.

M. **Béchamp** entretient ensuite l'Académie des travaux de chimie, qu'il poursuit en commun avec M. Camille Saintpierre, et dont nous donnons ici le résumé.

Sur l'atomicité de l'acide et du chloride phosphoriques, par MM. **A. Béchamp** et **Camille Saintpierre.**

L'un de nous, dit M. Béchamp, dans un Mémoire présenté à l'Académie des sciences (comptes rendus hebdomadaires XLII, p. 224, 1856), touchant la préparation des chlorures d'acides par le protochlorure et l'oxychlorure de phosphore, a montré que, dans cette action, l'oxychlorure de phosphore engendrait de l'acide métaphosphorique; or, il est généralement admis que, dans la formation de ces chlorures organiques par l'oxychlorure, il se forme du phosphate ordinaire. D'autre part, il est certain qu'il est impossible d'attaquer le perchlorure ou l'oxychlorure de phosphore par l'eau sans produire immédiatement du phosphate d'eau ordinaire (PO^5 3 HO).

Ce dernier fait est sans contredit la cause de l'opinion qui est enseignée; et de ce que l'acide PO^5 3 HO se forme, on en a conclu que l'oxychlorure de phosphore aussi bien que le perchlorure sont tribasiques, et que leur formule représente trois équivalents. Nous n'avons jamais partagé cette manière de voir, et la découverte de l'acide métaphosphorique parmi les produits de la réaction étudiés dans le Mémoire signalé en commençant n'a fait que confirmer notre conviction. Toutefois, cette question nous a paru mériter une démonstration directe. Pour cela, il suffisait évidemment de substituer dans PCl^3 O^2, et par suite dans PCl^5 l'oxygène au chlore, en évitant avec soin, à la fin de la réaction, la présence d'une base oxydée, cette base fût-elle l'eau.

I. Pour atteindre ce dernier but, nous avons attaqué l'oxychlorure de phosphore par l'acétate d'argent complétement sec. On versait l'oxychlorure sur l'acétate, ou bien l'on introduisait ce dernier dans l'oxychlorure. — Cette seconde manière d'opérer est préférable : on risque moins de voir apparaître des produits de réactions secondaires, qui colorent fortement le mélange dans le premier cas. — Au contraire, dans le second, si l'on a soin d'éviter l'élévation de la température, les produits sont peu colorés. Après 24 heures de contact, on distille ; il passe du chlorure d'acétyle, et plus tard l'excès d'oxychlorure. Si l'on a pris la précaution d'expulser tous les chlorures volatiles par un courant d'hydrogène sec, au bain d'eau bouillante, il ne reste dans la cornue qu'un résidu sec formé essentiellement de chlorure d'argent et d'acide phosphorique anhydre, ce qui se conçoit parfaitement par la nature des éléments employés dans la réaction.

Comme nous allons le montrer, l'équation :

$$2\,PCl^3O^2 + 3\,(C^4H^3O^3AzO) = 3\,AzCl + 3\,C^4H^3O^2Cl + 2\,PO^5$$

se trouve vérifiée ; car, en reprenant par l'eau la matière absolument privée de chlorure d'acétyle et d'oxychlorure de phosphore, on obtient du chlorure d'argent insoluble et une dissolution très-acide, totalement exempte à la fois et d'acide chlorhydrique et d'argent. Mais, comme la dissolution est très-légèrement colorée, on la décolore par le charbon purifié. Cette liqueur ne contient absolument que de l'acide métaphosphorique, puisqu'*elle coagule immédiatement l'albumine, précipite le chlorure de baryum*, et, si l'on sature à point par le carbonate de potasse ou de soude, on obtient un *sel qui précipite en blanc le nitrate d'argent ;* de plus, si, après avoir versé le sel de potasse dans une dissolution d'albumine sans obtenir de précipité, *on ajoute quelques gouttes d'acide acétique, l'albumine est aussitôt coagulée.*

Il n'y a donc pas de doute : par la substitution de l'oxygène au chlore dans l'oxychlorure, et par conséquent dans le perchlorure de phosphore, on engendre l'acide phosphorique anhydre, lequel, en présence de l'eau, produit du métaphosphate, c'est-à-dire un composé monobasique. Par conséquent, les deux composés chlorés sont eux-mêmes monobasiques.

II.—Il y a plus, la molécule PO^5 contenue dans ce que l'on est convenu d'appeler *acide phosphorique ordinaire ou tribasique*, cette molécule isolée est monobasique. Voici comment nous avons démontré ce point capital.

Le phosphate de soude ordinaire est transformé en phosphate d'argent. Ce sel est desséché avec le plus grand soin, mais sans le faire fondre, et seulement en le laissant séjourner un temps suffisant dans le vide sec. Ce sel d'argent peut être traité de deux manières, en versant le chlorure d'acétyle sur lui ou en le projetant dans le chlorure. La seconde manière est préférable, les produits sont plus nets. Le chlorure d'acétyle était en excès. Après 24 heures de contact, nous avons décanté le liquide surnageant, et la distillation nous a permis d'y reconnaître, en fractionnant, d'abord l'excès du chlorure, puis l'acide acétique anhydre.

La masse solide et blanche qui reste dans le flacon est débarrassée des produits volatiles par un courant d'hydrogène sec et par un séjour prolongé dans le vide sur la chaux vive. La masse soluble, reprise par l'eau, donne une solution très-acide. Toutefois, cette liqueur retient des traces de phosphate d'argent. — Nous nous débarrasserons de ce métal par un courant d'hydrogène sulfuré, et de celui-ci, à son tour, par un courant rapide d'acide carbonique et un séjour dans le vide. Dans cet état, la liqueur possède tous les caractères de l'acide métaphosphorique, et son sel de soude, tous ceux des phosphates. L'opération suivante se trouve donc justifiée :

$$PO^5\ 3\ Az\ O + 3\ C^4 H^3 O^2 U = 3\ Az\ U + C^4 H^3 O^3 PO^5,$$

et la molécule PO^5 qui provient de l'*acide tribasique, dit acide phosphorique ordinaire, en redevenant libre et anhydre, redevient monobasique.*

III.—Pour obtenir cet acide monobasique, il suffit que la molécule PO^5 *naisse* à l'abri de toute influence basique, car, si l'on décompose le phosphate d'argent (comme nous l'avons fait) par le gaz chlorhydrique, même en laissant la température s'élever, l'eau qui se produit s'unit à l'état naissant avec l'acide phosphorique, aussi à l'état naissant, et détermine, en remplaçant l'oxyde d'argent équivalent par équivalent, sa modification tribasique. Dans cette dernière expérience, il n'y a pas de traces d'acide métaphosphorique.

IV.—Les faits qui viennent d'être énoncés nous paraissent importants à un second point de vue. L'analogie de l'azote du phosphore, de l'arsenic et de l'antimoine, si grande lorsque l'on considère ces corps dans leurs composés hydrogénés ou organiques, disparaît lorsque l'on compare, dans la manière de voir généralement adoptée aujourd'hui, l'acide azotique avec l'acide phosphorique, que l'on appelle à tort *ordinaire*. Le véritable acide phosphorique ordinaire est celui de Lavoisier, c'est PO^5; c'est celui que l'on obtient en brûlant le phosphore, et dont les sels correspondent pour l'atomicité aux nitrates. Les deux acides, phosphorique (p PO^5 2 HO), et phosphorique ordinaire des auteurs (oPO^5 3 H O), ne sont donc, comme l'avait prévu M. Graham, que des modifications moléculaires, entraînant modification de l'équivalent, du véritable acide phosphorique.

Après la communication de M. Béchamp, M. **Wolf** prend la parole pour exposer le résultat des expériences qu'il a faites, de concert avec M. Diacon, sur le spectre de la flamme du sodium.

Sur le spectre de la flamme du Sodium par MM. **Diacon et Wolf.**

Si l'on chauffe fortement du sodium dans une petite cornue de fer ou de verre, le jet de vapeur brûle au contact de l'air avec une flamme éclatante. Observée au spectroscope, cette source de lumière donne un spectre formé d'un fond continu d'autant plus brillant qu'on s'approche du bleu et du violet, sur lequel se détachent d'abord une bande jaune-orangée, divisée en deux parties égales par la double ligne noire D, et une belle ligne d'un vert jaunâtre située à peu près à égale distance entre *b* et *D*, par conséquent entre B du calcium et P du baryum. La double ligne noire est d'autant plus intense que les vapeurs qui enveloppent la flamme sont plus abondantes. On peut la faire disparaître en dirigeant convenablement sur le jet le vent d'un chalumeau en verre, qui, dans certaines positions, entraîne la vapeur non incandescente, et met à nu la flamme dont la radiation réapparait. Cette raie noire est donc bien produite par un phénomène d'inversion.

Quand le sodium brûle dans le chlore, la combustion est plus complète, le produit formé plus volatile. Aussi la raie noire est-elle à peine indiquée, et le fond continu sur lequel apparaissent les lignes brillantes beaucoup plus sombre. Par suite aussi, d'autres lignes, qu'on ne pouvait que soupçonner dans le premier cas, se montrent avec netteté. Ce sont : une ligne jaune très-fine et très-voisine de la bande jaune orangée; puis une jaune-verdâtre, plus large, presque à égale distance de la bande orangée et de la raie verte. A partir de celle-ci, la teinte vert-bleuâtre, d'abord très-sombre, augmente peu à peu d'éclat jusqu'à la raie solaire *b* environ, diminue brusquement, et se termine un peu au delà de la demi-distance entre *b* et F par une ligne bleu-verdâtre. Enfin, dans le bleu, très-beau ainsi que le violet, apparaît parfois une ligne bleue au tiers de la distance entre F et G.

La flamme excessivement brillante obtenue en chauffant du chlorure de sodium pur dans une petite cuiller de charbon de cornue, au moyen de la flamme du gaz ou de l'hydrogène alimentée d'oxygène, présente exactement les mêmes caractères avec plus de netteté encore; c'est-à-dire que le spectre continu s'efface de plus en plus, sauf le bleu et le violet, et que les lignes apparaissent mieux définies; la limite correspondante à la raie solaire *b* devient une véritable ligne brillante. — Mais, et c'est là un point essentiel à noter, la ligne vert-jaunâtre, si brillante dans le spectre du sodium brulant à l'air ou dans le chlore, n'apparaît plus : sa présence paraît liée à l'existence d'un excès de vapeurs métalliques. — La soude et le carbonate de soude nous ont donné les mêmes résultats.

Après nous être assurés que ces lignes nouvelles ne coïncident avec aucune de celles des autres métaux, qu'elles ne sont pas dues à quelque impureté du métal, nous nous croyons autorisés à conclure :

1° Qu'à une température suffisamment élevée, le spectre de la flamme du sodium ne se réduit plus à la double ligne Naa, caractéristique de ce métal à des températures plus basses ; qu'il ne devient pas non plus continu, mais *qu'il rentre dans la règle générale des spectres des métaux alcalins*, et se compose de lignes brillantes, dont le nombre va en augmentant à mesure que la température s'élève ;

2° Que ce spectre reste toujours le même, quel que soit l'agent de la combustion, ou quel que soit le genre de combinaison dans lequel se trouve primitivement engagé le métal.

A l'occasion de la communication de MM. Diacon et Wolf, M. **L. Foucault** présente quelques remarques dans le but de faire ressortir l'intérêt qui s'attache selon lui à des expériences qui vont avoir pour résultat de faire cesser différentes anomalies relatives au sodium.

Le renversement de raie D dans la flamme du sodium brûlant à l'air libre s'est produit dernièrement comme un fait assez étrange pour embarrasser l'esprit et pour faire croire à l'intervention de quelque principe nouveau ; c'est une impression que MM. Diacon et Wolf ont su dissiper en montrant qu'on fait disparaître l'inversion en écartant par un courant d'air l'atmosphère absorbante qui environne la partie incandescente de la flamme.

On disait encore que le sodium se distingue entre tous les métaux par la propriété d'émettre une lumière monochromatique ; en d'autres termes le spectre du sodium, disait-on, ne contient qu'un seul rayon. Derrière cette remarque se cachait une espérance qu'on n'osait avancer : le sodium serait-il un véritable corps simple et les autres métaux qui donnent plusieurs raies seraient-ils autant de corps composés ? M. Wolf vient de nous montrer que le sodium porté à une température suffisamment élevée rentre sous la commune loi ; il donne plusieurs raies.

On voit, par les expériences de MM. Diacon et Wolf, que le procédé employé pour exciter l'incandescence exerce une influence notable sur l'apparition de certaines raies. Peut-être y aurait-il intérêt à analyser le spectre du sodium dans des circonstances peu connues, où la flamme acquiert un éclat remarquable sans perdre son caractère sensiblement monochromatique.

Toutes les personnes qui étudient l'optique, ont plus ou moins payé leur dette à la recherche d'une source de lumière simple. Dans ce but, j'ai moi-même un jour fait passer de l'hydrogène sec à travers un ballon de verre contenant du sodium, maintenu en fusion par une simple lampe à esprit de vin, puis ayant enflammé le jet de gaz au sortir de l'appareil, j'ai vu briller une flamme d'un éclat comparable à celui d'une bougie, et qui vue à travers le prisme se réfractait sans déformation, et se projetait sur un spectre très-faible. C'était bien la lampe que je cherchais et pour en parler, je ne pouvais souhaiter une meilleure occasion.

Je n'ai opéré que sur le sodium, mais dans la série des métaux volatiles, il est probable qu'il s'en trouverait plusieurs qui se prêteraient avec succès au même genre d'expérimentation (1).

Après l'intéressante réplique de M. L. Foucault, la parole est donnée à M. **Jacquemet**, chef des travaux anatomiques et professeur agrégé de la faculté de médecine.

Le jeune savant fait connaître à l'assemblée les résultats de ses récentes expériences : 1° sur l'ordre rhythmique des mouvements et des bruits du cœur ; 2° sur leurs correspondances réelles, sur la répartition de leur durée respective, pendant une révolution du cœur ; 3° sur les déplacements en totalité de cet organe dans les

(1) Nous avons encore obtenu le même spectre, avec une netteté remarquable, écrivent MM. Wolf et Diacon à la date du 28 juin, en employant un procédé dont le principe nous a été indiqué par M. Foucault. Si, dans un ballon contenant un globule de sodium et fortement chauffé, on fait passer un courant d'hydrogène sec, ce gaz brûle avec une flamme d'un jaune éclatant, qui prend une intensité extraordinaire lorsqu'on l'alimente par un jet d'oxygène pur. Toutes les raies dont nous avons parlé apparaissent avec une vivacité remarquable sur un fond très-peu coloré, mais la ligne vert-jaunâtre fait encore défaut, le sodium n'étant pas en assez grand excès.

M. Foucault, à qui nous avons communiqué la lettre de MM. Wolf et Diacon, voit avec plaisir que depuis le jour de la séance MM. Diacon et Wolf ont mis en œuvre le procédé de l'hydrogène sodé et même que, en surexcitant la combustion par l'oxygène pur, ils ont obtenu un spectre complexe. On ne peut donc pas considérer cette flamme comme une source de lumière rigoureusement simple ; mais pour le physicien qui expérimente, la prédominance de la raie jaune présente toute la valeur pratique d'un rayonnement monochromatique.

efforts d'inspiration et d'expiration ; 4° sur la manière d'arrêter sur soi-même volontairement les battements du cœur.

Ces constatations expérimentales ont été faites sur un docteur allemand, M. Groux, homme adulte bien portant et bien constitué, sauf un vice de conformation de la poitrine (fissure sternale) qui laisse le cœur battre normalement sous la peau. Des stéthoscopes *multiplicateurs*, des sphygmoscopes et d'autres instruments nouveaux ou perfectionnés, des manœuvres méthodiquement calculées ont permis, en cette occasion si précieuse pour la physiologie médicale, de donner à ces dernières recherches une exactitude spéciale et un intérêt immédiat qui ne se trouvent point au même degré dans les expériences ayant pour sujets des animaux soumis à la vivisection ; ou des monstres dont la constitution était incompatible avec le jeu régulier des fonctions. C'est ainsi qu'en associant, sur le même point de la région précordiale, un sphygmoscope à chaque branche du stéthoscope, il a été facile de se convaincre, par l'œil et par l'oreille opérant ensemble, que le premier bruit coïncide avec l'action du ventricule, et le second avec l'occlusion des valvules sigmoïdes. Au moyen de plumes indicatrices fixées sur divers points du plastron thoracique, on a constaté, d'après leurs mouvements successifs, le déplacement du cœur dans les efforts respiratoires ; par exemple, à la fin d'une très-longue inspiration, la plume fixée à l'épigastre est agitée de vibrations rhythmiques, ce qui accuse un abaissement momentané du cœur à plusieurs centimètres au-dessous de sa position habituelle.

L'exposition de ces résultats, faite avec le secours de *figures* et d'instruments, a vivement intéressé l'Académie, surtout quand M. Jacquemet a expliqué le mécanisme physiologique à l'aide duquel M. Groux suspend à volonté l'action de son cœur, phénomène tellement exceptionnel, que les deux seuls exemples qui en sont relatés dans les annales de la science passent encore pour des faits romantiques aux yeux de beaucoup d'observateurs.

M. **Bouisson** à son tour excite l'intérêt de l'Assemblée par la description d'une opération chirurgicale qui rend chaque jour des services signalés.

Sur la Rhinoplastie, par **M. Bouisson**, *professeur à la Faculté de médecine.*

L'une des opérations chirurgicales les plus intéressantes par ses résultats est assurément la rhinoplastie, ou l'art de refaire les nez.

Cette opération, dont on trouve des traces dans les sources les plus anciennes de l'art, eut un moment de vogue au seizième siècle, sous l'impulsion du chirurgien italien Tagliacozzi. Tombée ensuite dans l'oubli, elle en a été retirée par les modernes, notamment par Grafe, Delpech et Dieffenbach. Depuis lors on s'est constamment efforcé de la perfectionner. Les motifs de ces efforts se tirent surtout de l'imperfection de certains détails de forme présentés par les nez d'origine chirurgicale. On ne saurait se dissimuler qu'il y a ici des difficultés particulières à vaincre. Il ne s'agit pas, en effet, comme dans la plupart des opérations autoplastiques, de régulariser ou de clore une ouverture, d'abaisser sur elle une sorte de soupape organique; il faut que l'opercule réparateur reste en saillie, que cette saillie soit régulière et qu'elle présente des ouvertures nettes et permanentes pour tenir la place des narrines. Un nouveau nez affaissé, ou n'ayant que des narines étroites et irrégulières, est une correction dérisoire de la difformité qu'on veut faire disparaître. Autant vaudrait la prothèse mécanique que la prothèse autoplastique. — Les procédés proposés pour vaincre ces difficultés, et dont ce n'est pas ici le lieu de faire l'exposition ou la critique, ne répondent pas d'une manière entièrement satisfaisante à la solution du problème. De là de nouveaux essais pour donner du relief et de la résistance au nez plastique, parmi lesquels nous devons signaler les greffes périostiques de M. Ollier. Mais, quel que soit l'intérêt de cette nouvelle application des propriétés ostéopoïétiques du périoste, pour donner aux lambeaux une charpente solide, elle n'est pas de nature à nous faire méconnaitre les résultats obtenus par un procédé que nous avons proposé nous-mêmes, et dont l'exécution nous a particulièrement réussi dans deux cas récents.

Ce procédé consiste à utiliser les portions du squelette fibro-cartilagineux du nez que la maladie a respectée, et à s'en servir en guise de support pour les greffes tégumentaires destinées à reproduire l'organe. Ainsi, au lieu d'emporter, comme on a coutume de le faire, la masse du nez atteinte par le mal qui exige l'opération, il convient de laisser en réserve toutes les parties saines de la cloison, et spécialement le contour fibro-cartilagineux des narines, sur lequel on fixe, par un nombre convenable de pointes de suture, les lambeaux réparateurs taillés sur les joues ou sur le front.

Dans les diverses opérations que j'ai pratiquées d'après ce procédé, le nez plastique a acquis et conservé une forme naturelle. Il m'a paru intéressant d'en montrer les résultats reproduits par la photographie. On a vu si souvent un crayon complaisant flatter l'œuvre du chirurgien, tout en laissant le malade disgracié, qu'il faut savoir gré à la photographie de dire la vérité. Voici les faits, dont j'abrége la narration :

Dans le premier cas, il s'agit d'une femme affectée d'un cancer du nez. L'organe présentait un développement considérable ; la portion dorsale était détruite par un ulcère assez étendu, mais la cloison et les fibro-cartilages des ouvertures nasales avaient échappé à la destruction. Le mal fut emporté dans sa totalité, et compris dans une incision quadrilatère dont les bords inférieurs étaient parallèles au contour des narines mis en réserve pour servir à greffer le bord inférieur des lambeaux réparateurs. Ceux-ci furent disséqués aux dépens des joues par la méthode dite française, et sont venus l'encadrer dans la perte de substance en restituant la forme normale.

Le second cas est relatif à un homme âgé de 48 ans environ, affligé d'un nez difforme qui le rendait la risée de ses compagnons. Cette difformité était due à une hypertrophie très-caractérisée de l'élément celluleux et vasculaire de la région. Le malade réclamait avec instance d'être délivré de son appendice nasal, en quelque sorte monstrueux, sachant bien, quoi qu'il advînt, qu'il serait moins disgracieux qu'auparavant. Je fis l'amputation de l'organe qui est conservé au musée de la Faculté, et qui pèse près de 40 grammes. La perte des substances fut comblée avec un lambeau emprunté au front par la méthode indienne. Le lambeau retourné vint se greffer sur les supports fibro-cartilagineux des narines que j'avais pu conserver, et rendit au malade une figure très-présentable. La joie de cet opéré fut très-grande. Il semblait renaître à la vie sociale.

Tels sont les résultats démontrés par les deux photographies que j'ai l'honneur de soumettre à l'appréciation de l'Académie. Ils me paraissent recommander le procédé que j'ai proposé, et qui a pour caractère essentiel d'utiliser pour l'opération les éléments mêmes dont la nature se sert pour donner à l'organe sa forme, son relief et sa souplesse, c'est-à-dire les parties saines du squelette fibro-cartilagineux du nez. — Pour si peu étendus que soient les fragments respectés par le mal, ils suffisent, en supportant les lambeaux réparateurs, pour assurer le maintien des formes normales. Lorsque le contour des ouvertures nasales reste régulier, on peut dire que l'intégrité morphologique du nez refait par le chirurgien est assurée.

M. le professeur **Martins** donne les conclusions d'une note sur les observations pluviométriques qu'il a faites au jardin de Montpellier.

Observations pluviométriques faites au Jardin des plantes de Montpellier, par M. **Ch. Martins**, *pendant dix ans* (1852 à 1861).

MOIS. 1852-1861.	NOMBRE DES JOURS DE PLUIE. MOYEN.	MAXIMUM.	MINIMUM.	HAUTEUR de la PLUIE tombée en m/m.	SAISONS.
Décembré......	4.1	7	1	38.2	
Janvier........	5.5	15	1	83.2	Hiver .. 235 m. 1
Février........	5.2	12	1	113.7	
Mars..........	4.8	10	1	89.2	
Avril..........	3.8	7	0	52.1	Printˢ.. 260 — 7
Mai............	7.5	15	3	119.4	
Juin	4.5	8	0	57.6	
Juillet	2.6	7	0	24.3	Été.... 97 — 8
Août..........	1.9	4	0	15.9	
Septembre.....	5.7	13	2	109.4	
Octobre	6.2	10	2	114.7	Automᵉ. 326 — 4
Novembre......	6.5	12	2	102.3	
ANNÉE.......	58.1	120	13	920.0	

M. **Le Verrier** fait remarquer que les nombres de jours de pluie résultant des observations de M. le professeur Martins sont moindres que ceux qui sont consignés dans les mémoires de la Société, comme déduits de 30 années d'observations faites à la fin du dernier siècle.

A cause de l'heure avancée et malgré le désir exprimé par M. Le Verrier, d'entendre le représentant de la section des lettres, M. Taillandier, et avec lui MM. Planchon et Marcel de Serres, qui s'étaient fait inscrire pour d'autres communications, ont renoncé à la parole.

Les sciences viennent de faire une perte cruelle qui sera bien profondément sentie. M. H. de Sénarmont, membre de l'Institut, ingénieur en chef au corps impérial des Mines, membre du Comité des travaux historiques et des Sociétés savantes près le ministère de l'instruction publique, est mort presque subitement le 30 juin. Lundi dernier, les membres de l'Académie des sciences, en se rendant à leur séance habituelle, apprenaient la fatale nouvelle. Sous l'impression douloureuse qui avait gagné l'assemblée entière, un de ses membres témoigna le désir qu'il ne fût pas tenu de séance, ce qui fut aussitôt décidé par le président.

M. de Sénarmont, né en 1808, était par conséquent à peine âgé de 54 ans; membre de l'Académie des sciences depuis dix ans, ses profondes connaissances, sa vaste érudition, le charme de sa parole, l'aménité de son caractère, lui avaient acquis une haute considération et une vive sympathie de la part de ses collègues. Il en avait reçu de leur part un témoignage éclatant; il y a quelques années déjà, M. de Sénarmont, qui était loin encore d'avoir le privilége de l'ancienneté, avait néanmoins été appelé à l'honneur de présider l'Académie.

L'illustre physicien dont nous déplorons la perte laisse, nous assure-t-on, beaucoup de travaux inédits. Au moment où la mort l'enlève à la science, il était tout entier à l'idée de la publication des œuvres d'Augustin Fresnel, heureux de la haute mission dont il avait été chargé, de concert avec M. Léonor Fresnel, le frère de l'auteur, par Son Exc. M. le Ministre de l'Instruction publique et des Cultes. Il avait rassemblé avec le plus grand soin les matériaux épars, achevé le travail de coordination, redigé toutes les notes explicatives dont il fallait accompagner la plupart des écrits de Fresnel, et s'était déclaré prêt à livrer à l'impression l'œuvre considérable de l'un de nos plus grands physiciens. Il y a trois semaines à peine, M. de Sénarmont donnant, au sein du Comité des Sociétés savantes, une analyse des principaux travaux de Fresnel, avait charmé son auditoire par l'admirable clarté de son exposition, par la parfaite élégance et la simplicité de son langage, par la façon saisissante dont il avait su faire ressortir l'intérêt qui s'attachait aux questions scientifiques traitées dans le vaste ouvrage dont on attend prochainement la publication.

Le Conseil supérieur de l'instruction publique a inauguré mardi (1er juillet) sa session par une première séance qui a été présidée par Son Exc. M. le Ministre de l'instruction publique et des cultes.

REVUE DES SOCIÉTÉS SAVANTES.

SCIENCES MATHÉMATIQUES, PHYSIQUES ET NATURELLES.

---

11 juillet 1862.

De la réduction électro-chimique du cobalt, du nickel, de l'or, de l'argent et du platine, par MM. **Becquerel** et **Ed. Becquerel**. (Extrait.)

Ayant repris depuis quelque temps l'étude commencée depuis plus de trente ans des phénomènes électro-chimiques produits en vertu de forces électriques d'une faible intensité, je me suis occupé d'abord, conjointement avec mon fils, de la réduction des métaux avec agrégation de leurs particules, en employant des dissolutions quelconques. Cette réduction joue un si grand rôle en chimie et dans les applications aux arts que les recherches qui ont pour but d'étendre les moyens d'action à l'aide desquels on l'obtient ne peuvent manquer d'avoir de l'intérêt.

Nous mentionnerons dans ce Mémoire les résultats obtenus avec des dissolutions de cobalt, de nickel, d'or, d'argent et de platine.

Cobalt.

On obtient ce métal dans un assez grand état de pureté en soumettant à l'action décomposante d'un très-faible courant électrique une dissolution concentrée de chlorure de cobalt, à laquelle on ajoute une quantité d'ammoniaque ou de potasse caustique suffisante pour neutraliser l'excès d'acide qui n'est pas nécessaire à la combinaison. Le métal se dépose en petits tubercules cohérents ou en couches uniformes, suivant que le courant est plus ou moins faible ; il est d'un blanc brillant tirant un peu sur celui du fer. Pendant la décomposition, une partie du chlore se dégage, l'autre reste dans la dissolution à l'état d'acide chlorhydrique. Il arrive un instant où la dissolution est assez acide pour que le dépôt cesse d'avoir l'éclat métallique; il prend alors un aspect noirâtre. On sature de nouveau l'excès d'acide avec de l'alcali, mais de préférence avec de l'ammoniaque. Le dépôt ne tarde pas à reprendre l'éclat métallique. L'intensité du courant est toujours en rapport avec la densité de la liqueur à décomposer pour obtenir un dépôt cohérent, ainsi qu'on le montre dans le Mémoire.

Le cobalt obtenu est dur et cassant; recuit à une température convenable dans le gaz hydrogène, il devient très-malléable et peut être travaillé. Avec des moules convenablement préparés, on obtient des cylindres, des barreaux et des médailles; avec une électrode positive en cobalt, il ne serait pas nécessaire de toucher à la dissolution après sa première préparation.

Das le cas où elle contient des sels de plomb ou de manganèse, ces sels sont décomposés, et les deux métaux se déposent à l'état de péroxyde sur l'électrode positive; le fer reste en grande partie dans les eaux mères, car on n'en trouve que des traces dans le métal, qui est donc dans un assez grand état de pureté. Les cylindres et les barreaux retirés de la dissolution non-seulement sont magnétiques, mais ils possèdent encore la polarité due à l'action du courant ou à celle de la terre.

Nickel.

On opère avec la dissolution de sulfate de nickel, à laquelle on ajoute de la potasse caustique, de la soude ou de l'ammoniaque, mais de préférence ce dernier alcali, pour saturer l'excès d'acide, comme on l'a fait pour le chlorure de cobalt. Le courant nécessaire pour effectuer sa réduction doit être à peu près dans les mêmes conditions d'intensité que celui qui réduit le cobalt L'acide sulfurique devenant libre, on le sature avec de l'oxyde de nickel mis au fond du vase ou en ajoutant de l'alcali à la dissolution, de l'ammoniaque de préférence. Dans le premier cas, la dissolution reste au même degré de concentration; dans le second, il se dépose des cristaux d'un vert clair de double sulfate de nickel et d'ammoniaque très-peu soluble dans l'eau et soluble, au contraire, dans de l'eau aiguisée d'ammoniaque. On les enlève pour les utiliser, comme on le dira plus loin. Au bout d'un certain temps, on obtient un dépôt métallique blanc brillant avec une très-légère teinte jaunâtre. Suivant les moules employés, on obtient également des cylindres, des barreaux ou des médailles; les premiers peuvent être façonnés pour différents usages: ils possèdent avant le recuit, en sortant de la dissolution, la polarité magnétique comme le cobalt.

La dissolution ammoniacale de double sulfate de nickel et d'ammoniaque, et même celle qui n'est pas ammoniacale, donnent également le nickel métallique; elle reste à la vérité toujours au maximum de concentration en mettant au fond du vase une certaine quantité de double sulfate ; mais, l'acide sulfurique devenant libre pendant l'action décomposante du courant, on le sature avec de l'ammoniaque. Dans ce dernier cas, la méthode employée est analogue à celle dont on fait usage habituellement pour obtenir un dépôt galvanique de fer métallique.

Or.

Une dissolution de chlorure d'or aussi neutre que possible et très-concentrée donne des effets remarquables. En prenant une lame d'or pour électrode positive et opérant avec un seul couple à très-faible force électro-motrice, l'or se réduit assez rapidement et se moule facilement sur l'électrode négative. Le recuit lui donne de la ductilité. Il n'est donc pas nécessaire d'employer des dissolutions alcalines pour obtenir un dépôt malléable, mais il faut proportionner l'intensité du courant à la densité du liquide à décomposer; il n'y a de différence que dans le temps que le dépôt met à s'effectuer.

Argent.

Pour l'argent, il en est de même : une dissolution très-concentrée de nitrate de ce métal et aussi neutre que possible est décomposée facilement avec adhérence des parties métalliques au moyen d'un courant électrique dont l'intensité est suffisamment faible. L'électrode positive en argent est indispensable pour le succès de l'expérience.

Platine.

Il est plus difficile de faire agréger ensemble les particules du platine que celles des métaux dont on vient de parler ; il faut employer une dissolution neutre et concentrée de ce métal, et pour électrode négative un fil de platine autour duquel s'effectue le dépôt du métal, qui est fréquemment formé de petits tubercules.

On peut dire qu'en général, lorsqu'on décompose des dissolutions concentrées, quelle que soit leur composition, avec des courants dont l'intensité est très-faible et dépend de la densité de la dissolution, on évite les dépôts tumultueux, les molécules se groupant alors régulièrement et s'agrégeant avec adhérence. C'est ce principe qui a servi à l'un de nous pour reproduire un grand nombre de substances minérales par la voie de décomposition électro-chimique.

Nous comptons présenter dans une nouvelle note les résultats de nos recherches sur la réduction d'autres métaux que l'on obtient difficilement à l'état de pureté par les procédés ordinaires de la chimie.

Sur la nature des taches ou macules noires de la muqueuse de l'estomac chez les sujets morts de la fièvre jaune, par M. le docteur **Guyon**, correspondant de l'Institut.

La fièvre jaune laisse assez ordinairement sur la muqueuse de l'estomac des taches ou macules noires qu'on aperçoit même à travers les parois de l'organe, aussitôt après qu'il a été découvert par la section de l'abdomen. Ces macules, pendant longtemps, ont été considérées comme des traces de gangrène, comme de la gangrène, suite d'une inflammation portée à son *summum* d'intensité. L'auteur, après avoir combattu cette opinion, établit que les macules ainsi considérées étaient, pendant la vie ou la maladie, des taches ou surfaces saignantes ayant succédé à des ecchymoses ou surfaces ecchymosiques; après quoi il exprime l'opinion que la fièvre jaune n'est pas une phlegmasie gastrique, en tant que cette phlegmasie constituerait la maladie elle-même, faisant remarquer que les cas de fièvre jaune ou phlegmasie gastrique sont ceux qui comptent des guérisons.

L'auteur croit pouvoir rattacher aux taches ou macules noires dont il est question, mais alors dépouillées du détritus ou bouillie noire qui les constitue, les prétendues ulcérations gastriques mentionnées dans la fièvre jaune par les auteurs.

Nouveau procédé industriel de fabrication du vinaigre. — Suite à une précédente communication sur les Mycodermes, par M. **L. Pasteur**.

J'ai signalé, il y a quelques mois, la faculté que possèdent les mycodermes, notamment la fleur du vin et la fleur du vinaigre, de servir de moyen de transport de l'oxygène de l'air sur une foule de substances organiques et de déterminer leur combustion avec une rapidité parfois surprenante.

L'étude de cette propriété des mycodermes m'a conduit à un procédé nouveau de fabrication des vinaigres qui me paraît destiné à prendre place dans cette industrie (1)

Je sème le *mycoderma aceti,* ou fleur du vinaigre, à la surface

(1) Comme il arrive fréquemment que des principes scientifiques livrés à la publicité par leurs auteurs deviennent entre les mains d'autrui l'objet de brevets d'invention par l'addition de dispositifs d'appareil ou de modifications insignifiantes, j'ai pris, antérieurement à ma communication du mois de février, un brevet qui primerait tous ceux auxquels mon travail aurait pu donner lieu, et je m'empresse d'ajouter que je suis résolu, dès aujourd'hui, à laisser tomber ce brevet dans le domaine public.

d'un liquide formé d'eau ordinaire contenant deux pour cent de son volume d'alcool et un pour cent d'acide acétique provenant d'une opération précédente, et en outre quelques dix-millièmes de phosphates alcalins et terreux, comme je le dirai tout à l'heure. La petite plante se développe et recouvre bientôt la surface du liquide sans qu'il y ait la moindre place vide; en même temps, l'alcool s'acétifie. Dès que l'opération est bien en train, que la moitié, par exemple, de la quantité totale d'alcool employé à l'origine est transformée en acide acétique, on ajoute chaque jour de l'alcool par petites portions, ou du vin, jusqu'à ce que le liquide ait reçu assez d'alcool pour que le vinaigre marque le titre commercial désiré. Tant que la plante peut provoquer l'acétification, on ajoute de l'alcool ou du vin. Lorsque son action commence à s'user et à diminuer sensiblement, on laisse s'achever l'acétification de l'alcool qui reste encore dans le liquide. On soutire alors ce dernier, puis on met à part la plante, qui par lavage peut donner un liquide un peu acide et azoté capable de servir ultérieurement. La cuve est alors mise de nouveau en travail.

Il est indispensable de ne pas laisser la plante manquer d'alcool, parce que sa faculté de transport de l'oxygène s'appliquerait alors, d'une part, à l'acide acétique, qui se transformerait en eau et en acide carbonique, de l'autre, à des principes volatils mal déterminés dont la soustraction rend le vinaigre fade et privé d'arome. En outre, la plante, détournée de son habitude d'acétification, n'y revient qu'avec une énergie beaucoup diminuée.

J'ai dit que le liquide à la surface duquel je sème le mycoderme devait tenir des phosphates en dissolution. Ils sont indispensables. Ce sont les aliments minéraux de la plante. Bien plus, si au nombre de ces phosphates se trouve celui d'ammoniaque, la plante emprunte à la base de ce sel tout l'azote dont elle a besoin, de telle sorte que l'on peut provoquer l'acétification complète d'un liquide alcoolique renfermant environ un dix-millième de chacun des sels suivants: phosphates d'ammoniaque, de potasse, de magnésie, ces derniers étant dissous à la faveur d'une petite quantité d'acide acétique, lequel fournit en même temps que l'alcool tout le carbone nécessaire à la plante.

A la température de 15°, si la semence est bonne, il ne faut pas plus de deux à trois jours pour que le mycoderme recouvre le liquide à la surface duquel il a été semé, quelles que soient les dimensions de la cuve. Par bonne semence j'entends une plante jeune, en voie de multiplication, qui se présente au microscope sous la forme de longs chapelets d'articles, et non d'amas de granulations, comme cela a lieu quand elle est un peu ancienne et qu'elle a déjà servi pendant plusieurs jours d'agent de combustion.

Dans une fabrique en travail, il y aurait toujours de la semence toute prête. Si l'on n'en a pas, il suffit d'abandonner au contact de l'air un liquide alcoolique et acétique de la nature de ceux dont j'ai parlé pour y voir apparaître le mycoderme dont il s'agit. Seulement, dans ce cas, il peut se faire que l'on soit obligé d'attendre plusieurs jours et même plusieurs semaines avant que l'air de l'atmosphère y dépose le germe de la plante.

Quels sont les avantages de ce nouveau procédé d'acétification? Je rappellerai en premier lieu qu'il existe aujourd'hui deux procédés industriels de fabrication du vinaigre.

L'un, connu sous le nom de procédé d'Orléans, est surtout en usage dans le Loiret et dans la Meurthe. On ne peut l'appliquer qu'au vin. Dans des tonneaux de 200 litres environ de capacité disposés par rangées horizontales, on place du vinaigre de bonne qualité, environ 100 litres par tonneau, et un dixième du volume en vin ordinaire de qualité inférieure. Après six semaines ou deux mois d'attente, plus ou moins, on retire tous les huit ou dix jours 10 litres de vinaigre et on y ajoute 10 litres de vin. Une fois en travail, chaque tonneau fournit donc environ 10 litres de vinaigre tous les huit jours. On ne touche d'ailleurs aux tonneaux que lorsqu'ils ont besoin de réparations.

Un autre procédé est connu sous le nom de procédé des copeaux de hêtre ou de procédé allemand. Le liquide que l'on veut acétifier tombe goutte à goutte par les extrémités de tuyaux de paille ou de ficelles sur des copeaux de bois de hêtre entassés dans de grands tonneaux. Les copeaux reposent sur un double fond placé vers la partie inférieure, où se rassemble le liquide, que l'on repasse à plusieurs reprises sur les copeaux. Des trous pratiqués dans les douves du tonneau permettent l'arrivée de l'air, qui s'échappe par le haut après avoir passé dans les interstices des copeaux, où il est en contact avec le liquide alcoolique descendant. Ce procédé est très expéditif, mais il ne peut s'appliquer au vin ni à la bière en nature, et ses produits sont de qualité inférieure. Le prix des vinaigres de vin est environ deux fois plus élevé que celui des vinaigres d'alcool, dénomination par laquelle on désigne ordinairement les vinaigres fabriqués par le procédé des copeaux. Ce procédé donne lieu en outre à des pertes considérables de matière première, parce que le liquide alcoolique très-divisé est toujours soumis à un courant d'air échauffé par suite de l'acétification elle-même.

Je ferai remarquer d'ailleurs que la supériorité des vinaigres d'Orléans ne tient pas uniquement, comme on serait porté à le croire, à ce qu'ils sont fabriqués avec du vin, mais surtout à leur mode même de fabrication, qui conserve au vinaigre ces principes volatils indéterminés, d'odeur agréable, principes qu'enlèvent à peu près entièrement le courant d'air et l'élévation de la température dans la fabrication des vinaigres d'alcool. Grâce à ces principes, le vinaigre d'Orléans paraît plus fort à l'odorat et au goût que les vinaigres d'alcool, lors même que la proportion d'acide n'y est pas supérieure, et quelquefois moindre.

On reproche donc surtout au procédé d'Orléans d'être lent et seulement applicable au vin. En outre, comme il est entièrement livré à la routine par l'insuffisance des progrès de la science en ce qui le concerne, tous les accidents de fabrication sont préjudiciables, et l'on n'a pas de moyens sûrs d'y porter remède. Enfin, quel que soit le prix du vin ou de l'alcool, il faut fabriquer. Un chômage total ou partiel d'une vinaigrerie dans le système d'Orléans est impossible. Mais la qualité des produits et l'application possible du procédé, exclusive même au vin, lui permet de lutter avantageusement avec le procédé des copeaux, qui ne peut être utilisé pour le vin, et en général pour les liquides chargés de principes albuminoïdes, parce qu'il se formerait sans nul doute des quantités si abondantes de mère de vinaigre qu'il y aurait obstruction des interstices des copeaux, et, l'air ne pouvant plus circuler, l'acétification s'arrêterait.

Mais il est utile que j'entre encore dans quelques détails sur un inconvénient très-singulier du procédé d'Orléans, qui a été tout à fait inaperçu jusqu'à présent. Cet inconvénient est dû, comme je vais l'expliquer, à la présence bien connue dans les tonneaux de fabrication des anguillules du vinaigre. Tous les tonneaux, sans exception, dans le système de fabrication d'Orléans en sont remplis, et, comme on ne les enlève jamais que partiellement, puisque de cent litres de vinaigre on ne retire que dix litres tous les huit jours, en rajoutant dix litres de vin, leur nombre est quelquefois prodigieux. Or ces animaux ont besoin d'air pour vivre. D'autre part, mes expériences établissent que l'acétification ne se produit qu'à la surface du liquide, dans un voile mince de *mycoderma aceti* qui se renouvelle sans cesse. Supposons ce voile bien formé et en travail d'acétification active, tout l'oxygène qui arrive à la surface du liquide est mis en œuvre par la plante, qui n'en laisse pas du tout aux anguillules. Ceux-ci, alors se sentant privés de la possibilité de respirer, et guidés par un de ces instincts merveilleux dont tous les animaux nous offrent à des degrés divers de si curieux exemples, se réfugient sur les parois du tonneau où ils viennent former une couche humide, blanche, épaisse de plus d'un millimètre, haute de plusieurs centimètres, tout animée et grouillante. Là seulement ces petits êtres peuvent respirer. Mais on comprend bien que ces anguillules ne cèdent pas facilement la place au mycoderme. J'ai maintes fois assisté à la lutte entre eux et la plante. A mesure que celle-ci, suivant les lois de son développement, s'étale peu à peu à la surface, les anguillules réunis au-dessous d'elle, et souvent par paquets, s'efforcent de la faire tomber dans le liquide sous la forme de lambeaux chiffonnés. Dans cet état, elle ne peut plus leur nuire, car j'ai montré qu'une fois que la plante est submergée, son action est nulle ou insensible. Je ne doute pas que presque toutes les maladies des tonneaux dans le procédé d'Orléans ne soient causées par les anguillules et que ce soient eux qui ralentissent et souvent arrêtent l'acétification.

Tout ceci posé, les avantages du procédé que je viens d'exposer peuvent être pressentis. J'opère dans des cuves munies de couvercles, à une basse température. Ce sont les conditions générales du procédé d'Orléans, mais je dirige à mon gré la fabrication. Il n'y a qu'une chose qui acétifie dans le procédé d'Orléans, c'est le voile de la surface. Or je le fais développer dans des conditions que je détermine et dont je suis maître. Je n'ai pas d'anguillules, parce que, s'ils prenaient naissance, ils n'auraient pas le temps de se multiplier, puisque chaque cuve est renouvelée après que la plante a agi autant qu'elle peut le faire. Aussi l'acétification est-elle au moins trois à quatre fois plus rapide qu'à Orléans, toutes choses égales d'ailleurs.

Relativement au procédé des copeaux, les avantages sont d'une part dans la conservation des principes qui donnent du montant au vinaigre, parce que l'acétification a lieu à une température basse, et d'autre part dans une grande diminution de la perte en alcool, parce que l'évaporation est très-faible pour un liquide placé dans une cuve couverte. Enfin le nouveau procédé peut être appliqué à tous les liquides alcooliques.

Je n'ignore pas cependant que l'auteur d'un nouveau procédé industriel est toujours prompt à s'en exagérer l'importance, et je n'ai pas la prétention d'être à l'abri de ce préjugé. Je livre donc les résultats de mes études à la discussion et à l'expérience des personnes compétentes ou intéressées, sans y rechercher autre chose que le progrès de la science et de ses applications.

Esquisse de la végétation d'Ussat (Ariége), par le Dr **Clos**, professeur à la Faculté des sciences et directeur du Jardin des plantes de Toulouse.

A aucune époque les questions de géographie botanique n'ont été étudiées avec autant de zèle, de soin et de saine critique qu'à l'époque actuelle. Botanistes et géologues s'efforcent à l'envi de recueillir des documents destinés à faciliter l'inventaire raisonné de nos richesses florales. Ici, ce sont des ouvrages de longue haleine, abordant, discutant les plus hautes questions de la science dont ils cherchent à poser les bases : tels ceux de Thurmann, de M. Alph. de Candolle et de M. Lecoq. Là, des Mémoires plus ou moins étendus venant apporter leur précieux contingent de matériaux : tels ceux de MM. Unger, de Mohl, Ch. des Moulins, Raulin, Chatin, Puel, pour ne citer que les principaux. Les uns s'attachent plus spécialement à découvrir les rapports ou les liens d'union de la végétation avec le sol ; les autres se préoccupent surtout de diviser la France en régions botaniques naturelles. Ce sont là comme deux vastes champs d'étude offerts aux investigations des naturalistes, et qu'il ne sera probablement pas donné d'épuiser à la génération actuelle.

La vaste chaîne des Pyrénées est depuis longtemps explorée par les botanistes. Tournefort, Ramond, Lapeyrouse, de Candolle et Bentham, plus récemment, MM. Zetterstedt et Philippe, ont fait de sa végétation l'objet de leurs recherches. Mais combien de points de ces montagnes ne restent pas encore ouverts à de fructueuses explorations ! Combien sur lesquels les naturalistes n'ont pu jeter qu'un coup d'œil rapide ! Et cependant il est rare qu'une contrée n'offre pas quelque localité particulière à telle ou telle espèce de plante. Si plusieurs de nos départements ont aujourd'hui leur Flore, ou, tout au moins, le catalogue de leurs productions végétales, il n'en est pas ainsi de l'Ariége, et je ne connais même aucune liste de plantes propre à une seule de ses contrées.

C'est ce qui m'a déterminé à mettre à profit, sous ce rapport, un séjour de deux mois (août 1860, septembre 1861) fait à Ussat

(1) En 1834, les Annales agricoles, littéraires et industrielles de l'Ariége publiaient un programme de questions concernant la topographie, l'histoire naturelle, la statistique, etc., de ce pays. (Voir le numéro de juillet à octobre de cette année, et janvier 1835, p. 166 et suiv.) Cet appel fut entendu au point de vue de l'histoire naturelle, en ce qui concerne la Faune de ce département, car ce même Recueil publiait l'année suivante un *Essai sur le règne animal dans le département de l'Ariége.*

(Ariége), et à rédiger les quelques lignes que j'ai l'honneur de soumettre au Comité.

Le petit village d'Ussat, dont le nom est omis dans un grand nombre de dictionnaires géographiques (Malte-Brun, Langlois, Balbi, etc.), est bien connu dans tout le midi de la France, grâce à ses eaux thermales. Il est situé au sud de Foix et de Tarascon, au nord d'Ax et à dix-huit kilomètres de la première de ces villes, à trois de la seconde, à vingt-trois de la troisième, dans une gorge de trois cent quarante à trois cent cinquante mètres de largeur, formée de deux chaînes de montagnes calcaires souvent nues et pelées, dont la direction est du nord-est au sud-ouest, et entre lesquelles passe la rivière qui donne son nom au département (1). Ussat-les-Bains, ou d'en-Bas, est à peu près à égale distance des deux villages d'Ussat-d'en-Haut et d'Ornolac. La hauteur d'Ussat prise au niveau du lit de l'Ariége est de quatre cent cinquante mètres au-dessus du niveau de la mer. La montagne à laquelle est adossé l'établissement a une hauteur de deux cent seize mètres, et celle qui lui est opposée atteint trois cent dix-huit mètres (2).

Dans l'étude de la végétation de cette petite contrée, j'ai porté mon attention sur deux points principaux : d'une part, les particularités que présente sa Flore ; de l'autre, les rapports de la végétation avec la nature du sol.

A. *De la Flore.* Je signalerai d'abord les plantes qui m'ont paru caractériser la végétation d'Ussat.

Voici les espèces les plus communes vers le bas des montagnes : *Thalictrum majus? Biscutella lævigata*, *Erysimum ochroleucum*, Gay, *Sedum dasyphyllum*, *Silene saxifraga*, *Alsine mucronata*, *Amelanchier vulgaris*, *Genista Scorpius*, *Coronilla minima*, *Hippocrepis cernosa*, *Ononis Columnæ*, *O. striata*, *Saxifraga Aizoon*, *Buple-*

(1) Les terrains crétacés inférieurs dans l'Ariége, dit M. J. François, forment une zone qui court de l'est à l'ouest, suivant la direction de la chaîne des montagnes de Prades, Montségur et Bélesta à celles de Saint-Lary et de Portel, en passant au-dessus d'Urs, des Cabannes, à Ussat et à Génat. A ce dernier point, cette zone se bifurque et enveloppe le massif granitique des Tres-Seignous et de Castillon. L'une des branches court par Miglos, Sem, Vicdessos, Saleix, Etulus et Seix, où elle forme la chaîne calcaire du pic d'Uston à celui de Mirabat. L'autre branche, moins avancée dans la chaîne, va dans la montagne de Bédeillac, par Col-de-Port et Alos, à Saint-Girons. Là elle s'élargit et comprend tout le bassin calcaire borné par la berge droite de la Belle-Longue et le cours du Salat. (Voy. *Annal. agric. de l'Ariége*, t. IV, p. 138.)

(2) Pour tous les autres détails sur le climat d'Ussat, nous croyons devoir renvoyer à une note insérée par M. le Dr Ourgaud dans son *Précis sur les eaux thermo-minérales d'Ussat-les-Bains*, p. 115.

vrum falcatum, *Galium Bocconi*, *Scabiosa holosericea*, *Centranthus angustifolius*, *Artemisia campestris*, *Linaria origanifolia*, L. *supina* var *alpina*, *Erinus alpinus*, *Calamintha alpina*, *Teucrium pyrenaicum*, *T. montanum*, *T. aureum*, *Thesium divaricatum* Jan. *Allium fallax* Don, *Kœleria setacea*.

Plus haut apparaissent : *Helleborus viridis*, *Æthionema saxatile*, *Alyssum montanum*, *Ribes alpinum*, *Asteriscus spinosus*, *Pyrethrum corymbosum*, *Campanula persicifolia*, *C. rotundifolia*, *Nepeta cataria*, *Stachys germanica*, *Primula officinalis*, *Globularia cordifolia*, Var. *nana*, Gr. God. *Passerina dioïca*, Ram. *Osyris alba*, *Quercus ilex*.

Plus haut encore : *Hepatica triloba*, *Meconopsis cambrica*, *Arabis alpina*, *Hypericum nummulariæfolium*, *Alchemilla alpina*, *Anthyllis montana*, *Carlina acaulis* L., *Jasonia glutinosa* D. C., *Phyteuma orbicularis P. Charmelii*, *Campanula speciosa*, Pourr., *Vaccinium vitisidœa*, *Globularia medicaulis*, *Androsace villosa*, *Gentiana ciliata*, *G. acaulis*, *Euphorbia hyberna*.

A la sortie de Tarascon, à l'entrée du chemin qui, sur la rive droite de l'Ariége longe la montagne et conduit à Ussat, on peut cueillir : *Antirrhinum azarina* L., *Lactuca tenerrima* Pourr.; et sur la route d'Arnaves à Tarascon : *Senecio viscosus*.

M. Loret avait déjà signalé la présence à Ussat des espèces suivantes : *Campanula speciosa* Pourr., *Ranunculus friesanus* Jord., *Vincetoxicum laxum* Gr. God., *Rosa verticillacantha* Mér., *Melilotus cœrulea* L., *Iberis Forestieri* Jord. (*Bullet. de la Société bot. de France*, tome IV, p. 13 et suivantes). — Le même botaniste a trouvé sur la route de Foix à Ax l'*Allium polyanthum*.

Parmi les plantes que nous venons de signaler, il en en est qui se prêtent à quelques remarques intéressantes au point de vue de la géographie botanique, ce sont :

1° *Jasonia glutinosa* D. C. Découverte en France aux environs de Marseille par Castagne (de 1810 à 1815). Cette espèce a depuis été retrouvée à Toulon, et M. Bentham la signale dans le Roussillon. Pourret l'a vue dans la Catalogne, Petit en Aragon près de la frontière, Gussone en Sicile et à Malte, M. Boissier dans le royaume de Grenade, et M. Bourgeau aux environs de Murcie; mais ce n'en est pas moins une des plus rares espèces de notre sol, et MM. Grenier et Godron, dans leur Flore de France, l'indiquent seulement à Marseille et à Toulon (1). C'est au sommet le plus élévé de la montagne cal-

(1) Cependant M. Philippe signale cette espèce dans les localités suivantes : Pyrénées-Orientales et Centrales; Pratto-de-Mollo; au Pujo de Géry, Saint-Béat; montagnes d'Aragon, environs de Vénasque. (*Flore des Pyrénées*, p. 581.)

caire située au nord du village d'Ussat (du haut sommet d'où l'on découvre Tarascon au nord, Arnaves à l'ouest) que j'ai trouvé dans les fentes des rochers plusieurs pieds de cette espèce en pleine floraison, le 28 août 1861.

2° *Æthionema saxatile* R. Br. On sait que M. Boutigny a découvert à Foix une espèce nouvelle d'*Æthionema*, l'*Æ. pyrenaïcum* Bout. En 1860, je rencontrai à Ussat des pieds d'une plante de ce genre, mais entièrement dépourvus de fleurs et de fruits, en l'absence desquels toute détermination eût été hasardée. Plus heureux cette année, j'ai pu m'assurer par l'examen des caractères pistillaires qu'ils appartenaient à l'*Æ. saxatile* R. Br., comme je l'avais déjà présumé. L'*Æ. pyrenaïcum*, signalé pour la première fois en 1857 sur le roc de Mont-Gaillard, près de Foix, serait-il donc exclu de tous les autres points de cette belle vallée de l'Ariége ? La présence de ces deux espèces dans une même vallée, et à 18 kilomètres de distance l'une de l'autre, est un résultat d'autant plus curieux que ce sont les deux seules de ce genre que possède la Flore française.

3° *Delphinium verdunense* Balb. (*D. cardiopetalum* D. C.). Cette plante est abondamment répandue dans les champs de la montagne située à l'est du village d'Ornolac-du-Haut, et que l'on gravit pour se rendre au hameau de Lugeat ; c'est probablement une des dernières limites de l'espèce qu'on retrouve dans les Pyrénées-Orientales, en Provence et dans la plaine de Toulouse.

Au premier abord, on a lieu d'être surpris de la présence dans une même localité de plantes appartenant, les unes, à ce qu'on est convenu d'appeler la région méditerranéenne, les autres, à la Flore alpine. Il est en effet curieux de trouver à côté de l'*Asteriscus spinosus*, du *Thesium divaricatum*, du *Pistacia terebinthus*, de l'*Osyris alba* (1), des plantes telles que : *Androsace villosa*, *Gentiana acaulis*, *Vaccinium vitis-idœa*, *Hypericum nummulariæfolium*. Toutefois quelques autres points de la chaîne montrent un semblable contraste ; et cet entrelacement de végétaux, qui habituellement vivent à des altitudes différentes, semble devoir offrir une des plus grandes difficultés au botaniste qui veut classer les plantes de France en régions naturelles. M. Puel propose d'exclure de la Flore des Pyrénées proprement dites des localités telles que Cierp, Saint-Béat, Prats de Mollo, où domine incontestablement la Flore méditerranéenne. (Voy. *Bulletin de la Société botanique de France*, séance du 22 juil-

(5) M. Loret a déjà fait remarquer que l'*Osyris* est moins méridional qu'on ne croit. (Voir le *Bullet. de la Soc. bot. de France*, t. VI, p. 445.)

let 1858) ; mais est-il toujours possible d'établir entre elles une délimitation précise ?

Le département de l'Ariége se trouve au sud des départements de la Haute-Garonne et de l'Aude, le premier lui servant encore de limite à l'ouest, et le second à l'est. Il confine aussi, dans cette dernière direction, aux Pyrénées-Orientales. Sa végétation doit donc offrir quelques rapports avec celle des départements circonvoisins, et c'est ce que l'observation confirme.

M. Lecoq a constaté que les espèces les plus méridionales du plateau central s'avancent davantage vers le nord sur les calcaires blanchâtres des causses, sur les marnes blanches de la Limagne que sur les granits et les basaltes colorés. (*Loc. cit.*, p. 139.) Ces mêmes espèces ne s'élèvent-elles pas aussi davantage dans les Pyrénées, sur les montagnes calcaires que sur celles de nature granitique?

La localité d'Ussat est encore intéressante en ce qu'elle permet de constater le degré d'influence qu'exerce la nature du sol sur la végétation. Là, en effet, se trouvent côte à côte les terrains schisteux et calcaire, le premier réduit à de simples mamelons ou îlots comme perdus au milieu des seconds. L'un de ces mamelons, à l'ouest du Village-du-Haut, est remarquable par ce fait, que c'est une des très-rares localités des environs où se montre le chêne, et les arbres de cette essence y prennent leur développement normal. A côté de lui croissent : *Euphrasia nemorosa* Pers., var. *grandiflora* Soy.Will., *Seseli montanum* L., *Linaria repens*.

Parmi les plantes que M. de Mohl a signalées comme propres au sol calcaire, je citerai : *Æthionema saxatile* R. Br., *Anthyllis montana* L., *Amelanchier vulgaris* Mœnch, *Teucrium montanum* L., *Globularia medicaulis L.* Je ne les ai jamais vues aussi que sur des roches de cette nature aux environs d'Ussat. M. Philippe écrit également que l'espèce d'*Anthyllis* citée croît sur le calcaire. (*Flore des Pyrénées.*)

La grande Fougère (*Pteris aquilina* L.) se montre à la fois sur le schiste et sur le calcaire aux environs d'Ussat, mais plus abondante sur le premier. M. Charles des Moulins avait considéré cette plante comme tout à fait propre aux localités où la silice domine. Mais M. Alph. de Candolle a fait remarquer que Mangeot l'a indiquée sur tous les sols et qu'elle croît sur le Jura tout calcaire. (*Géogr. botanique raisonnée*, t. I, p. 427.)

Le buis a donné lieu à une observation anologue, et c'est à bon droit que M. Lecoq le place dans la liste des plantes indifférentes sur la nature du sol. On a souvent agité la question de l'indigénat de cette plante en France. (Voir en particulier sur cet objet le *Bulletin de la Société botanique de France*, t. III, p. 224 et 225.) Le buis est assez commun sur les montagnes des environs d'Ussat, et parfois trop éloigné de toute habitation, pour que sa spontanéité puisse être mise en doute.

Dans la longue liste des plantes propres au calcaire du Tyrol septentrional qu'a dressée M. Unger (*Ueber den Einfluss des Bodens auf die Vertheilung der Gewaechse*), on remarque encore les espèces suivantes : *Globularia cordifolia* L., *Biscutella lævigata* L., *Hippocrepis comosa* L., *Hepatica triloba* Chaix, *Euphorbia cyparissias* L. J'ai toujours aussi vu ces espèces à Ussat sur une roche de cette nature. Toutefois il n'est pas inutile de noter que M. Lecoq énumère l'espèce signalée de *Biscutella* parmi les plantes qui préfèrent les terrains siliceux, et l'*Euphorbia cyparissias* parmi les indifférentes (*Géogr. de l'Eur.*, t. II, p. 67 et 57), avec l'*E. verrucosa;* or, M. Philippe déclare au contraire que cette dernière croît dans les Pyrénées centrales, sur les montagnes calcaires. D'un autre côté, il donne pour station au *Genista scorpius* les montagnes d'atterrissements siliceux de Perpignan à Prats de Mollo, tandis que M. Lecoq le range parmi celles qui préfèrent le calcaire. Je l'ai vu à Ussat et ailleurs sur des terrains de nature diverse. Je n'y ai trouvé le *Saxifraga aizoon* et le *Campanula speciosa* que sur le calcaire ; or, M. Loret dit à propos de cette Campanule : « paraît chercher le calcaire de préférence (Voir *Bulletin de la Société botanique de France*, t. VI, p. 388), » et M. Lecoq la fait figurer aussi dans la liste des plantes qui préfèrent ce terrain (p. 65). Mais, quant à la Saxifrage, si abondante à Ussat, cet auteur dit qu'elle préfère les sols siliceux (p. 69.)

Il met encore dans cette catégorie le *Meconopsis cambrica*; la seule localité où je l'ai rencontré est l'entrée de la grotte dite des Echelles, grotte creusée dans le calcaire. Non loin d'elle on peut cueillir la *Campanula speciosa* et l'*Hypericum nummulariæfolium.* Plus les observations se multiplient, et plus on voit diminuer le nombre d'espèces que l'on croyait propres à telle ou telle autre nature de terrain, et plus on doit être réservé sur les assertions relatives à des questions de ce genre. C'est ainsi que le *Dorycnium suffruticosum* vill. est inscrit par M. de Mohl dans sa liste des plantes propres au calcaire, et par M. Lecoq parmi celles qui sont indifférentes sur la nature du sol.

J'ai cueilli sur le calcaire les espèces suivantes, que M. Lecoq range aussi parmi celles qui préfèrent un sol de cette nature : *Helianthemum pulverulentum* D. C., *Reseda phyteuma*, *Linum tenuifolium*, *Rhamnus alaternus*, *Pistacia terebinthus*, *O. Columnæ*, *O. striata* *Coronilla Emerus*, *C. minima*, *Hippocrepis cernosa*, *Ptychotis heterophylla*, *Bupleurum falcatum*, *Laserpitium gallicum*, *L. siler*, *Valeriana auricula*, *Pallenis spinosa*, *Artemisia campestris*, *Scrophularia canina*, *Linaria spuria*, *L. origanifolia*, *L. supina*, *Erinus Alpinus*, *Teucrium Botrys*, *Thesium divaricatum*, *Plantago cynops*, ainsi que *Ribes alpinum*, dernière espèce que M. Unger rapporte aussi à cette nature de sol.

Sur les bords de l'Ariége croissent : *Cirsium eriophorum*, *Gnaphalium luteo-album*, *Lythrum salicaria*, *Prunella vulgaris*, var. *pennatifida*, *Mentha sylvestris*, *Lithospermum officinale*, *Odontites serotina*, *Galeopsis Tetrahit*, *Heracleum sphondylium*. *Origanum vulgare*, *Hypericum tetrapterum*, *Nasturtium sylvestre* R. B. (dans les graviers), *Cirsium Monspessulanum* (le long des ruisseaux, des prairies au-dessus d'Ussat).

Faut-il citer encore comme venant à Ussat : *Onopordon acanthium*, *Sedum reflexum*, *Echinospermum lappula*, *Tussilago farfara*, *Lappa major*, *Erodium malacoides*, *Hypericum perforatum*, *Cynoglossum pictum*, *Erigeron acre*, *Malva nicæensis*, *Cuscuta europæa*, *Prunus mahaleb*, *Galium Bocconi*, *Linaria repens*, *Seseli montanum*, *Melica nebrodensis*, *Setaria viridis*, *Andropogon Ischænum*, *Fumaria parviflora*, *Acer monspessulanum*, *Carduus medius* Gor., *Phlomis lychnitis*, *Lythrum salicaria*, *L. gracile* D. C., *Cystopteris fragilis*, *Pinguicula*.....? *Poterium dictyocarpum* Sp.

Les plantes qui occupent les sommités des montagnes sont : *Anthyllis montana* (qu'accompagnent à cette altitude : *Globularia cordifolia*, *Campanula speciosa*, *Passerina dioïca*), *Hypericum nummulariæfolium*, *Androsace villosa*, *Gentiana acaulis*, *Phyteuma Charmelii*.

Mais je n'ai pas trouvé trace à Ussat du *Silene acaulis* L., que M. Philippe signale sur toutes les Pyrénées, ni des genres *Acnitum Astraulia*, ni du *Senecio adenidifolium* Lois., espèce si commune dans ces montagnes, mais sur les roches siliceuses. Au contraire, le *Psychotis heterophylla*, que ce botaniste indique dans les Pyrénées orientales et centrales, en ajoutant qu'il est partout fort rare, se montre assez commun à Ussat.

Avant de terminer ce rapide aperçu, je crois devoir signaler quelques faits qui se rattachent à la végétation des environs d'Ussat, et qu'on peut considérer comme un appendice tératologique de sa

Flore. On rencontre en effet dans cette localité trois espèces de plantes fréquemment atteintes de monstruosités ; ce sont :

1° Le *Linaria spuria* L., aux fleurs toutes ou en partie pélorées. Il convient de noter que le *L. origanifolia* et le *L. alpina*, espèces également très-répandues à Ussat, ne m'ont jamais offert ce phénomène.

2° Le *Teucrium montanum* L. Ses capitules floraux montrent très-souvent une ou plusieurs fleurs hypertrophiées par suite de la présence d'un insecte dans leur cavité. Tantôt la corolle est seule atteinte, tantôt la déviation porte à la fois sur les deux enveloppes florales.

3° L'*Artemisia campestris* L. L'extrémité de ses rameaux porte un corps globuleux de la grosseur d'un pois ou davantage, et que l'on reconnait formé par un développement anormal des bractées imbriquées ; cette hypertrophie coïncide avec l'avortement des fleurs qui devraient être à l'aisselle de ces bractées.

4° Le *Pistacia terebinthus* L. Ses folioles portent des espèces de galles semilunaires qui mériteraient de faire l'objet d'une étude spéciale. Le même arbuste nous a offert aux environs de Cahors (où il croît aussi sur le calcaire) des excroissances d'une forme et d'une nature différente, ressemblant à de larges siliques terminées en pointe.

Je ne me dissimule pas combien cette note est imparfaite. Mais tout ce qui contribue à mieux faire connaître les productions naturelles de la France et à montrer leur répartition à la surface de notre sol ne manque jamais d'exciter l'intérêt des naturalistes. Or, l'Ariége est, si je ne me trompe, une des contrées les moins connues au point de vue de la végétation de ses montagnes, une de celles que citent le moins Lapeyrouse et M. Philippe dans leurs travaux sur les Pyrénées. Je serais heureux si ces quelques pages attiraient sur ce département l'attention des botanistes et déterminaient quelqu'un d'entre eux à dresser un inventaire complet de ses productions végétales. Il est vraiment affligeant pour eux, comme le dit M. Puel, de parcourir la plupart des riches départements du Midi sans autre guide qu'un simple catalogue.

SECTION SCIENTIFIQUE DU COMITÉ DES SOCIÉTÉS SAVANTES.

Séance du 4 juillet 1862.

Présidence de M. le Sénateur Le Verrier.

De l'importance comparée des agents de la production végétale. — L'urée ayant une action favorable sur la végétation, pourquoi l'éthylurée se montre-t-elle inactive? Par M. **Georges Ville.**

Lorsqu'on substitue un métal à un autre métal dans la composition d'un sel, et que les cristaux du sel ainsi modifié par cette substitution conservent leur forme originelle, sans autre atteinte qu'un changement peu important dans la valeur primitive des angles, les chimistes rangent les deux sels sous une formule commune, et attribuent aux deux oxydes la même composition. — A ne considérer ces faits que dans leur signification la plus générale, ils attestent l'existence sous certaines conditions de rapports positifs entre la forme des corps et leur composition. D'un autre côté, il arrive souvent que les corps doués d'une composition semblable possèdent des propriétés communes ou analogues. La notion des corps dits homologues est fondée sur les relations de cette nature. Le cours de mes études sur la végétation m'a amené un jour à soupçonner que ce parallélisme entre la composition et les propriétés physiques et chimiques des corps pourrait bien s'étendre à leurs fonctions au sein des êtres vivants.

La première observation expérimentale destinée à vérifier cette conjecture a semblé le justifier.

L'azote à l'état de nitrate est éminemment apte à se fixer dans les végétaux; à l'état de nitrite il l'est beaucoup moins. De son côté, le phosphore, qui, à l'état de phosphate, est un agent essentiel de la production végétale, sous la forme de phosphite, est absolument inerte et ne peut suppléer à l'absence des phosphates dans le sol. A la suite de ces observations, je me demandai s'il fallait décidément admettre l'existence d'une solidarité incontestable entre la composition des corps et les aptitudes qu'ils manifestent a l'égard des êtres vivants, ou si l'infériorité par les nitrites et l'inertie des phosphites, comparés à l'effet utile produit par les nitrates et phosphates, ne dépendaient pas uniquement de la manière différente dont ces sels se prêtent aux transformations secondaires qui accompagnent le développement des végétaux. Avant de se prononcer définitivement entre ces deux opinions, je me faisais à moi-même l'aveu que de nouvelles recherches étaient nécessaires. Si les faits témoignent en faveur de la première opinion, me disais-je, une analogie nouvelle, venant s'ajouter à d'autres analogies tirées de la forme et de la composition, montrera l'étroite solidarité qui existe entre toutes les propriétés des corps, et par conséquent la nécessité où l'on se trouve placé, lorsqu'on veut approfondir la formation des êtres vivants, de prendre en considération les propriétés, en apparence les plus indifférentes, des corps qui y participent.

Si l'expérience décide en faveur de la seconde opinion, il sera démontré une fois pour toutes que l'étude des réactions accomplies au sein des êtres vivants doit marcher parallèlement avec l'étude des conditions extérieures qui assurent et règlent leur production, sous peine de méconnaître la vraie signification de ces dernieres.

Les faits nouveaux dont je viens d'entretenir le Comité se rapportent aux préoccupations que j'exp imais à la fin du Mémoire dont je viens de rappeler les tendances théoriques.

II.

L'ammoniaque admet dans sa composition deux éléments différents, l'azote et l'hydrogène (Az H^3). Douée de la propriété de se combiner avec les acides, l'ammoniaque possède de plus, à l'état de sel, la faculté de servir à la production des végétaux.

A côté des sels ammoniacaux, il existe une classe remarquable de produits qui en manifestent les principaux caractères. Sous le rapport de la composition, ils n'en diffèrent qu'en ce qu'une partie ou la totalité de l'hydrogène de l'ammoniaque a été remplacée par un groupe hydrocarboné.

La conservation de la propriété basique dans les dérivés dont je parle indique évidemment que l'azote y a conservé son rapport initial de position par rapport aux autres constituants. En nous limitant à l'éthylamine et à la méthylamine, les formules suivantes font ressortir l'intime connexité de ces bases avec l'ammoniaque, leur générateur :

Ammoniaque	Ethylamine	Methylamine
$Az \begin{cases} H \\ H \\ H \end{cases}$	$Az \begin{cases} H \\ H \\ C^4 H^5 \end{cases}$	$Az \begin{cases} H \\ H \\ C^2 H^3 \end{cases}$

A ne considérer que la composition élémentaire, l'éthylamine et la méthylamine diffèrent profondément de l'ammoniaque. A ne considérer que leurs propriétés et leur mode de génération, il existe entre ces trois produits les liens de la plus étroite parenté. Pour ce motif, ils m'ont paru singulièrement favorables pour étudier les rapports de dépendance pouvant exister entre les propriétés chimiques et physiologiques des corps.

Dans un sol de sable calciné, pur de toute matière azotée étrangère, mais pourvu de phosphate de chaux, de phosphate de magnésie et de silicate de potasse, on a institué trois séries de cultures avec le secours de 0g 110 d'azote, employés sous les trois états de chlorhydrate d'ammoniaque, de chlorhydrate d'éthylamine et de chlorhydrate de méthylamine. Dans ces trois conditions, la végétation s'est montrée également prospère. Dans les trois cas, les plantes ont fleuri et fructifié. L'éthylamine et la méthylamine ne se sont pas montrées moins efficaces que l'ammoniaque.

Il résulte donc de ces observations que les changements opérés dans la constitution de l'ammoniaque par la substitution des groupes $C^4 H^5$ — $C^2 H^3$ à H n'a porté aucune atteinte aux propriétés physiologiques de l'ammoniaque. Les résultats sont donc favorables à l'existence d'une solidarité réelle entre toutes les propriétés des corps.

J'ai l'honneur de placer sous les yeux du comité la photographie de ces trois cultures. Je vais rapporter le poids exact des récoltes.

EXPÉRIENCES DE 1861.

Cultures dans le sable calciné. — Récoltes desséchées à 100° (1).

Avec :		Paille et racines.	Grains.	Moyenne des deux récoltes.
Chlorhydrate d'ammoniaque..	1.	6g 2	2g 01	7g 78
	2.	6 1	1 26	
Chlorhydrade de méthylamine.	1.	5g 3	1 97	7g 05
	2.	5 1	1 73	
Chlorhydrate d'éthylamine....	1.	4g 6	0 45	5g 46
	2.	4 8	1 08	

(1) Un peu avant l'époque de ces cultures, M. Malaguti, doyen de la Faculté de Rennes, m'ayant fait l'honneur de visiter mon laboratoire en compagnie de M. Pasteur, ce dernier m'apprit que des essais analogues, tentés par lui sur la multiplication des ferments, avaient accusé de la part des sels d'éthylamine et de méthylamine une action au moins égale à celle des sels ammoniacaux.

MÊME EXPÉRIENCE SUR LE COLZA.

Semence, 10 *grains*.

Avec :		Paille et racines.	Moyenne des deux récoltes.
Chlorhydrate d'ammoniaque	1.	3g 85	3g 77
	2.	3 70	
Chlorhydrate de méthylamine	1.	4g 1	4g 25
	2.	4 4	
Chlorhydrate d'éthylamine	1.	5g 1	4g 80
	2.	4 5	

A côté des ammoniaques composées, les chimistes ont coutume de placer le groupe des urées composées. Cette classe de corps remarquables a pour point de départ l'urée, qui entre dans la composition de l'urine humaine. Or, il est possible de remplacer dans l'urée un ou plusieurs équivalents d'hydrogène par les groupes C^4H^5, C^2H^3, si bien qu'il existe une éthylurée et une méthylurée correspondant à l'éthylamine et à la méthylamine.

Sans avoir la prétention d'exprimer la véritable constitution de l'urée, je la représenterai comme de la di-ammoniaque dans laquelle deux atomes d'hydrogène sont remplacés par le radical di-atomique le carbonile :

$$Az^2 \begin{cases} H^2 \\ H^2 \\ C^2O^2 \end{cases}$$

L'inspection de cette formule nous apprend en outre que l'urée ne diffère du carbonate d'ammoniaque que par les éléments de l'eau en moins. On ne sera donc pas surpris lorsque je dirai que l'urée est un puissant auxiliaire pour la végétation. Elle s'est toujours montrée plus efficace que le carbonate d'ammoniaque (1). Dans un sol de sable, son influence favorable se manifeste immédiatement. Frappé de ces effets, les raisons qui m'avaient sollicité à étudier l'action de l'éthylamine me conviaient pareillement à étudier celle de l'éthylurée.

Je viens de dire que l'urée peut exercer une influence des plus actives sur la végétation. Dans les mêmes conditions, l'éthylurée employée à proportion d'azote égale ne produit pas le moindre effet. Avec l'éthylurée, la végétation est chétive, languissante et rabougrie, absolument comme si le sable n'avait pas reçu de l'addition

(1) Il faut employer le sel qui se dépose, lorsqu'on fait passer un courant d'acide carbonique dans une dissolution de sous-carbonate d'ammoniaque.

d'une manière azotée. Depuis deux ans, j'ai repris et varié l'expérience un grand nombre de fois. Le résultat n'a pas varié. — Lorsque le sol a reçu une addition d'éthylurée, non seulement les plantes prospèrent peu, mais elles accusent encore sa présence par un symptôme particulier. Dès que les jeunes plantes commencent à étaler leurs premières feuilles, l'extrémité devient tout à fait blanche et se dessèche. La résorption de la matière verte s'étend au reste de la feuille et continue à se produire sur une partie des feuilles suivantes. Sur plus de vingt cultures que j'ai été à même d'instituer, il est arrivé deux fois, où le phénomène s'est manifesté un peu différemment.

Au début, les choses se sont passées à la manière ordinaire, l'état souffreteux des cultures s'est prolongé pendant un mois à six semaines, — puis, sans que rien m'explique ce changement, les plantes ont reverdi et la végétation s'est ranimée. J'incline à penser que, dans ces deux cas, l'éthylurée a changé de nature, et que le réveil de la végétation doit être rapporté aux produits de sa décomposition.

Si nous nous bornons aux cas où l'éthylurée a été absolument inactive, voici le poids des récoltes obtenues à son aide comparé aux récoltes obtenues avec le secours de l'urée.

1861

Cultures instituées dans un sol de sable calciné (pourvu de tous les minéraux nécessaires), avec le secours de 0g 110 *d'azote à l'état d'urée et d'éthylurée.*

Semences.			Paille et racines.	Grains.	Moyenne des deux récoltes.	
22 grains de froment..	Urée.........	1.	13g 25	4g 60	18g 89	
		2.	15 02	4 91		
	Ethylurée....	1.	2 23	0 06		2g 67
		2.	2 99	0 06		
22 grains d'orge.......	Urée.........	1.	9g 90	5g 10	14g 45	
		2.	9 05	4 85		
	Ethylurée....	1.	2 00	0 15		2g 56
		2.	2 70	0 27		
22 grains de sarrasin.	Urée.........	1.	5g 30	2g 00	6g 86	
		2.	4 95	1 33		
	Ethylurée....	1.	2 40	0 00		1g 40
		2.	1 90	1 53		
10 grains de colza......	Urée.........	1.	3g 70	0g 00	3g 37	
		2.	3 05	0 00		
	Ethylurée....	1.	1 10	0 00		0g 72
		2.	0 35	0 00		

Ici se présente naturellement cette question : pourquoi l'éthylamine est-elle active à l'égal de l'ammoniaque, et pourquoi l'éthylurée est-elle absolument inerte ?

Le premier point auquel nous devions avoir égard, c'est que la substitution du groupe $C^4 H^5$ n'a point fait perdre à l'ammoniaque la faculté de servir à la nutrition végétale. La substitution du groupe $C^2 O^2$ à H^2 n'a pas produit non plus d'effet défavorable sous ce rapport.

Pourquoi donc la substitution du même groupe $C^4 H^5$ à H, tout à l'heure sans inconvénient, frappe-t-elle l'urée d'inertie, au point de rendre son influence sur la végétation tout à fait nulle ?

La comparaison des formules particulières à l'ammoniaque, à l'éthylamine, à l'urée et à l'éthylurée me semble de nature à jeter une utile lumière sur cette question.

Ammoniaque.	Ethylamine.	Urée.	Ethylurée.
$Az. \begin{cases} H \\ H \\ H \end{cases}$	$Az. \begin{cases} H \\ H \\ C^4 H^5 \end{cases}$	$Az. \begin{cases} H^2 \\ H^2 \\ C^2O^2 \end{cases}$	$Az.\, 2 \begin{cases} H^2 \\ \begin{cases} H \\ C^4\, A^5 \end{cases} \\ C^2\, O^2 \end{cases}$

L'atteinte portée à la constitution de l'ammoniaque par l'introduction du groupe $C^4 H^5$ est plus profonde dans l'éthylurée que dans l'éthylamine.

L'inertie de l'éthylurée peut donc tenir à la position particulière du groupe $C^4 H^5$ dans ce composé, ou à la coexistence des deux groupes $C^2 O^2$, $C^4 H^5$.

Si l'on considère d'un point de vue plus général les effets qui nous occupent, il en ressort clairement, ce me semble, que les changements apportés dans la composition d'un corps par la substitution d'un groupe composé à un élément peuvent altérer les propriétés physiologiques du dérivé, alors que le type chimique du générateur subsiste encore dans toute son intégrité.

J'avoue que ce ne sont là encore que des conjectures. A ce titre, il convient de ne les admettre qu'avec beaucoup de réserve; je ne me suis même laissé aller à les exprimer que parce que l'existence de la di-éthylamine et de la di-éthyloxamide nous permet de les soumettre au contrôle d'une vérification immédiate.

Toute réserve faite à l'égard des résultats éventuels de cette vérification, il n'en demeure pas moins établi un fait intéressant : la neutralité, l'inertie complète à titre d'agent de la production végétale, d'un composé azoté soluble, voisin de l'ammoniaque par sa composition, l'éthylurée. Résultat que, dans l'état de nos connaissances, rien n'aurait pu nous faire pressentir.

Après la lecture du Mémoire de M. Georges Ville, M. **Pasteur** a rappelé les résultats de quelques-unes de ses observations venant à l'appui de faits énoncés dans le précédent travail.

Je puis confirmer, a dit M. **Pasteur**, une partie des résultats de l'intéressante communication de M. Ville par des observations que j'ai faites en 1860 sur le mode de nutrition des mucédinées. En remplaçant l'ammoniaque par les bases découvertes par M. Wurtz, l'éthylamine et la méthylamine, dans les liqueurs où la plante ne pourrait avoir d'autre aliment azoté, j'ai vu les spores des mucédinées les plus vulgaires empruntés aux genres Penicillium et Ascophora se développer aussi facilement que dans les mêmes liqueurs rendues ammoniacales. Le nitrate de potasse a pu remplacer également l'ammoniaque. Mais, en substituant les arséniates aux phosphates isomorphes, les plantes ont péri.

J'ai présenté à l'Académie des sciences, dans sa séance du 10 novembre 1860, plusieurs vases qui démontraient la vérité de ces assertions. J'ai, dans cette séance, exposé de vive voix mes résultats et les idées qui m'avaient servi de guide ; mais je crois que la partie de ma lecture relative à ces faits a été supprimée aux comptes rendus. On ne la retrouverait que dans les journaux scientifiques de cette époque.

Mon but, et je le poursuivrai par de nouvelles études expérimentales, était celui-ci : essayer de faire produire aux plantes des albumines composées qui seraient à l'albumine ordinaire ce que l'éthylamine, par exemple, est à l'ammoniaque.

Que M. Ville me permette d'ajouter quelques mots au sujet du résultat qu'il a fait connaître antérieurement et qu'il vient de rappeler, à savoir, la difficulté de remplacer les phosphates et les nitrates par les phosphites ou les nitrites. Lorsque l'on voit les plantes accomplir de si merveilleux résultats d'assimilation ou de concentration d'éléments dans leurs organes ; lorsque l'on voit une plante faire de l'albumine avec un sel ammoniacal et une matière hydrocarbonnée ou charger ses graines de phosphates, alors que l'analyse chimique est presque impuissante à signaler la présence de l'acide phosphorique dans la terre qui sert de support à la plante, j'ai peine à comprendre comment cette même plante ne peut pas, sans inconvénient pour elle, provoquer l'oxydation de substances dont l'oxydation est si facile, alors surtout qu'elle serait prête à s'en servir si cette oxydation était consommée.

Mais il y a une période de la vie de la plante où elle a besoin d'oxygène pour vivre, c'est la période germinative. Je comprends très-bien que les phosphites et les nitrites nuisent alors au développement du végétal. Il n'y a rien là que de très-naturel. Ces sels auraient-ils la même influence, si on ne les ajoutait au sol qu'après l'achèvement de la germination? Des expériences directes seules peuvent répondre. — Et s'il y a encore végétation diétive et maladive, ne faudra-t-il pas croire que l'oxygène n'intervient pas seulement à l'époque de la germination, dans la vie du végétal, mais à toutes les époques de son accroissement?

M. **Payen** reconnaît avec M. Pasteur les aptitudes des végétaux à rechercher dans le sol les plus faibles traces des matériaux de leur nutrition; il en cite un exemple remarquable, constaté par lui-même dans une propriété du général Dumoncel, près de Cherbourg.

Là M. Payen, ayant observé des figuiers assez bien développés dans un terrain où l'analyse chimique décelait à peine la présence du carbonate de chaux, ayant d'ailleurs constaté antérieurement la présence de nombreuses concrétions calcaires dans les feuilles des figuiers et des diverses plantes comprises parmi les urticées, crut intéressant de rechercher si ces concrétions existaient même dans les feuilles de figuiers végétant sur un sol extrêmement pauvre en carbonate de chaux, et il lui fut facile de les y trouver sécrétées dans les mêmes organismes formés de tissus cellulaires globuliformes pédicellés développés dans des cellules spéciales sous les faces ou corticules épidermiques de ces feuilles: ainsi donc, les plantes avaient concentré dans des organismes spéciaux des éléments indispensables à leur nutrition, même dans un terrain extrêmement pauvre à cet égard.

Quant aux effets défavorables des nitrites et hypophosphites, M. Payen serait disposé à les comparer aux influences de même genre exercées par plusieurs agents réducteurs, notamment les sulfites, qui peuvent arrêter la fermentation alcoolique, et diverses végétations, sans doute, en privant les organes radicillaires de l'oxygène libre, si nécessaire à leur respiration normale et à leur développement.

M. **G. Ville** fait remarquer qu'il n'est pas permis d'assimiler le nitrite de potasse aux agents qui exercent un effet nuisible sur la végétation. Dans un sol de sable calciné additionné de nitrite de potasse, la végétation est plus active que dans le sable exempt de matière azotée : il est vrai qu'elle est moins prospère que dans du sable additionné de nitrate. Le nitrite de potasse produit moins d'effet que le nitrate, mais il ne faut pas perdre de vue qu'il produit un effet utile. La germination se fait aussi bien dans un sol pourvu de nitrite que dans un sol pourvu de nitrate : le rendement de la récolte est moindre, voilà tout, mais il est très-supérieur à celui obtenu dans le sable calciné seul.

Rapport sur les *travaux zoologiques* de M. Morelet, par M. **Milne Edwards**.

Le Comité m'a chargé de lui rendre compte de plusieurs ouvrages publiés par M. Arthur Morelet, membre de l'Académie des sciences de Dijon.

Poussé par un amour ardent pour les sciences naturelles et par le désir d'explorer des pays lointains ou peu fréquentés par les zoologistes, M. Morelet a entrepris, à ses frais, plusieurs grands voyages et a formé des collections importantes, dont la description méthodique a donné lieu à la plupart des publications soumises à mon examen.

Ce naturaliste, instruit et plein de zèle, après avoir parcouru l'Algérie, visita le Portugal, pays dont l'étude a été singulièrement négligée sous le rapport zoologique. Il en parcourut les parties les moins fréquentées et il y réunit les matériaux d'un ouvrage très-estimé sur les mollusques terrestres et fluviatiles de cette portion de la Péninsule. La Faune malacologique du Portugal est moins riche que celle de la plupart des autres pays de l'Europe, mais présente des caractères particuliers qu'il était intéressant de connaître. M. Morelet a découvert plusieurs espèces nouvelles pour la science, et son livre, accompagné de belles planches, renferme beaucoup d'observations importantes. La publication de ce travail date de 1845, et l'année suivante, M. Morelet, muni d'instructions que lui avait données l'Académie des Sciences, entreprit un voyage plus long et explora l'intérieur de l'Amérique centrale. Il se rendit d'abord à la Havane et visita en observateur judicieux plusieurs parties de l'île de Cuba, ainsi qu'un groupe d'îlots voisins où aucun naturaliste ne s'était encore arrêté. Il gagna ensuite le Yucatan, traversa le continent américain pour descendre sur les bords de l'océan Pacifique, puis revint au golfe du Mexique par une autre route et s'embarqua pour la France, où il arriva en 1848. Il eut ainsi l'occasion de traverser des forêts vierges, de visiter des fleuves et des lacs encore inexplorés, enfin de parcourir dans différentes directions un des pays les plus riches en productions naturelles. Il n'épargna ni fatigues, ni dépenses pour bien remplir la mission scientifique qu'il s'était donnée et il forma des collections précieuses pour diverses branches de l'histoire naturelle.

Dans un des ouvrages que je dépose sur le bureau du Comité, M. Morelet rend compte de ce voyage. Ce récit forme deux volumes in-8° et contient un grand nombre d'observations intéressantes et de détails curieux sur les pays visités par ce naturaliste, qui, tout en s'occupant principalement de recherches zoologiques, ne négligea rien de ce qui était digne d'attention et fit plus d'une remarque judicieuse sur les hommes aussi bien que sur les choses. A son retour en France, M. Morelet soumit à l'examen de l'Académie des sciences les résultats de ses investigations, et une commission spéciale chargée par cette compagnie de l'appréciation de ses travaux, et composée de MM. Duméril, de Jussieu, Milne Edwards et Valenciennes, en porta un jugement très-favorable. Je dois ajouter que M. Morelet mit, de la manière la plus généreuse, toutes ses richesses scientifiques à la disposition du Muséum d'histoire naturelle et donna à ce grand établissement national des collections précieuses.

En 1857, cet observateur zélé entreprit un troisième voyage. Il se rendit aux Açores dont il étudia les productions naturelles avec soin et habileté. Là encore il rendit des services à la science, et à son retour il publia sur ces îles un ouvrage intéressant dont une partie considérable est consacrée à la description des Mollusques terrestres et fluviatiles.

Aujourd'hui M. Morelet paraît avoir renoncé aux voyages lointains, mais il n'en continuera pas moins à être utile à la science, car il lui reste certainement un grand nombre de faits nouveaux à faire connaître. Dans divers recueils et plus particulièrement dans un ouvrage qu'il fait paraître sous le nom de *Séries conchyliologiques*, il a déjà consigné un nombre considérable d'observations intéressantes; il est à espérer qu'il décrira non-seulement les mollusques terrestres et fluviatiles nouveaux qu'il possède, mais aussi une foule d'autres espèces animales dont la découverte lui est due.

En terminant, je crois devoir féliciter M. Morelet d'avoir employé si noblement au service de la science ses talents, son temps et sa fortune.

Tous les naturalistes lui sauront gré de ses efforts persévérants, et je proposerai au Comité de signaler d'une manière toute particulière ce voyageur à l'attention bienveillante de S. Exc. M. le Ministre.

Rapport sur les *observations faites* en 1857 à l'Observatoire de Marseille.

Le tome XXI de la Société de statistique de Marseille contient le détail des observations météorologiques faites par M. Valz à l'observatoire astronomique de cette ville. M. **Renou** les apprécie en ces termes :

Ces observations sont faites trois fois par jour, à 9 heures, midi et 3 heures soir ; elles comprennent la température extérieure, la pression barométrique et les indications de la pluie, du vent et de l'état du ciel. Il y a de plus un journal météorologique qui relate tous les phénomènes qui n'ont pas pu trouver place dans le cadre ordinaire des observations : c'est ce qu'on désirerait trouver dans toutes les séries météorologiques, et sans cela ils ne sauraient être complets, les phénomènes les plus intéressants se produisant le plus souvent à des heures auxquelles on n'observe pas.

Il n'est rien dit des instruments ; nous savons d'autre part que M. Valz indique qu'il faut ajouter 0mm,33 à tous les nombres barométriques, mais cette correction est celle que Gambart avait trouvée autrefois pour le baromètre de Marseille ; pour celui dont on se sert à présent, M. Martin a trouvé en 1843 qu'il faut y ajouter 0mm,51.

Les températures trouvées à l'observatoire de Marseille sont trop élevées, comme l'indique ce que l'on observe dans la ville, au milieu des maisons et au niveau des toits. Malgré cela, cette série a une grande importance, parce qu'on a des observations faites à Marseille depuis fort longtemps, et que les séries météorologiques tirent de leur durée une très-grande valeur.

Rapport sur le *Bulletin de la Société de médecine de Besançon*. 9e année. 1859. Par M. le docteur **Dechambre**.

Parmi les Mémoires qui figurent dans ce Bulletin, indépendamment d'un compte rendu des travaux de la Société pendant l'année 1859, par M. Blondon, un seul est susceptible d'intéresser les savants. Il a pour titre :

De la valeur pronostique de l'amaurose dans l'albuminurie.

L'existence, non-seulement de l'amaurose, mais encore de plusieurs autres troubles de la vision et même de diverses formes de phlegmasie oculaire, est aujourd'hui hors de contestation, grâce aux travaux de M. le docteur Landouzy (de Reims) et de ceux qui l'ont suivi dans ce genre d'étude. On sait aussi que l'amaurose est plus fréquente dans l'albuminurie chronique que dans l'albuminurie aiguë ; et, comme l'albuminurie chronique est presque toujours grave, il y avait lieu d'en induire que l'amaurose albuminurique avait, quant au pronostic, une signification fâcheuse. M. Th. Roche a pourtant voulu administrer la preuve du fait par la statistique, et il établit, dans une très-courte note, que, sur un total de 15 cas d'albuminurie, il y a eu 7 fois absence d'amaurose et guérison, 7 fois existence d'amaurose et mort, 1 fois mort sans amaurose. Ce relevé, quelque peu étendu qu'en soit la base, mérite d'être conservé comme document à utiliser dans des recherches ultérieures.

Communications adressées au Comité.

30 mai. — M. Despeyrous, professeur à la Faculté des sciences de Dijon, présente un *Mémoire sur les classifications des permutations de* n *lettres en groupes de permutations inséparables et sur leurs applications à la détermination des nombres de valeurs que prennent les fonctions par les permutations des lettres qu'elles renferment*, avec l'extrait suivant :

J'ai l'honneur de communiquer au Comité le résumé d'un Mémoire sur la double question suivante : « Quels sont les nombres de va- « leurs distinctes que prennent les fonctions par les permutations « des n variables qu'elles renferment ? Comment peut-on former « des fonctions dont les nombres de leurs valeurs distinctes « soient les nombres trouvés ? »

L'Académie des sciences proposa, en 1858, pour sujet du grand prix des sciences mathématiques à décerner en 1860, la solution de cette double question, et elle ajouta que, « sans exiger des concur- « rents une solution complète, qui serait sans doute bien difficile, « elle pourrait accorder le prix à l'auteur du Mémoire qui ferait « faire un progrès notable à cette théorie. »

En mars 1860, la commission déclara qu'il n'y avait pas lieu à décerner le prix, et la question fut retirée.

Cauchy, celui de tous les géomètres qui s'est le plus occupé de cette théorie, a fait dépendre la solution de la double question proposée de la détermination des nombres de valeurs distinctes des fonctions *transitives*, détermination qui est loin d'être complète, malgré les travaux récents des auteurs qui ont suivi la marche tracée par ce grand géomètre. Nous avons attaqué la question avec des principes très-différents : ceux dont nous nous sommes servi se rattachaient à un ordre d'idées entièrement nouveau, à la *théorie de l'ordre* créée par Poinsot, « théorie, dit ce grand géomètre, neuve et

« profonde; dont les éléments sont à peine connus, mais qu'on doit « regarder comme le premier fondement de l'algèbre et la source « naturelle des principales propriétés des nombres. »

Nous faisons, en effet, dépendre la solution du double problème proposé de toutes les classifications possibles des permutations de n lettres en groupes de permutations associées, de telle manière que, malgré tous les échanges qu'on voudrait faire de ces lettres, les permutations d'un même groupe ne puissent jamais se séparer. Ces classifications sont déduites de la théorie de l'ordre.

L'idée seule de classer les permutations de n lettres en groupes de permutations *inséparables* appartient à l'illustre Poinsot; les lois de classification exposées dans ce Mémoire ont été trouvées par nous et appliquées à la solution de la question proposée. Nous avons déjà fait connaître les trois premières dans le sixième volume, 2e série, du Journal de mathématiques publié par M. Liouville.

Notre travail est divisé en trois sections :

Dans la première, nous donnons un résumé des principes connus de la théorie de l'ordre, et nous y ajoutons deux théorèmes nouveaux, le IIIe et le Ve.

Dans la deuxième section, nous démontrons l'existence de neuf lois de classification, dont huit fondamentales et une générale ou formée des premières. Cette dernière donne lieu à un grand nombre de classifications, surtout lorsque le nombre des lettres est composé.

Enfin, dans la troisième section, nous démontrons ce théorème et sa réciproque : si une fonction de n lettres offre m valeurs distinctes, on peut partager les permutations de ces n lettres en m groupes de permutations inséparables, quel que soit l'échange de ces lettres. Réciproquement, si toutes les permutations de n lettres sont partagées en m groupes de permutations *inséparables*, quel que soit l'échange de ces lettres, il existe des fonctions de n lettres ayant m valeurs distinctes, et nous donnons le moyen de les former. D'où nous concluons que la détermination des nombres des valeurs distinctes que prennent les fonctions de n lettres dépend exclusivement de *toutes* les manières possibles de partager les permutations de n lettres en groupes de permutations inséparables, c'est-à-dire associées de telle manière que, malgré tous les échanges qu'on voudrait faire de ces lettres, les permutations d'un même groupe ne puissent jamais se séparer.

Des vingt et un théorèmes dont se compose notre Mémoire, dix-sept sont nouveaux.

2 juillet. — M. Th. d'Estocquois, professeur à la Faculté des sciences de Besançon, adresse un Mémoire imprimé sur *le coefficient de contraction de la veine liquide*; nous en extrayons le préambule de l'auteur:

Lorsque l'eau s'écoule par un orifice, il est prouvé depuis longtemps que sa vitesse est proportionnelle à la racine carrée de sa hauteur au-dessus de l'orifice. Si les filets liquides étaient tous perpendiculaires au plan de celui-ci, la dépense, c'est-à-dire la quantité d'eau qui s'écoule en une seconde, s'obtiendrait en multipliant la surface de l'orifice par

$$\sqrt{2gh},$$

g étant l'accélération due à la pesanteur, et h la hauteur du liquide. On nomme dépense théorique le produit de l'aire de l'orifice par la vitesse ainsi calculée.

Malheureusement les filets les plus extérieurs de la veine liquide sont en général très-inclinés au plan de l'orifice et, pour obtenir la dépense réelle, la dépense théorique doit être multipliée par un coefficient appelé coefficient de contraction; sa valeur, déterminée par de nombreuses expériences, est ordinairement comprise entre 0,6 et 0,7.

J'ai cherché à tenir compte par le calcul de cette influence considérable de l'inclinaison des filets sur la dépense, au moins dans les cas d'un vase de révolution autour d'un axe vertical et d'un orifice rectangulaire horizontal, la contraction ayant lieu sur un des côtés du rectangle seulement. J'ai trouvé le coefficient de contraction égal au cosinus de l'angle que font avec la verticale les filets les plus extérieurs de la veine. Le Mémoire est divisé en quatre parties. La première a pour objet la forme des filets liquides dans un vase de révolution, déterminée au moyen de l'équation de continuité. Dans la seconde, le vase est supposé contenir un liquide pesant; les constantes restées arbitraires sont déterminées d'après les conditions du mouvement.

La troisième partie traitera de l'orifice rectangulaire horizontal. Cette étude se déduirait de celle du vase de révolution, en supposant que son axe s'éloigne à l'infini.

Dans la quatrième partie, les valeurs données par la théorie exposée dans ce Mémoire pour le coefficient de contraction seront comparées aux résultats de l'expérience.

3 juillet. — M. Guiraudet adresse un Mémoire intitulé : *Étude sur*

les principes de la cristallographie géométrique, accompagné du résumé suivant :

La cristallographie géométrique est peu connue et peu étudiée en France, bien que ses méthodes y soient appréciées comme elles le méritent par les juges les plus compétents. La cause en est due certainement au manque d'ouvrages sur ce sujet. Ce qui a été fait d'original l'a été en Allemagne et en Angleterre, et l'ouvrage anglais de Miller seul a été traduit. Or, il est peu de livres dont la lecture soit plus pénible et plus rebutante, quoique les résultats et les formules qu'il contient soient extrêmement élégants et puissent être employés avec avantage dans tous les calculs relatifs à des déterminations de cristaux.

En examinant les principes mêmes de cette cristallographie géométrique et l'expression mathématique des lois expérimentales qui lui servent de base, M. Guiraudet a reconnu qu'on pouvait parvenir, par une voie beaucoup plus courte et plus naturelle, aux formules données par Miller. On arriverait aussi facilement aux formules des cristallographes allemands, mais la notation de Miller est plus élégante. L'étude de ces principes l'a aussi conduit à une démonstration tout à fait élémentaire et extrêmement courte de la loi de rationnalité, consistant en ce qu'un axe cristallographique quelconque est coupé en segments commensurables entre eux par toutes les faces d'un système cristallin. C'est cette loi qui caractérise géométriquement la classe particulière de polyèdres dont les cristaux affectent la forme. Elle a été énoncée pour la première fois sans démonstration par M. Delafosse, et les cristallographes allemands, Kupffer, Frankenheim, Naumann, qui en avaient fait la base de leur méthode de calculs, en ont donné plusieurs démonstrations avant que M. Delafosse publiât dernièrement la sienne. L'une des deux démonstrations que renferme le travail de M. Guiraudet a l'avantage d'être plus courte qu'aucune de celles qui l'ont précédée. L'autre consiste dans l'exposé même des formules qui peuvent servir à changer d'axes cristallographiques, formules dont M. Guiraudet a précisé la signifition et les conditions d'emploi plus nettement que ne l'avait fait Miller.

4 juillet. — M. A.-F. Boullet, proviseur du lycée impérial de Saint-Etienne, adresse un Mémoire intitulé : *De l'état des connaissances relatives à l'électricité chez les anciens peuples d'Italie.*

4 juillet. — MM. le Dr Ch. Pilat et J.-B. Tancrez, secrétaire de la

Faculté des sciences de Lille, envoient un opuscule imprimé : *Hygiène de la ville de Lille. — Réponse aux questions posées au concours par la Société impériale des sciences, de l'agriculture et des arts de Lille.*

4 juillet. — M. Fournet, professeur à la Faculté des sciences de Lyon, adresse la lettre suivante :

La lecture du compte rendu de la session générale des Sociétés savantes de 1861 m'a permis de voir que, dans la séance du 22 novembre, page 51, il a été question d'une station géologique fort importante à cause de ses roches et de ses fossiles. C'est celle de Neffiez, dans le département de l'Hérault, et elle fut la première qui, en France, ait offert un ensemble aussi complet. Elle livrait une abondance de matériaux essentiels pour la stratigraphie de notre territoire.

Dès que j'eus donné connaissance de ma découverte, consignée d'ailleurs dans les bulletins géologiques de 1849 et 1850, plusieurs géologues s'empressèrent de visiter les lieux ; mais, de mon côté, je complétai mon travail en dressant, de concert avec M. Graff, la carte géologique dont je m'empresse de faire parvenir un exemplaire. Il suffira à montrer combien la question était complexe, à cause du morcellement des couches et de l'intercalation des roches éruptives ou métamorphiques. Les arrangements qui en résultèrent sont tels qu'il nous a fallu consacrer beaucoup de temps à l'examen des lieux.

Je prends la liberté d'ajouter encore que ces explorations nous ont fait découvrir une quantité considérable de fossiles dont les doubles, conformes aux nôtres, ont été remis à M. de Verneuil pour sa belle collection des terrains anciens, ainsi qu'à M. Brongniart pour ses études relatives aux végétaux fossiles. Ceux-ci sont déposés au Muséum impérial du Jardin des plantes. En outre, depuis l'époque de ma découverte, j'ai fait connaître dans mes leçons les fossiles et les roches de la localité.

N'ayant donc dissimulé en rien les résultats de mes découvertes, je puis croire que leur mention pourra être insérée dans la *Revue des Sociétés savantes*, à titre de complément des autres indications déjà données dans la séance du 22 novembre.

REVUE DES SOCIÉTÉS SAVANTES.

SCIENCES MATHÉMATIQUES, PHYSIQUES ET NATURELLES.

---

18 juillet 1862.

Mémoire sur la diffusion moléculaire appliquée à l'analyse, par M. **Th. Graham**.

Il y a quelques années, M. Graham a fait connaître sous le nom de diffusion la propriété que possèdent les corps solides et liquides de se disséminer dans un liquide qui peut les dissoudre. Des recherches très-étendues sur le même sujet appliquées à des corps de nature très-différente l'ont conduit à ce résultat que, sous le rapport de la diffusion, les diverses substances semblent pouvoir être classées suivant une échelle aussi étendue que celle des tensions de vapeur. De là un premier procédé d'analyse extrêmement simple et qui est susceptible d'une précision plus grande qu'on n'aurait pu d'abord s'y attendre. Dans un vase cylindrique contenant de l'eau, on introduit, à l'aide d'une pipette effilée, la solution saline ou en général la substance diffusible qui occupe au fond du vase une couche très-nette à l'origine. Bientôt la diffusion commence, et le sel s'élève de proche en proche; après un certain temps on soutire, à partir du haut, des couches successives d'égale hauteur, et l'on détermine la proportion de sel qui s'est diffusé dans les diverses couches. Si l'on a introduit au fond du vase un mélange de deux substances inégalement diffusibles on trouve que les deux substances se sont d'autant plus séparées que les couches sont prises à une plus grande hauteur; en répétant l'expérience plusieurs fois on pourrait ainsi isoler complétement l'une des substances de l'autre.

M. Graham a trouvé un second procédé d'analyse bien plus précieux, car il est applicable à la séparation de substances qu'il était toujours très-difficile et souvent impossible d'isoler par les procédés ordinaires. Voici le point de départ de cette découverte. Parmi les corps qu'il a soumis à la diffusion, les uns, tels que le sel marin, le sulfate de magnésie, le sucre de canne, etc., se divisent avec une grande rapidité; d'autres ne possèdent cette propriété qu'à un degré très-faible ; tels sont, par exemple, la silice hydratée, l'alumine hydratée, l'amidon, la dextrine, les gommes, le caramel, le tanin, l'albumine, la gélatine, etc., — La lenteur de la diffusion n'est pas le seul caractère commun à ces dernières substances ; elles ont en général la consistance gélatineuse et sont dépourvues de la propriété de cristalliser ; les autres, au contraire, cristallisent facilement. M. Graham a appelé celles-ci *Cristalloïdes* et a réuni sous le nom de *Colloïdes* les substances analogues à la gélatine. Mais ce qui caractérise surtout les colloïdes, c'est qu'ils sont perméables aux cristalloïdes, tandis qu'ils ne ne laissent pas traverser par leurs analogues ; de sorte que si l'on met d'un côté d'une cloison gélatineuse une solution mixte d'un colloïde et d'un cristalloïde et de l'autre côté de l'eau, le cristalloïde traversera la cloison, tandis que le colloïde restera ou tout au moins ne passera qu'en proportions extrêmement faibles. Une simple pellicule de matière gélatineuse produit la séparation, témoin l'expérience suivante : une feuille de papier à lettres, de fabrication française, très-fin et collé, fut d'abord complétement mouillée, puis placée à la surface de l'eau contenue dans un petit bassin d'un diamètre moindre que la largeur du papier ; celui-ci fut déprimé en son centre de manière à former une cavité capable de recevoir un liquide ; on y plaça une solution mixte de sucre de canne et de gomme arabique contenant cinq pour cent de chaque substance. L'eau pure du bassin et ce mélange étaient ainsi séparés seulement par l'épaisseur du papier collé. Après vingt-quatre heures, le liquide inférieur se trouva contenir les trois quarts de tout le sucre dans un état de pureté suffisant pour cristalliser lorsque le liquide fut évaporé au bain-marie ; de plus, le sous-acétate de plomb produisit à peine un léger trouble dans ce liquide, ce qui indiquait qu'il n'y avait guère qu'une trace de gomme. Ainsi la pellicule d'empois qui avait servi à coller le papier n'a présenté aucun obstacle au passage du sucre-cristalloïde, mais n'a pas été traversée par la gomme-colloïde.

M. Graham propose d'appeler *dialyse* cette méthode de séparation par diffusion à travers une cloison de matière gélatineuse. La plus convenable de toutes les substances pour la séparation *dialytique* est le papier-parchemin, que l'on tend sur un cerceau de bois ou de gutta-percha de manière à faire une sorte de tamis.

Le fluide mixte à dialyser est versé dans le cerceau sur la surface de séparation du papier-parchemin de manière à ne former qu'une couche d'un centimètre environ d'épaisseur, et l'on place le *dialyseur* dans un bassin contenant un volume d'eau considérable qui détermine la sortie des composés diffusifs du mélange. Un demi-litre d'urine laissé dans cet appareil pendant 24 heures a transmis à l'eau extérieure ses composés cristalloïdes, lesquels, évaporés au bain-marie, ont abandonné une masse saline blanche. En traitant cette masse par l'alcool on en retire l'urée dans un état de pureté tel qu'on voit ce corps se déposer en touffes cristallines par l'évaporation de l'alcool.

M. Graham a appliqué ce procédé à la préparation ou à la purification d'un certain nombre de composés, tels que l'acide silicique soluble, l'alumine et la métalumine solubles, le péroxyde et le métapéroxyde de fer solubles, etc., la gomme, l'albumine, etc.

Il a fait voir qu'on pouvait l'employer avec succès dans la séparation de l'acide arsénieux et des sels métalliques toujours mêlés avec les solutions organiques dans les recherches de chimie légale. Le grand avantage qu'il présente est de n'introduire aucun réactif pour effectuer cette séparation. On procède comme nous l'avons indiqué plus haut. Les expériences faites sur des mélanges dans lesquels l'acide arsénieux ou le trisulfure d'arsenic se trouvaient en solution avec de la gomme arabique, de l'albumine, de la colle de poisson, du lait, du sang défibriné, etc., ont montré que dans tous les cas la substance vénéneuse passait rapidement dans l'eau extérieure. (*Philosophical Transactions*, vol. 185, part. 1.)

Recherches sur les matières colorantes dérivées de l'aniline par M. **Hofmann.**

Lorsqu'on soumet l'aniline à l'action du bichlorure ou du tétrachlorure de carbone, du tétrachlorure d'étain, du nitrate de mercure ou d'un grand nombre d'autres agents oxydants, elle se convertit en une matière dont les dissolutions sont d'une couleur cramoisie. Cette matière, le rouge d'aniline, est aujourd'hui fabriquée en grand; mais la difficulté de l'obtenir à l'état de pureté en rendait jusqu'ici l'étude analytique incertaine.

M. Hofmann, en se servant de composés purs obtenus par un fabricant M. Edw. Nicholsen, put en faire une étude à peu près complète.

Il propose de donner le nom de rosaniline à cette substance incolore à l'état de cristaux purs, et colorant en rouge sa dissolution alcoolique.

L'analyse a donné la formule:

$$C^{20}\ H^{19}\ Az^{3}\ HO.$$

C'est l'hydrate d'une sorte de triamine triacide. Cet alcali, à trois équivalents d'azote, paraît pouvoir se combiner à un, deux ou trois équivalents d'acide, et former ainsi trois sortes de sels. Jusqu'ici cependant M. Hofmann n'a obtenu que les sels à un et à trois équivalents d'acide.

On les obtient soit directement, soit par ébullition de la rosaniline avec le sel d'ammoniaque correspondant. Les sels à trois équivalents d'acide sont d'un brun jaunâtre en cristaux et en solution.

Les sels monacides sont à l'état de cristaux verts par réflexion, rouges par transmission; en solution alcoolique ils sont d'une magnifique couleur cramoisie.

C'est de l'acétate que M. Hofmann a retiré cette base à l'état de pureté, en la précipitant par l'ammoniaque. En faisant agir sur cette substance des agents réducteurs, tels que l'hydrogène naissant ou l'hydrogène sulfuré, il a obtenu une nouvelle triamine, sous forme de poudre très-blanche, se colorant faiblement en rose au contact de l'air; il l'appelle leucaniline : elle paraît comme base avoir à peu près les mêmes propriétés que la rosaniline, et n'en différer que par deux équivalents d'hydrogène en plus. La formule est C^{20} H^{21} Az^{3}.

M. Hofmann regarde ces deux bases comme les types de deux séries de matières colorantes susceptibles d'être obtenues avec les homologues de l'aniline. (*Annales de physique et de chimie.*)

Recherches sur la densité de la glace, par M. **L. Dufour.**

Pour déterminer la densité de la glace on s'était servi de deux méthodes : l'une consistant à peser la glace dans l'air, puis dans un liquide; l'autre, à déterminer l'accroissement de volume que subit au moment de la congélation un volume connu d'eau; mais on a dans le premier cas à éviter la fusion de la glace pendant l'opération, et la dissolution dans le liquide, et dans le second on rencontre toutes les difficultés inhérentes aux déterminations précises de volume. M. L. Dufour, pour se mettre à l'abri de ces causes d'erreur, a imaginé de former par tâtonnement un liquide dans lequel la glace se maintient en équilibre parfait et de prendre par la méthode ordinaire la densité de ce liquide. Il a eu recours au mélange de chloroforme et d'huile de pétrole, dont on peut faire varier la densité entre 0,82 et 1,50 en variant les proportions de l'un ou l'autre liquide. Si l'on opère au-dessous de 0°, les morceaux de glace demeurent parfaitement intacts, n'éprouvant ni fusion ni dissolution. En employant des morceaux de glace obtenus à l'aide de l'eau distillée et ne contenant pas de bulles d'air, l'auteur a trouvé toutes corrections faites, pour densité à 0°, le nombre 0,9178. D'après cela un volume d'eau égal à l'unité à 0° produit en gelant un volume 1,0895 de glace. L'expansion pendant la congélation est 0,0895 ou $\frac{1}{11}$ du volume de l'eau à 0°. (*Bibliothèque universelle de Genève*, t. XIV.)

SECTION SCIENTIFIQUE DU COMITÉ DES SOCIÉTÉS SAVANTES.

Présidence de M. le Sénateur LE VERRIER.

Rapport sur l'*Annuaire de la Société d'Émulation de la Vendée pour* 1859.

Ce volume, consacré principalement à des rapports d'un intérêt local et à des articles relatifs à l'archéologie ou à la statistique, contient une Note de M. Réné Caillaud sur la *Pisciculture en Vendée*, dont M. **Milne Edwards** donne ainsi le résumé :

Depuis plusieurs années M. R. Caillaud s'occupe avec zèle et intelligence d'études relatives à l'amélioration des produits de la pêche soit fluviatile, soit côtière, dans les départements de la Charente-Inférieure, de la Vendée et de la Loire-Inférieure. Ces travaux ont donné de bons résultats. En 1860, lors de l'exposition générale de l'agriculture à Paris, ils lui ont valu une médaille d'or, et dans la note que nous venons de citer l'auteur rend compte d'une partie de ses observations.

A l'aide d'œufs qui lui avaient été fournis par l'établissement formé à Huningue par M. le Ministre de l'agriculture, du commerce et des travaux publics, M. Caillaud est parvenu à introduire la truite dans plusieurs cours d'eau que ce poisson ne fréquentait pas, et il y a lieu d'espérer que ces essais ne seront pas infructueux. Mais les travaux les plus importants de M. Caillaud ont pour objet l'amélioration des huîtrières du littoral de la Vendée. Les naturalistes savent que les jeunes huîtres, au moment de leur naissance, peuvent nager librement dans l'eau de la mer, et sont entraînées au loin par le courant si la disposition des localités n'est pas favorable à leur fixation au sol. Or, en étudiant la configuration des côtes de la Vendée et les courants qui y portent, M. R. Caillaud est parvenu à découvrir des points où, pour arrêter ces petits mollusques provenant de bancs naturels plus ou moins éloignés et entraînés à la dérive, il suffit de leur fournir des abris sous lesquels ils puissent se fixer. M. R. Caillaud a pu créer ainsi, avec les seules ressources de la nature, des huîtrières artificielles et utiliser du *naissain* qui aurait été perdu pour la consommation. Pour établir à peu de frais ces huîtrières, M. R. Caillaud fait usage de petits murs en pierres sèches ou de fragments de roches déposés sur le sable ou sur la vase à une profondeur convenable, d'autres fois de tuiles semi-cylindriques, qu'il place de façon à ménager des anfractuosités propres à servir d'abris pour les jeunes huîtres. A l'aide de ce procédé très-économique, il est parvenu à peupler d'excellentes huîtres des points de la côte près de Castel-Aillon, où ces mollusques ne s'étaient pas établis jusqu'alors, et il a rendu très-productives des huîtrières qui, depuis longtemps, ne fournissaient presque rien. Son exemple a été suivi par plusieurs habitants de cette partie du littoral, et les améliorations opérées de la sorte paraissent avoir donné déjà des résultats importants. Chacun sait que, sur d'autres points du littoral de la France, des travaux analogues exécutés aux frais de l'État et dirigés par M. Coste ont fait concevoir de très-grandes espérances, et nous croyons devoir engager M. R. Caillaud à persévérer dans ses expériences.

En lisant, dit M. **Payen**, l'*Annuaire de la Société d'Émulation de la Vendée*, on voit que cette Société place dans l'ordre suivant les objets dont elle s'occupe: *Agriculture, sciences, histoire, lettres et arts.*

Dans les deux volumes pour 1858 et 1859, formant les 5e et 6e années de cette publication, les sujets qui se rapportent plus particulièrement à l'agriculture comprennent les comptes rendus des séances générales annuelles et des séances ordinaires trimestrielles, les rapports sur l'élevage et le dressage des chevaux et les délibérations des comices du département.

Les rapports annuels sur la situation et les travaux de la Société montrent que c'est surtout de l'agriculture, à laquelle est consacrée son activité intelligente, qu'elle attend sa richesse et son éclat. Ce vaste sujet comprend aussi la pisciculture ; mais je n'ai rien à en dire après notre confrère, le savant naturaliste que vous venez d'entendre.

Une grande partie des efforts de la Société d'Emulation sont consacrés à l'amélioration des races chevalines; des concours spéciaux, une école de dressage et une association particulière sont fondés dans le même but. La Vendée, dit le zélé rapporteur en 1858, est une terre privilégiée qui peut tout en matière chevaline: elle peut fournir au luxe de puissants carrossiers, aux chasseurs d'intrépides et infatigables chevaux demi-sang.

Les concours de poulains et pour les prix des courses sont organisés d'après ces vues, et l'on reconnaît à cette occasion que les étalons de l'Etat ont imprimé à la race vendéenne un cachet indélébile de supériorité; mais il reste de fâcheuses tendances à combattre, des habitudes à changer et des améliorations importantes à introduire: la saillie des juments de deux ans, presque générale en Vendée, est une des causes principales qui entravent les améliorations; ce déplorable système arrête le développement des mères et appauvrit la race.

Une autre cause du défaut d'*ampleur* et d'*ensemble* dans les poulains qui, par leur taille, fourniraient de bons carrossiers, tient à leur alimentation, insuffisante durant l'hiver, comme si les lois de la nature pouvaient se plier à cette sorte de suspension de nourriture lorsque les provisions s'épuisent: c'est précisément alors que le développement de tous les organes exigerait en plus grande abondance des substances assimilables.

Vingt primes, destinées à récompenser les progrès dans cette direction, ont été accordées en 1858, non compris la prime de 300 fr. offerte par la Société.

Pour mieux assurer le succès de l'élevage dans la contrée, une école de dressage se pose entre les producteurs de chevaux et les acheteurs: elle inspire à ceux ci une juste confiance qui par degrés augmente les débouchés. Une association particulière s'est formée en vue d'aplanir encore une difficulté sérieuse qui parfois s'opposait à la vente des chevaux dépareillés, en vue aussi de faire concurrence à la remonte et de soutenir les prix à un taux rémunérateur.

Une école spéciale de jeunes gens qui se destinent à soigner et à conduire les chevaux est devenue l'annexe indispensable de l'école de dressage, et appelle la création d'une école d'équitation.

Sur tous ces points et relativement à la situation de l'établissement principal, on lira avec intérêt le rapport du directeur de l'école de dressage, M. de Montigny, en 1858 et le compte rendu présenté en 1860 par M. de Puyberneau, président de la Société d'Emulation et de la commission administrative, sur l'école de dressage de Napoléon-Vendée.

Les comices agricoles du département sont au nombre de 12: 6 dans l'arrondissement de Napoléon, 2 dans l'arrondissement de Fontenay-le-Comte, et 4 dans celui des Sables-d'Olonne.

Parmi les nombreux concours auxquels ces comices ont pris part, on a remarqué au concours régional de Niort les succès de plusieurs membres de ces comices du canton de Napoléon, dont les produits de la race bovine parthenaise furent primés en plein pays de production de cette belle race.

Dans les divers concours, d'ailleurs, la Société d'Emulation et les comices offrent des prix pour les différentes catégories d'animaux, soit de boucherie, soit producteurs de lait ou de laine. Les races bovines, ovines et porcines étrangères y sont parfois admises.

Parmi les travaux de la grande culture et des cultures spéciales, l'*Annuaire* signale les récompenses accordées au labourage; aux diverses améliorations introduites dans les exploitations des fermes et dans la culture des plantes textiles : à cette occasion, la Société appelle l'attention des agronomes et des chimistes sur les inconvénients du rouissage et sur les procédés plus salubres appliqués ailleurs avec succès.

On sait effectivement, mais il ne sera pas inutile de le rappeler ici, que la méthode de rouissage du lin inventée en Amérique par Schenck, introduite par MM. Bernard et Cock, ingénieurs français, en Irlande, perfectionnée par M. Scrive de Lille, donne de fort bons résultats : l'opération s'effectue dans l'intervalle de deux à quatre jours, suivant que l'eau tiède employée est plus ou moins douce; cette opération est exempte de toute insalubrité, la fibre textile est bien ménagée, facile à extraire et à blanchir. Mais tous ces incontestables avantages ne peuvent décider les petits cultivateurs à livrer aux grandes usines leurs récoltes brutes, sur lesquelles ils comptent pour occuper une partie du personnel de leur exploitation durant l'hiver. En effet, pendant cette saison, où les travaux des champs cessent, le teillage, le peignage et même encore le filage à la main, surtout dans les numéros élevés, permettent d'utiliser les moments de loisir forcé. Cet état de choses ne pourra guère changer que lorsque la propagation des diverses industries annexées aux exploitations rurales offrira des occupations plus lucratives à la population des campagnes.

La Société d'Emulation, dans sa publication annuelle, rend compte en outre des encouragements qu'elle accorde aux progrès de l'horticulture, cette utile application qui souvent éclaire la grande culture, qui toujours peut rendre plus variée, plus agréable et plus économique l'alimentation des hommes et embellir le séjour des fermes.

Rapport sur le *Bulletin de la Société philomathique de Bordeaux.*

Les travaux de cette Société ont été examinés par M. **Turgan**, qui a donné comme il suit un aperçu des Mémoires composant le 5e cahier de son *Bulletin* (année 1860).

Le *Bulletin* de la Société philomathique de Bordeaux renferme deux travaux à signaler : une Note très-courte de MM. Baudrimont, Buisson et Pellis sur la parfaite conservation, au bout de sept mois, d'une bouteille de lait déposée cachetée au siége de la Société. Ce lait avait été préparé par une Société Depierre et Cie, prétendant tenir son secret d'un berger des Alpes : MM. Baudrimont, Buisson et Pellis n'ont donc pas eu la possibilité de signaler le procédé qui avait empêché la décomposition du lait.

Le *Bulletin* de la Société de Bordeaux contient aussi le récit très-intéressant d'une visite faite par M. Ordinaire de Lacolonge à la distillerie de MM. Rolland et Cie, établie à La Rochefoucauld. Ce travail, bien qu'incomplet, donne des détails curieux sur l'application d'un appareil fumivore de M. Guériké et sur la distillation des tubercules de topinambours.

Communications adressées au Comité.

10 juillet. — M. J. Girardin, doyen de la Faculté des Sciences de Lille, correspondant de l'Institut, adresse un mémoire intitulé : *Influence délétère du gaz de l'éclairage sur les arbres des promenades publiques.* Nous en donnons ici un extrait.

L'air atmosphérique dans l'intérieur et aux alentours des villes est vicié par tant de causes d'insalubrité; le terrain des cités populeuses est imprégné d'une si grande quantité d'humidité, souillé d'une si forte proportion de matières organiques altérables et de substances salines, qu'on ne saurait prendre trop de soins pour conserver, au petit nombre d'arbres qui s'y trouvent, cette vigueur de végétation sans laquelle il leur est impossible de bien remplir l'un des buts qui leur a été assigné par la nature : l'assainissement de l'air par leurs feuilles, et du sol par leurs nombreuses et puissantes racines.

Au moment où les administrations municipales s'appliquent à doter les villes de boulevards et de places garnis d'arbres, il me paraît utile d'appeler l'attention des agents qui dirigent ces utiles travaux sur les inconvénients qui résultent, pour la végétation, du voisinage trop rapproché des conduites du gaz de l'éclairage.

Dans les derniers mois de 1859 on s'aperçut que la belle plantation en peupliers d'Italie de la route de Lille à Courtrai dépérissait d'une manière rapide. Par un arrêté, en date du 14 octobre, M. le préfet du Nord ordonna de visiter la canalisation établie le long de cette route par la compagnie du gaz de Wazemmes.

Des tranchées furent ouvertes les 24 et 25 janvier 1860, à 1,100 mètres de l'origine de la route, pour mettre à découvert la conduite du gaz. On constata qu'elle était placée sur l'accotement droit de la route, et que la distance de son axe à l'axe des arbres variait de 1^m 30 à 0^m 60 : elle était formée de tuyaux en poterie de 0^m 80 de long environ, recouverts d'un enduit bitumineux. Les joints parurent intacts et aucune trace de fuite de gaz ne se manifestait sur les terres environnantes.

Les experts jugèrent convenable de me consulter, et ils me prièrent de procéder à l'examen des terres prises entre la conduite et les racines des arbres de la route.

Le 13 mars 1860, MM. Cannisié et Coupey firent déposer au laboratoire de la Faculté deux échantillons de ces terres, enlevés à la profondeur de 45 centimètres.

L'un de ces échantillons, que je désignerai par le n° 1, avait été prélevé en face d'un arbre mort depuis quelque temps, du côté droit de la route, là où la conduite du gaz passait à un mètre du corps de l'arbre. L'autre échantillon, inscrit sous le n° 2, provenait du côté gauche de la même route et avait été pris en face d'un arbre en pleine vigueur.

Il est à noter que tous les arbres morts ou malades appartenaient au côté droit de la route, sous lequel sont établis les tuyaux de distribution du gaz.

Terre n° 1. Cette terre était noirâtre et exhalait une odeur fétide, empyreumatique, tout à fait semblable à celle que répand la chaux qui a servi à l'épuration du gaz d'éclairage.

Elle faisait une légère effervescence avec les acides, et le gaz exhalé dans cette condition avait une odeur hépathique ou d'œufs pourris; il avait, de plus, la propriété de précipiter en noir une dissolution d'acétate de plomb.

Triturée avec un peu de potasse caustique, cette terre émettait de l'ammoniaque, reconnaissable à son odeur et au papier rouge de tournesol; mais on en constata plus sûrement la présence en chauffant le mélange dans un tube à calcination et en recevant les produits volatils dans une dissolution d'azotate de protoxyde de mercure; immédiatement on vit la dissolution limpide et incolore se troubler et noircir.

L'eau froide, mise à macérer pendant vingt-quatre heures sur cette terre, ne se colora pas, mais elle acquit une réaction alcaline très-prononcée. L'analyse de ce liquide m'y fit reconnaître une quantité notable de sulfures alcalins et de sels ammoniacaux, avec beaucoup de sulfates et de chlorures.

L'alcool bouillant enleva à la même terre une matière huileuse particulière, qui se précipitait par le refroidissement au sein de la liqueur. Cette dissolution alcoolique était troublée par l'eau, exhalait une odeur fétide empyreumatique et laissait, par son évaporation ménagée, une substance verdâtre d'une odeur forte et désagréable.

Terre n° 2. Cette terre était grisâtre, n'exhalait aucune odeur spéciale.

Soumise aux mêmes traitements que la terre n° 1, elle ne donna que des traces d'hydrogène sulfuré et d'ammoniaque.

Elle renfermait beaucoup de sulfates, peu de chlorures, pas de sulfures alcalins ni de sels ammoniacaux.

L'alcool bouillant ne lui enleva aucune matière empyreumatique.

Déductions. Par ces expériences et par d'autres que je crois utile de consigner ici, j'ai donc constaté que la terre prise au pied de l'arbre mort avait des caractères très-différents de ceux de la terre prise au pied de l'arbre en pleine et parfaite végétation. Cette dernière offrait l'apparence et les propriétés d'une terre normale, tandis que l'autre contenait, en proportions très-marquées, des substances qui ne s'y trouvent pas habituellement, à savoir :

Des matières huileuses empyreumatiques, des sulfures alcalins et des sels ammoniacaux.

La présence de ces substances démontre évidemment que la terre n° 1 avait été imprégnée des infiltrations du gaz d'éclairage, qui renferme toujours, même après la meilleure purification possible, du gaz ammoniac, de l'hydrogène sulfuré et des huiles empyreumatiques (carbures d'hydrogène).

Or, comme le gaz ammoniac, l'hydrogène sulfuré et surtout les huiles empyreumatiques, même à faibles doses, arrêtent la végétation et amènent la mort des racines et des autres organes avec lesquels ils sont en contact pendant un certain temps; comme j'ai pu, d'ailleurs, reconnaître les effets destructeurs de ces agents sur des racines enlevées à l'arbre mort, je suis demeuré convaincu que le dépérissement, puis la mort des peupliers voisins de la conduite du gaz sur la route de Lille à Courtrai, étaient uniquement dus aux infiltrations du gaz de l'éclairage.

Déjà, en 1842, l'habile M. Neumann, du Jardin des Plantes de Paris, a démontré que des infiltrations de cette nature avaient déterminé la mort d'un grand nombre d'ormes du boulevard de l'Hôpital (1).

(1) *Journal d'horticulture pratique et de jardinage*, sous la direction de M. V. Paquet, 1re année, n° 1 (1er mars 1843), page 17. — *Jonrnal d'agriculture pratique*, tome VI, page 419.

En 1846 et 1851, j'ai constaté moi-même officiellement à Rouen qu'un grand nombre des arbres des boulevards Cauchoise et Bouvreuil avaient été frappés de mort par la même cause (1).

M. Ulex a reconnu, de son côté, qu'un grand nombre d'ormes et de tilleuls qui décoraient les promenades de Hambourg ont péri de la même manière (2).

Et cependant, dans ces diverses circonstances, les conduites du gaz placées sous les boulevards de Paris, de Rouen et de Hambourg étaient en fonte ! A plus forte raison, les mêmes effets fâcheux doivent-ils se produire, d'une manière plus rapide et plus étendue, sur les arbres voisins des conduites en poterie, car la poterie est loin d'être imperméable aux gaz et aux vapeurs.

D'après ces faits, il convient de conseiller à l'administration des villes de n'autoriser l'établissement de tuyaux à gaz qu'au centre des routes et des promenades, et non sur les accotements où sont alignés les arbres, afin qu'il y ait le plus de distance possible entre les racines et les tuyaux.

SOCIÉTÉ DES SCIENCES NATURELLES DE STRASBOURG.

Séance du 3 juin 1862.

Cette séance a été occupée par une communication de M. Hugueny et par la lecture d'un Mémoire relatif à des expériences sur l'induction, par M. Bertin, dont M. Lereboullet, secrétaire perpétuel de la Société, nous transmet le résumé.

Sur les effets produits par un coup de foudre, par M. **Hugueny.**

Le 14 mai 1862, il éclatait sur Strasbourg, de onze heures et demie du soir à une heure du matin, un orage d'une longueur et d'une violence extrêmes. Parmi les coups de tonnerre qui se firent entendre, il y en eut un qui, au lieu d'être intense et prolongé, était relativement faible, mais bref, strident et produisant la sensation du bruit d'un morceau de parchemin que l'on déchire. Il devenait ainsi probable que les phénomènes électriques de cet orage ne s'étaient pas seulement passés dans les hautes régions de l'atmosphère, mais

(1) Rapports officiels adressés à M. le maire de Rouen, en date du 4 février 1846 et 15 décembre 1851 (aux archives de la mairie de Rouen).

(2) *Leçons élémentaires de Chimie*, par M. F. Malaguti. (2e édition, tome II page 407.

qu'il y avait eu communication, en un moment et en un point, avec le sol.

La foudre ne paraît avoir occasionné aucun dégât à Strasbourg ; mais elle était tombée sur un peuplier situé près de la digue du petit Rhin, dans un bas-fond voisin du chemin qui conduit à la Roberktsau.

C'est le 27 mai que j'ai visité ce peuplier. La longueur totale de l'arbre foudroyé était de 20 mètres environ, et son diamètre de 0^{m}06 à la base. Le peuplier a été brisé en deux parties, dont l'inférieure a une longueur de 6 mètres à partir du sol et la partie supérieure une longueur de 14 mètres. Cette partie supérieure, dont l'écorce n'est pas enlevée, si ce n'est sur une longueur d'un mètre environ à la base, et dont le bois ne paraît pas avoir souffert intérieurement, a été séparée violemment, par le coup de foudre, du reste du tronc et est tombée à côté de lui.

C'est surtout la partie inférieure de l'arbre qui est digne d'attention et d'intérêt. Le tronc a été à peu près complétement dénudé ; il porte cependant encore quelques branches, et des fragments d'écorce sont rabattus sur les racines. En outre, il a été fendu en 5 ou 6 secteurs cylindriques dans toute sa hauteur ; la division des secteurs s'étend jusqu'à l'axe du tronc. Trois de ces secteurs sont encore visibles et en place. Le plus grand est de 80° environ, les deux autres de 40° à 50° chacun. Un quatrième est couché au pied de l'arbre ; j'ignore s'il a été enlevé par la foudre ou autrement ; quant au cinquième et au sixième, il n'y en a plus de trace.

Dans le voisinage se trouvent une foule de fragments d'esquilles provenant de ces secteurs et qui ont dû être projetés dans toutes les directions au moment où l'arbre a été divisé. Ces fragments sont de longueur et de largeur variables : on en trouve de 0^{m}01 à 0^{m}03 de longueur, ayant 0^{m}01 à 0^{m}02 de largeur et quelques millimètres d'épaisseur. Le traces de cette subdivision existent d'ailleurs sur les secteurs eux-mêmes, que l'on voit fendus sur plusieurs points en lanières plus ou moins étendues, disposées parallèlement à l'axe.

La division du tronc en secteurs cylindriques montre, ce qui du reste était présumable eu égard à la disposition des fibres dans les dicotylédonés, que les surfaces de moindre résistance, dans ces tiges, sont les plans passant par l'axe.

Quant à l'explication de ce remarquable effet de la foudre, voici celle que propose M. Hugueny.

L'expérience montre que l'électricité traverse en général les corps conducteurs sans déterminer leur rupture, tandis qu'elle brise les corps mauvais conducteurs. On remarquera qu'à l'époque où ce peuplier a été foudroyé, la séve se trouvait surtout concentrée dans sa partie supérieure (tiges, rameaux et feuilles), tandis que le tronc était relativement sec. L'électricité du nuage orageux a pu traverser la partie supérieure du peuplier sans l'entamer, mais elle a dû briser le tronc, faiblement conducteur, et déterminer ainsi la chute du faîte, qui n'était plus soutenu.

On pourrait essayer, du reste, en se plaçant dans des conditions analogues, de reproduire en petit, dans les cabinets, une expérience semblable à ce fait intéressant d'électricité atmosphérique.

Expériences sur l'induction, par M. **Bertin.**

1. *Disjoncteur automatique des courants induits.*

Pour séparer les courants induits, les physiciens n'ont eu jusqu'ici à leur disposition que la double *roue à séparation* qui se tourne avec une manivelle. Sans insister sur les défauts de cet appareil, je me contenterai de faire remarquer que l'emploi d'un *disjoncteur automatique* serait bien plus avantageux. L'idée d'un semblable appareil m'a été suggérée par l'interrupteur de M. Foucault; j'espère pouvoir le décrire sans figure, tout en restant intelligible, au moins pour ceux qui connaissent déjà cet interrupteur.

Une lame métallique fixée verticalement par le bas porte vers son milieu un balancier ou tige métallique horizontale qui oscille avec la lame. A cette tige sont fixés : à droite, un fil de cuivre terminé par un bout de platine qui plonge verticalement dans un godet plein de mercure et d'alcool, et à gauche un cylindre horizontal en fer doux servant d'armature à un électro-aimant. Le fil de cet électro-aimant communique d'une part à la lame vibrante, et d'autre part à un bouton auquel on attache le pôle d'un élément de Bunsen. L'autre pôle de cet élément est attaché à un second bouton qui communique avec le mercure du godet. Il est visible que le courant s'interrompra de lui-même et que la lame le rétablira périodiquement en oscillant en vertu de son élasticité; chacun reconnaît ici le marteau *électro-magnétique* ou le *trembleur*, si souvent employé dans les appareils d'induction.

Un peu à gauche de l'armature de l'électro-aimant, le balancier porte un second fil vertical plongeant comme le premier dans un second godet contenant du mercure et de l'alcool. Ce godet communique avec un bouton auquel on attache un des pôles d'une pile, tandis que l'autre pôle de cette pile correspond avec le pied de la lame vibrante. Ainsi réduit à ces deux godets, l'appareil n'est pas autre chose que l'interrupteur de M. Foucault : par suite des oscillations de la lame, le courant de la pile est périodiquement ouvert et fermé, et sa fermeture alternant avec celle de l'élément qui produit les oscillations, il n'y aura jamais mélange des deux courants, quoique les deux fils aboutissent à la lame.

Pour faire de cet *interrupteur* un *disjoncteur*, j'ai adapté à chaque bout du balancier une petite plaque de bois de forme trapézoïdale. Chaque planchette porte à son extrémité dans un plan perpendiculaire au balancier une fourche métallique, dont les deux pointes plongent dans des godets semblables aux précédents. L'appareil montre alors six fils verticaux plongeant dans six godets. Le numéro 1 est le godet de l'interrupteur, le numéro 2 est celui du courant direct de la pile ou du courant inducteur ; la fourche de droite ne plongera dans les godets 3 et 3′ que lorsque le courant inducteur sera ouvert, tandis que la fourche de gauche ne plongera dans les godets 4 et 4′ que lorsque le courant inducteur sera fermé. Les godets 3′ et 4′ qui sont à l'arrière plan-communiquent toujours entre eux au moyen d'une lame métallique ; la lame qui réunit les godets 3 et 4 est au contraire coupée en son milieu, et les deux moitiés en sont séparées par une lame d'ivoire, devant laquelle se trouve un commutateur à ressort, placé sous la main de l'expérimentateur. L'appareil est prêt à fonctionner lorsque, le balancier étant au repos, et les deux fils postérieurs plongeant dans le mercure, les quatre autres fils affleurent seulement la surface de ce liquide, résultat qu'on obtient facilement au moyen de vis de rappel placées sous les godets 1, 2, 3 et 4.

Pour appliquer le disjoncteur à la séparation des courants induits, il suffit de mettre l'un des fils d'une bobine d'induction sur le trajet de la pile, et l'autre fil en communication d'une part avec un bouton fixé sur la lame qui réunit les godets postérieurs 3′ et 4′ et d'autre part avec le commutateur. Si le commutateur est poussé vers la droite, il est clair que le circuit induit ne sera fermé que si le courant inducteur est ouvert ; on aura donc dans le fil induit un *courant de rupture* ou *direct*. Si le commutateur est poussé vers la gauche, on voit également que le circuit induit ne sera fermé que lorsque le courant inducteur le sera également ; on aura donc dans le fil induit un *courant de fermeture* ou *inverse*. Les courants, étant ainsi séparés, on manifestera leur présence en intercalant dans le circuit induit un rhéoscope quelconque.

L'appareil lui-même rend l'induction manifeste par un phénomène qui appelle immédiatement l'attention. Quand le courant induit n'existe pas, ou quand il est inverse, l'étincelle de rupture du courant inducteur fait entendre un bruit très-fort; mais ce bruit disparaît presque complétement si l'induction est directe. Cet effet me paraît dû à la réaction du courant induit sur l'extra-courant, qui se trouve diminué par une induction de second ordre et de sens contraire.

2. *Nouveau rhéoscope pour les courants induits.*

J'ai eu souvent des mécomptes en voulant montrer les courants induits. Le courant direct se comporte bien; mais le courant inverse, qui est plus difficile à isoler, ne donne souvent au galvanomètre qu'un tremblotement dans l'aiguille aimantée et au voltamètre que des gaz plus ou moins mélangés; en somme, peu de netteté dans l'expérience. Je trouve bien plus commode de manifester le sens des courants induits par la rotation électro-magnétique des liquides qu'ils traversent, et je dispose l'expérience de la manière suivante.

Sur la bobine d'induction je place un vase à rotation, dont le fond en verre troué à son centre est mastiqué à la glu marine dans deux cylindres en cuivre; le plus grand de ces cylindres a 10 centimètres de diamètre, le plus petit n'en a qu'un seul. Le tube central communique par-dessous le verre avec un bouton d'attache fixé sur une planchette servant de support, tandis que de l'autre côté un second bouton communique avec le cylindre extérieur. On verse dans le vase un liquide conducteur, tel que du sulfate de cuivre, ou de l'eau acidulée par un mélange d'acide sulfurique et d'acide nitrique. Sur ce liquide on fait flotter un petit disque en liége noirci en noir de fumée et portant un pavillon pour montrer au dehors le mouvement du liquide. Si on met d'abord le vase à rotation dans le circuit inducteur, on voit le liquide tourner dans un certain sens qui caractérise le *courant direct*. Si ensuite on met ce vase de la même manière dans le circuit induit, on voit le liquide tourner dans le même sens avec le *courant de rupture*, et en sens contraire avec le *courant de fermeture*. Donc, le premier est *direct*, le second est *inverse*. L'imperfection de l'isolement du courant inverse n'enlève plus à l'expérience sa netteté : le liquide tourne un peu moins vite, voilà tout.

REVUE DES SOCIÉTÉS SAVANTES.

SCIENCES MATHÉMATIQUES, PHYSIQUES ET NATURELLES.

---

25 juillet 1862.

Sur un aspirateur pneumatique, par M. **A. Lallemand**, professeur à la Faculté des sciences de Rennes.

On utilise souvent en physique le vide barométrique pour obtenir dans un tube ou un petit réservoir une raréfaction aussi complète que possible; tout récemment, divers expérimentateurs ont imaginé des appareils dans lesquels l'écoulement du mercure, au sein d'un réservoir fermé supérieurement, joue le rôle de piston de la machine pneumatique. L'instrument dont je vais donner la description, et que j'ai fait fonctionner il y a déjà quelques années devant mes auditeurs, est aussi fondé sur l'écoulement du mercure. Il est d'une manipulation facile et peut se substituer avec avantage à la pompe pneumatique employée par les chimistes. Je m'empresse d'ajouter qu'il n'est applicable qu'au cas où le réservoir qu'on veut purger d'air est d'une petite capacité.

Sa construction est basée sur ce phénomène d'aspiration bien connu qui détermine l'écoulement d'un liquide dans un tube qui communique, par une ouverture voisine de l'orifice, soit avec l'atmosphère, soit avec un réservoir fermé renfermant un gaz. L'air ou le gaz est aspiré et entraîné par le liquide dans le tube d'écoulement. Cette aspiration n'a guère été utilisée que pour comprimer l'air aspiré. C'est le cas de la trompe des forges catalanes. Si le liquide aspire le gaz dans une atmosphère confinée, il y détermine une diminution de force élastique qui dépend de la longueur du tube d'écoulement et de la nature du liquide. En opérant avec le mercure, on peut, avec une faible hauteur de chute, produire une raréfaction indéfinie qui permet d'obtenir un vide bien plus complet que par la machine pneumatique.

L'aspirateur que j'ai fait construire se compose d'un entonnoir en fer muni d'un robinet. Au-dessous du robinet, le col de l'entonnoir est percé d'un petit canal très-étroit qui débouche dans une tubulure plus large. Cette tubulure communique latéralement par un petit orifice avec un tube en fer horizontal et, au moyen de ce tube, avec l'appareil où l'on veut faire le vide. A l'extrémité de cette tubulure, on mastique un tube de cristal d'un mètre de longueur et dont le diamètre intérieur ne doit pas dépasser deux millimètres. Un tube barométrique adapté au tuyau latéral plonge dans une petite cuvette à mercure et sert à apprécier à chaque instant la force élastique de l'air raréfié.

Pour mettre en jeu cet aspirateur, on fait communiquer le tube latéral avec le réservoir où l'on veut raréfier l'air. L'entonnoir étant rempli de mercure, on ouvre le robinet. Le filet de mercure qui s'écoule s'engage dans le tube de cristal en petites colonnes cylindriques séparées par des bulles d'air aspiré à l'orifice du tuyau latéral. Cet air est entraîné par le mercure jusqu'à l'extrémité du tube, où l'on pourrait au besoin le recueillir. L'aspiration persiste pendant toute la durée de l'écoulement. En fermant le robinet, on arrête à volonté l'aspiration, et le mercure reste suspendu dans le tube à une hauteur qui peut servir à mesurer le degré de raréfaction obtenu et permet de simplifier l'instrument en supprimant le manomètre barométrique. Le mercure écoulé est de nouveau versé dans l'entonnoir, de telle sorte qu'avec une petite quantité de liquide et une manœuvre bien simple, on continue l'opération. L'aspiration produite dans ces conditions est tellement efficace que non-seulement l'air le plus raréfié, mais encore la vapeur d'un liquide, est entraînée par le mercure et condensée dans le tube d'écoulement. En essayant l'aspiration sur des capacités qui ne dépassent pas deux cents mètres cubes, j'ai pu, en moins d'un quart d'heure, réaliser un degré de vide inférieur à un millimètre de mercure. Un robinet à trois voies adapté au tuyau latéral complète l'instrument, et sert à introduire dans l'appareil où l'on produit l'aspiration, soit de l'air desséché, soit différents gaz.

L'aspirateur, étant fixé sur un support en bois, est toujours prêt pour l'expérience, et n'exige d'autre précaution que l'emploi d'un mercure débarrassé de l'oxyde ou des métaux qui le rendent pâteux et adhérent au verre. Il est surtout avantageux quand on veut faire le vide dans un tube à analyses obstrué par des matières pulvérulentes, et dans lequel le mouvement des gaz ne s'opère qu'avec lenteur. On évite les projections qui résultent d'une variation de pression trop brusque que détermine quelquefois la manœuvre du piston d'une pompe.

COMITÉ SCIENTIFIQUE DES SOCIÉTÉS SAVANTES.

Présidence de M. le Sénateur LE VERRIER.

Rapport sur un *Catalogue* manuscrit *des plantes du département de la Seine-Inférieure*, par MM. Blanche et Malbranche, par M. **P. Duchartre.**

Le travail manuscrit de MM. Blanche et Malbranche qui a été soumis au Comité, a pour objet de présenter le tableau de la végétation du département de la Seine-Inférieure.

Connaissant à fond la flore du département qu'ils habitent, ces savants et zélés botanistes n'ont eu, pour donner l'énumération de ses richesses végétales, qu'à rassembler leurs souvenirs, et à s'aider de quelques ouvrages locaux, tels que la Flore de Leturquier et celle de M. de Brébisson, ainsi que de diverses collections et notes manuscrites qu'ils avaient à leur disposition. Leur travail est divisé en trois parties inégales d'importance et d'étendue : la première, qui est la principale des trois, est un Catalogue méthodique des familles, genres et espèces de plantes observés par eux ou avant eux dans le département de la Seine-Inférieure. Ce Catalogue comprend les Cryptogames et les Phanérogames. Bien que sans doute les deux auteurs aient coopéré à la formation des listes qui le composent, il est facile de reconnaître, par l'examen du manuscrit, que M. Malbranche s'est chargé spécialement de la portion relative aux Cryptogames, tandis que M. Blanche a dressé le relevé des Phanérogames. Ce Catalogue porte le cachet d'une scrupuleuse exactitude. Aux noms des espèces qu'il énumère sont rattachés les indications de stations ou de localités, ou des deux à la fois, ces dernières peut-être en trop petit nombre pour donner une idée suffisante de la répartition des plantes dans le département; en outre, le nom de chaque plante phanérogame est accompagné du signe de sa durée et de la désignation de l'époque à laquelle a lieu sa floraison.

La partie cryptogamique de cet important relevé offrait des difficultés d'autant plus grandes qu'elle n'avait pas de précédent et qu'elle constituait dès lors un travail entièrement nouveau. Son auteur a pu y faire entrer environ 1650 espèces qui se divisent ainsi : 180 Algues, 900 Champignons, 300 Lichens, 170 Mousses et 100 Hépatiques, Characées, Marsiléacées, Fougères, Lycopodiacées, Equisétacées. Telle qu'elle est, elle fournirait un excellent point de départ pour la rédaction d'une flore cryptogamique du département de la Seine-Inférieure.

La partie phanérogamique du même Catalogue comprend 1057 espèces spontanées ou cultivées, rapportées à 93 familles, dont 19 appartiennent à l'embranchement des Monocotylédons et réunissent 288 espèces, tandis que 74 rentrent dans l'embranchement des Dicotylédons et renferment 879 espèces.

La deuxième partie du travail de MM. Blanche et Malbranche est formée de l'énumération des plantes rares ou caractéristiques qu'on rencontre dans les six herborisations les plus productives auxquelles puisse donner lieu l'exploration botanique du département de la Seine-Inférieure. Ce sont des indications précieuses pour les botanistes dont elles auraient pour effet de rendre les excursions plus fructueuses.

Enfin la troisième partie de ce travail comprend des listes d'espèces spontanées dans le département de la Seine-Inférieure, rangées d'après leur distribution par stations; en d'autres termes, elle a pour objet de donner une idée de la géographie botanique de cette partie de la France. Les deux auteurs divisent les plantes qu'ils mentionnent en 12 catégories, de la manière suivante : 1° plantes des terrains calcaires; 2° des terrains argileux; 3° des terrains siliceux; 4° de la zone maritime; 5° plantes aquatiques rangées dans deux sections, selon qu'elles croissent dans les eaux stagnantes ou dans les eaux courantes; 6° plantes du bord des eaux; 7° plantes des prairies; 8° plantes des pelouses et gazons; 9° plantes des bois et des haies; 10° plantes des murailles, débris, toits, rues, chemins; 11° plantes des moissons; 12° plantes indifférentes, très-vulgaires. Quoique pouvant être critiquée à certains égards, cette division paraît complète et peut dès lors suffire pour exprimer la distribution géographique des espèces végétales.

Au total, le travail de MM. Blanche et Malbranche est digne d'éloges et répond catégoriquement aux questions posées aux Sociétés savantes des départements. Si des relevés analogues présentaient l'énumération méthodique des plantes qui croissent dans chacun de nos départements, ils formeraient une excellente préparation à la description scientifique de la végétation de notre pays; je crois donc qu'il y aurait tout avantage à publier celui que nous devons au zèle des deux savants botanistes rouennais, et le soin de cette publication me semble revenir de droit à l'Académie des Sciences, Belles-Lettres et Arts de Rouen qui a double intérêt à en enrichir sa précieuse collection de Mémoires.

Rapport sur le *Bulletin de la Société de Médecine de Poitiers*, 4me série, n° 28. Par M. **Dechambre**.

Le n° 28 du *Bulletin de la Société de Médecine de Poitiers* ne renferme pas de Mémoires détachés : il se compose uniquement d'un compte rendu des séances depuis le mois de juin 1858, jusqu'au mois d'avril 1860. Néanmoins quelques-unes des communications faites à la Société étant reproduites *in extenso* dans le procès-verbal, il devient possible de les apprécier en connaissance de cause. C'est ce que je crois devoir faire pour deux d'entre elles, relatives, l'une au *diabète sucré*, l'autre à un cas d'*empoisonnement par les grains de raisin malades*.

Diabète sucré guéri par l'usage du sucre à haute dose.

Tout le monde sait ce qu'on entend par *diabète sucré*, ou *glycosurie*. Certains individus fabriquent au sein de leur organisme des quantités anormales de glycose qui passent dans le sang, impreignent les humeurs, et sont en partie expulsées avec le produit de la sécrétion rénale. Cela étant, il semble assez naturel de sevrer ces individus de toute alimentation sucrée. Néanmoins, quelques médecins, arguant de certaines expériences de M. C. Bernard d'après lesquelles la présence du sucre dans l'économie serait nécessaire à l'entretien de la vie, ont pensé que peut-être le dépérissement des malades tenait précisement à une trop grande élimination du sucre, et qu'il y aurait lieu conséquemment de faire entrer en proportions considérables dans leur alimentation les matières saccharines ou susceptibles de se transformer en glycose dans le travail de la digestion. M. Chevallier donna ce conseil dès 1842, et M. Piorry le suivit en 1857. Cet honorable professeur se loua beaucoup de la médication, et plus tard, MM. Pitta et Jordão, en Espagne, et M. Budd, en Angleterre, vinrent lui prêter l'appui de leur expérience.

C'est aussi à mettre en faveur la médication sucrée dans la glycosurie que tend l'observation publiée dans le *Bulletin de la Société de médecine de Poitiers* par M. le docteur Rigodin (de Buzançais). Un sujet atteint de diabète, qui fut mis à l'usage d'un café « excessivement sucré » gagna en embonpoint treize kilogrammes dans l'espace de deux mois ; en même temps, la sécrétion des reins revint presque à son type normal. Voilà le fait. Est-il aussi probant qu'il le paraît ? J'en doute, et voici pourquoi. D'un côté, il faut s'en rapporter exclusivement au titre de l'observation pour accorder qu'il se soit agi d'autre chose que d'une *polyurie* simple, ou *diabète non sucré*, car nulle part, dans l'exposé des caractères de la maladie, il n'est fait mention de la recherche de la glycose; d'un autre côté, le malade n'a pris par jour que la quantité de sucre nécessaire pour sucrer fortement, il est vrai, trois tasses de café, quantité petite relativement à celle que recommandaient les autres observateurs, notamment M. Chevallier, qui voulait qu'on en élevât la dose à 500 grammes. En même temps, le malade suivait à la lettre, e libéralement, la médication préconisée par ceux qui excluent le sucre du traitement du diabète, puisqu'il prenait, outre le café, du vin de Bordeaux, de l'eau-de-vie, du punch au rhum et de l'eau de Vichy. Il disait du punch au rhum : « cela me rend la vie ! » Il ne le disait pas du sucre; c'était là, je crois, sous une forme banale, la vraie expression du fait scientifique.

Cette objection que j'adresse à l'observation de M. Rigodin, j'y insiste parce qu'elle s'applique à un grand nombre de faits produits à l'appui de la médication sucrée. J'ai vérifié de nouveau les observations de M. Budd, celle même qu'il a publiée en 1858 dans le *Medical Times* en vue de répondre aux objections dont les précédentes avaient été l'objet, et j'y ai vu que le sujet soumis à l'usage du sucre prenait en même temps du xerès, du bitter, du quinquina et de l'huile de foie de morue. Il faut d'ailleurs ajouter que certains observateurs, M. Williams entre autres, disaient n'avoir retiré de la médication sucrée que des résultats négatifs ou fâcheux.

Je n'aurais pas porté devant le Comité cette question de pratique médicale si elle n'engageait directement la question purement scientifique. La théorie du diabète, encore si débattue aujourd'hui malgré de très-remarquables travaux, ne sera parfaitement assise que le jour où elle pourra subir sans préjudice le contrôle de la clinique. Pour ne pas sortir du sujet de la note de M. Rigodin, si le fait que cette note tend à confimer était exact, la théorie la plus généralement acceptée, celle de M. C. Bernard, recevrait une atteinte sérieuse. En effet, si la glycosurie vient de ce que le sucre formé en excès dans le foie aux dépens des matières albuminoïdes et répandu dans le sang, ne peut plus être détruit par la combustion et doit être éliminé au dehors, on ne s'explique nullement comment on remédierait au mal en chargeant le sang et le foie d'une plus grande quantité de sucre. Mais rien ne prouve qu'il en soit ainsi. Ce que je suis seulement disposé à croire, c'est que l'usage des substances saccharines n'est pas aussi nuisible qu'on l'en a accusé. Ce qui constitue la gravité du diabète, ce n'est pas la présence du sucre dans les humeurs; c'est la production même de ce sucre aux dépens de matières destinées à la nutrition : de là l'émaciation rapide des diabétiques. Ajoutez artificiellement du sucre à celui qui se produit par l'organisme, vous grossissez un élément morbide, mais un élément peu grave par lui-même ; vous ne changez rien au fond même de la maladie. Et c'est ainsi qu'on se rend très-bien compte des succès obtenus par l'emploi combiné du sucre et d'un régime généreux : le sucre ne fait pas grand mal ; le régime fait beaucoup de bien et le résultat total est avantageux.

Empoisonnement par les grains de raisin malades.

L'empoisonnement, soit de l'homme, soit des animaux, par les parasites végétaux, est chose assez commune pour qu'il y ait lieu *à priori* de vérifier s'il ne pourrait pas être produit en particulier par l'*oïdium* de la vigne. On sait, par exemple, que les parasites des biscuits de mer, l'*Anobium paniceum*, l'*Asopia farinalis* ont parfois occasionné des dyssenteries redoutables ; on sait que le développement du *charbon* n'a eu souvent d'autre cause que l'usage des plantes sur lesquelles s'étaient développées l'*Uredo candida* ou le *Mucor mucedo*. Jusqu'ici, je ne sache pas qu'on ait découvert dans l'*Oïdium Tuckeri* des propriétés réellement toxiques. Il ne faudrait pas conclure à la non-existence de ces propriétés d'après ce fait que les raisins malades servent journellement à la confection de boissons inférieures, et particulièrement de ce qu'on appelle le *râpé ;* car le principe vénéneux pourrait être détruit par la fermentation. Mais il n'est pas rare de voir les paysans manger les raisins altérés sans en éprouver aucun inconvénient ; et dès lors on est tenté d'attribuer à de simples indigestions les accidents qu'on a quelquefois observés dans ces cas. L'observation envoyée à la Société de Médecine de Poitiers par M. Petiteau (des Sables-d'Olonne) offre bien ceci de particulier, que la femme dont il s'agit présenta, après l'ingestion de raisins couverts d'oïdium, non pas des accidents du côté du tube digestif (sauf de la gastralgie), mais des troubles nerveux assez semblables à ceux que produisent d'ordinaire certains poisons végétaux : le vertige, la tendance à la syncope, le délire, la perte de mémoire, le sourire hébété ; le tout sans fièvre, sans nausées, sans dérangement intestinal. Mais, en lisant dans l'observation que tous les accidents s'évanouirent comme par enchantement dès que l'estomac et les intestins furent débarrassés, le doute reprend, et l'on revient à la pensée d'une indigestion, explicable d'ailleurs par l'ingestion de raisin de mauvaise qualité : car les effets des poisons, surtout des poisons septiques, ne se dissipent pas ainsi. Quoi qu'il en soit, la note de M. Petiteau mérite de fixer l'attention jusqu'à ce que l'expérience ait prononcé définitivement.

Communications adressées au Comité.

17 juillet. — *Nouvelles recherches sur la figure des atmosphères des corps célestes*, par M. E. Roche, de la Faculté de Montpellier.

18 juillet. — *Théorie générale des développements* et *Note sur le calcul des saisons*, par M. A. David, de la Faculté des sciences de Lille.

ACADÉMIE IMPÉRIALE DES SCIENCES ET LETTRES DE MONTPELLIER.

Séance du 13 juin 1862.

De la richesse minéralogique du département de l'Hérault, par M. **Marcel de Serres**.

La constitution géognostique de l'Hérault est assez simple lorsqu'on en considère l'ensemble; elle ne devient compliquée que lorqu'on en étudie les détails.

Si nous en examinons les parties méridionales et orientales les plus rapprochées de la Méditerranée, elles nous paraîtront à peu près uniformes, étant essentiellement composées par les terrains tertiaires marins ou d'eau douce, seulement interrompus par intervalles, et avec d'autant plus d'étendue qu'on se rapproche du nord et de l'est. Les terrains crétacés, principalement les formations inférieures ou néocomiennes, ainsi que divers étages jurassiques, opèrent ces interruptions; ils forment alors comme des espèces d'îlots au milieu des terrains tertiaires constamment dominants (1).

L'interruption la plus notable est celle que le mont Saint-Loup (659 mètres) a produite lors de son exhaussement, en portant les calcaires lacustres du groupe *éricine* à la hauteur de 305 mètres, hauteur qu'ils n'ont pas dépassée ailleurs, si ce n'est à Cesseras, dans les terrains de grès tertiaires verdâtres, du moins dans le département.

C'est, du reste, dans ces deux directions que les terrains tertiaires de diverses natures ont pris leur plus grand développement; les formations marines les plus rapprochées de la Méditerranée s'en écartent beaucoup moins et arrivent peu au delà du mont Saint-Loup. Les formations lacustres parviennent dans cette direction jusqu'à Notre-Dame de Londrei, et se continuent vers le nord-est dans les dépar-

(1) Les terrains coralliens jurassiques des bords du Salaison ont été jadis exploités; on en retirait des marbres assez estimés et connus sous le nom de *marbres du Salaison*.

tements du Gard et de la Lozère, pour se terminer à Salgue, dans la dernière de ces régions, à environ 36 lieues des mers actuelles.

Les mêmes formations d'eau douce, si développées à l'est, ne le sont pas moins à l'ouest, où elles s'étendent jusqu'à Cesseras et la Lavinière, presque sur les frontières occidentales du département, après avoir pris leur plus grande importance auprès de la Caunette, où elles sont caractérisées par de puissants dépôts de lignite compacte. Ces lignites fournissent d'excellents combustibles, surtout à la Caunette, élevé de 139 mètres au-dessus de la Méditerranée, ainsi qu'à Azillanes (123 mètres) et à Aigues-Vives (169 mètres).

Les terrains lacustres fournissent en outre d'excellents matériaux de construction, soit les dépôts calcaires, soit les masses de grès qui s'y rattachent. Ces matériaux sont très-prisés pour la facilité de leur taille, et parce qu'ils durcissent considérablement à l'air, quoique moins promptement que les calcaires marins tertiaires.

Ces derniers se rapportent à plusieurs groupes ; le plus ancien, ou *miocène*, comprend plusieurs groupes ou étages. L'inférieur donne les meilleurs et les plus beaux matériaux de construction de ceux que l'on emploie à Montpellier dans les bâtiments d'une certaine importance.

L'étage marin récent n'appartient plus au groupe *miocène*, mais au dépôt qui lui est immédiatement superposé, c'est-à-dire au *pliocène*. Ce groupe, composé de sables ordinairement pulvérulents et parfois endurcis, est accompagné par des bancs de grès et des marnes plus ou moins compactes. Ces sables marins, précieux pour la fabrication des mortiers, comme les marnes pour la préparation de la poterie grossière, commencent à disparaître dans les environs de Montpellier, en raison du nombre des constructions dont cette ville s'enrichit.

Les terrains tertiaires ne fournissent guère en matériaux utiles que des sables, des pierres de construction et des lignites, et encore sont-ils d'une qualité inférieure.

Il en est différemment des dépôts plus anciens, telles que les formations primitives et secondaires, qui se composent de groupes siluriens, cabonifères, houillers et permiens, auxquels on peut joindre les terrains triasiques, jurassiques, oolithiques et crétacés. Les matériaux provenant des derniers terrains ont été principalement employés dans les constructions des anciennes villes romaines du département comme très-substantiels.

Les formations houillères constituent des mines importantes dans les environs de Saint-Gervais, surtout à Graissessac (289 mètres), de Camplong (227 mètres), de Saint-Geniez, de Varensal et de Castanet-le-Haut. Elles n'avaient jusqu'à présent été exploitées avec beaucoup de succès que vers le flanc méridional et oriental de la vallée ; mais on espère bientôt tenter avec avantage de nouvelles recherches dans le sens oriental et septentrional de la vallée. On compte principalement diriger les recherches vers Camplong, qui deviendra le centre principal et le foyer des exploitations (1).

On avait aussi longtemps exploré avec profit les mines de charbon des environs du village de Neffiez (88 mètres), mines assez rapprochées des terrains permiens, qui n'étaient guère, comme auparavant, que dans une très-petite partie de l'Hérault. Ces mines, envahies par les eaux, sont maintenant tout à fait abandonnées ; les travaux ne pourront être repris que lorsqu'on sera parvenu à en dompter la violence, ce qui n'est pas près d'avoir lieu.

Les terrains permiens, qui ont acquis un certain développement dans le bassin de Neffiez, se présentent sous une tout autre forme dans la vallée de Lodève, où ils sont exploités et connus sous le nom d'ardoisières. Ces terrains, composés de marnes calcaires en plaques peu épaisses, sont exploités comme pavés ou comme couvertures des habitations. Elles sont riches en empreintes de végétaux fossiles qui ne se rapportent guère qu'à deux classes, aux cryptogames acrogènes de la famille des fougères, comprenant cinq genres et une quinzaine d'espèces.

La seconde classe, ou les phanérogames gymnospermes, comprend deux ordres ou deux familles anormales, savoir : des Astérophyllites, composées d'un seul genre et d'une seule espèce, *Annularia floribunda* ; l'ordre second, ou les Conifères, est encore composé par un genre anormal, les *Walchia*, qui a cinq espèces, dont aucune n'est représentée dans la nature actuelle, pas plus que le genre auquel ces espèces se rapportent.

Les terrains secondaires qui les surmontent se composent, ici comme ailleurs, de trois étages : 1° de l'inférieur, ou des grès bigarrés, qui prend un fort grand développement dans l'arrondissement de Lodève ; 2° des marnes irisées chargées de dépôts puissants de gypse de diverses variétés ; ces variétés, parmi lesquelles on distingue les fibreuses et la soyeuse, y sont accompagnées par des cristaux de quartz hyalin prismé ; 3° des marnes, des bancs pierreux et des sables du *keuper*, qui fournissent d'excellents matériaux de construction, et sont employés comme tels dans les édifices publics, par exemple les églises.

(1) Les mines de Cartanet-le-Haut (701 mètres) et de Saint-Géniez de Varensal (689 mètres) sont également exploitées avec avantage.

Les sables inférieurs du lias étaient jadis utilisés dans les environs du Bousquet (251 mètres), près de Graissessac ; on s'en servait pour en fabriquer des verres noirs de bouteilles qui étaient assez estimés des consommateurs. Malgré le voisinage des mines de charbon de Graissessac et les avantages qui en étaient la suite, on a abandonné ce genre de fabrication, faute de trouver une assez grande quantité de sable pour suffire à toutes les exigences d'une pareille usine. On a donc tout à fait abandonné ce genre d'industrie, que l'on ne cherchera plus à continuer, à moins que l'on ne découvre des sables soit keupriques, soit jurassiques, en quantité assez considérable pour faire espérer une réussite complète.

Les calcaires de la chaîne du Saint-Loup, ainsi que ceux de la Lérone et du Larzac, sont d'excellents matériaux de construction qu'on emploie comme pierre froide. On s'en sert aussi pour obtenir de la chaux; mais on fait principalement usage des calcaires crétacés, particulièrement de ceux des étages inférieurs.

On peut citer parmi les minéraux utiles exploités près des limites du département les houilles sèches ou stipites de la Cavalerie, dont les dernières couches, ou les plus méridionales, s'avancent jusqu'au sol de l'Hérault. Ces mines fournissent d'assez bons combustibles, mais dont les frais de transport diminuent singulièrement les avantages. Aussi les propriétaires de ces mines attendent avec impatience l'établissement du chemin de fer de Lodève à Rodez, qui donnerait à leurs usines la valeur et l'importance qu'elles méritent d'obtenir.

Les dépôts néocomiens suivent en arrière des terrains tertiaires les côtes de la Méditerranée ; ils ne commencent guère à prendre une certaine étendue qu'à partir de 4 à 5 lieues de cette mer, depuis Brudet (167 mètres) jusqu'à la Boussière et Gaugès (156 mètres); ils se prolongent également à l'est vers Elaret, et se continuent ensuite dans le département du Gard.

Les formations crétacées, du moins les inférieures, sont caractérisées dans les environs de la mer, auprès du Petit-Gallarguet par des mines de péroxyde de fer hydraté. Le fer s'y trouve dans des espèces de poches, ou dans des filons verticaux d'une épaisseur d'environ trois mètres, où il y est exploité dans ce moment avec un certain avantage.

Les terrains plutoniques et métamorphiques de la partie centrale de l'Hérault ont été l'objet d'exploitations considérables du temps des Romains, à en juger par les nombreuses excavations et galeries qu'ils nous ont laissées comme des preuves irrécusables de leurs travaux. Ils ont retiré, par exemple, des mines de Cabrières, des minerais de cuivre gris (ou *fahlere*), du carbonate de cuivre et du sulfure de bismuth, ayant pour gangue le sulfate de baryte et le quartz généralement mé amorphique.

On avait longtemps espéré pouvoir tirer parti de ces anciens travaux et exploiter avec profit les richesses métalliques qui s'y trouvaient encore; nous n'avons jamais partagé cette espérance, et ces projets sont maintenant tout à fait abandonnés.

L'attention est portée maintenant sur les cuivres gris qui paraissent se rapporter à la panabase, ou *fahlere* qui avait été jadis exploité auprès de Cabrières. Ces minerais sont situés auprès de Vieussan, sur la rive gauche de l'Orb, à 30 kilomètres au nord de Béziers. Au sud de Vieussan, dans la vallée du Pin, toutes les recherches et tous les travaux ont été faits jusqu'aujourd'hui.

Les recherches ont principalement eu lieu sur d'anciennes exploitations qui avaient été depuis longtemps abandonnées. On a compté dans ces déblais jusqu'à 32 filons, les uns riches, les autre pauvres et les autres stériles. Ils affectent toutes les directions, et paraissent venir tous d'un même point topographique formant une espèce d'ellipse allongée dont le grand axe a 200 ou 300 mètres de long. Ce système mérite d'être étudié, en raison du renversement des couches qu'on y observe.

Les puissants filons quartzeux cuprifères que l'on reconnaît à Hérepian, à la Malou, au Poujol, à Colombières, viennent aboutir à ce même point. Tous ces filons coupent les terrains de transition inférieurs qui s'appuient sur tout le contour du mont Caroux.

Les gangues varient un peu dans chaque filon; mais elles se composent toujours d'un ou de plusieurs éléments, savoir : du quartz, du carbonate de chaux ferrifère, de sulfate de baryte et de la pyrolusite ou manganèse oxydé métalloïde.

Le minerai est un cuivre gris accompagné de cuivre carbonate bleu et vert, de silicate de cuivre, sorte de résinite et de cuivre hydroxydé.

L'analyse de quelques échantillons du minerai provenant de divers points des recherches a prouvé qu'en moyenne ils contiennent 900 grammes d'argent par 100 kilogrammes de cuivre.

Il existe également plusieurs mines de cuivre qui jadis ont été exploitées dans le département de l'Hérault et qui ne le sont plus maintenant; ce sont les mines de Siriede, près Avènes, celle de Lunat et de Bousquet-d'Orb. Nous avons déjà cité les mines de cuivre gris près de Cabrières, dans les environs de Clermont-l'Hérault, dont les Romains paraissent avoir tiré un assez grand parti.

Nous comprendrons également parmi les richesses minéralogiques du département de l'Hérault les eaux minérales et thermales qui sourdent de son sein, et qui sont pour ses habitants une source de santé tout autant que de prospérité, ne comptant parmi les eaux utiles que les eaux minérales et thermales.

Les eaux de Foncaude, près de Montpellier, d'une température de 25° à 26° centigrades, naissent de terrains néocomiens à 42 mètres et 58 mètres au-dessus de la Méditerranée.

Les eaux de Balaruc, quoique aux bords des étangs salés et très-rapprochées de la Méditerranée, n'ont pas moins pour expression de leur température de 47° 5 à 50° centigrades. Ces eaux thermales s'écoulent des calcaires jurassiques oxfordiens.

Les eaux de la Malou paraissent avoir une source à peu près commune, à en juger par le peu de différence qu'elles présentent sous le rapport de leur température. Il en existe un assez grand nombre, désignées par des noms particuliers, parmi lesquelles nous n'en nommerons que deux, comme les principales, et qui peuvent très-bien donner une idée des autres.

La première, ou la source de la Malou-le-Bas, est la plus ancienne connue; elle a 35° de température, et sort des marnes irisées (terrain de trias) à 194 mètres au-dessus de la Méditerranée. La seconde, ou la source de la Malou-le-Haut, d'une température de 34°, sort des mêmes terrains que la précédente, mais à 203 mètres au-dessus de la mer.

Les eaux d'Avènes des terrains de transition, à 287 mètres au-dessus de la mer, sont les seules sources minérales de l'Hérault qui soient froides.

Nous n'avons plus maintenant qu'à nous occuper des terrains hors de série, pour faire connaître les diverses richesses minéralogiques d'un des départements les plus intéressants du midi de la France.

Les terrains volcaniques de l'Hérault ne sont guère que la continuation des chaînes de l'Aveyron, du Cantal, du Puy en Velay et de l'Auvergne. Les premiers commencent dès les limites des deux départements de l'Aveyron et de l'Hérault, au lieu de la Pesade, et ensuite, au nord-ouest au pic de Mourgis (1188^{m}) point le plus élevé de toute cette partie des terrains pyroïdes, car le sommet le plus haut de la montagne de l'Escandorgue n'arrive qu'à 899 ou 900 mètres. Après ces deux points en quelque sorte limites, les terrains volcaniques prennent un grand développement, surtout à la montade l'Escandorgue, qu'ils composent presque tout entière; ils s'étendent ensuite dans la même direction jusque dans le sein de la Méditerranée, où ils forment l'île de Brescou, point au delà duquel les formations volcaniques ne sont plus apparentes.

Si, après ce premier aperçu, nous jetons un aperçu général sur l'ensemble des terrains volcaniques de l'Hérault, nous verrons qu'ils se rapportent à deux formations principales : l'une, ou la plus ancienne, dite d'*épanchement*, parce qu'elle a été éjectée au dehors sans cratère et de plus sans coulée; l'autre, au contraire, d'une date plus récente, a eu lieu d'une manière plus violente, c'est-à-dire que ses produits ont été éjectés au dehors par des cratères et par de véritables coulées.

Les formations à cratère et à coulée de l'Hérault commencent par le pic de Mourgis, ainsi que par le pic de l'Escandorgue, et se terminent par le pic pyroïde de Saint-Loup près d'Agde et la coulée sur laquelle le fort de Brescou est bâti.

Quant aux formations d'épanchement, elles sont assez développées sur le plateau du Seurzac et se continuent par la Pesade dans l'Hérault; elles s'étendent ensuite dans une infinité de bassins, parmi lesquels nous signalerons ceux de Peret, de Jontez, de Neffiez, de Gabian, de Camx, de Nisas, de Pézenas et de ses environs, tels que le lieu dit le Fort Saint-Thibery, mais non les deux gibbosités dites des Monts, Bessan et Roque-Haute.

Les terrains volcaniques de l'Hérault fournissent également des matériaux utiles et qui sont aussi d'un usage journalier. Telles sont les laves ou les basaltes compactes que l'on emploie pour les clôtures et les grandes constructions ainsi que pour les jetées et les piliers des édifices.

On peut comprendre parmi les matériaux utiles que nous fournissent les terrains pyroïdes les pouzzolanes, ou les laves scoriacées portées à une très-haute température, et qui, une fois cuites, servent aux mêmes usages que cette terre, ordinairement rougeâtre. On a fait à cet effet des excavations aussi considérables que profondes dans un des monts de Saint-Thibery.

Les terrains secondaires de l'Hérault sont assez souvent accompagnés par les dolomies, qui les couronnent de leurs formes bizarres et singulièrement tourmentées. Les roches les plus remarquables de ce genre sont celles qui, presque à la limite du département, surmontent les rochers liasiques du plateau du Surzac dans les environs du village du Caylar.

Il en est à peu près de même des dolomies des environs de Lougberger près les Rives et de quelques points des environs des bords du Sez, surtout auprès de Saint-Guilhem-le-Désert et des Combrettes dans les environs de Viola-le-Fort. Il est bien d'autres points des environs de Montpellier où existent également des dolomies, mais ces rochers n'ont plus la même importance ni la même étendue que celles du plateau du Surzac; celles-ci atteignent en effet la hauteur de 835 mètres, ce qui annonce combien est grande l'élévation de la base sur laquelle elles s'appuient.

C'est principalement vers le nord-ouest du département que les terrains plutoniques prennent le plus grand développement et acquièrent la plus grande élévation, surtout dans les environs de Saint-Pons et de la Salvetat. C'est en effet dans cette partie de l'Hérault que sont accumulées les plus hautes sommités de l'Hérault dont les plus élevées ne dépassent pas cependant 1100 mètres. Le mont Espinousse, d'une hauteur de 1063 mètres; le mont Caraux 1093, mètres; le Montahut, 1084 mètres, près le Bousquet; le mont Saint-Pons-Signal, mesuré par les ingénieurs-géographes, et évalué par eux d'une élévation de 1056 mètres. Nous avons estimé la hauteur du plateau du Saumail à 966 mètres, et celle du pont de la Salvetal, près des limites nord du département, à 705 mètres.

C'est aussi dans les formations de transition liées aux terrains plutoniques, que l'on découvre des marbres plus ou moins beaux et qui sont employés dans les constructions. Ces pierres d'ornements sont assez abondamment répandues dans les environs de Saint-Pons. On en exploite également d'assez estimés auprès de Fourgères, au sud-est de Saint-Gervais, et cela en raison de leurs nuances et de leur compacité, ce qui suprend peu, ces marbres se trouvant dans des terrains de transition à structure massive.

En résumé, le département de l'Hérault, dans sa partie méridionale et orientale, est presque entièrement composé des terrains tertiaires marins et d'eau douce, du moins vers l'ouest jusqu'auprès de Capestang, bourg rapproché de Berière. On sait que cette ville est bâtie sur une colline ou butte calcaire marine et d'eau douce, appartenant aux étages *éocène* et *pliocène*.

La partie centrale, ainsi que la portion nord-est du département, est formée par les terrains secondaires, soit jurassiques, soit crétacés inférieurs, lesquelles formations suivent et cotoient les rives de l'Hérault; ils composent la chaîne de la Serane, entre les masses de laquelle s'écoule le fleuve; cette chaîne vient rejoindre en s'abaissant considérablement la petite chaîne transversale, dont la direction contraire est de l'est à l'ouest, au-dessus de laquelle s'élève le mont Saint-Loup, d'une hauteur de 659 mètres au-dessus de la Méditerranée; la face nord est tout à fait verticale et composée par trois formations secondaires, savoir, le lias, l'oolithe inférieure et l'oxfordien, qui en couronne le sommet.

Cette structure démontre, mieux que tous les autres genres de preuves que l'on pourrait invoquer, que le mont Ortus (525 mètres) dont la face méridionale est également verticale, n'a point été séparé du mont Saint-Loup; car, si cette séparation avait eu lieu, comme on a été tenté de le supposer, les deux montagnes présenteraient les mêmes genres de formations, et non une constitution tout à fait différente et opposée.

La partie nord, surtout celle qui correspond à l'extrémité occidentale du département, appartient essentiellement aux formations primaires métamorphiques composées de schistes phylladiens sans fossiles, ainsi qu'aux terrains plutoniques ou primordiaux. C'est dans cette partie du département que se trouvent les plus hautes sommités ainsi que les deux villes les plus hautes du département, Saint-Pons et la Salvetat.

La dernière portion de l'Hérault, ou l'occidentale, la plus rapprochée et la plus voisine de l'Aude, est encore occupée, en partie du moins, par les formations primaires accompagnées et même surmontées par les terrains tertiaires lacustres, dont le développement est considérable auprès de la Caunette, d'Aigues-Vives et d'Azillanet; c'est là que l'on exploite des mines de lignites abondantes et qui fournissent des combustibles d'une excellente qualité.

Si de ces vues d'ensemble on veut descendre dans les détails, on s'aperçoit bientôt que la complication succède à la simplicité, et que la constitution géologique de ce département, qui paraissait d'abord facile à saisir, devient extrêmement compliquée lorsqu'on veut en démêler tous les traits.

Par arrêté de Son Exc. M. le Ministre, M. Verdet, maître de conférences à l'Ecole normale supérieure, a été nommé membre du Comité et chargé de la publication des œuvres de Fresnel, en remplacement de M. de Sénarmont, décédé.

REVUE DES SOCIÉTÉS SAVANTES.

SCIENCES MATHÉMATIQUES, PHYSIQUES ET NATURELLES.

1er août 1862.

Comètes de 1862.

Les astronomes du Midi et ceux de l'Amérique du Nord, favorisés par un ciel plus pur que celui de Paris, ont découvert deux comètes dans le mois de juillet.

La comète I a été observée à Athènes par M. Julius Schmidt, et à Marseille par M. Tempel, dans la nuit du 2 au 3; et la nuit suivante à Washington, par M. G. Bond.

M. Seeling a conclu des observations du 2, du 7 et du 11 juillet l'orbite suivante, où les temps sont donnés en temps moyen de Berlin.

Temps du périhélie	= 1862 juin. 21,597	
Distance du périhélie	= 0,97976	
Longitude du périhélie	= 300° 1', 1	équinoxe apparent
Longitude du nœud	= 325° 20', 7	du 7 juillet.
Inclinaison	= 8° 3', 8	

Mouvement rétrograde.

Éphémérides pour minuit :

	Ascension droite :	Déclinaison :	Distance à la terre :
1862 juillet 20	13h 17m 24	+ 4° 41'	0,670
— 24	16 12	3 2	0,826
— 28	15 48	1 52	0,979
1862 août 1	15 52	0 59	1,129
— 5	16 12	+ 0 17	1,275
— 9	16 40	— 0 17	1,417
— 13	17 20	— 0 47	1,556

La comète II a été observée à Florence le 22 juillet au soir. Le 23 juillet, à 11 heures du soir, l'ascension droite était de 5h 21m environ, et la déclinaison de 68° 50'.

Note sur la carte géologique de l'arrondissement de Lodève (Hérault), par MM. **Paul de Rouville** et **Emilien Dumas de Sommières.**

Chargés par le conseil général de l'Hérault de dresser la carte géologique de ce département, nous avons dû nous contenter, pour la portion achevée, d'un coloriage provisoire sur les feuilles de Cassini; la carte de l'état-major n'étant pas encore terminée pour cette partie de la France, nous ne pourrons songer à une publication définitive que lorsqu'on sera en possession de la nouvelle carte.

Notre feuille ne contient pas moins de vingt-cinq couleurs correspondant chacune à des étages ou à des subdivisions importantes de terrains.

La constitution géologique de l'arrondissement de Lodève peut être envisagée comme résultant d'un travail de dénudation opéré durant des périodes de temps plus ou moins longues aux dépens des enveloppes successives du terrain sédimentaire le plus ancien.

Le centre de l'arrondissement, occupé par la ville chef-lieu, est situé sur un pointement de schistes et de calcaires sur lesquels viennent s'appuyer, du côté de l'est, sous forme d'affleurements en retrait, un ensemble de couches que nous rapportons au terrain permien, puis le trias, le calcaire jurassique et enfin les dépôts tertiaires.

Ce qui frappe à la première vue quand on jette les yeux sur la carte, c'est le développement en série rectiligne N. S. du terrain basaltique constituant le prolongement méridional du vaste système volcanique du centre de la France.

Un autre trait caractéristique de la même région et qui lui est commun avec l'arrondissement de Sainte-Affrique, dans l'Aveyron, c'est le développement sur une vaste surface de marnes schisteuses rouges monochromes, vulgairement appelées *ruf* dans le pays, et imprimant à la contrée un caractère tout particulier et presque exceptionnel en France.

Les terrains paléozoïques avec les fossiles spéciaux à ces âges primitifs du globe, tels que trilobites, productus, goniatites, etc., appartiennent plus exclusivement à l'arrondissement de Béziers; il s'en trouve pourtant sur la limite des deux arrondissements, et la montagne de Cabrières, se rattachant à la région de Lodève, offre une épaisseur considérable de terrain dévonien. Les schistes à trilobites se rencontrent sur le revers sud; ceux que nous avons signalés aux alentours de Lodève ne nous ont pas fourni de fossiles, et se rapportent avec les calcaires qu'ils renferment au terrain silurien le plus inférieur ; le nom de cambrien leur conviendrait peut-être, si cette dénomination avait été définitivement adoptée dans la science.

Le calcaire à goniatites et à encrines, si puissant dans la chaîne du Bisson à l'ouest de Clermont, présente à sa partie supérieure des couches épaisses de dolomies qui s'y trouvent aujourd'hui rattachées pour la première fois, le sommet du Bisson ayant été jusqu'à présent considéré et figuré comme étant carbonifère.

Nous ne pouvons mentionner nos terrains paléozoïques sans rappeler les travaux si importants auxquels ils ont donné lieu de la part de MM. Fournet, Graff et de Verneuil. Ils nous ont paru présenter assez d'intérêt pour en faire tout spécialement l'objet d'une carte cadastrale à la fois topographique et géologique au $\frac{20}{1000}$, dont nous poursuivons l'exécution depuis deux ans.

Le calcaire silurien est immédiatement recouvert, à l'est de Lodève, par une formation susceptible au point de vue pétrographique d'être subdivisée en deux sous-groupes ; l'un marneux, rouge, dont nous avons parlé, l'autre, qui lui est inférieur et lui cède en épaisseur, fossile, ardoisier et fournissant des dalles propres à couvrir les maisons; c'est ce groupe inférieur qui a depuis si longtemps attiré l'attention des géologues à cause de ses plantes fossiles que M. Adolphe Brongniart a le premier déterminées.

Cette formation, qui prélude par sa couleur à l'époque du trias, supporte des assises de marnes et de grès avec labyrinthodons, recouvertes elles-mêmes par des marnes généralement violettes qui alternent avec des calcaires jaunes à texture cloisonnée. Cet ensemble de couches, à partir du terrain dévonien, doit-il être compris dans un même tout ou séparé en deux étages, le premier, le supérieur composé des grès, des marnes et des calcaires cloisonnés, représentant le trias ; le second. tenant au-dessous une place occupée dans d'autres régions par la formation permienne? Des raisons de stratigraphie et de pétrographie nous ont fait, dès 1859, adopter cette seconde manière de voir ; les marnes monochromes et les schistes ardoisiers, quoique concordants avec notre trias proprement dit, nous paraissent former une unité géognostique distincte, sans mélange avec ce qui la recouvre; d'autre part, la nature des éléments qui la composent diffère essentiellement de ceux du groupe supérieur. Nous avons donc cru devoir avec MM. Brongniart, Graff, Fournet, Coquand et plus récemment M. Hébert, élever au rang d'étage ce que nos illustres maîtres, MM. Dufrenoy et Elie de Beaumont, avaient déjà reconnu en 1830 et distingué comme couche accidentelle; toutefois nous ne prétendons pas, vu l'insuffisance de nos termes de comparaison, en préciser plus rigoureusement l'équivalent germanique.

Le terrain jurassique, si bien décrit dans le texte explicatif de la carte de France, ne donnera lieu de notre part qu'à une seule observation; c'est celle de l'absence, constatée jusqu'ici, du moins dans notre région, des deux *Ostrea* les plus caractéristiques du lias inférieur et du lias moyen : l'*O. arcuata* et l'*O. cymbium*. Les quelques huîtres rencontrées par nous dans le massif calcaire liasique se rapportent essentiellement à l'*O. obliqua*.

Le terrain crétacé n'est pas représenté dans notre arrondissement.

Quant au terrain tertiaire composé d'un groupe inférieur lacustre et d'un groupe supérieur marin, il a fait déjà et fera encore de notre part l'objet de publications spéciales.

Nous nous bornons ici à cette simple énumération.

Recherches chimico-physiologiques sur l'origine et le développement des êtres cellulaires, par M. **Victor Jodin.**

§ A.

Du rôle physiologique de l'oxygène, étudié spécialement chez les mucédinées et les ferments.

1. Les dernières publications de M. Pasteur (voyez surtout *Comptes rendus de l'Académie*, t. LIV, 10 février 1862) ont mis en évidence l'importance du rôle des phénomènes d'oxydation corrélatifs de la vie des êtres microscopiques. Cette importance paraît telle que, de prime abord, l'esprit se sent autorisé à rechercher sous ces phénomènes la manifestation de quelqu'une de ces grandes lois physiologiques qui régissent notre monde organique, et dont l'ensemble constitue la statique des êtres organisés. Aussi j'en fus frappé dès mes premiers pas dans la voie de recherches où je suis engagé depuis plus de deux ans, et mes expériences se tournèrent naturellement dans cette direction.

2. Quoique venant après le travail d'un savant aussi éminent que M. Pasteur, j'ose espérer que ce mémoire présentera encore quelque intérêt. Lorsqu'on aborde les problèmes qui touchent à la vie, alors même qu'on s'arrête à ses manifestations les plus infimes, à ses expressions les plus simples, la multiplicité des points de vue grandit

singulièrement, et le plus mince sujet en apparence peut épuiser les efforts de plusieurs générations de savants. La fermentation alcoolique nous en offre un exemple. Après les travaux des Lavoisier, Gay-Lussac, Thénard, etc., le problème n'était pas résolu. Il n'était même pas posé dans toute sa généralité. Ce phénomène restait toujours isolé, demandant alternativement une explication à la chimie et à la physiologie, sans que l'une ou l'autre de ces sciences puisse la lui fournir séparément. C'est qu'alors ces deux sciences, bien près encore de leur berceau, étaient séparées par un intervalle immense que l'esprit du temps, imbu d'une philosophie contestable, se plaisait à proclamer infranchissable. Aujourd'hui la chimie et la physiologie, en se rapprochant par des progrès rapides, accomplis dans leur sphère propre, ont créé par leur contact une nouvelle science, la *chimie physiologique*.

3. L'inspiration du présent travail remonte à cette agitation qui, au commencement de 1859, se manifesta dans le monde scientifique sur la question des générations spontanées. Les résultats que j'ai obtenus sont loin d'être aussi complets que je l'aurais désiré. Mais, dans ces derniers temps, l'ordre de mes recherches a un peu dévié de sa direction primitive. Je suis donc obligé de résumer ces recherches dans l'état où elles se trouvent actuellement.

4. Après quelques études préliminaires, destinées à m'orienter dans une région toute nouvelle pour moi, je ferai mon programme d'après les considérations suivantes :

Les discussions sur les générations spontanées n'aboutiront jamais à une conclusion certaine tant qu'elles ne reposeront pas sur une connaissance approfondie des conditions physiologiques nécessaires à la vie des êtres, en petit nombre, sur lesquels elles s'appuient pour nier ou pour affirmer. Or, que savons-nous de la vie d'un infusoire ou d'une mucédinée ? Quelles sont ses fonctions caractéristiques dont nous puissions saisir l'expression sans ambiguïté ? — D'un autre côté que savons-nous du milieu dans lequel naissent et se multiplient ces petits êtres ? Nous voyons souvent ce milieu, placé dans certaines conditions particulières, devenir impropre à toute manifestation vitale, et nous hésitons entre l'explication de cette inertie par la destruction des germes organiques ou par une modification inconnue de quelque agent indispensable à l'exercice de la vie.

Commençons donc par étudier en particulier chacun de ces agents ; — en apparence, nous nous éloignerons de la question, mais ce sera pour y revenir en l'enserrant dans une chaîne non interrompue de déductions expérimentales dont la continuité la limitera sous toutes ses faces, et en préparera une solution rigoureuse.

5. Ainsi posée la question était encore bien complexe, il fallait la réduire à sa plus simple expression. C'est ce que je me suis appliqué à obtenir dès l'origine, en n'employant dans mes préparations que des substances chimiques bien définies et d'une composition aussi simple que possible. Les acides organiques ternaires se trouvaient naturellement indiqués. C'est par eux que j'ai commencé, en étendant ensuite mes études à des substances un peu plus complexes, telles que le sucre, la glycérine, la mannite, etc.

L'eau distillée, un acide organique et une certaine proportion de phosphate ammoniacal ou alcalin, telle est généralement la formule bien simple de mes préparations. Je me suis attaché à en éloigner toute substance albuminoïde, dont la nature complexe et indéterminée ne pouvait qu'apporter ce caractère aux expériences.

§ B.

Méthodes expérimentales.

6. Les principaux facteurs physiologiques, dont j'avais d'abord à me préoccuper, étaient :

1° L'oxygène, l'élément comburant.

2° La substance organique, c'est-à-dire l'élément combustible dans lequel l'organisation trouve le carbone et l'hydrogène qu'elle s'approprie pendant l'assimilation.

3° Le produit organisé, c'est-à-dire l'être microscopique dont le développement était en quelque sorte la résultante synthétique de tous les autres facteurs concourant au phénomène.

4° Les produits organiques secondaires, dérivés de l'élément carburé sous l'influence de l'organisation.

5° L'azote,
6° Le phosphore, } indispensables à toute manifestation vitale.

Réservant, à cause de leur importance, ces deux derniers éléments pour en faire l'objet d'un chapitre spécial, je ne parlerai en ce moment que des quatre premiers.

7. Oxygène.

Il fallait pouvoir déterminer exactement la proportion de cet élément nécessaire à l'élaboration du produit organisé. La meilleure méthode était d'opérer en vase clos. Je prenais donc un tube de capacité convenable, étiré en pointe à ses deux extrémités. Je le remplissais de la préparation mycogénique, c'est-à-dire de la solution d'acide organique additionnée de phosphate; un petit tube en caoutchouc réunissait une des pointes du tube de verre à un gazomètre. Ouvrant alors un robinet et inclinant convenablement le tube, le gaz du gazomètre pénétrait dans son intérieur en déplaçant le liquide qui s'écoulait goutte à goutte par l'autre pointe.

Lorsque la proportion de gaz et de liquide dans le tube était convenable, je fermais le robinet du gazomètre; je relevais doucement le tube et par un trait de flamme je scellais successivement sa pointe libre et sa pointe engagée dans le tube de caoutchouc.

Je notais la température et la pression barométrique au moment de cette opération.

Lorsqu'au bout d'un temps plus ou moins long le tube ainsi préparé devait être analysé, je procédais ainsi :

Je prenais le poids du tube tout scellé ; puis, le plaçant horizontalement, j'ouvrais une de ses pointes sous le mercure ; — une forte absorption de ce métal se manifestait ordinairement; — je refermais la pointe du tube et je le reportais sur la balance.

J'avais ainsi le poids du mercure absorbé à la température et à la pression extérieures.

Opérant de nouveau sur le mercure, j'ouvrais les deux pointes, et je faisais passer tout le gaz dans l'eudiomètre, où il était ensuite analysé. Je recueillais le liquide pour être analysé de son côté, et enfin je pesais successivement le tube complétement vide puis rempli d'eau.

En résumé, j'avais donc :

1° Le poids du tube scellé contenant seulement le liquide mycogénique; 2° ce même poids augmenté de celui du mercure absorbé; 3° le poids du tube vide; 4° le poids du tube plein d'eau.

Ces données, jointes aux pressions barométriques et aux températures observées, permettaient de calculer rigoureusement le volume initial et le volume final des gaz réduits à 0° et 760^{mm}.

Pour ne pas donner aux tubes des dimensions embarrassantes, je les remplissais ordinairement avec de l'oxygène artificiel préparé par électrolyse ou par le chlorate de potasse. Cet oxygène était analysé à plusieurs reprises avant de servir aux préparations.

8. Substance organique servant à la préparation du liquide mycogénique.

L'analyse du principe carburé en dissolution dans la préparation mycogénique présentait d'assez grandes difficultés. Les nécessités expérimentales imposaient un procédé analytique joignant une grande précision à une extrême délicatesse. Ces deux exigences ont trouvé une satisfaction inespérée dans l'application des méthodes de combustion par voie humide, et en particulier de celle qui repose sur l'emploi du caméléon minéral. Ce procédé avait en outre l'avantage d'offrir une certaine analogie avec les phénomènes qu'il devait définir et mesurer. Malheureusement l'introduction de cette méthode dans la science est encore fort récente. Elle a été appliquée à peu de substances. J'ai donc dû m'efforcer d'abord de me familiariser avec un instrument qui promettait d'être fort utile, et ensuite de le perfectionner autant que possible.

M'appuyant donc sur l'intéressant travail de M. Péan de Saint-Gilles (voir *Ann. de chimie*, t. LV), j'ai fait subir à la méthode de ce savant quelques petites modifications pour la mettre en rapport avec le but que je me proposais. On sait que cette méthode repose sur l'oxydation et la réduction réciproque de solutions titrées de protosulfate de fer et de permanganate de potasse. Le titre de la solution de manganate est exprimé en oxygène; il donne le poids d'oxygène que 1^{cc} de cette solution peut fournir à la combustion de la substance organique. Dans les solutions que j'emploie habituellement, ce poids est d'environ 0^{gr} 003.

Presque tous les acides organiques subissent l'action comburante du caméléon acidulé par l'acide sulfurique ou rendu alcalin par la potasse. Il suffit d'opérer à la température du bain-marie. Au bout de quelques minutes, la combustion est complète. Cependant quelques acides ne subissent qu'une oxydation partielle, en donnant naissance à des produits secondaires. L'origine de ces produits dérivés, rapprochée de celle de produits analogues dérivés par voie de fermentation, présente un grand intérêt.

J'aurai occasion de le faire remarquer dans le cours de ce travail, les propriétés comburantes du caméléon acide et du caméléon alcalin ne sont pas toujours identiques. Certaines substances se comportent tout différemment, selon qu'on leur applique cet agent sous l'un ou l'autre état.

Le caméléon acide est moins stable que le caméléon alcalin. A 100°, il commence à subir lentement une réduction spontanée. Lorsqu'on est obligé de l'employer il convient d'accompagner chaque série d'analyses d'une expérience *à blanc* répétée dans des conditions identiques de durée, de volume, de titrage, etc., etc... Cette expérience fournit les éléments d'une correction qui, appliquée aux analyses, leur donne toute l'exactitude désirable.

On comprend facilement comment, par cette méthode, on peut déterminer le titre de combustion d'une préparation mycogénique.

D'après l'expérience, on déduit le volume de caméléon réduit par

1cc de la préparation; ce volume traduit en milligrammes d'oxygène sera le titre *oxymétrique* ou de combustion de la préparation.

Veut-on évaluer le travail de combustion effectué au sein d'une préparation, sous l'influence d'une végétation mycodermique ou d'une fermentation, il suffira de retrancher du titre oxymétrique initial le titre final, et de multiplier la différence par le volume total de la préparation. Le poids d'oxygène ainsi obtenu pourra à son tour s'exprimer en poids de l'élément combustible soustrait au liquide mycogénique, cette expression étant donnée directement par la formule de combustion de cet élément.

9. Produits organisés.

Malgré l'extrême simplicité de leur composition, mes préparations mycogéniques, par le contact de l'atmosphère, ont donné naissance à des produits assez variés. Mais tous ces produits, spécifiquement différents, appartenaient à un petit nombre de genres.

Le règne végétal y a toujours été le plus largement représenté.

Les représentants du règne animal étaient moins nombreux, et ils appartenaient toujours aux plus petites espèces des genres Monade, Bacterium, Vibrion. Mais aussi il est peu de préparations où une observation attentive ne m'ait permis d'en trouver quelques-uns, au moins des bactériums.

Ces produits étaient toujours soumis à deux sortes de déterminations : l'une, qualitative, avec le secours du microscope, était destinée à fixer la nature spécifique du produit organisé prédominant dans chaque préparation ; l'autre, quantitative, avec le secours de la balance, donnait le poids de la matière organisée. Lorsque ces produits appartiennent au groupe des mucédinées ou des mucorées, il n'y a pas de difficulté. Je prends deux filtres de même poids, coupés dans le même papier; je les place dans deux entonnoirs superposés, de façon que le premier reçoit directement le liquide de la préparation, et le deuxième reçoit l'écoulement du premier. Après des lavages suffisamment prolongés les deux filtres sont desséchés à 100°. La différence de leurs poids donne celui de la matière organisée. Certaines productions laissent ce procédé en défaut. Ce sont surtout celles qui sont formées de bactériums ou de petites torulacées. Dans ce cas, on à beau multiplier les filtrations, le liquide demeure toujours trouble.

Dans ces déterminations, pour avoir un degré suffisant d'exactitude, il convient d'opérer sur au moins 0 gr 5 ou 1 gr 0 de matière. Les productions obtenues dans les tubes scellés ne pouvaient donc pas servir; car, pour atteindre ce poids, il aurait fallu généralement un volume d'oxygène très-considérable. Par conséquent, de chaque préparation je tirais d'abord un certain nombre de tubes scellés; puis, je versais le reste dans une cuvette de verre. Les tubes me donnaient les rapports de l'oxygène absorbé, de l'acide carbonique produit et de l'aliment carburé consommé; la cuvette me fournissait le rapport de l'aliment consommé à la substance organisée produite.

10. Produits organiques secondaires.

Le plus souvent ces produits étaient nuls ou dans une proportion négligeable.

En effet, avec des préparations dont la puissance mycogénique était fortement exaltée par une forte proportion de phosphate et le contact d'une atmosphère d'oxygène presque pur, opérant d'ailleurs avec des principes carburés peu complexes, les phénomènes de combustion atteignaient presque toujours leur extrême limite, l'eau et l'acide carbonique. Si quelquefois, dans les préparations faites avec des substances plus complexes (sucre, glycérine), il se produisait des composés secondaires, ceux-ci étaient bientôt atteints à leur tour par les progrès de la combustion, et devenaient eux-mêmes l'aliment d'une nouvelle génération d'êtres.

§ C.

Acide oxalique $C^2H^3O^6$.

11. Pendant longtemps j'ai cru que cet acide était impropre au développement mycogénique. Il est d'observation vulgaire dans tous les laboratoires que les solutions d'acide oxalique ne moisissent pas. Cette croyance détourna longtemps mon attention de certains phénomènes dont la manifestation, cachée dans d'étroites limites, n'en est pas moins fort remarquable.

D'après la composition fortement oxygénée de l'acide oxalique, on peut prévoir que le travail de combustion physiologique, corrélatif de l'organisation, devra détruire une énorme proportion de cet acide.

De plus, si on le fait entrer en liberté dans les préparations, sa puissante acidité déterminera bientôt une limite au delà de laquelle la vie n'est plus possible, tandis que si, au contraire, on l'engage dans la préparation à l'état d'oxalate alcalin, l'alcalinité du milieu, croissant rapidement avec la destruction de l'acide, posera bientôt une nouvelle limite à la vie organique.

Les choses se passent réellement bien ainsi. J'ai longtemps conservé dans mon laboratoire des solutions d'oxalates additionnées de phosphate, sans qu'aucune apparence physique bien sensible pût faire soupçonner une altération quelconque. Ce n'est qu'en voulant confirmer ma conviction par une analyse chimique que j'ai été conduit à reconnaître, non sans surprise, que tout l'acide oxalique avait disparu. J'examinai alors un léger dépôt adhérent au vase, et que j'attribuais auparavant à quelque impureté minérale des réactifs, et je le trouvai de nature organisée.

12. Voici, entre plusieurs, une expérience sur ce sujet :

Le 11 septembre 1861, je verse dans un petit matras 38gr. 20 de la composition :

Acide oxalique cristallisé.	0gr. 0126.
— phosphorique	0 0015.
— Ammoniaque.....	0 0020.
— Potasse	0 0056.
— Eau de source....	0/0.
Dans...........	1cc 00.

Cette préparation n'a été analysée que le 6 mars 1862.

Le liquide possède alors une forte réaction alcaline ; il n'exerce plus de réduction sensible sur le caméléon acidulé titré, tandis que primitivement 10cc réduisaient 5cc1 de ce caméléon. Tout l'acide oxalique a donc disparu.

Au fond du matras adhère au verre une petite quantité de matière organisée. Observée au microscope, cette matière a paru formée de filaments déliés n'ayant pas plus de 0mm001 à 0mm002 de diamètre, et réunis par une gangue ou stroma granuleux.

Cette production m'a semblé appartenir à la tribu des Oïdiés et se rapprocher du genre Achorion de quelques mycologistes.

13. J'ai répété plusieurs fois ces expériences en faisant varier les dosages de l'acide oxalique, et j'ai pu constater ainsi qu'au delà d'une certaine proportion l'acidité d'une part ou l'alcalinité de l'autre suspendaient bientôt la vie organique.

Quant à la nature spécifique des produits organisés, elle a paru toujours se rapprocher de celle qui a été déterminée dans la précédente expérience. Je n'ai pu encore observer, dans de semblables préparations, des mucédinées proprement dites, c'est-à-dire d'êtres possédant le plus haut degré d'organisation parmi les végétaux monocellulaires.

14. Cette extrême simplicité de l'élément carburé, concourant à l'organisation cellulaire, me conduisait aux confins du monde orga-

nique; un pas encore, et j'entrais dans ce domaine de l'organisation s'élevant du sein de la matière purement minérale, c'est-à-dire dans le règne végétal proprement dit. Je me demandais alors si la nature, si puissante et si féconde dans l'art des transitions, n'avait pas créé quelque terme intermédiaire, quelque être réalisant à la fois ou alternativement les deux modes d'organisation.

L'expérience paraît devoir justifier ces prévisions. J'ai trouvé, parmi les éléments de la *matière verte de Priestley*, des êtres cellulaires pouvant végéter dans des solutions faibles d'oxalate alcalin exposées à la *lumière diffuse*, en brûlant cet acide oxalique avec le concours de l'oxygène atmosphérique. Dans de semblables préparations exposées directement à la lumière solaire, la matière verte, au contraire, s'est rapidement flétrie, le titre de l'acide oxalique n'a pas sensiblement varié, et la composition des atmosphères limitées restait normale.

D'un autre côté, les expériences déjà anciennes de M. Ch. Morren apprennent que cette même matière verte, végétant dans de l'eau de source, possède la propriété caractéristique du règne végétal, de décomposer l'acide carbonique sous l'influence de la lumière solaire.

En résumé, la végétation de cette matière verte semblerait donc pouvoir se réaliser de deux manières : 1° à la lumière diffuse par oxydation; 2° à la lumière solaire par réduction.

S'il était permis de chercher l'interprétation de ces faits, encore trop peu étudiés, on pourrait penser que, dans le premier cas, la vie s'alimente des forces chimiques mises en jeu par la combustion de l'acide oxalique, forces que, dans le second cas, elle puise directement dans les radiations chimiques de la lumière solaire. Lorsque ces deux sources se trouvent réunies, la vie est anéantie, impuissante à soutenir une influence aussi énergique.

Je donne ces résultats et ces interprétations avec la plus grande réserve.

Les expériences sur ce sujet sont très-difficiles et très-délicates; j'attendrai pour être plus affirmatif de nouvelles sanctions expérimentales que je cherche en ce moment.

§ D.

Acide acétique $C^4H^4O^4$.

15. Cet acide est complétement réfractaire à l'action oxydante du caméléon acide ou alcalin. Cependant, malgré sa grande stabilité et

sa résistance aux agents d'oxydation minéraux, il est très-mycogénique lorsqu'il est additionné de phosphate.

Le 18 avril 1860, je fis la préparation suivante :

Acide acétique $C^4 H^4 O^4$..........	0 gr	864.
Oxyde de potassium KO...........	0	681.
Phosphate d'ammoniaque cristallisé.	0	188.
Eau distillée....................		0/0.
Volume total......	50	

Ce liquide est légèrement acide.

Le 30 avril. Cette préparation, placée à l'étuve, n'a encore produit qu'un léger mycélium flottant dans le liquide.

Le 21 juin. Il existe au fond du matras un dépôt blanc essentiellement formé de globules sphériques de 0mm003 ou 0mm004 de diamètre. On y observe aussi quelques filaments grêles et de très-petites monades.

Le liquide est parfaitement limpide, il est fortement alcalin ; par évaporation, il laisse une croûte saline fusible par élévation de température, et paraissant formée principalement de carbonate de potasse.

Le produit mycodermique, desséché à 100°, pesait 0 gr. 120. En supposant que tout l'acide acétique ait été consommé, son rapport de production, ou, si l'on veut, son *équivalent physiologique* relativement à la matière organisée produite, serait $\frac{120}{864}$ 0,14.

§ E.

Acide lactique : $C^6H^6O^6$.

16. Combustion minérale de l'acide lactique. — L'acide lactique peut se doser avec exactitude par le caméléon. La manière dont il se compose avec cet agent est même fort remarquable à différents points de vüe.

En effet, emploie-t-on le permanganate alcalin (caméléon vert, manganate de potasse), la combustion sera complète. L'équivalent d'acide lactique exigera 12 équivalents d'oxygène, conformément à la formule de combustion :

$$C^6 H^6 O^6 + 12\ O = 6\ CO^2 + 6\ HO.$$

Au contraire, se sert-on du permanganate acidulé par l'acide sulfurique, la combustion devient incomplète. Un équivalent d'acide lactique ne prend plus que quatre équivalents d'oxygène pour produire un volume correspondant d'acide carbonique.

La formule de combustion devient donc :

$$C^6H^6O^6 + 4O = 2CO + 2HO + (C^4H^4O^4)?$$

Cette équation conduisait donc à penser qu'un équivalent d'acide lactique perdait deux atomes de carbone à l'état d'acide carbonique, et se trouvait transformé en acide acétique. L'expérience a confirmé pleinement cette induction théorique.

C'est donc là un exemple de plus de ces métamorphoses bien remarquables d'une substance complexe opérées par oxydation. La science peut déjà grouper autour du caméléon, considéré comme agent d'oxydation, un certain nombre de ces transformations. Je citerai entre autres : l'acide formique, dérivé de l'acide tartrique, l'acétone, de l'acide citrique, etc. Mais ce caractère de transformations opérées par oxydation au sein d'un liquide, ne le retrouvons-nous pas constamment présidant à tous les actes de la vie cellulaire, à toutes ces fermentations en vertu desquelles une subtance, le sucre, par exemple, se résout, à la suite d'une oxydation partielle, en substances plus simples , telles qu'acide lactique, butyrique, acétique, etc. Actuellement, il serait peut-être téméraire de voir dans ces rapprochements autre chose que de simples analogies extérieures; mais il serait aussi contraire, je crois, à l'esprit progressif qui doit vivifier la science de repousser ces analogies systématiquement, et de poser une limite là précisément où l'inconnu est plein de promesses. Cette étude de l'acide lactique montrera, j'espère, quelles ressources précieuses la théorie prête à l'expérience pour la diriger et l'appuyer.

17. Combustion physiologique de l'acide lactique.

Le 5 juillet 1861, j'ai fait cette préparation mycogénique :

Acide lactique.......	$C^6H^6O^6$	0g 0171	par cent. cube.
— phosphorique ..	PhO^5	0. 0031	
Ammoniaque........	AzH^3	0. 0009	
Oxyde de potassium..	KO	0. 0040	
Eau distillée.........		0/0	

Elle a servi à disposer trois tubes scellés contenant une atmosphère artificielle d'oxygène électrolytique et quelques matras ouverts.

Voici les résultats fournis par cette série d'expériences :

18. Tubes.

DATES des analyses.	Nos	Acide : $C^6H^6O^6$ consommé. $(C^6H^6O^6)$	Oxygène absorbé. (O)		Acide carbonique CO^2 produit	RAPPORTS			COMPOSITION FINALE de l'atmosphère artificielle.		
			Poids.	Volume.		$\frac{O}{C^6H^6O^6}$ (poids)	$\frac{O}{CO^2}$ volume	$\frac{CO^2}{C^6H^6O^6}$ poids	oxygène.	azote.	acide carbonique.
26 juillet 61.	1	0g.1924	0g.0460	33cc5	45cc0	0.24	0.74	0.46	trace.	3.03	86.97
31 juillet 61.	2	0g.1607	0g.0535	38cc1	46cc3	0.33	0.82	0.58	15.67	3.97	79.78
11 janvier 62.	3	0g.1095	0g.0427	30cc5	33cc1	0.38	0.92	0.60	40.61	4.79	54.60
					Moyenne.	0.32	0.82	0.54			

1° Dans les trois tubes, le liquide avait une réaction fortement alcaline ; il exhalait une légère odeur putride.

2° Après filtration, il n'exerçait plus de réduction sensible sur le caméléon acide ou alcalin : tout l'acide lactique avait donc été consommé ou *transformé en une substance réfractaire à l'action du caméléon.*

3° Les produits organisés étaient exclusivement formés de petits globules ovoïdes de 0m 002 à 0m 003 de diamètre, et de très-petits infusoires d'une grande agilité (bacteriums).

4° Dans la détermination de l'acide carbonique produit, j'ai supposé que le liquide était saturé de ce gaz d'après le coefficient déduit de la composition, la température et la tension de l'atmosphère artificielle de chaque tube ; puis ensuite que tout l'oxyde R O, mis en liberté par la destruction de l'acide lactique, en retenait deux équivalents pour former du bicarbonate. Chaque nombre inscrit dans le tableau représente donc un *maximum.*

19. Matras.

Les préparations en vase ouvert se sont comportées comme les précédentes faites en vase clos et en présence d'une atmosphère artificielle ; mêmes productions organisées, mêmes apparences, mêmes réactions. L'une d'elles, faite avec 65cc 2 de liquide, a été analysée le 20 août. Elle n'exerçait plus alors de réduction sensible sur le caméléon. L'acide lactique consommé était donc au moins égal à 1gr 086. La matière organisée, desséchée à 100°, pesait seulement 0gr 078. Le rapport de production serait donc $\frac{78}{1086} = 0.072$.

20. Discussion.

Essayons de saisir dans leur ensemble les différents rapports que vient de nous donner séparément l'analyse expérimentale. Pour cela tâchons de les enchaîner dans une formule chimique.

Au point où nous en sommes, cette formule ne peut être qu'une équation entre la consommation et la production.

Dans le premier membre, nous n'aurons donc que l'oxygène et l'aliment carburé (l'azote et le phosphore échappant encore à nos moyens d'appréciation).

Dans le second membre, nous aurons l'acide carbonique, le produit organisé, ou matière mycodermique, et enfin certains produits accessoires complémentaires de l'aliment carburé primitif, dont ils représentent la partie des éléments qui n'est intervenue qu'indirectement dans le travail d'assimilation. Souvent ces produits secondaires acquièrent une prépondérance énorme. C'est le cas des fermentations. Le phénomène physiologique est alors masqué.

D'après cela, la formule de combustion physiologique de l'acide lactique sera, par une première approximation :

CONSOMMATION				PRODUCTION		
$C^6H^6O^6$	+	$4.O$	=	$2.CO^2$	+	$(CH...2.HO...C^3H^3O^4...)$
aliment carburé	+	oxygène	=	acide carbonique (trouvé)	+	(produit organisé... produit accessoire.) Résidu de combustion.

Comparons les rapports des différents termes de cette équation avec les rapports moyens de même nature déduits de l'expérience, nous aurons :

		d'après la formule :	d'après l'expérience :
Rapport d'oxydation	$\frac{4.O}{C^6H^6O^6}$	0. 35	0. 32
Rapport d'exhalation	$\frac{2.CO^2}{C^6H^6O^6}$	0. 49	0.54
Rapport de production	$\frac{CH...}{C^6H^6O^6}$	0. 09	0. 07

Le résidu de combustion représente l'aliment carburé, moins l'acide carbonique produit pendant la combustion physiologique. Il comprend le produit organisé et les produits secondaires de transformation. Comment grouper ces divers éléments constitutifs du résidu de la combustion physiologique ? Nous ne pouvons guère le faire que d'une manière arbitraire, tant que l'analyse immédiate ne nous aura pas révélé la nature de ces éléments. Admettons, pour la formule brute du produit organisé, le type de la cellulose : CHO.

Si du résidu de combustion nous rertanchons, d'après l'expérience, 0. 07 de matière organisée procédant de ce type, nous trouvons, pour constituer le produit dérivé, les éléments oxygène, hydrogène et carbone réunis très-sensiblement dans la proportion $C^4H^4O^4 + 0/0$ HO, type de l'équivalent de l'acide acétique hydraté. Est-ce donc à conclure que, dans certains cas, la combustion physiologique marche parallèlement à la combustion minérale par le caméléon, et que l'acide lactique subit alors une véritable fermentation acétique ?

C'est là un point de vue assurément bien remarquable, découvert par notre formule, toute grossière qu'elle est, et qui mérite d'être jugé par l'expérience. Dès que j'aurai pu me procurer une quantité suffisante d'acide lactique, je ne manquerai pas de le faire.

Par là pourrait aussi s'expliquer la progression croissante du rapport $\frac{O}{C^6H^6O^6}$ dans notre tableau. Elle indique une absorption croissante de l'oxygène avec la prolongation des expériences. Cette absorption serait déterminée par l'acide acétique, qui deviendrait l'aliment mycogénique après la transformation de l'acide lactique. Or on a vu que la présence de l'acide acétique ne peut être décelée par le caméléon ; les préparations, tout en perdant leur pouvoir réducteur sur le caméléon, resteraient cependant mycogéniques, en vertu de la présence de l'acide acétique.

§ F.

Acide succinique : $C^8H^6O^8$.

21. L'acide succinique se rapproche de l'acide acétique par sa résistance aux agents d'oxydation minéraux; comme lui, il est à peu près réfractaire à l'action du permanganate acide ou alcalin, et comme lui aussi cependant il jouit de propriétés mycogéniques bien caractérisées.

J'ai fait avec cet acide une série d'expériences d'après les méthodes précédemment exposées, et toutes les préparations de cette série ont présenté une anomalie singulière dont je n'ai pu encore trouver l'explication.

Le 6 juillet 1861, j'ai composé le liquide suivant :

Acide succinique....	$C^8H^6O^8$	0gr.0240	Dans 1 cent. cube.
Oxyde de potassium.	KO	0 0184	
Acide phosphorique..	P^4O^5	0 0029	
Ammoniaque.......	$Az H^3$	0 0011	
Eau distillée........	HO	0/0	

Ce liquide évaporé à 100° laissait un résidu de 0gr. 0489 par centimètre cube. Sa densité à 20° était 1, 0227.

J'ai préparé 3 tubes scellés avec atmosphère artificielle d'oxygène électrolytique et un matras ouvert.

22. Matras.

Analysé le 8 août, un mois après sa mise en expérience.

Le liquide est devenu fortement alcalin ; il est un peu visqueux et file comme certains vins tournés. Il a produit une assez forte proportion de matiè e organisée. Cette matière est granuleuse, on la croirait volontiers formée par une accumulation de cadavres de bactériums ; elle a pu se séparer assez facilement du liquide par une filtration répétée.

Après dessiccation à 100°, le poids du filtre avait augmenté de 0gr. 122. Le volume du liquide était 62cc 9.

Après la filtration, le liquide par évaporation à 100° ne laissait plus que 0gr. 035 de résidu par centimètre cube. La consommation de l'acide succinique devait être à peu près complète ; car, en admettant que l'oxyde K O, contenu dans ce résidu, avait retenu à 100° un équivalent d'acide carbonique, on trouve que, pendant l'action mycogénique, les matières solides en dissolution dans le liquide auraient subi une perte de 0gr. 023 par centimètre cube, c'est-à-dire presque exactement sa teneur primitive en acide succinique.

Le rapport de production serait donc $\frac{122}{1509} = 0,08$

23. Tubes.

Le premier de ces tubes a été analysé le 5 août. Son contenu était demeuré parfaitement limpide, ainsi que celui des deux autres. Aucun indice d'altération n'était perceptible ; l'atmosphère elle-même avait conservé son volume primitif et sa composition :

Oxygène.........	94 91
Azote...........	3 84
Acide carbonique..	1 25

Surpris de cette singulière inertie, j'ai tenté d'en pénétrer la cause. J'ai voulu voir si l'azote n'exerçait pas quelque action de présence dont la nature nous serait encore inconnue, et si, par exemple, une addition progressive de ce gaz, en rapprochant la composition de l'atmosphère artificielle de celle de l'air normal, ne parviendrait pas à vaincre cette inertie.

24. L'analyse du tube n° 2 a été dirigée d'après ce dessein.

Le 27 août, 52 jours après la préparation, première ouverture du tube; j'en extrais 6 centimètres cubes de gaz que je remplace par de l'azote pur. Le résultat de cette opération contrôlée par l'analyse a donné :

Atmosphère	avant l'addition d'azote.	Après l'addition d'azote
Oxygène........	94 49	78 40
Azote...........	3 25	19 29
Acide carbonique.	2 36	2 31

Le tube, rescellé immédiatement, a été conservé à l'étuve jusqu'au 22 janvier 1862..
.... Malgré ce long intervalle, le liquide est demeuré intact; l'atmosphère n'a nullement varié dans sa composition............

Je remplace enfin l'atmosphère artificielle par de l'air normal ; je rescelle le tube et je le remets à l'étuve.......................

Le 6 février, sous l'influence de l'air normal, la préparation est enfin sortie de son inertie ; le liquide est devenu fort trouble; une production granuleuse adhère aux parois.

L'analyse de l'atmosphère faite le 14 mars a donné :

Oxygène...........	1 19
Azote..............	81 28
Acide carbonique....	17 58

La matière organisée paraissait de même nature que celle qui avait pris naissance dans le matras conservé ouvert au contact de l'air.

Le tube no 3 a été soumis à des épreuves analogues non encore complétement terminées, mais qui affectent exactement la même allure.

25. Il est impossible d'attribuer cette inertie des3 tubes à un défaut d'ensemencement. On sait les précautions minutieuses qu'il faut prendre pour se mettre à l'abri de ces ensemencements immédiats, et qui produisent si facilement les illusions de la génération spontanée. Eh bien! dans ces expériences, aucune de ces précautions n'a été prise. Tous les réactifs avaient été longuement exposés au contact de l'air ; les préparations n'avaient, dans aucun cas, subi l'influence d'une température plus élevée que celle de l'atmosphère. Pendant les manœuvres de l'introduction de l'azote, le contenu des tubes nos 2, 3, avait été longtemps en contact avec le mercure de la cuve, source abondante de germes microscopiques. Et enfin, comme dernière garantie, le même oxygène artificiel servit en même temps à la préparation de tubes avec l'acide lactique et l'acide tartrique : or, tous ces tubes, sans exception, subissent une altération complète au bout de quelques jours.

Que penser de l'intervention de l'atmosphère dans ce cas? Faut-il y voir une action aussi inexplicable quant à présent que celle qui préside, par exemple, à la cristallisation des solutions de sulfate de soude sursaturées ?

§ G.

Acide tartrique : $C^8H^6O^{12}$.

26. L'acide tartrique est une des substances que j'ai le plus employées dans mes expériences. Il se dose bien par le caméléon à la température de 100°, et possède des aptitudes mycogéniques plus étendues qu'aucune des substances étudiées dans les paragraphes précédents. Cette puissance mycogénique, en embrassant une plus grande variété de productions, rend les études plus difficiles, en multipliant encore les points de vue sous lesquels peuvent se présenter les phénomènes. Je me bornerai à exposer ici les résultats généraux qui se rapportent plus spécialement aux phénomènes de combustion physiologique. Il est une condition qui exerce toujours une très-grande influence et il convient de la définir ici en quelques mots. Cette condition est celle qui dépend de la proportion d'acide phosphorique que l'on fait entrer dans la préparation. Dans certaines limites, plus cette proportion s'élève relativement à celle de l'acide tartrique, et plus aussi la puissance mycogénique de cet acide s'élève; c'est-à-dire, plus grand sera le poids de matière organisée produit par un équivalent d'acide tartrique, et moindre aussi par conséquent sera la proportion de cet acide qui subit la combustion physiologique. En sorte que le travail chimique inconnu, en vertu duquel l'acide phosphorique est introduit dans l'organisme, pourrait, dans certaines limites, suppléer le travail de combustion, et réciproquement.

Outre la composition du milieu, la température ambiante, la nature spécifique des produits qui s'organisent, exercent aussi une influence sur le sens et l'intensité des actions chimiques; mais en général ces influences m'ont paru moins puissantes que celles de l'acide phosphorique.

27. Combustion physiologique de l'acide tartrique.

J'ai analysé plus de 20 expériences faites en vase clos. Les conclusions générales sont celles-ci :

1° Le volume de l'acide carbonique produit est toujours supérieur à celui de l'oxygène absorbé. Cela résulte d'expériences disposées avec du tartrate neutre de potasse ou avec de l'acide tartrique libre. Dans la première, l'ouverture des tubes est accompagnée d'une absorption de mercure, parce qu'une forte proportion d'acide carbonique reste combinée avec la potasse ; dans les autres (avec acide tartrique libre), il y a au contraire expansion au moment de l'ouverture, par suite de l'excès de l'acide carbonique sur l'oxygène absorbé. J'ai trouvé en moyenne que le volume de l'acide carbonique produit était à celui de l'oxygène absorbé :: 1 : 1.818. Ce rapport prend souvent une valeur plus grande lorsque l'atmosphère du tube est pauvre en oxygène. La combustion *vive* paraît alors avoir une tendance à passer à l'état *latent*, c'est-à-dire à s'accomplir en vertu d'une réaction intestine, par laquelle l'oxygène est emprunté à la substance combustible elle-même (1).

2° Quant au rapport de production, c'est-à-dire au poids de matière organisée produit par 1 gr. d'acide tartrique consommé, je l'ai en moyenne trouvé de 0.12 dans les préparations où l'acide phosphorique entrait pour près de 1/10 du poids de l'acide tartrique. Mais ce rapport peut se réduire beaucoup quand le liquide est pauvre en acide phosphorique. Le même abaissement de ce rapport peut aussi résulter de la nature spécifique du produit qui s'organise, par exemple de la prédominance des torulacées ou des *bactériums*.

28. Formule de combustion physsiologique.

La formule suivante représente très-approximativement les résultats moyens de mes expériences.

$$\underset{\text{Acide consommé.}}{C^8H^6O^{12}} + \underset{\text{Oxygène absorbé.}}{O^8} = \underset{\text{Ac. carb. produit.}}{7.CO^2} + \overset{\text{Résidu de combustion.}}{(\ldots.5.HO\ldots\underset{\text{Produit organisé.}}{CHO.})}$$

Les rapports de ces différents termes donnent, comparativement avec l'expérience :

		d'après la formule :	d'après l'expérience :
Rapport d'oxydation..	$\frac{O^8}{C^8H^6O^{12}}$	0.43	0.41.
Rapport d'exhalation.	$\frac{7.CO^2}{C^8H^6O^{12}}$	1.02	
Rapport de production.	$\frac{CHO}{C^8H^6O^{12}}$	0.10	de 0.08 à 0.12.
Rapport volumétrique.	$\frac{O^8}{7.CO^2}$	0.57	0.50 à 0.60.

(1) Par cette expression de *combustion latente* appliquée aux actions physiologiques, je veux rappeler la nouvelle interprétation de certains faits relatifs à la fermentation alcoolique que M. Pasteur a exposés avec sa précision ordinaire dans les *Comptes rendus de l'Académie*, séance du 17 juin 1861.

§ H.

Glycérine. — $C^6H^8O^6$.

29. La glycérine se dose bien par le caméléon, Ses préparations possèdent une grande aptitude mycogénique; voici la formule de l'une d'elles faite le 26 mars 1861 :

Glycérine	$C^6H^8O^6$	0gr.0500	dans un centim. cube.
Acide phosphorique.	PhO^5	0gr.0040	
Ammoniaque.......	A_2H^3	0gr.0016	
Eau distillée	HO	%	

Quelques tubes, renfermant une atmosphère artificielle de

Azote.............. 33.49
Oxygène........... 66.51

ont été placés à l'étuve. Au bout de huit jours, de beaux îlots mycodermiques s'étaient développés dans leur intérieur. Le liquide était resté parfaitement limpide.

Voici les résultats analytiques de quatre de ces tubes :

DATE de L'ANALYSE.	N°	OXYGÈNE ABSORBÉ. O		ACIDE CARBONIQUE produit. CO^2 (Vol.)	GLYCÉRINE CONSOMMÉE. $C^6H^8O^6$	RAPPORTS.		COMPOSITION FINALE de L'ATMOSPHÈRE ARTIFICIELLE		
		(Vol.)	(Poids)			$\frac{O}{CO^2}$ (Vol.)	$\frac{O}{C^6H^8O^6}$ (Poids)	Oxygèn.	Acide carbon.	Azote
11 août 1861	1	26cc44	0gr0377	16cc27	0gr0679	1.62	0.555	20.43	34 90	44.67
18 avril 1861	2	22 37	0gr0320	13 75	0gr0255	1.62	1.256	28.35	28.41	43.24
19 — —	3	23 72	0gr0339	16 25	0gr0369	1.46	0.918	1.17	52.05	46.78
20 — —	4	25 37	0gr0363	17 96	0gr0250	1.41	1.452	0.00	54.80	45.20
					Moyenne..	1.52	1.04			

Des préparations analogues faites sur une plus grande échelle, dans des vases ouverts au contact de l'atmosphère, ont donné 0.22 pour le rapport de production mycodermique, c'est-à-dire que 1gr. de glycérine produit 0gr. 22 de matière mycodermique desséchée à 100°.

30. Formule de combustion physiologique.

En posant :

Eléments de production.		Produits de combust.		Résidu de combustion.	
$C^0H^8O^0$	$+ O^{12} =$	$4.CO^2$	$+ 2.HO +$	$(...C^2HO^2....$	$5.HO...)$
(Glycérine.)	(Oxygène absorbé.)	du carbone.	de l'hydrog.	Produit mycodermique.	Eau.

On trouverait :

		Théorique.	Trouvé.
Rapport d'oxydation..	$\frac{O^{12}}{C^6H^8O^6}$	1.04	1.04.
Rapport de production	$\frac{C^2HO^2}{C^6H^8O^6}$	0.32	0.22.
Rapport volumétrique.	$\frac{O^{12}}{4.C^4O^8}$	1.50	1.52.

31. On voit qu'avec la glycérine le volume de l'oxygène absorbé est beaucoup plus considérable que celui de l'acide carbonique produit. C'est le contraire de ce que nous avions trouvé jusqu'ici pour les autres substances, dont la combustion physiologique avait toujours été accompagnée de la production d'un volume d'acide carbonique plus considérable que celui de l'oxygène absorbé. La constitution de la glycérine explique parfaitement cette anomalie. Ce corps renferme un excès d'hydrogène relativement aux deux autres éléments, carbone et oxygène, et la combustion de cet hydrogène doit nécessairement détourner une forte proportion de l'oxygène comburant.

§ I.

Sucre. $C^{12}H^{12}O^{12}$.

32. Parmi les substances que j'ai étudiées jusqu'à présent le sucre est certainement la plus intéressante; mais c'est aussi celle dont l'étude est la plus compliquée. Le sucre en effet est une source féconde d'où peuvent découler par dérivation une foule de substances organiques : il peut fournir les éléments nécessaires à l'entretien d'une très-grande variété d'êtres organisés. Quelques-uns de ces produits dérivés, quelques-uns de ces êtres organisés, paraissent même posséder une origine exclusive : ils ne peuvent dériver que du sucre, ils ne peuvent vivre que par le sucre.

Dans un précédent travail (V. *Comptes rendus de l'Académie*, t. LIII, déc. 1861), j'ai donné un exemple assez remarquable de ces transformations accomplies sous l'inflence de la vie cellulaire. Depuis cette époque, j'ai recueilli un certain nombre d'observations qui éclairciront, je l'espère, le mécanisme de la production de la parasaccharine, et qui permettront de rattacher ce phénomène aux conditions générales de la vie cellulaire, dont la principale est la combustion.

33. Dans ces conditions particulières, j'ai généralement fait usage de la liqueur de Fehling comme réactif oxymétrique. Quand il ne s'agit pas de fermentation, c'est-à-dire quand le sucre ne subit pas de transformations intermédiaires, les indications de ce réactif s'accordent avec celle du caméléon. Mais il n'en est plus de même lorsqu'en outre du produit organisé, le sucre donne naissance à des substances organiques dérivées (alcool, acide lactique, etc., etc.). L'emploi simultané et comparatif de ces deux réactifs peut alors, dans certains cas, fournir de précieuses indications sur le sens des phénomènes.

34. Voici le résumé des deux séries d'expériences faites en vase clos. Le liquide servant à la préparation de la première série était ainsi composé :

Sucre interverti.....	0.057.
Acide phosphorique.	0.004.
Oxyde de potassium.	0.004.

Celui de la 2e série était *identique* au précédent ; il provenait de la même solution ; seulement l'acide phosphorique avait été neutralisé par l'ammoniaque, au lieu de l'être par la potasse. La proportion équivalente d'ammoniaque était 0 0013 par centimètre cube. Ces préparations, faites le 25 mars 1861, ont été placées à l'étuve. Au bout d'une quinzaine de jours, les quatre tubes de la 1re série offraient l'apparence d'une végétation mycodermique bien caractérisée ; dans tous ceux de la 2e série, au contraire, le liquide était devenu trouble ; il déposait une matière granuleuse de la nature des ferments. L'analyse eudiométrique de ces préparations a confirmé cette première disparité.

Tous les tubes avaient reçu uniformément une atmosphère artificielle de :

Oxygène....	66 51
Azote.......	33 49

En ouvrant les tubes de la première série sous le mercure, il s'est manifesté une légère absorption, tandis qu'au contraire l'ouverture des seconds a été accompagnée d'une violente expansion qui a refoulé au dehors tout le liquide et une partie du gaz. Malgré cette circonstance, on a pu évaluer très-approximativement le volume de l'acide carbonique produit. En effet, on connaissait la capacité du tube, et par conséquent le volume absolu de l'azote qu'il contenait au moment de sa fermeture. Or, avec cette donnée et la proportion de l'azote trouvée dans le gaz resté dans le tube après l'expansion, il devenait facile de calculer le volume absolu du gaz que contenait le tube scellé.

Le tableau suivant résume toutes les déterminations relatives à ces deux séries.

Les déterminations saccharimétriques ont été faites par la liqueur de Fehling. Il en résulte que l'on compte comme sucre consommé tout celui qui a été modifié moléculairement de façon à ne plus agir sur ce réactif. Or, il est évident qu'une partie de ce sucre modifié a échappé à l'assimilation par l'être organisé, en donnant naissance à de l'alcool ou à des produits acides, qui dérivent si facilement du sucre.

Série	DATES des analyses.	Nos	OXYGÈNE (O) absorbé.		ACIDE carbo. produit CO^2	SUCRE consommé $C^{12}H^{12}O^{12}$	RAPPORTS :		COMPOSITION DU GAZ		
			volume.	poids.			$\frac{O}{C^{12}H^{12}O^{12}}$ grade.	$\frac{O}{CO^2}$ volume	oxygène.	acide carbonique.	azote
1re série (K O)	15 avril 1861.	1	28cc.01	0g. 0405	32cc64	(0g 1086?)	?	0.885	0. 17	67cc 13	32.70
	21 avril 1861.	2	29. 41	0g. 0420	36cc00	0.0945	0.445	0.817	7. 23	61 .54	31.23
	7 avril, 1861.	3	11. 35	0g. 0163	14cc08	0.0329	0.495	0,806	39. 30	27.16	33.54
	6 avril 1861.	4	9. 82	0g. 0140	11cc52	0.0268	0.549	0.852	46. 74	17.67	35.59
						moyenne.	0,496	0.84			
2e série (Az H²)	16 avril 1861	1	26cc17	0g. 0374	70cc07	0g 2333	0.160	0.374	0. 00	80.77	19.23
	5 avril 1861.	2	27cc46	0. 0303	75cc83	0.1386	0.284	0.471	2. 12	76.14	21.74
	16 avril 1861.	3	32cc88	0. 0470	72cc25	0.2272	0.207	0.455	0. 00	82.01	17.99
	24 avril 1861.	4	28cc00	0. 0400	76cc00	0.2605	0:154	0.368	5. 05	78.45	16.55
						moyenne.	0.201	0.417			

35. J'ai choisi ces deux séries entre plusieurs autres analogues, pour mettre en évidence quelle influence considérable peut avoir sur le sens du phénomène une légère modification. En quoi la 2e série diffère-t-elle de la 1re ? Par la substitution de l'ammoniaque à la potasse, et rien autre chose. Ce simple changement a suffi pour renverser la nature de la manifestation mycogénique.

Dans le premier cas, on a une végétation mycodermique pure et simple. Dans le deuxième, on se trouve en présence d'une de ces fermentations alcooliques spontanées sur lesquelles j'ai déjà appelé l'attention dans un précédent travail.

On est donc forcé d'admettre que tous les tubes contenaient indistinctement les mêmes espèces de germes organisés, et que la composition chimique du liquide a pu seule intervenir pour en modifier l'évolution ultérieure, conformément à l'observation. — Or cette intervention peut s'expliquer de deux manières :

— Ou bien on pensera que toutes les préparations contenaient à la fois des germes de mucédinées et de torulacées, mais que les premiers ont seuls trouvé dans les solutions sucrées au phosphate alcalin des conditions favorables à leur développement, tandis que les germes des torulacées n'auraient trouvé ces mêmes conditions qu'en présence du phosphate d'ammoniaque.

— Ou bien, en admettant que les torulacées et les mucédinées procèdent d'une commune origine, de façon que la multiplication des premiers pendant la fermentation alcoolique est un phénomène *hétéromorphe* de la végétation mycodermique. C'est une même fonction physiologique se manifestant sous deux faces différentes, en rapport avec la diversité des milieux et des conditions dans lesquelles elle se réalise. Chacune de ces deux interprétations conduit à envisager d'une manière spéciale la nature essentielle des ferments.

— D'après la première, les ferments seraient des êtres spécifiquement déterminés dont les manifestations physiologiques sont et restent exclusivement renfermées dans les formes organiques et les phénomènes que nous leur attribuons dans les fermentations proprement dites.

— Dans la deuxième, les ferments ne constitueraient qu'un état hétéromorphe d'une organisation plus développée. A chacun des principaux ferments correspondrait une mucédinée spécifiquement déterminée. Le ferment serait une sorte d'état *embryonnaire* permanent de la mucédinée, et pourrait néanmoins se multiplier sous cette forme maintenue sous l'empire de circonstances extérieures. En un mot, il y aurait entre le ferment et la mucédinée des rapports de même ordre que ceux par lesquels l'helminthologie moderne est parvenue à rattacher et à reconstituer l'individualité d'êtres fort différents en apparence, et vivant dans des espèces animales différentes.

36. Sans vouloir me prononcer quant à présent d'une manière absolue, je dois cependant reproduire certaines considérations qui paraissent militer pour la deuxième interprétation ; ces considérations sont tirées de la manière de vivre des mucédinées et des torulacées, ou ferments.

Résumant par des formules les rapports déduits du tableau précédent, on aura :

1re *Série.* (Mucédinées.)

Résidu de combustion.

$$C^{12}H^{12}O^{12}+O^{10}=6.\,CO^2+(\ldots C^2H^2O^2\ldots C^4H^{10}O^8\ldots).$$

d'où :

		Produit organisé.... Produits secondaires.	
		Théorique	Expérimental.
Rapport d'oxydation	$\frac{O^{10}}{C^{12}H^{12}O^{12}}$	= 0 44	0 49
Rapport de production	$\frac{C^2H^2O^2}{C^{12}H^{12}O^{12}}$	= 0 16	0 14
Rapport volumétrique	$\frac{O^{10}}{6\,CO^2}$	= 0 83	0 84

2e *Série.* (Torulacées.)

$$C^{12}H^{12}6+O^5=O^{12}\,CO^2+(\ldots C^4H^6O^2\ldots C^2H^6O^3\ldots).$$

Alcool... Produits indéterminés. Levûre, etc.

		Théorique	Expérimental
Rapport d'oxydation	$\frac{O^5}{C^{12}H^{12}O^{12}}$	0 22	0 20
Rapport volumétrique	$\frac{O^5}{6\,CO^2}$	0 41	0 42

Ce qui frappe tout d'abord, c'est qu'on trouve que l'équivalent de sucre a produit à peu près le même poids d'acide carbonique dans les deux cas. Seulement, tandis que, dans la première série, cet acide carbonique est formé presque tout entier en vertu d'une combustion vive, on trouve que, dans la deuxième série, il doit en majeure partie son origine à une combustion latente, ce qui est un caractère des fermentations. Aussi, tandis que, dans les préparations analogues à celles de la première série, une partie de sucre consommé représente en moyenne 0 14 de produit mycodermique, des préparations comme celles de la deuxième série ne donnent qu'une production de 0,01 à 0,03 de torulacées.

J'ai souvent remarqué dans ces sortes de fermentations accomplies au contact de l'oxygène des formes organiques intermédiaires entre les torulacées et les mucédinées. Ces formes étaient réalisées par une matière floconneuse composée de courts articles rectilignes, sorte d'ébauche de mycelium moniliforme. A première vue, on se trouve porté à supposer une transformation des globules de la torulacée s'allongeant en cylindres déliés. En admettant, ce qui est fort probable, que le developpement de certaines torulacées peut s'opérer corrélativement à deux procédés chimiques aussi différents que la combustion vive et la combustion latente, il paraît assez naturel d'admettre qu'une modification aussi profonde de l'une des fonctions essentielles de l'organisation coïncide avec quelque changement de forme organique.

COMITÉ SCIENTIFIQUE DES SOCIÉTÉS SAVANTES.

Présidence de M. le Sénateur LE VERRIER.

Rapport sur les *travaux scientifiques* de M. A. GUBLER, agrégé à la Faculté de médecine de Paris, par M. **Natalis Guillot.**

Les résultats des études de M. Gubler ont été publiés dans un assez grand nombre de Mémoires. Je compte trente de ces opuscules, mais je choisis pour en entretenir le Comité ceux de ces ouvrages qui me semblent le plus dignes d'intérêt.

L'esprit de toutes ces œuvres est le même, il est marqué du cachet d'une intéressante originalité. Je signale à l'avance ces précieuses qualités d'un observateur dont la carrière commence et qui promet à l'avenir.

Je désigne en passant, sans en faire l'analyse, les travaux suivants, qui témoignent de la variété, de l'étendue et des ressources de l'intelligence de l'auteur :

Anatomie des glandes de Méry, dites glandes de Cowper chez l'homme, 1849;

De la contractilité des veines, due aux fibrilles musculaires de ces organes et démontrée par des expériences intéressantes;

Mémoire sur l'analyse de la lymphe. La conclusion de ce Mémoire est que la lymphe ne diffère du sang que par les quantités absolues et les proportions relatives des éléments qui la composent et qui sont communs aux deux liquides ;

Mémoire sur les affections du foie liées à la syphilis héréditaire. couronné par l'Académie des sciences de Paris, 1852;

Note sur la coloration bleue de l'urine des cholériques par l'action de l'acide nitrique, coloration que M. Gubler découvre également dans toutes les maladies fébriles;

Mémoire sur les gaz développés dans le tissu cellulaire des hommes atteints des maladies charbonneuses; ce gaz est l'hydrogène carboné;

De l'existence de la graisse fluide et libre dans le pus provenant de la fonte du tissu adipeux, publié en commun avec M. Berthelot;

Découverte d'une nouvelle espèce de cryptogame parasite de l'homme, rapproché par M. Montagne du genre Leptomitus, famille des Algues;

Études sur l'origine et la condition du développement du muguet (*Oïdium albicans*) sur les surfaces de la bouche de l'homme.

En outre de ces intéressantes publications, M. Gubler a mis au jour une série de Mémoires médicaux conçus avec le même esprit de finesse et d'observation qui distingue les œuvres que je viens de récapituler.

Ces Mémoires s'appliquent à une même matière, ils se suivent en développant le même ordre d'idées: on peut donc les considérer et les juger ensemble.

Le premier est intitulé : De l'hémiplégie alterne comme signe de la lésion de la protubérance annulaire et preuve de la décussation des nerfs faciaux, 1856. Le 2me : Des paralysies alternes; le 3me porte pour titre: Mémoire sur les paralysies dans leurs rapports avec les maladies aiguës, 1860.

L'étude des paralysies, c'est-à-dire de l'abolition partielle ou générale de la sensibilité et du mouvement des diverses parties du corps, est aussi ancienne que les premières investigations physiologiques; elle est cependant encore bien obscure; ceux qui cherchent à mettre en évidence quelques caractères nouveaux, quelque rapport ignoré entre les causes et les apparences de ces desordres, ont rarement le bonheur de traverser sans erreur les obscurités d'une matière aussi difficile à connaître : les observateurs se suivent ordinairement dans les mêmes voies; peu d'entre eux cherchent de nouveaux sentiers. Aussi faut-il féliciter M. Gubler d'aborder ce terrain par un côté que l'étude n'a pas encore fait connaître.

Les influences des blessures, des hémorrhagies et des lésions les plus communes de l'encéphale occasionnant la suppression du mouvement et de la sensibilité ont été mille fois analysées; mais combien d'incertitudes sont encore exprimées par ces désignations, paralysies alternes, paralysies essentielles!

Ce sont de telles obscurités que les travaux de M. Gubler tendent à faire disparaître.

Dans le Mémoire sur l'hémiplégie alterne, il analyse une série d'observations très-minutieuses et cherche à faire disparaître une apparente exception à la règle admise, qui veut qu'une lésion cérébrale entraîne la paralysie du côté du corps qui lui est opposé.

S'il arrive que l'hémiplégie soit alterne, c'est-à-dire que, la face étant paralysée d'un côté, les membres le soient du côté opposé, c'est la protubérance qui est le signe d'une lésion.

Ce que l'on désigne sous le nom de paralysies essentielles est caractérisé par l'abolition du mouvement et du sentiment, ne se rattachant que très-imparfaitement ou ne se rattachant en aucune manière à des lésions visibles du centre nerveux.

L'appréciation des causes de ces désordres est encore fort peu avancée. Les efforts de M. Gubler pour éclairer cette partie de la science peuvent être suivis avec un grand intérêt, non-seulement à cause de leur nouveauté, mais encore en raison de leur utilité.

Il démontre que dans toutes les conditions anormales accidentelles ou durables où l'économie peut être placée, il peut survenir des lésions du centre nerveux telles que des congestions ou des ramollissements partiels ou généraux, fugaces ou durables, qui sont aussitôt exprimés par une paralysie passagère ou continue, indiquant la condition du centre nerveux par la persistance et l'intensité de l'abolition du mouvement et de la sensibilité.

Il ne faut donc pas être conduit, suivant l'auteur, à prendre pour des phénomènes essentiels, c'est-à-dire sans cause, ces troubles profonds appréciés, mais mal expliqués tantôt au début des maladies aiguës, tantôt dans la période ultime de ces affections.

Liées à l'action mystérieuse des poisons morbides provenant de l'homme et des animaux, à la morve, à la scarlatine, à la rougeole, à la dipthérite, dépendantes de l'action du poison spécifique humain, produites par les lésions du centre nerveux pendant la durée des fièvres continues, les paralysies représentent non une série de phénomènes sans cause connue, essentiels comme on l'a dit, mais elles sont l'expression de désordres anatomiques du centre nerveux, à l'analyse desquels l'auteur consacre une infatigable patience.

Il les réunit dans un ensemble qu'il désigne sous le nom de paralysies consécutives, constituant un ordre tout nouveau de détails sur lesquels les yeux des observateurs sont fixés, et au milieu desquels les travaux futurs de M. Gubler mettront encore de nouvelles découvertes en évidence.

L'importance des travaux que je viens de rappeler m'autorise à juger favorablement la valeur scientifique qui les distingue. La direction suivie dans chacun de ces ouvrages, la réalité des résultats, me permettent d'affirmer le talent d'observation qui caractérise M. Gubler.

Heureux de signaler de semblables qualités et d'appeler sur elle l'attention bienveillante du Comité.

Rapport sur le *Bulletin de la Société d'histoire naturelle de Colmar*, (1re année 1860), par M. **Émile Blanchard.**

Une Société d'histoire naturelle vient de se former à Colmar, et, selon nous, il y a déjà dans ce fait un éloge à donner aux personnes de cette ville qui s'efforcent de contribuer soit aux progrès, soit à la vulgarisation de la science.

Cette société a publié un premier cahier contenant le catalogue des Coléoptères du bassin du Rhin par M. F.-E. Kampmann (*Catalogus Coleopterorum vallis rhenanæ alsatico-badensis*). C'est une simple énumération de noms et de localités indiquées d'une manière un peu générale; mais l'auteur donne ce catalogue comme un prodrome, annonçant un travail où il s'attachera à décrire les habitudes et à mentionner les stations des différentes espèces. L'auteur sait que le bassin du Rhin n'a pas encore été suffisamment exploré, et promet de compléter son œuvre en se livrant à de nouvelles recherches. M. Kampmann se rend parfaitement compte des conditions dans lesquelles doit être exécuté un ouvrage traitant de la Faune d'une contrée : ce qui nous donne l'espérance de voir paraître un travail important dans un avenir plus ou moins rapproché.

L'auteur a préféré s'occuper d'une région naturelle comme le bassin du Rhin, plutôt que d une circonscription territoriale politique ou administrative. Il y a lieu de reconnaître que certains avantages sont attachés à ce genre de délimitation.

Communications adressées au Comité.

18 Juillet. — M. Lamy président de la Société impériale des sciences, de l'agriculture et de arts de Lille, transmet au nom de cette Société un travail imprimé, intitulé : *Statistique sur le département du Nord*, par M. le docteur J. Chrestien.

C'est une première partie qui est relative à la Population.

22 Juillet. — M. Charles des Moulins, président de la Société linnéenne de Bordeaux, adresse les extraits des deux Mémoires présentés à cette Société dans sa séance du 16 juillet; l'un intitulé : *Sur une terre végétale de l'Alaric* (Aude), par M. E. Jacquot, ingénieur en chef des mines; l'autre, *Sur une singulière propriété des vrilles de la vigne vierge*, par M. Charles des Moulins.

Nous publierons prochainement ces travaux.

22 Juillet. — M. Gouillaud, professeur au lycée de Besançon, adresse un Mémoire sur le magnétisme, accompagné d'une lettre dont nous extrayons les passages suivants :

« Ce travail renferme la vérification d'une formule qui n'a pas encore été démontrée ou ne l'a été qu'imparfaitement. Il fait voir ensuite l'influence considérable de la structure moléculaire des aimants sur la distribution de leur magnétisme Il montre que cette même distribution dépend aussi de la quantité de fluide possédée par les barreaux et comme conséquence que la position des pôles dépend de l'intensité magnétique; il se termine enfin en démontrant que la distance de ces centres d'action aux extrémités des barreaux est en raison inverse de la racine carrée de l'intensité de la première tranche.

Si l'on ne trouve rien de remarquable dans ces résultats, on reconnaîtra du moins qu'ils n'ont pu être obtenus que par une longue série d'expériences consciencieuses, de calculs minutieux et par une discussion approfondie de leurs conséquences; on y verra encore une nouvelle preuve du zèle et de la bonne volonté que j'ai toujours montrés pour répondre aux désirs de l'administration et mériter sa bienveillance. »

25 Juillet. — M. H. Lecoq, professeur à la Faculté des sciences de Clermont, adresse une note intitulée : *De la transformation du mouvement en chaleur dans les animaux à sang froid.*

28 Juillet. — M. Paul de Ronville, président de la section des sciences de l'Académie de Montpellier, adresse, en son nom et en celui de M. Emilien Dumas de Sommières, un opuscule intitulé : *Note sur la carte géologique de l'arrondissement de Lodève (Hérault).*

Voyez page 370.

FIN DU TOME I.

Paris. — Imp. Paul Dupont,
rue de Grenelle-Saint-Honoré, 45.

TABLE DES MATIÈRES

CONTENUES DANS LE TOME Ier

DE LA REVUE DES SOCIÉTÉS SAVANTES.

SCIENCES MATHÉMATIQUES.

MATHÉMATIQUES.

MÉCANIQUE.

ASTRONOMIE.

SCIENCES PHYSIQUES.

MÉTÉOROLOGIE.

PHYSIQUE.

CHIMIE.

Recherches chimico-physiologiques sur l'origine et le développement des êtres cellulaires, par M. *Victor Jodin*, p. 372.

Le sucre de canne, par M. le docteur *Lortet* (Mém. de l'Acad. imp. de Lyon), p. 251.

Sur la transformation de l'aldéhyde en alcool, par M. *Wurtz*, p. 186.

Rapport sur un Mémoire de M. Seeligmann relatif aux eaux de la ville de Lyon (Annales de la Société imp. d'agric. de Lyon), par M. *L. Figuier*. p. 272.

Synthèse de l'acide pyrotartrique, par M. *Maxwell Simpson*, extrait du *Philosophical Magazine*, p. 151.

Rapport sur un Mémoire de M. le colonel Suzanne relatif à l'invention de la poudre (Mémoires de l'Académie de Metz), par M. *Cahours*, p. 200.

Sur les métaux du groupe de l'azote et sur les relations d'isomorphisme qui existent entre eux, par M. *Nicklès*, p. 138.

Sur une communication de M. Nicklès relative aux métaux du groupe de l'azote, par M. de *Quatrefages* p. 141.

Nouveau procédé industriel de fabrication du vinaigre, par M. *Pasteur*, p. 308.

Recherches expérimentales sur la production des matières grasses dans le colza et sur les proportions et la répartition de ces matières dans les différentes parties de la plante, aux diverses époques de son développement, par M. *Isidore Pierre*, p. 91.

SCIENCES NATURELLES.

Minéralogie.

Envoi d'un Mémoire sur la cristallographie géométrique, par M. *Guiraudet*. — Résumé de l'auteur, p. 335.

Géologie.

Rapport sur un Mémoire de M. Contejean relatif à l'étage kimméridien de Montbéliard (Mémoires de la Soc. d'émulation du Doubs), par M. *Delesse*, p. 171.

Observations sur la géologie et la paléontologie des Alpes, par M. *Coquand*, page 98.

Sur la constitution géologique de l'Algérie, par M. *Coquand*, p. 104.

Envoi d'un Mémoire sur les rapports qui existent entre les diverses qualités d'eaux-de vie et celles du sol dans le dépôt de la Charente, par M. *Coquand*, p. 224.

Observations orales à propos d'une communication de M. Coquand sur la géologie et la paléontologie de l'Algérie, par M. *Jourdan*, p. 108.

Rapport sur un Mémoire de M. Dorlhac, relatif aux dépôts houillers de Brassac et de Langeac (Mémoire de l'Acad. imp. de Lyon), par M. *Delesse*, p. 251.

Notice sur la Flore tertiaire du bassin de Paris, par M. *Watelet* (Ad.), p. 182 et 206.

Paléontologie.

Rapport sur une lettre de MM. Roux (de Marseille) relative à la découverte d'une mâchoire fossile, par M. *Hébert*, p. 207.

Communication sur des restes fossiles de grands mammifères; — sur les terrains sidérolitiques, par M. *Jourdan*, p. 126.

Rapport sur un Mémoire de M. Lagrèze-Fossat relatif à une Tortue fossile (Actes de la Société linéenne de Bordeaux), par M. *Hébert*, p. 276.

Sur la découverte de fossiles identiques à de grandes distances, par M. *Milne Edwards*, p. 104.

Rapport sur un Mémoire de M. Terquem relatif au genre Myoconcha (Mémoires de l'Académie de Metz), par M. *Hébert*, p. 193.

AGRICULTURE.

Observations sur l'enseignement agricole, par M. *Edouard de Tocqueville*, page 45.

Observations orales sur l'enseignement agricole, par M. *Valat*, p. 46,

Envoi d'un Mémoire sur les moyens de hâter les progrès de l'agriculture, par M. *Buteux*, p. 160.

Observations sur la culture du pavot-œillette et sur la production de l'opium en France, par M. *Decharme* (de Paris), p. 135.

Résumé d'un Mémoire sur l'enseignement agricole, par M. *Gossin*, p. 43.

Observations sur l'enseignement agricole, par M. *Le Verrier*, p. 47.

Rapport sur un Mémoire de M. Huot, relatif à la culture de la vigne et à la fabrication du vin (Mémoires de l'Académie impériale de Metz), par M. *Payen*, p. 199.

Rapport sur la relation d'une visite à la distillerie de MM. Rolland et Cie, à la Rochefoucauld, par M. Ordinaire de Lacolongé. (Bulletin de la Soc. philomathique de Bordeaux), par M. *Turgan*, p. 244.

Présentation d'une Revue publiée à Dijon sous le titre de : *La Bourgogne. Revue œnologique et viticole*, par M. *Ladrey*, p. 141.

Envoi d'un Mémoire sur l'analyse des marnes et des phosphates au point de vue de leur emploi en agriculture, par M. *Masure*, p. 207.

Rapport sur un Mémoire de M. de Montigny, relatif à l'Ecole de dressage de la Vendée (Annuaire de la Société d'émulation du département), par M. *Payen*, page 343.

Rapport sur un Mémoire de M. Vignotti, relatif aux irrigations du Piémont et de la Lombardie (Mémoires de l'Académie impériale de Metz), par M. *Payen*, page 194.

Importance comparée des agents de la production végétale. L'urée et l'éthylurée, par M. *Georges Ville*, p. 321.

Observations sur le même sujet, par M. *Georges Ville*, p. 328.

Observations sur le travail de M. G. Ville relatives aux agents chimiques de la production végétale, par M. *Pasteur*, p. 327.

Observations sur les agents chimiques de la production des végétaux, par M. *Payen*, p. 328.

BOTANIQUE.

ZOOLOGIE.

PHYSIOLOGIE.

MÉDECINE.

Sur les causes de dégénérescence dans la Seine-Inférieure, par M. le docteur *Morel*, p. 118.

Observations sur la mortalité des enfants trouvés, par M. le docteur *Morel*, p. 120.

Sur la mortalité des enfants employés dans les fabriques. Sur le crétinisme dans la Seine-Inférieure, par M. le docteur *Morel*, p. 121.

Sur la mortalité des enfants trouvés, par M. *Le Verrier*, p. 119.

Sur la mortalité des enfants trouvés et des enfants employés dans les fabriques, par M. *Milne Edwards*, p. 120.

Rapport sur un travail de M. Morin relatif à une étude toxicologique du tabac (Précis des travaux de l'Académie de Rouen), par M. *Dechambre*, p. 219.

Sur la Rhinoplastie, par M. *Bouisson*, p. 300.

ACTES OFFICIELS.

— M. Émile Blanchard, nommé secrétaire de la Section des sciences, p. 153.

— M. Daubrée, nommé membre du Comité, p. 153.

— Arrêté ordonnant la publication des œuvres de Fresnel, p. 246.

— M. Verdet, nommé membre du Comité et chargé de la publication des œuvres de Fresnel, p. 368.

— M. Milne Edwards, nommé professeur de zoologie (mammifères et oiseaux) au Museum d'histoire naturelle, p. 224.

— M. Grandjean, nommé chevalier de la Légion d'honneur, p. 208.

— M. Nicklès, nommé chevalier de la Légion d'honneur, p. 208.

FAITS DIVERS.

— Inauguration du nouveau bâtiment des Facultés à Nancy, p. 208.

— Présentation de M. Milne Edwards pour la chaire de zoologie (mammifères et oiseaux), vacante au Muséum d'histoire naturelle, p. 208. — Sa nomination, p. 224.

— Présentation de M. Émile Blanchard pour la chaire d'entomologie vacante au Muséum, p. 288.

— Notice nécrologique sur M. H. de Sénarmont, p. 303.

TABLE DES SOCIÉTÉS SAVANTES.

TABLE ALPHABÉTIQUE DES NOMS D'AUTEURS.

ERRATA.

Page 328, ligne 5 ...dietive.... lisez chétive.

P. 328, ligne 22 ...corticules.... lisez cuticules.

P. 370, ligne 2, **Paul** de **Ronville**.... lisez **Paul** de **Rouville.**

www.ingramcontent.com/pod-product-compliance
Lightning Source LLC
LaVergne TN
LVHW080956230826
846092LV00006B/1048
9782329740423